智能电动车辆·储能技术与应用系列

钠离子电池：材料、表征与技术

（下卷）

[罗] 玛拉 - 马格达莱纳·蒂廷斯（Maria-Magdalena Titirici）

[德] 菲利普·阿德尔海姆（Philipp Adelhelm）　　　主编

胡勇胜

谢　飞　等译

机械工业出版社

随着锂资源不足的问题日渐凸显，发展不受资源束缚的钠离子电池逐渐成为新能源行业的焦点之一。本书分为上、下两卷，对钠离子电池的负极材料（石墨、硬碳、合金负极）、正极材料（层状氧化物、聚阴离子化合物、普鲁士蓝）、电解液（碳酸酯电解液、醚基电解液、离子液体）、固体电解质（聚合物电解质、氧化物电解质）、电池界面、先进表征手段、理论计算、失效机制、安全性、固态电池、环境适应性及生命周期评估、产业化应用等进行了系统概述，同时对高功率器件、海水电池等技术进行了介绍。书中对各类关键材料及涉及的基础科学问题、技术、理论等研究现状和产业应用发展等进行了全面讨论，为研究人员提供了钠离子电池从材料、理论，到技术与应用的全方位资料，希望能对钠离子电池的研究发展和产业化略尽绵薄之力。

本书适用于从事二次电池、新能源储能行业的有关人员学习参考，也可作为高校新能源相关专业师生的参考书。

图书在版编目（CIP）数据

钠离子电池：材料、表征与技术. 下卷 /（罗）玛拉－马格达莱纳·蒂廷斯（Maria-Magdalena Titirici），（德）菲利普·阿德尔海姆（Philipp Adelhelm），胡勇胜主编；谢飞等译. －－北京：机械工业出版社，2025. 1. －－（智能电动车辆·储能技术与应用系列）. －－ISBN 978-7-111-77809-7

Ⅰ. TM912

中国国家版本馆 CIP 数据核字第 2025AP2538 号

机械工业出版社（北京市百万庄大街 22 号　邮政编码 100037）
策划编辑：王兴宇　　　　　　　责任编辑：王兴宇　徐　霆
责任校对：潘　蕊　李　杉　　　封面设计：张　静
责任印制：单爱军
北京盛通数码印刷有限公司印刷
2025 年 5 月第 1 版第 1 次印刷
184mm×260mm · 19.75 印张 · 475 千字
标准书号：ISBN 978-7-111-77809-7
定价：169.90 元

电话服务　　　　　　　　网络服务
客服电话：010-88361066　机　工　官　网：www.cmpbook.com
　　　　　010-88379833　机　工　官　博：weibo.com/cmp1952
　　　　　010-68326294　金　书　网：www.golden-book.com
封底无防伪标均为盗版　　机工教育服务网：www.cmpedu.com

译者序

在"双碳"目标背景下，可再生能源光伏风电发展迅猛，2023年，我国光伏风电装机规模达到10.5亿kW·h，位居全球第一，2030年预计将达到30亿kW·h，亟须储能技术进一步发展以解决可再生能源的大规模消纳问题。以电池储能为主的新型储能技术是保障新型电力系统安全稳定运行的重要技术和基础装备，也是实现"双碳"目标的重要支撑。李强总理在十四届全国人大二次会议所作的政府工作报告中，首次提及发展新型储能，体现了国家从战略高度出发对新型储能技术发展的重视。目前，我国新型储能占比约为40%，其中锂离子电池占比高达97.3%，位列全球第一。而另一方面，新能源汽车产业发展势头同样迅猛，国际能源署发布的《全球电动汽车展望2023》中数据显示，2023年全球电动汽车保有量约为0.36亿辆，并以40%的年均增长率持续上升，预计2036年全球电动汽车保有量将达到28.61亿辆，届时全球锂储量将无法满足电动汽车需求。

作为新型储能和新能源汽车的刚需技术，依托有限锂资源的锂离子电池难以同时支撑两大产业的快速发展。当前，我国锂电池产能位居世界第一，2023年我国锂离子电池出货量887.4 GW·h，全球占比高达73.8%，但由于锂资源分布不均，我国锂储量仅占全球的6%左右，对外依存度超过70%，且碳酸锂价格波动剧烈，具有资源"卡脖子"风险，不利于国家能源战略安全。因此，发展下一代不受资源束缚的钠离子电池，逐渐成为该领域内越来越多专家学者的普遍共识。

20世纪70年代，钠离子电池与锂离子电池几乎被同时提出，但由于性能的差异导致钠离子电池的研究一度停滞，直到2010年前后才重新回归人们的视野。目前，经过研发人员的共同努力，钠离子电池在基础研究和产业化方面都取得了突出的成果。我国钠离子电池能量密度可达140~160W·h/kg，循环寿命根据需求可达6000次以上，实验室钠离子电芯能量密度可超过200W·h/kg，与磷酸铁锂电池相当，且具有"长宽高"（长循环、宽温域、高功率/安全）的特点。目前，我国已实现千吨级正负极材料和GW·h级电芯年产能，并在电动自行车、景区观光车、家用储能柜等领域实现应用示范。我国已发布全球首套电力储能电站用10MW·h钠离子电池储能系统，并实现A00级电动汽车量产下线。

英国帝国理工学院的Maria-Magdalena Titirici教授、德国柏林洪堡大学的Philipp Adelhelm教授和中国科学院物理研究所的胡勇胜教授均是钠离子电池领域的杰出科学家，取得了举世瞩目的研究成果。《钠离子电池：材料、表征与技术》是目前该领域内系统全面介绍钠离子电池的权威书籍。本书从材料、理论，到技术与应用多个层面，系统地对钠离子电池负极材料、正极材料、电解液、固体电解质、先进表征手段与理论计算、环境适应性与生命周期评估、全固态电池、产业化应用等进行了全面综述和讨论，对从事二次电池、新能源储能行业的研发工作者来说是非常实用和方便的参考书。本书也适合对钠离子电池领域感兴趣的投资者或政策制定者阅读，还可作为高校相关专业的教材和参考书。

本书由中国科学院物理研究所组织翻译，谢飞、李钰琦、余彦、芮先宏、殷雅侠、郭玉洁、金若溪、苏晓川、孙宁、杨良滔、郭浩、郭思彤、钟贵明、孙亚楠、刘珏、罗思共同参与完成了本书的翻译与校稿工作，全书由谢飞统稿、审阅和校对。

　　本书介绍的钠离子电池材料、表征与技术涉及物理学、化学、材料学、固态离子学、环境科学等多学科，相关知识范围很广，由于译者能力有限，译文中难免出现不准确甚至错误的地方，敬请广大读者朋友们谅解，并欢迎提出宝贵的意见和建议，在此表示诚挚的谢意。

译者

2024 年 5 月于北京

　　针对钠离子电池的研究早在 20 世纪 70 年代就和锂离子电池几乎同时展开，然而，由于其性能上的限制，几十年来研究工作一度停滞不前，直到 2010 年前后才又掀起研究的热潮。目前，钠离子电池已经是非常热门和活跃的研究领域，其主要目的是基于丰产和不受资源束缚的电池技术，发展其储能化学及工艺制造技术。钠离子电池与锂离子电池工作原理相同，也都是基于嵌脱型的电极材料及有机电解液体系，可以直接借鉴许多现成的原理和经验，这也是钠离子电池材料研究发展如此迅速的重要原因。此外，钠离子电池与锂离子电池的生产制造工艺及技术相同，极大地降低了钠离子电池大规模制造时的技术壁垒，这也是相比其他电池技术的一个重要优势。锂资源相对稀缺，已被欧盟列为关键原材料，而钠资源是锂的 1000 多倍，且在全球分布广泛，因此不像锂离子电池那样可能面临原材料的供应问题。然而，值得注意的是，由于碱金属在电池重量中占比很小，仅仅是将锂替换成钠来开发可持续的电池技术远远不够，还需要尽量规避例如钴等其他的关键元素。锂离子电池中的铜集流体可以被更加廉价、丰产和易循环利用的铝来代替，并且钠离子电池正极材料的选择也更加丰富，可以利用许多如铁、锰、铜等元素来代替锂离子电池中常用的钴、镍等元素（钴也被欧盟列为关键元素，而 McKinsey 预测到 2030 年镍的需求会增长 25 倍）。近些年的"芯片危机"无疑明确了世界经济的脆弱以及其对材料供应的高度依赖性，而更加多样性的电池化学可以更好地规避未来材料供应链的波动问题。

　　尽管具体的电芯情况可能不同，但受限于更低的电压，钠离子电池的能量密度相比锂离子电池总体低 20% 左右。钠离子电池可与磷酸铁锂基的锂离子电池性能相当，但欧盟也将磷矿资源列为了关键原材料。而与目前和锂离子电池共同被广泛使用的铅酸电池相比，钠离子电池具有显著提升的能量密度。因此，钠离子电池的主要应用场景不在于超越锂离子电池，而更适合大规模储能及小型电动汽车。令人振奋的是，全球已有多家企业活跃在钠离子电池材料与技术的发展上。Faradion（Reliance）、AMTE、Tiamat 和中科海钠展示了不同的技术路线，开展了多项应用示范。Natron Energy 也开发了针对高功率应用场景的钠离子电池产品。中科海钠于 2018 年推出了搭载 80A·h 钠离子电池的微型电动汽车，并于 2019 年和 2021 年分别投运 100kW·h 和 1MW·h 钠离子电池储能系统。该公司发布的软包钠离子电池平均工作电压 3.2V，能量密度 145W·h/kg，2C 充放电倍率下循环 4500 次容量保持率 ≥ 83%，并可在 -40℃ 环境下运行。尽管此前人们一致认为钠离子电池的主要市场是在储能领域，但动力电池龙头企业 CATL 于近期宣布，将开发锂/钠离子电池混用电池包用于电动汽车市场，其中钠离子电池可提供更高的功率及更好的低温性能，而锂离子电池可以保障足够高的整体能量密度，从而将两种电池技术的优势结合起来。一众企业宣布了将在未来几年实现钠离子电池的量产，我们也对钠离子电池能否在竞争的环境中实现真正的应用拭目以待。

　　如前文所述，不受资源束缚是大力发展钠离子电池的一个重要原因。从科学的角度，由于钠离子比锂离子大 30% 左右，将锂替代成钠也会带来很多问题。不同的尺寸所导致的极化会极大影响离子扩散、材料相变、溶剂化结构、吉布斯自由能和电荷转移等。更大尺寸的钠离子会带来更多有利还是不利的性质是一个关键的问题。

　　本书旨在提供钠离子电池材料发展的最新进展，分为上、下两卷。上卷首先介绍和讨论了石墨、硬碳、合金这些负极材料；并且概括了重要的正极材料，包括层状氧化物、聚阴离子化合物和普鲁士蓝；接下来介绍了应用于钠离子电池研究的先进表征手段，包括 X 射线 / 中子散射、核磁共振、对分布函数和理论计算等。下卷首先讨论了碳酸酯基和醚基电解液、离子液体、聚合物电解质以及氧化物固体电解质；然后介绍了钠离子电池的失效机制、安全性以及制造技术和环境相关内容；最后介绍了高功率器件、海水电池和全固态电池。

　　由衷地感谢所有作者在本书编写中付出的努力以及提供的专业意见，希望本书的内容能够给钠离子电池的研究人员带来一定的帮助与支持。衷心希望钠离子电池未来可期。

编　者

目 录

第14章　钠离子电池中的聚合物　// 82

第 16 章　钠离子电池的老化、退化、失效机制与安全　// 193

第 11 章
钠离子电池醚类和酯类电解液

作者：*Yuqi Li*，*Lin Zhou*，*Fei Xie*，*Yu Li*，*Zhao Chen*，*Yaxiang Lu*，*and Yong-Sheng Hu*

译者：李钰琦

▼ 11.1　概述

电解质是钠离子电池（NIB）的重要部分，因为它支持钠离子在正极和负极之间的传输，其分解产物形成负极固体电解质中间相界面（SEI）和正极固体电解质中间相界面（CEI），这些界面在钠离子电池的循环寿命、倍率性能和安全性等方面发挥关键作用[1-10]。与基于锂的系统相比，NIB 中不同的离子半径、扩散系数、盐的溶解度、溶剂化能以及 SEI/CEI 的组成，会引起不同的电化学行为。

根据电解质的类型，钠离子电池可以分为非水系钠离子电池、水系钠离子电池和固态电池。非水溶液系统由于其相对较高的离子导电性、宽的电化学窗口和对电极的良好润湿性，最接近商业应用。此外，低成本、低毒性和高热稳定性也是合格电解液所必需的特性。有机电解质主要由溶剂、盐和添加剂组成。根据不同类型溶剂的分类，酯和醚基电解液是钠离子电池有机电解液中应用最广泛的，通常对正负极都有较好的兼容性。钠离子电池的常见电解质组分如图 11.1 所示。

在早期，大多数钠离子电池的电解液直接沿用锂离子电池（LIBs）的体系，大多数科学家关注的是钠离子电池的电极设计，导致针对 NIB 的定制电解质的进展缓慢。幸运的是，近年来越来越多的科学家开始关注钠离子电池的电解质部分，因此有了许多新的发展。本章将重点介绍基于酯和醚的有机电解液在 NIBs 中的最新研究进展，具体内容包括在不同电解液下的电化学行为、SEI/CEI 形成机制和优化策略等。我们还将更多地关注可应用于具有商业前景的 NIB 电极的电解液，比如碳和金属氧化物等，也将介绍适配全电池的电解液。

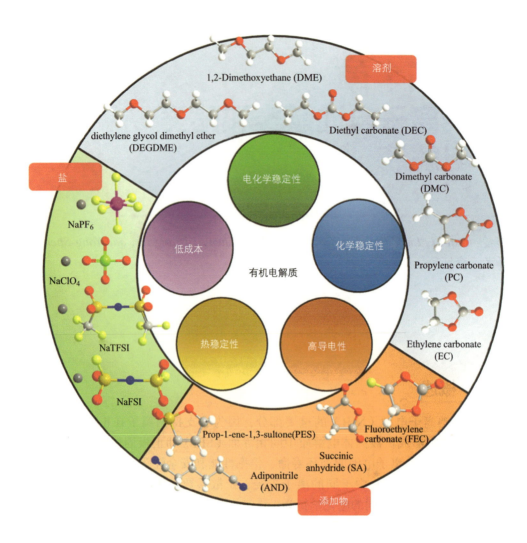

图 11.1　基于醚和酯的有机电解液对钠离子电池（NIBs）的基本要求和常见成分（来源：改编自文献 [9]，经 John Wiley & Sons 许可 /CC BY 4.0）

▼ 11.2　钠离子电池酯类电解液

　　回顾锂离子电池（LIBs）的发展历史，研究表明，基于酯的电解液在促进最终商业成功方面发挥了关键作用。经典的石墨负极应使用碳酸乙烯酯（EC）作为溶剂，而不是碳酸丙烯酯（PC），以抑制共嵌入剥离[11]。然而，研究发现，EC 和 PC 均无法实现可逆的 Na^+ 插层[12]。因此，我们将介绍选择电解质对 NIBs 的重要性。有两种常用的基于酯的溶剂：环状碳酸酯，如 EC、PC 等；线性碳酸酯，如二乙基碳酸酯（DEC）、二甲基碳酸酯（DMC）、乙基甲基碳酸酯（EMC）等[13, 14]。其中，环状碳酸酯具有相对较高的介电常数（由于高化学极性容易溶解盐类），以及稳定的化学和电化学性质，为 NIBs 提供了巨大的潜力。特别是具有宽液态温度范围的 PC 可以用于最有商业前途的 NIBs 硬碳负极。然而，其黏度值相对较高，例如，EC 在室温下呈固态，为了实现电解质的最佳性能，包括黏度、离子导电性、电化学稳定性、热稳定性等，线性碳酸酯通常作为与环状碳酸酯的共溶剂使用。实际上，应用二元或三元碳酸酯溶剂是 NIBs 的常见策略。但如何有效地组合这些溶剂仍然是一个挑战。

2011 年，Komaba 等人[15]使用基于 EC 和 DEC 或 DMC 或 EMC 的二元溶剂电解质组装了硬碳‖Na 半电池。使用 EC∶DEC（1∶1）溶液的电极展示了 78% 的高初始库仑效率（ICE）并在 100 次循环后保持稳定的性能。使用 X 射线光电子能谱（XPS）和飞行时间二次离子质谱（TOF-SIMS），在 NIBs 的 SEI 中发现了 Na_2CO_3、$ROCO_2Na$、CH_2- 和 $-CO-O-$ 酯键。2012 年和 2013 年，Ponrouch 等人[16, 17]发表了两篇关于电解质调节的论文。基于含有一系列溶剂混合物的电解质的物理化学性质测试和相关硬碳‖Na 半电池的电化学性能，他们首次筛选出 EC∶PC（1∶1）作为合适的溶剂配方，具有高离子导电性、低黏度、高放热起始温度和低反应焓，且展示了超过 180 次的循环寿命。然而，Na 金属的存在可能干扰电极的实际性能。例如，Na 金属的过电位驱动半电池到达较低的截止电位，防止硬碳负极的完全钠化[18]。因此，他们报道了一种 EC∶PC∶DMC（45∶45∶10）的三元混合物，用于 $Na_3V_2(PO_4)_2F_3$‖硬碳全电池，具有 3.65V 的高工作电压和令人满意的倍率性能，如图 11.2 所示。通过少量 DMC 可以明显增强电解质在整个温度窗口的离子导电性。

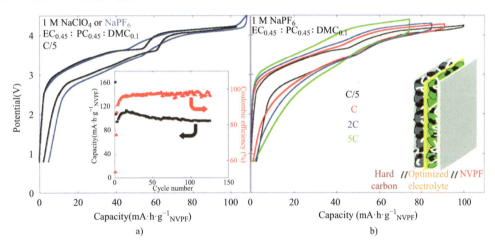

图 11.2 （a）在 1mol $NaPF_6$ 或 1mol $NaClO_4$ 的 EC∶PC∶DMC(45∶45∶10) 中循环的 $Na_3V_2(PO_4)_2F_3$‖硬碳全电池的电压与容量曲线，记录于 C/5 速率（插图显示了在 EC∶PC∶DMC(45∶45∶10) 的 1mol $NaClO_4$ 中循环时的充电容量和库仑效率与循环次数的关系（C/5）；（b）在 EC0.45∶PC0.45∶DMC0.1 的 1mol $NaPF_6$ 中循环的 $Na_3V_2(PO_4)_2F_3$‖硬碳全钠离子电池的电压与容量曲线，记录于不同速率（来源：改编自文献 [18]）

对于大尺寸 NIBs 的研究，Li 等人[19]在 2016 年基于 0.8mol $NaPF_6$ 的 EC∶DMC 电解质准备了 2A·h 钠离子软包电池（$Na_{0.9}Cu_{0.22}Fe_{0.30}Mn_{0.48}O_2$‖硬碳），发现这些电池可以通过一系列滥用测试，如针刺、短路和过充，表明它们的高安全性。Rudola 等人[20]准备了 0.9A·h 钠离子软包电池（层状氧化物‖硬碳）并发现 PC 主导的电解质可以支持 NIBs 的优异性能。注意，当仅使用 PC 溶剂（带有非稀释添加剂）时，6mA·h 钠离子软包电池可以获得满意的性能（在 0.5C 倍率下 385 次循环至 20% 容量衰减）。然而，当这种电池设计

扩大到 1A·h 钠离子软包电池时，即使在化成循环期间的 0.1C 速率下也无法循环。此外，他们提出了一种 EC：DEC：PC（1：2：1）的溶剂混合物，以在 4.2 ~ 1V 的 0.9A·h 钠离子软包电池中提供高循环稳定性（600 次循环后 20% 的容量损失）。此外，它们可以在极端温度下正常工作并通过滥用测试，包括短路、过充和针刺。最近，Che 等人[21]对 NIBs 的电解质进行了进一步的工程优化，并指出与基于 EC 的电解质相比，基于 PC 的电解质具有更好的容量保持和安全性。具体来说，使用 PC/EMC 溶剂的软包电池（$NaNi_{1/3}Fe_{1/3}Mn_{1/3}O_2$|| 硬碳）展示了在 1000 次循环后 83.6% 的高容量保持率，使用加速量热仪（ARC）测试充电状态下软包电池（$NaNi_{1/3}Fe_{1/3}Mn_{1/3}O_2$|| 硬碳）的热行为时，发现 PC/EMC 的热失控温度为 145.1℃，这主要归因于在 PC/EMC 中形成的高稳定 SEI 和 CEI（图 11.3）。

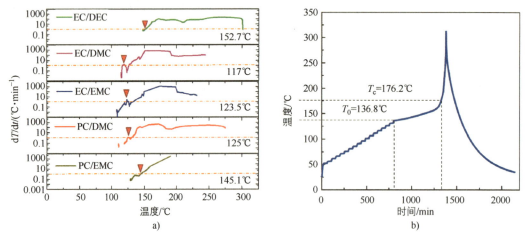

图 11.3 （a）不同电解质的软包电池在各种温度下的自热速率比较；（b）优化电解质的软包电池的热失控过程（来源：来自文献 [21]，经 Elsevier 许可）

除了溶剂外，盐也是电解质的重要组成部分。通常使用的盐有两种类型：无机盐，如 $NaPF_6$、$NaBF_4$、$NaAsF_6$、$NaClO_4$ 等；有机盐，如三氟甲磺酸钠（NaOTF）、双（三氟甲磺酰）亚胺钠（NaTFSI）、双（氟磺酰）亚胺钠（NaFSI）、氟磺酰-（三氟甲磺酰）亚胺钠（NaFTFSI）、草酸硼酸钠（NaBOB）、二氟草酸硼酸钠（NaDFOB）等。2012 年，Jian 等人[22]首次报道了基于 NaFSI 的电解质。使用 NaFSI 和 PC 的 $Na_3V_2(PO_4)_3$/C||Na 半电池在循环过程中展示出比使用 PC 中的 $NaClO_4$、PC 中的 $NaBF_4$、EC：DEC 中的 $NaPF_6$ 和 EC：DEC 中的 NaFSI 更高的平均库仑效率，如图 11.4 所示，这表明了电解质中盐的选择的重要性。

除了电化学影响外，Xia 等人[23-25]报道了钠盐的存在会通过 ARC 测试降低钠化硬碳的热稳定性。他们的研究还发现，与基于 NaTFSI 的电解质相比，基于 $NaPF_6$ 的电解质下的钠化硬碳反应性更强，这是因为 NaTFSI 具有高热稳定性。Eshetu 等人[26]发现，在固定溶剂混合物中，电解质的反应性按 NaFSI < NaTFSI<$NaPF_6$< NaFTFSI < $NaClO_4$ 的顺序增加，这是通过差示扫描量热法（DSC）得到的。除了热稳定性外，化学稳定性也很重要。他们进一步发现，$NaPF_6$ 可以增强 Al 的稳定性，这是由于在 Al 表面形成氟铝酸盐（AlF_3 或 AlO_xF_y）。为了更深入地了解 SEI，Eshetu 等人[27]基于非常详细的 XPS 表征，明确了盐（$NaPF_6$、$NaClO_4$、NaTFSI、NaFSI 和 NaFTFSI）对硬碳负极 SEI 组成的影响。SEI 的深

度演化和厚度受到钠盐的阴离子和阳离子的深刻影响。一些关键结论包括：基于 Na 的电解质形成的 SEI 比基于 Li 的电解质更均匀，并且有更多的有机成分，如图 11.5 所示；硬碳上 SEI 的有机成分随着不同盐的使用按 NaFSI < NaFTFSI < NaTFSI < NaClO$_4$ < NaPF$_6$ 的顺序增加。注意，盐和溶剂之间的适配性很重要。Chen 等人[28] 提出将 NaDFOB 盐用于 Na$_{0.44}$MnO$_2$||Na 半电池。与 NaClO$_4$ 和 NaPF$_6$ 相比，NaDFOB 与许多常见溶剂具有更好的兼容性，并且暴露于空气或水时仍能保持稳定。

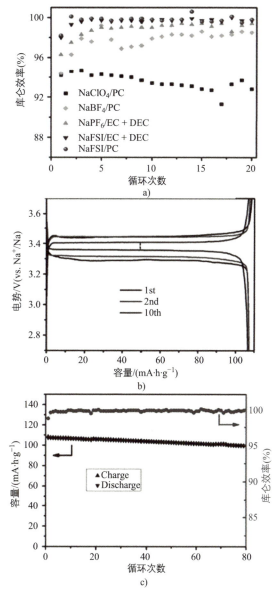

图 11.4 （a）PC 中的 NaClO$_4$、PC 中的 NaBF$_4$、EC+DEC 中的 NaPF$_6$、EC+DEC 中的 NaFSI 和 PC 中的 NaFSI 的 Na$_3$V$_2$(PO$_4$)$_3$/C||Na 电池的库仑效率；（b）PC 中的 NaFSI 的 Na$_3$V$_2$(PO$_4$)$_3$/C||Na 电池的充放电曲线；（c）在 PC 中的 NaFSI 电解质下，Na$_3$V$_2$(PO$_4$)$_3$/C||Na 电池在 C/10 速率和 2.7 ~ 3.7V（相对 Na$^+$/Na）的电压范围内的库仑效率和特定可逆容量与循环次数的关系（来源：来自文献 [22]，经 John Wiley & Sons 许可）

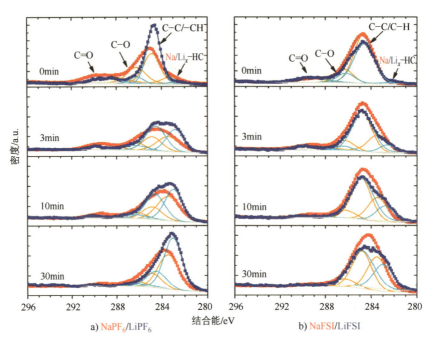

图 11.5　C1s 谱图显示了在 1mol Na(Li)X(X = PF$_6$ 和 FSI) 的 EC：DEC（1：1）中钠化（锂化）的硬碳（HC）电极表面及不同深度（使用 Ar$^+$ 溅射记录于 0min、3min、10min 和 30min）的 XPS 记录，分别为（a）Na(Li)PF$_6$ 和（b）Na(Li)FSI，其中红色和蓝色曲线分别指的是基于 Na 和 Li 的电解质盐（来源：来自文献 [27]，经 Elsevier 许可）

　　调节浓度是 NIBs 电解质设计的关键考虑因素。通常使用的浓度约为 1mol/L。Patra 等人 [29] 报道了一种 3mol NaFSI 的 EC：PC 电解液中，具有可接受的电导率（6.3mS·cm^{-1}）、黏度（22cP）和降低的易燃性。更重要的是，这种中等浓度的电解质可以在硬碳电极上诱导形成具有有机 – 无机混合成分的坚固且黏附良好的 SEI，包括 (CH$_2$)$_n$ 和 NaF。得益于上述优点，ICE 和平均库仑效率分别达到 85% 和 > 99.9%。经过 500 次循环后，容量损失仅为 5%，与在 1mol NaPF$_6$ 的 EC：PC 电解质下形成的厚 SEI 层（~ 20nm）相比，SEI 的厚度仍然可以维持 ~ 5nm。Chen 等人 [30] 为硬碳电极准备了 2mol NaTFSI 的 EC：DMC 电解液。相关半电池可以从低到高倍率提供高可逆容量和循环稳定性。2mol 浓度可以保证电解质中有高水平配位的阴离子和溶剂分子，释放更多自由分子以促进倍率性能。他们还组装了全电池（Na$_{2/3}$Ni$_{1/3}$Mn$_{2/3}$O$_2$‖ 硬碳）以验证这种电解质配方的有效性。注意，盐的合成也很重要，因为高纯度可以达到更高的电解质浓度 [31]。最近，Hwang 等人 [32] 利用了熔融盐体系可以增加有机溶剂中的溶解度的原理，并进一步提出了一种 5mol NaFTFSI-NaFSI-NaOTF 在 PC 中（盐无法达到如此高的浓度）具有抑制 Al 腐蚀和高氧化稳定性，可以应用于 NaCrO$_2$‖ 硬碳全电池，经过 100 次循环在 1C 倍率下具有高容量保持率（86.9%）的稳定循环。总的来说，电解质中有三种 Na$^+$ 溶剂化成分，包括溶剂分离离子对（SSIP）、接触离子对（CIP）和聚集体（AGG）。高浓度电解质的溶液结构主要由 AGG 和 CIP 组成。因此，所有溶剂几乎都被配位，并且阴离子可能与两个或更多的 Na$^+$ 配位，这促成了基于阴离子的 SEI。

　　然而，电解质的高浓度通常会导致相对较高的成本和黏度。回到基于钠的系统，Na^+ 的 Stokes 半径和去溶剂化能小于 Li^+。因此，较低浓度的电解质也可以应用于基于钠的系统。Hu 等人[33] 提出了一个不寻常的超低浓度电解质（0.3mol $NaPF_6$ 在 EC∶PC 中）用于 NIBs。首先，他们评估了不同浓度的一系列电解质（x mol $NaPF_6$ 在 EC∶PC 中），发现浓度越高，导电性增加的速率越慢，表明使用低浓度电解质可以达到足够的动力学性能。他们还研究发现，NIBs 可以在这种超低浓度电解质（0.3mol）中在极端温度（−30 ~ 55℃）下良好工作。令人惊讶的表现在于低黏度、较少的腐蚀风险，并形成了如图 11.6 所示的柔性有机主导的 SEI/CEI。有机组分主要来源于由于这种超低浓度电解质中溶剂对盐的高摩尔比而导致的溶剂分解。这一概念进一步在 A·h 级电池中得到验证，展示了超过 3000 次的稳定和长循环寿命。稀释电解质化学提供了一个朝向低成本、宽工作温度范围的能源存储

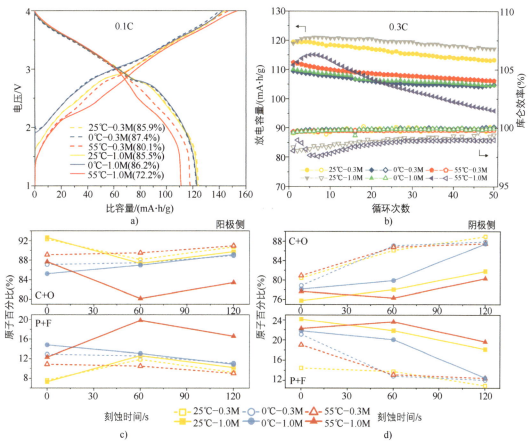

图 11.6　（a，b）使用超低浓度电解质（0.3mol）或常规浓度电解质（1mol）在 0℃、25℃和 55℃下的 NIBs 的电化学性能，（a）0.1C 下的初始放电 – 充电曲线。相关的 ICE 在括号中注明，（b）0.3C 下的循环能力；（c，d）NIBs 在 0.1C 下一周期后的表面钝化化学，来自带有 Ar^+ 刻蚀的 XPS 实验，在（c）SEI 膜和（d）CEI 膜检测到的 C（C 1s）加 O（O 1s）和 P（P 2p）加 F（F 1s）元素的原子比例（来源:来自文献 [33]，经 American Chemical Society 许可）

系统的宝贵思路。最近，Jiang 等人[34] 在 0.3mol NaPF$_6$ 的 EC/PC 中加入了醋酰胺添加剂，成功制备了钠金属电池（Na$_3$V$_2$(PO$_4$)$_3$||Na），在 2C 下经过 1955 次循环后展示了 92.63% 的高容量保持率。通过对电解质浓度研究工作的详细回顾，发现电解质浓度有向稀释状态发展的趋势[35]。实际上，更宽的浓度范围（约 0.3 ~ 0.8mol）值得进一步仔细探索。一些钠或非钠盐可以作为添加剂引入基于钠的电解质系统。Wang 等人[36] 在碳酸酯电解质中加入了 NaAsF$_6$ 盐用于钠金属负极。这种混合物产生了包含许多 NaF 和 O–As–O 聚合物样化合物的 SEI，在 0.1mA·cm^{-2} 下经过 400 次循环后，库仑效率高达约 97%。Chae 等人[37] 选择了一种新颖的 NaI 盐作为隧道型 Na$_{0.44}$MnO$_2$ 正极的添加剂。NaI 可以与 Mn 离子反应形成 MnI$_2$ 和 MnI$_3$ 作为薄 CEI 的组成部分，这可以抑制 Mn 溶解，实现稳定的循环（600 次循环后容量保持率为 96%）。Soto 等人[38] 为硬碳 ||Na 半电池创建了基于 Li 的 SEI，为硬碳 ||Li 半电池创建了基于 Na 的 SEI。他们发现 Na$^+$ 无法通过基于 Li 的 SEI，而 Li+ 可以轻易通过基于 Na 的 SEI，表明了离子选择效应。因此，在基于钠的系统中，Li 盐添加剂可能无效。Che 等人[39] 选择了 Rb$^+$(RbPF$_6$) 和 Cs$^+$(CsPF$_6$) 作为硬碳 ||Na 半电池的电解质添加剂。引入 Rb$^+$ 和 Cs$^+$ 增加了 SEI 中的 P–F 或 C–F 物种含量，同时抑制了溶剂还原，导致离子导电性和 SEI 稳定性的增强，有利于循环稳定性。

为了实现更有效的人造 SEI，必须在电解质中加入功能性添加剂以进一步改善电解质的整体性质、伴随的电化学性能乃至安全性。2011 年，Komaba 等人[40] 在 1mol NaClO$_4$ 的 PC 中为 NIBs 测试了几种添加剂，包括氟乙烯碳酸酯（FEC）、反式二氟乙烯碳酸酯（DFEC）、乙烯亚砜（ES）和碳酸亚乙烯酯（VC），这些是 LIBs 的经典高效电解质添加剂。不幸的是，只有 FEC 能通过抑制 PC 还原来改善全电池（NaNi$_{1/2}$Mn$_{1/2}$O$_2$|| 硬碳）的可逆性。此外，FEC 甚至可以实现更有效的钠金属镀膜和剥离。最近，Fondard 等人[41] 评估了 FEC 在长周期过程（超过 100 次循环）中的效果，发现形成的钠乙烯二碳酸盐和 NaF 是 SEI 中有益的成分。除了碳和钠负极外，FEC 还可以通过 FEC 环开环聚合反应保护合金型电极，包括 Sb、Sn 等[42-44]。注意，也有文献报道 FEC 有副作用，这可能是由于不同的电极样品[45]。然而，一种添加剂可能无法满足所有需求，因此可以共同引入多种添加剂。Che 等人[46] 在 1mol NaPF$_6$ 的 PC：EMC 电解质中使用了 FEC-丙烯 -1,3- 磺酮（PST）- 乙烯亚砜（DTD）三添加剂。在含有这种三添加剂的电解质中，NaNi$_{1/3}$Fe$_{1/3}$Mn$_{1/3}$O$_2$|| 硬碳全电池的容量保持率在 1000 次循环后可以达到 92.2%，这比单一添加剂或双添加剂的效果更好。三添加剂诱导了一个富含有机化合物的 SEI，以及密集和厚实的 CEI，这有助于提高循环稳定性。此外，Yan 等人[47] 制备了一种神奇的电解质，其中在基础电解质（1mol NaPF$_6$ 在 EC：PC 中）包括四种添加剂，如 VC、丁二腈（SN）、1,3- 丙烷磺酮（PS）和 NaDFOB。这些添加剂协同形成稳定的 SEI[在负极（硬碳）] 和 CEI[在正极（Na$_3$V$_2$(PO$_4$)$_2$F$_3$）]，分别可以抵抗高温（55℃）的影响（图 11.7）。通过阻抗、XPS 和计算，他们确认了 NaF 涂层、薄弹性体和基于硫酸盐的沉积物在有效 SEI/CEI 中发挥关键作用。对于安全问题，Feng 等人提出了二苯基作为 Na$_{0.44}$MnO$_2$||Na 电池的过充保护添加剂，可以通过电聚合过程防止电压失控[48]。此外，他们在碳酸酯基电解质（1mol NaPF$_6$ 在 EC：DEC 中）中加入了乙氧基（五氟）环三磷腈（EFPN）实现了高效的阻燃效果[49]。在这个不易燃电解质系统中，电极（乙炔黑负极和 Na$_{0.44}$MnO$_2$ 正极）没有损伤。

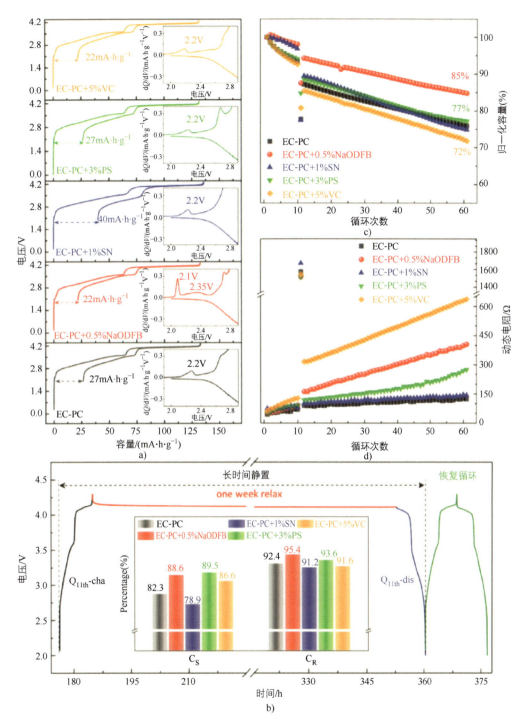

图 11.7　使用单一添加剂的电解质在 55℃下循环的 $Na_3V_2(PO_4)_2F_3$|| 硬碳电池的电化学性能:(a)电压 – 容量曲线及其插图中的对应 dQ/dV 图,全电池 dQ/dV 图中显示的正电流对应于硬碳电极的还原过程;(b)第 11 次循环(自放电循环)和第 12 次(恢复循环)的 $Na_3V_2(PO_4)_2F_3$|| 硬碳电池的电压 – 时间曲线,及其在自放电循环中的容量保持和在恢复循环中的容量恢复;(c,d)分别在 C/10 循环过程中的容量保持和动态电阻演变(来源:来自文献 [47],经 John Wiley & Sons 许可)

▼ 11.3 钠离子电池醚类电解液

尽管 Na^+ 不能在传统的酯类电解质中插层到石墨中，但替换为基于醚的电解质可以通过基于醚的溶剂和 Na^+ 的共插层来实现高度可逆的钠化反应[12]。这一惊人的过程具有优越的动力学（倍率性能）特性，部分原因可能是缺失的 SEI（几乎没有初始容量损失）[50]。此外，高 ICE 与盐（优选 $NaPF_6$ 和 NaOTF）甚至黏结剂（优选海藻酸钠）的选择密切相关，它们倾向于微弱的过度分解[51]。基于醚的溶剂具有高还原稳定性和强 Na^+ 溶剂化能力，促进形成稳定的共插层。基于电解质参与氧化还原反应的特殊过程，Xu 等人[52] 设计了一种高浓度电解质（2mol $NaPF_6$ 在单甘醇 [DME] 中）以降低石墨负极的共插层电压，并在 $Na_{1.5}VPO_{4.8}F_{0.7}$‖ 石墨全电池中实现了 3.1V 的高平均工作电压和长循环寿命（1000 次循环）。最近，Liang 等人[53] 通过在基础电解质 [3.04mol $NaPF_6$ 在双甘醇（DEGDME）] 中引入一种新型添加剂（1,3- 二氧戊环 [DOL]），实现了具有 3.2V 高电压和 1300 次循环后 $100mA \cdot h \cdot g^{-1}$ 高可逆容量的 $Na_3V_2(PO_4)2O2F$‖ 石墨全电池。对氧化 / 还原稳定性、溶剂化壳层完整性、SEI 柔性和石墨及整体实用性的详细比较如图 11.8 所示。考虑到 DOL 作为具有高氧化稳定性的稀释剂，基于醚的电解质和 DOL 的组合是基于石墨的全电池朝向高性能的一个较好解决方案。

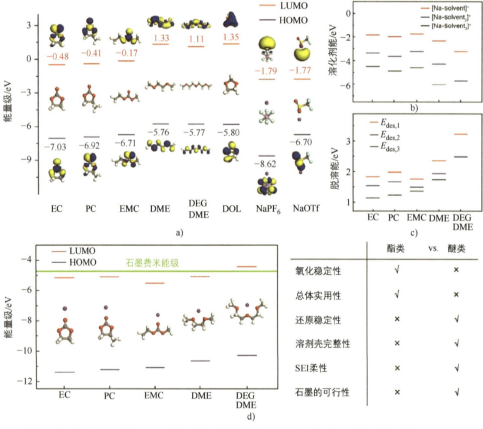

图 11.8 酯类和醚类在（a）最低未占据分子轨道能级（LUMO）/ 最高占据分子轨道能级（HOMO）能级图中的差异，其中溶质和溶剂的轨道波函数由蓝色和黄色表面在相反方向表示，（b）溶剂化能，（c）Na^+-溶剂复合物的脱溶能，以及（d）[Na- 溶剂]$^+$ 络合物的 LUMO/HOMO 能级和相应的石墨的费米能级（来源：来自文献 [53]，经 John Wiley & Sons 许可）

关于基于醚的电解质对其他碳负极的影响，Zhang 等人[54]发现在基于醚的电解质中，具有高比表面积和伴随大初始容量损失的还原氧化石墨烯（rGO）的电化学性能得到了增强。使用 1mol NaOTF 在双甘醇电解质中的 rGO 的 ICE 可以从使用 1mol NaOTF 在 EC∶DEC 电解质中的 39% 提高到 74.6%，实现了 509mA·h·g^{-1} 的高可逆比容量。在基于醚的电解质下形成的 SEI 致密且薄，具有高离子传导性能。更具体地说，基于 XPS 结果，醚的电解质在 SEI 中诱导了更致密、更薄的外部有机层。Zhu 等人[55]进一步将基于醚的电解质应用于硬碳负极，发现基于醚的电解质可以减少高倍率下的平台容量损失，在基于醚的电解质下发现较小的电荷转移阻力和电化学极化促进了 NIBs 中的传输性能。此外，Hou 等人[56]合成了一种无添加剂的纸基硬碳负极，实现了超过 90% 的高 ICE，以及良好的倍率能力（2000mA·g^{-1}）和优越的低温性能（-25℃）。其优化机制在于硬碳负极平台区域更好的电化学反应动力学。在基于醚的系统中也可以在硬碳上形成薄 SEI[57]，但过薄的 SEI 可能不利于长期循环稳定性。Bai 等人[58]进行了一个有趣的实验，以解耦"体积离子传输"和"界面"要求。通过在酯类电解质中预循环形成一个"异质 SEI"，随后的循环在基于醚的电解质中测试，赋予了超长循环寿命（超过 1000 次循环）而没有明显的容量损失。为了解决上述烦琐的电池移除过程，最近，Bai 等人[59]设计了一个醚 - 酯混合物（DME 和少量 VC）以产生更多的有机聚合物组分到 SEI 中，这可以有效地抑制硬碳的结构变化，具有稳定的阻抗，如图 11.9 所示。

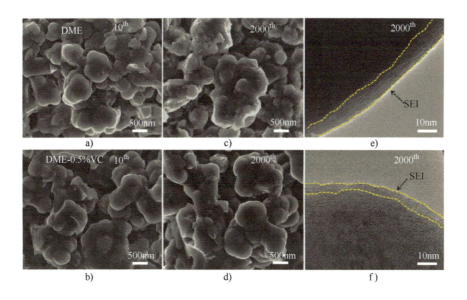

图 11.9　硬碳负极表面形貌和电化学阻抗随循环的演变，在（a，b）10 次和（c，d）2000 次循环后的电极的扫描电子显微镜（SEM）图像，分别在（a，c）DME 基和（b，d）DME-0.5%VC 电解质中；在（e）DME 基和（f）DME-0.5%VC 电解质中 2000 次循环后的硬碳负极的透射电子显微镜（TEM）图像；具有（g）DME 基（插图显示放大的幅度）和（h）DME-0.5%VC 电解质的硬碳负极的 Nyquist 图和拟合曲线；（i）两种电解质之间的阻抗比较，插图显示等效电路（来源：来自文献 [59]，经 Elsevier 许可）

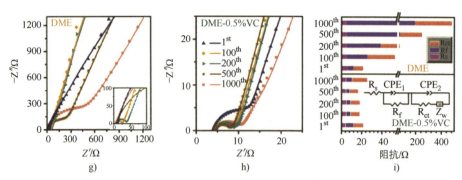

图 11.9　硬碳负极表面形貌和电化学阻抗随循环的演变，在（a，b）10 次和（c，d）2000 次循环后的电极的扫描电子显微镜（SEM）图像，分别在（a，c）DME 基和（b，d）DME-0.5%VC 电解质中；在（e）DME 基和（f）DME-0.5%VC 电解质中 2000 次循环后的硬碳负极的透射电子显微镜（TEM）图像；具有（g）DME 基（插图显示放大的幅度）和（h）DME-0.5%VC 电解质的硬碳负极的 Nyquist 图和拟合曲线；（i）两种电解质之间的阻抗比较，插图显示等效电路（来源：来自文献 [59]，经 Elsevier 许可）（续）

　　此外，基于醚的电解质展现了更好的润湿性，适用于高面容量的电极 [60]。最近，Li 等人 [61] 对硬碳负极中电解质依赖的 Na^+ 传输行为进行了详细分析，发现存在双甘醇 -Na^+ 复合物，使 Na^+ 通过类石墨结构进入硬碳的封闭孔隙。为了进一步理解基于醚的电解质的起源机制，Ma 等人 [62] 对基于醚的电解质中形成的 SEI 进行了纳米级分析。SEI 中有富含无机物的内层和富含有机物的外层，促进形成了优越的倍率能力和循环寿命。他们进一步提出了基于 TEM 结果的"伪 SEI"概念，用于快速和稳定的 Na^+ 存储，这与硬碳的界面晶体结构和柱状溶剂有关，如图 11.10 所示。

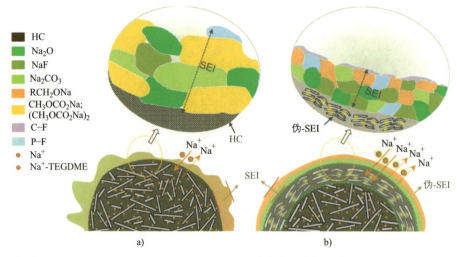

图 11.10　硬碳负极中 Na^+ 离子存储的 SEI 和伪 SEI 结构及化学示意图，在（a）碳酸酯基和（b）醚基电解质中（来源：来自文献 [62]，经 John Wiley & Sons 许可）

　　实际上，基于醚的电解质可以扩展到其他各种系统。对于转换型电极，Li 等人[63] 在基于醚的电解质中验证了 TiO_2 电极与电解质和电极界面之间易于电荷转移，具有高 ICE 和优越的倍率能力。对于合金型电极，Zhou 等人[64] 使用 $NaPF_6$ 在 DME 中的电解质获得了具有高容量（约 $400mA \cdot h \cdot g^{-1}$）和稳定性（约 500 次循环）的 Bi 电极，这是因为 PF_6^- 离合金化负极表面更远。他们指出，电解质中 Na^+ 溶剂化结构（包括阴离子的类型和位置）对于合金电极稳定化非常重要。Wang 等人[65] 进一步观察到在基于醚的电解质下的大块 Bi 电极中一个非常新颖的现象，即存在向多孔结构的不可逆形貌转变。这种独特的多孔完整性可以确认电解质和电极之间的有利相互作用，Bi‖Na 半电池的容量保持率在 2000 次循环后为 94.4%，具有高可逆容量 $400mA \cdot h \cdot g^{-1}$。此外，他们成功构建了 $Na_3V_2(PO_4)_3$‖Bi 全电池，具有高功率密度（$2354.6W \cdot kg^{-1}$）和宽工作温度范围（$-15 \sim 45℃$），这可以归因于在基于醚的电解质中形成的特殊多孔网络[66]。

　　对于纯钠金属系统，Seh 等人[67] 报道了在 $0.5mA \cdot cm^{-2}$ 下具有 99.9% 高平均 CE 和超过 300 次循环的高度可逆的钠镀剥过程。这种钠金属的高可逆性在于形成稳定和薄的 SEI，正如低温 TEM 和 XPS 所揭示的[68]。Zhou 等人[69] 从 Na^+ 溶剂化结构的角度对选择进行了详细分析。基于分子动力学（MD）模拟，他们显示了由于 Na^+-碳酸酯相比 Na^+-醚的相互作用较弱，因此 PF_6^- 可以靠近碳酸酯电解质中的 Na 金属界面，引发阴离子介导的腐蚀。然而，PF_6^- 具有中等相互作用和自由度，可以使用醚电解质远离电极。Chen 等人[70, 71] 报道了一个与离子-溶剂复合物相关的新型产气机制，并进行了热力学分析。具体来说，离子-溶剂复合物的 LUMO 水平低于纯溶剂，因此它们容易在碱金属阳极上还原，导致在 Na 上产生更剧烈的气体。为了解决这个问题，一种阳离子添加剂（$LiPF_6$）可以基于包括电极电势、溶剂 LUMO 水平降低和与溶剂的结合能原理来抵抗电解质分解产气。$LiPF_6$ 的添加甚至可以由于静电屏蔽效应抑制 Na 枝晶生长。注意，大多数 Na 盐含有 F 元素，所以 F 似乎是 SEI 中的一个必要组分。然而，Doi 等人[72] 使用了一种钠四苯硼酸盐/DME 电解质（无氟）来保护 Na 金属，实现了在 300 次循环后平均库仑效率为 99.85% 的可逆钠镀剥。令人惊讶的是，具有高稳定性和极低阻抗的 SEI 仅由 C、O 和 Na 元素组成。关于浓度调节，Li 等人[73] 进一步提出了一种由 5mol NaFSI 在 DME 中组成的浓缩电解质，以抑制高电压区域（超过 $4.9V vs.Na/Na^+$）的氧化分解和 Al 集流体的腐蚀。然而，如上所述，高浓度通常会导致高成本、高黏度和差的润湿性。Zheng 等人[74] 提出了一种新型的局部高浓度电解质，通过引入氟代醚，如双（2,2,2-三氟乙基）醚（BTFE）作为“惰性”稀释剂，以保持高浓度电解质的内在溶剂化结构。这种电解质的最终浓度仅为 1.5mol，能够实现平滑的 Na 沉积、20C 的快速镀层，以及 $Na_3V2(PO4)3$‖Na 电池的 40000 次的稳定循环。

　　除了负极侧，基于醚的电解质也显示出对正极侧的良好兼容性，表明了全电池的广泛应用[75, 76]。Zhao 等人[77] 在 PC 和 FEC 中加入了一种高度氟化的基于醚的溶剂，构建了一个富含 NaF 的 CEI，具有稳定和保护性质。形成的 CEI 可以限制 $P2-Na_{0.66}Li_{0.22}Mn_{0.78}O_2$ 中不可逆的 Li/Mn 溶解和 O_2 释放，能够在 45℃ 下提供 100 次循环后保持 $142.5mA \cdot h \cdot g^{-1}$ 的高容量。Song 等人[78] 设计了一种局部高浓度电解质配方，由 1.2mol NaFSI 在 DME 中加入 BTFE，以抑制 $O3-NaNi_{0.68}Mn_{0.22}Co_{0.10}O_2$ 表面的岩盐形成。装配的 $O3-NaNi_{0.68}Mn_{0.22}Co_{0.10}O_2$‖硬碳全电池具有高面容量（$> 2.5mA \cdot h \cdot cm^{-2}$）和少量电解质（~40μL），可以在 450 次循环后保持 82% 的容量。Yan 等人[79] 展示了一种基于 NaFSI-三乙基磷酸酯（TEP）

和 1,1,2,2- 四氟乙基 -2,2,3,3- 四氟丙基醚（TTE）的非易燃局部高浓度电解质，用于
NaCu$_{1/9}$Ni$_{2/9}$Fe$_{1/3}$Mn$_{1/3}$O$_2$‖ 硬碳全电池，通过低温 TEM 分别确认了富含无机物的 SEI 减少了
硬碳和电解质之间的副反应，以及超薄但坚韧的 CEI 抑制了过渡金属溶解和表面重构。这
种电解质赋予了全电池高安全性和优异的循环稳定性（200 次循环后容量保持率为 82.5%），
如图 11.11 所示。Yang 等人[80] 为普鲁士蓝‖ 硬碳软包电池提出了类似的配方，即 NaTFSI
在三甲基磷酸酯（TMP）：BTFE：VC 中。得益于通过调节氢键来优化 SEI，全电池在
120 次循环后可以实现 > 85% 的高容量保持率。最近，Li 等人在传统配方（NaPF$_6$ 在 DE-
GDME 中）添加了 NaBF$_4$ 作为一种新型添加剂，通过在无负极钠电池中的负极 / 正极侧
形成坚韧且薄的 SEI/CEI 和异质硼元素分布，实现了高度可逆的钠金属沉积 / 溶解[88]。

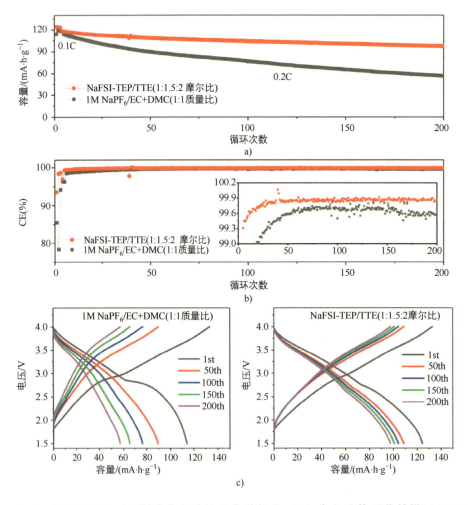

图 11.11 NaCu$_{1/9}$Ni$_{2/9}$Fe$_{1/3}$Mn$_{1/3}$O$_2$‖ 硬碳全电池的电化学行为，（a）全电池使用非易燃 NaFSI-TEP/TTE
（1：1.5：2 摩尔比）电解质和传统 1mol NaPF$_6$/EC+DMC（1：1 质量比）电解质的循环性能和（b）库仑
效率；（c，d）使用 1mol NaPF$_6$ 在 EC：DMC（1：1）（c）和 NaFSI-TEP/TTE（1：1.5：2 摩尔比）（d）电
解质的全电池的选定充放电电压曲线（来源：来自文献 [79]，经 American Chemical Society 许可）

11.4　总结与展望

总的来说，酯类和醚类电解质都在不同电极系统的 NIBs 中具有重要的应用前景。酯类电解质表现出高耐氧化性，可以与高电压正极相匹配。然而，醚类电解质具有较低的氧化电压，但倾向于形成比酯类电解质更薄的 SEI 层，促进反应动力学。盐、溶剂、浓度和添加剂的调节都是进一步优化的有效方法，这些因素显著影响 NIBs 的电化学性能。通过回顾性分析，可以看到大多数 NIBs 的电解质都遵循 LIBs 电解质的发展过程，但我们应该考虑到不同的电池特性从而为 NIBs 进行特殊定制。

除了上述为 NIBs 设计电解质的尝试外，还应该做出许多努力来理解电解质的影响机制。电解质溶剂化结构的精确建模是必要的，它影响电荷传输、去溶剂化过程和最低未占据分子轨道能级（LUMO）/最高占据分子轨道能级（HOMO）。一旦准确地确定了与 LUMO/HOMO 相关的所有组分的分解点以及结构和组成的具体产物信息，就有助于建立完整的三维 SEI/CEI 模型。例如，NaF 通常被认为是 SEI 的关键组分之一，但关于其积极或消极作用存在一些相互矛盾的观点[33, 47]。因此，需要进一步确认 SEI 物种的具体结构特征，包括晶格参数和晶粒大小[81, 82]。此外，基于理论建模确定溶剂、盐和添加剂的比例是更好的[83]。应该系统地考虑电解质对黏结剂、集流体、活性材料和导电剂等的兼容性[84]。为了合理评估电解质，需要注意的是，可能会受到 Na 金属的一些影响，因此需要进行全电池测试[85]。除了在常规环境下测试电化学性能外，我们还应该更加关注电解质在极端环境下的行为，以实现高安全性电解质[86, 87]。

参 考 文 献

1 Pan, H., Hu, Y.-S., and Chen, L. (2013). Room-temperature stationary sodium-ion batteries for large-scale electric energy storage. *Energy & Environmental Science* 6 (8): 2338–2360.

2 Li, Y., Lu, Y., Zhao, C. et al. (2017). Recent advances of electrode materials for low-cost sodium-ion batteries towards practical application for grid energy storage. *Energy Storage Materials* 7: 130–151.

3 Hu, Y.-S. and Lu, Y. (2019). 2019 nobel prize for the Li-ion batteries and new opportunities and challenges in Na-ion batteries. *ACS Energy Letters* 4 (11): 2689–2690.

4 Usiskin, R., Lu, Y.X., Popovic, J. et al. (2021). Fundamentals, status and promise of sodium-based batteries. *Nature Reviews Materials* 6 (11): 1020–1035.

5 Che, H., Chen, S., Xie, Y. et al. (2017). Electrolyte design strategies and research progress for room-temperature sodium-ion batteries. *Energy & Environmental Science* 10 (5): 1075–1101.

6 Bommier, C. and Ji, X. (2018). Electrolytes, SEI formation, and binders: a review of nonelectrode factors for sodium-ion battery anodes. *Small* 14 (16): 1703576.

7 Muñoz-Márquez, M.Á., Saurel, D., Gómez-Cámer, J.L. et al. (2017). Na-ion batteries for large scale applications: a review on anode materials and solid electrolyte interphase formation. *Advanced Energy Materials* 7 (20): 1700463.

8 Huang, Y., Zhao, L., Li, L. et al. (2019). Electrolytes and electrolyte/electrode interfaces in sodium-ion batteries: from scientific research to practical application. *Advanced Materials* 31 (21): 1808393.

9 Lin, Z., Xia, Q., Wang, W. et al. (2019). Recent research progresses in ether- and ester-based electrolytes for sodium-ion batteries. *InfoMat* 1 (3): 376–389.

10 Yong-Sheng, H. and Li, Y. (2021). Unlocking sustainable Na-ion batteries into industry. *ACS Energy Letters* https://doi.org/10.1021/acsenergylett.1c02292.

11 Winter, M., Barnett, B., and Xu, K. (2018). Before Li ion batteries. *Chemical Reviews* 118 (23): 11433–11456.

12 Li, Y., Lu, Y., Adelhelm, P. et al. (2019). Intercalation chemistry of graphite: alkali metal ions and beyond. *Chemical Society Reviews* 48 (17): 4655–4687.

13 Xu, K. (2004). Nonaqueous liquid electrolytes for lithium-based rechargeable batteries. *Chemical Reviews* 104 (10): 4303–4418.

14 Xu, K. (2014). Electrolytes and interphases in Li-ion batteries and beyond. *Chemical Reviews* 114 (23): 11503–11618.

15 Komaba, S., Murata, W., Ishikawa, T. et al. (2011). Electrochemical Na insertion and solid electrolyte interphase for hard-carbon electrodes and application to Na-ion batteries. *Advanced Functional Materials* 21 (20): 3859–3867.

16 Ponrouch, A., Marchante, E., Courty, M. et al. (2012). In search of an optimized electrolyte for Na-ion batteries. *Energy & Environmental Science* 5 (9): 8572–8583.

17 Ponrouch, A., Dedryvère, R., Monti, D. et al. (2013). Towards high energy density sodium ion batteries through electrolyte optimization. *Energy & Environmental Science* 6 (8): 2361–2369.

18 Li, Z., Jian, Z., Wang, X. et al. (2017). Hard carbon anodes of sodium-ion batteries: undervalued rate capability. *Chemical Communications* 53 (17): 2610–2613.

19 Li, Y., Hu, Y.-S., Qi, X. et al. (2016). Advanced sodium-ion batteries using superior low cost pyrolyzed anthracite anode: towards practical applications. *Energy Storage Materials* 5: 191–197.

20 Rudola, A., Rennie, A.J.R., Heap, R. et al. (2021). Commercialisation of high energy density sodium-ion batteries: Faradion's journey and outlook. *Journal of Materials Chemistry A* 9 (13): 8279–8302.

21 Che, H., Yang, X., Yu, Y. et al. (2021). Engineering optimization approach of nonaqueous electrolyte for sodium ion battery with long cycle life and safety. *Green Energy & Environment* 6 (2): 212–219.

22 Jian, Z., Han, W., Lu, X. et al. (2013). Superior electrochemical performance and storage mechanism of $Na_3V_2(PO_4)_3$ cathode for room-temperature sodium-ion batteries. *Advanced Energy Materials* 3 (2): 156–160.

23 Xia, X., Obrovac, M.N., and Dahn, J.R. (2011). Comparison of the reactivity of Na_xC_6 and Li_xC_6 with non-aqueous solvents and electrolytes. *Electrochemical and Solid-State Letters* 14 (9): A130.

24 Xia, X. and Dahn, J.R. (2012). Study of the reactivity of Na/hard carbon with different solvents and electrolytes. *Journal of The Electrochemical Society* 159 (5): A515–A519.

25 Xia, X., Lamanna, W.M., and Dahn, J.R. (2013). The reactivity of charged electrode materials with sodium bis(trifluoromethanesulfonyl)imide (NaTFSI) based-electrolyte at elevated temperatures. *Journal of The Electrochemical Society* 160 (4): A607–A609.

26 Eshetu, G.G., Grugeon, S., Kim, H. et al. (2016). Comprehensive insights into the reactivity of electrolytes based on sodium ions. *ChemSusChem* 9 (5): 462–471.

27 Eshetu, G.G., Diemant, T., Hekmatfar, M. et al. (2019). Impact of the electrolyte salt anion on the solid electrolyte interphase formation in sodium ion batteries. *Nano Energy* 55: 327–340.

28 Chen, J., Huang, Z., Wang, C. et al. (2015). Sodium-difluoro(oxalato)borate (NaD-FOB): a new electrolyte salt for Na-ion batteries. *Chemical Communications* 51 (48): 9809–9812.

29 Patra, J., Huang, H.-T., Xue, W. et al. (2019). Moderately concentrated electrolyte improves solid–electrolyte interphase and sodium storage performance of hard carbon. *Energy Storage Materials* 16: 146–154.

30 Chen, C., Wu, M., Liu, J. et al. (2020). Effects of ester-based electrolyte composition and salt concentration on the Na-storage stability of hard carbon anodes. *Journal of Power Sources* 471: 228455.

31 Ould, D.M.C., Menkin, S., O'Keefe, C.A. et al. (2021). New route to battery grade $NaPF_6$ for Na-ion batteries: expanding the accessible concentration. *Angewandte Chemie International Edition* 60: 24882–24887.

32 Hwang, J., Sivasengaran, A.N., Yang, H. et al. (2021). Improvement of electro-chemical stability using the eutectic composition of a ternary molten salt system for highly concentrated electrolytes for Na-ion batteries. *ACS Applied Materials & Interfaces* 13 (2): 2538–2546.

33 Li, Y., Yang, Y., Lu, Y. et al. (2020). Ultralow-concentration electrolyte for Na-ion batteries. *ACS Energy Letters* 5 (4): 1156–1158.

34 Jiang, R., Hong, L., Liu, Y. et al. (2021). An acetamide additive stabilizing ultra-low concentration electrolyte for long-cycling and high-rate sodium metal battery. *Energy Storage Materials* 42: 370–379.

35 Hu, Y.-S. and Lu, Y. (2020). The mystery of electrolyte concentration: from super-high to ultralow. *ACS Energy Letters* 5 (11): 3633–3636.

36 Wang, S., Cai, W., Sun, Z. et al. (2019). Stable cycling of Na metal anodes in a carbonate electrolyte. *Chemical Communications* 55 (95): 14375–14378.

37 Chae, M.S., Kim, H.J., Bu, H. et al. (2020). The sodium storage mechanism in tunnel-type $Na_{0.44}MnO_2$ cathodes and the way to ensure their durable operation. *Advanced Energy Materials* 10 (21): 2000564.

38 Soto, F.A., Yan, P., Engelhard, M.H. et al. (2017). Tuning the solid electrolyte interphase for selective Li- and Na-ion storage in hard carbon. *Advanced Materials* 29 (18): 1606860.

39 Che, H., Liu, J., Wang, H. et al. (2017). Rubidium and cesium ions as electrolyte additive for improving performance of hard carbon anode in sodium-ion battery. *Electrochemistry Communications* 83: 20–23.

40 Komaba, S., Ishikawa, T., Yabuuchi, N. et al. (2011). Fluorinated ethylene carbonate as electrolyte additive for rechargeable Na batteries. *ACS Applied Materials & Interfaces* 3 (11): 4165–4168.

41 Fondard, J., Irisarri, E., Courrèges, C. et al. (2020). SEI composition on hard carbon in Na-ion batteries after long cycling: influence of salts (NaPF6, NaTFSI) and additives (FEC, DMCF). *Journal of The Electrochemical Society* 167 (7): 070526.

42 Darwiche, A., Marino, C., Sougrati, M.T. et al. (2012). Better cycling performances of bulk Sb in Na-ion batteries compared to Li-ion systems: an unexpected electrochemical mechanism. *Journal of the American Chemical Society* 134 (51): 20805–20811.

43 Ji, L., Gu, M., Shao, Y. et al. (2014). Controlling SEI formation on SnSb-porous carbon nanofibers for improved Na ion storage. *Advanced Materials* 26 (18): 2901–2908.

44 Chen, X., Li, X., Mei, D. et al. (2014). Reduction mechanism of fluoroethylene carbonate for stable solid–electrolyte interphase film on silicon anode. *ChemSusChem* 7 (2): 549–554.

45 Ponrouch, A., Goñi, A.R., and Palacín, M.R. (2013). High capacity hard carbon anodes for sodium ion batteries in additive free electrolyte. *Electrochemistry Communications* 27: 85–88.

46 Che, H., Yang, X., Wang, H. et al. (2018). Long cycle life of sodium-ion pouch cell achieved by using multiple electrolyte additives. *Journal of Power Sources* 407: 173–179.

47 Yan, G., Reeves, K., Foix, D. et al. (2019). A new electrolyte formulation for securing high temperature cycling and storage performances of Na-ion batteries. *Advanced Energy Materials* 9 (41): 1901431.

48 Feng, J., Ci, L., and Xiong, S. (2015). Biphenyl as overcharge protection additive for nonaqueous sodium batteries. *RSC Advances* 5 (117): 96649–96652.

49 Feng, J., An, Y., Ci, L., and Xiong, S. (2015). Nonflammable electrolyte for safer non-aqueous sodium batteries. *Journal of Materials Chemistry A* 3 (28): 14539–14544.

50 Goktas, M., Bolli, C., Berg, E.J. et al. (2018). Graphite as cointercalation electrode for sodium-ion batteries: electrode dynamics and the missing solid electrolyte interphase (SEI). *Advanced Energy Materials* 8 (16).

51 Goktas, M., Bolli, C., Buchheim, J. et al. (2019). Stable and unstable diglyme-based electrolytes for batteries with sodium or graphite as electrode. *ACS Applied Materials & Interfaces* 11 (36): 32844–32855.

52 Xu, Z.-L., Yoon, G., Park, K.-Y. et al. (2019). Tailoring sodium intercalation in graphite for high energy and power sodium ion batteries. *Nature Communications* 10 (1): 2598.

53 Liang, H.-J., Gu, Z.-Y., Zhao, X.-X. et al. (2021). Universal ether-based electrolyte chemistry towards high-voltage and long-life Na-ion full batteries. *Angewandte Chemie International Edition* 133: 27041–27050.

54 Zhang, J., Wang, D.-W., Lv, W. et al. (2017). Achieving superb sodium storage performance on carbon anodes through an ether-derived solid electrolyte interphase. *Energy & Environmental Science* 10 (1): 370–376.

55 Zhu, Y.-E., Yang, L., Zhou, X. et al. (2017). Boosting the rate capability of hard carbon with an ether-based electrolyte for sodium ion batteries. *Journal of Materials Chemistry A* 5 (20): 9528–9532.

56 Hou, B.-H., Wang, Y.-Y., Ning, Q.-L. et al. (2019). Self-supporting, flexible, additive-free, and scalable hard carbon paper self-interwoven by 1D micro-belts: superb room/low-temperature sodium storage and working mechanism. *Advanced Materials* 31 (40): 1903125.

57 Rangom, Y., Gaddam, R.R., Duignan, T.T., and Zhao, X.S. (2019). Improvement of hard carbon electrode performance by manipulating SEI formation at high charging rates. *ACS Applied Materials & Interfaces* 11 (38): 34796–34804.

58 Bai, P., He, Y., Xiong, P. et al. (2018). Long cycle life and high rate sodium-ion chemistry for hard carbon anodes. *Energy Storage Materials* 13: 274–282.

59 Bai, P., Han, X., He, Y. et al. (2020). Solid electrolyte interphase manipulation towards highly stable hard carbon anodes for sodium ion batteries. *Energy Storage Materials* 25: 324–333.

60 He, Y., Bai, P., Gao, S., and Xu, Y. (2018). Marriage of an ether-based electrolyte with hard carbon anodes creates superior sodium-ion batteries with high mass loading. *ACS Applied Materials & Interfaces* 10 (48): 41380–41388.

61 Lee, M.E., Lee, S.M., Choi, J. et al. (2020). Electrolyte-dependent sodium ion transport behaviors in hard carbon anode. *Small* 16 (35): 2001053.

62 Ma, M., Cai, H., Xu, C. et al. (2021). Engineering solid electrolyte interface at nano-scale for high-performance hard carbon in sodium-ion batteries. *Advanced Functional Materials* 31 (25): 2100278.

63 Li, K., Zhang, J., Lin, D. et al. (2019). Evolution of the electrochemical interface in sodium ion batteries with ether electrolytes. *Nature Communications* 10 (1): 725.

64 Zhou, L., Cao, Z., Wahyudi, W. et al. (2020). Electrolyte engineering enables high stability and capacity alloying anodes for sodium and potassium ion batteries. *ACS Energy Letters* 5 (3): 766–776.

65 Wang, C., Wang, L., Li, F. et al. (2017). Bulk bismuth as a high-capacity and ultralong cycle-life anode for sodium-ion batteries by coupling with glyme-based electrolytes. *Advanced Materials* 29 (35): 1702212.

66 Wang, C., Du, D., Song, M. et al. (2019). A high-power $Na_3V_2(PO_4)_3$-Bi sodium-ion full battery in a wide temperature range. *Advanced Energy Materials* 9 (16): 1900022.

67 Seh, Z.W., Sun, J., Sun, Y., and Cui, Y. (2015). A highly reversible room-temperature sodium metal anode. *ACS Central Science* 1 (8): 449–455.

68 Le, P.M.L., Vo, T.D., Pan, H. et al. (2020). Excellent cycling stability of sodium anode enabled by a stable solid electrolyte interphase formed in ether-based electrolytes. *Advanced Functional Materials* 30 (25): 2001151.

69 Zhou, L., Cao, Z., Zhang, J. et al. (2020). Engineering sodium-ion solvation structure to stabilize sodium anodes: universal strategy for fast-charging and safer sodium-ion batteries. *Nano Letters* 20 (5): 3247–3254.

70 Chen, X., Shen, X., Li, B. et al. (2018). Ion–solvent complexes promote gas evolution from electrolytes on a sodium metal anode. *Angewandte Chemie International Edition* 57 (3): 734–737.

71 Chen, X., Shen, X., Hou, T.-Z. et al. (2020). Ion-solvent chemistry-inspired cation-additive strategy to stabilize electrolytes for sodium-metal batteries. *Chem* 6 (9): 2242–2256.

72 Doi, K., Yamada, Y., Okoshi, M. et al. (2019). Reversible sodium metal electrodes: is fluorine an essential interphasial component? *Angewandte Chemie International Edition* 58 (24): 8024–8028.

73 Lee, J., Lee, Y., Lee, J. et al. (2017). Ultraconcentrated sodium bis(fluorosulfonyl)imide-based electrolytes for high-performance sodium metal batteries. *ACS Applied Materials & Interfaces* 9 (4): 3723–3732.

74 Zheng, J., Chen, S., Zhao, W. et al. (2018). Extremely stable sodium metal batteries enabled by localized high-concentration electrolytes. *ACS Energy Letters* 3 (2): 315–321.

75 Zuo, W., Liu, R., Ortiz, G.F. et al. (2018). Sodium storage behavior of $Na_{0.66}Ni_{0.33-x}Zn_xMn_{0.67}O_2$ ($x = 0$, 0.07 and 0.14) positive materials in diglyme-based electrolytes. *Journal of Power Sources* 400: 317–324.

76 Wang, X., Yin, X., Feng, X. et al. (2022). Rational design of $Na_{0.67}Ni_{0.2}Co_{0.2}Mn_{0.6}O_2$ microsphere cathode material for stable and low temperature sodium ion storage. *Chemical Engineering Journal* 428: 130990.

77 Zhao, C., Li, C., Liu, H. et al. (2021). Coexistence of (O2)$n-$ and trapped molecular O2 as the oxidized species in P2-type sodium 3D layered oxide and stable interface enabled by highly fluorinated electrolyte. *Journal of the American Chemical Society* 143: 18652–18664.

78 Song, J., Wang, K., Zheng, J. et al. (2020). Controlling surface phase transition and chemical reactivity of O3-layered metal oxide cathodes for high-performance Na-ion batteries. *ACS Energy Letters* 5 (6): 1718–1725.

79 Jin, Y., Xu, Y., Le, P.M.L. et al. (2020). Highly reversible sodium ion batteries enabled by stable electrolyte–electrode interphases. *ACS Energy Letters* 5 (10): 3212–3220.

80 Yang, Z., Chou, S., He, J. et al. (2021). Fire-retardant, stable-cycling and high-safety sodium ion battery. *Angewandte Chemie International Edition* 133: 27292–27300.

81 Shadike, Z., Lee, H., Borodin, O. et al. (2021). Identification of LiH and nanocrystalline LiF in the solid–electrolyte interphase of lithium metal anodes. *Nature Nanotechnology* 16 (5): 549–554.

82 He, M., Guo, R., Hobold, G.M. et al. (2020). The intrinsic behavior of lithium fluoride in solid electrolyte interphases on lithium. *Proceedings of the National Academy of Sciences* 117 (1): 73–79.

83 Åvall, G., Mindemark, J., Brandell, D., and Johansson, P. (2018). Sodium-ion battery electrolytes: modeling and simulations. *Advanced Energy Materials* 8 (17): 1703036.

84 Li, Y., Lu, Y., Meng, Q. et al. (2019). Regulating pore structure of hierarchical porous waste cork-derived hard carbon anode for enhanced Na storage performance. *Advanced Energy Materials* 9 (48): 1902852.

85 Zheng, Y., Lu, Y., Qi, X. et al. (2019). Superior electrochemical performance of sodium-ion full-cell using poplar wood derived hard carbon anode. *Energy Storage Materials* 18: 269–279.

86 Li, Y., Lu, Y., Chen, L., and Hu, Y.-S. (2020). Failure analysis with a focus on thermal aspect towards developing safer Na-ion batteries. *Chinese Physics B* 29 (4): 048201.

87 Zhou, Q., Li, Y., Tang, F. et al. (2021). Thermal stability of high power 26650-type cylindrical Na-ion batteries. *Chinese Physics Letters* 38 (7): 076501.

88 Li, Y., Zhou, Q., Weng, S. et al. (2022). Interfacial engineering to achieve an energy density of over 200 Wh kg^{-1} in sodium batteries. *Nature Energy* 7: 511–519.

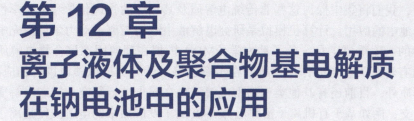

第 12 章
离子液体及聚合物基电解质在钠电池中的应用

作者：*Maria Forsyth*，*Faezeh Makhlooghiazad*，*Fangfang Chen*，*Ju Sun*，*Patrick C. Howlett*
译者：张政刚

▼ 12.1 概述

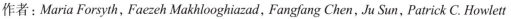

　　寻求比锂离子电池更具可持续发展潜力的替代产品是当前新能源产业发展的热点之一。鉴于钠电池相关材料储量优势带来的优异的可持续发展潜力，该体系在不苟求能量密度的应用领域中被视为锂离子电池的替代产品，因此过去十年中与钠二次电池相关的研究取得了快速的发展。除了在相关基础研究领域的重要进步，钠二次电池相关产业也取得了快速发展，并先后在全球涌现出一批相关企业，如 Faradion（英国）、Tiamat（法国）和 HiNa（中国）。各家钠电池企业产品及技术各具特色，Faradion 专注于硬碳阳极和层状氧化物阴极（O_3/P_2 型 Na-Mn-Ni-Ti-Mg 混合相），Tiamat 依赖于聚阴离子 $Na_3V_2(PO_4)_2F_3$ 阴极，HiNa 则推出了 O_3 型 Na-Cu-Fe-Mn 层状氧化物阴极 [1]。然而，当前这些企业所使用的电解质都是基于锂电领域配方发展而来的传统有机碳酸酯。尽管有机电解质离子电导率较高，但受限于硬碳电极表面所产生的不良固体电解质界面层（SEI）易溶于电解质的特性，以有机电解质为离子传输介质的锂离子电池难以实现长期循环稳定性 [2]。该 SEI 在有机电解液中的易溶性导致其难以在后续循环过程中为电极提供足够的保护，并最终导致电池循环寿命的衰减。除此之外，有机电解质的应用还受限于其热不稳定性所引发的过热、爆炸等安全问题。电池产品的生产及运行安全性是一条不可逾越的红线，这一点特别值得在高温等恶劣工况下进一步强调，因为在高温环境下电池内部的有机电解液面临着比常规条件更加严峻的考验。

　　离子液体（IL）电解液以其不可燃、不挥发、热力学及化学稳定等独特的物化性能于近期在（锂／钠）二次电池应用领域得到了广泛关注 [3, 4]。在钠二次电池中引入 IL 有诸多优势，包括：减少铝集流体腐蚀；促进阳极表面生成均一且传导性能更好的 SEI；拓宽电解液电化学稳定窗口，从而使之能够匹配多种高电压高能量密度电极 [5]。离子凝胶电解质可以通过将离子液体与少量惰性聚合物（质量分数 5% ～ 20%）聚合形，如聚偏二氟乙烯

（PVDF）、六氟丙烯 [（HFP）-PVDF] 或者丙烯酸聚合物[6-10]等混合所得，该电解质目前已被应用在固态或者准固态钠电池中。

在本章中，我们将集中探讨这些非传统电解质及其相应的物理化学和电化学性能，以及它们在钠电池中的应用。计算机模拟是研究电解液中结构与离子动力学以及充电状态下电极表面特性的一项重要工具。分子动力学（MD）模拟在理解固态聚合物电解质设计和离子传输方面有着至关重要的作用，所以在本章也将对计算机模拟领域进行相应的总结。除了上述电解质外，目前还有其他类型新型电解质也在同步进行研究，固态电解质便是其中一个重要分支，例如基于有机离子塑料晶体（OIPC）发展而来的电解质便是离子液体的固态近亲，因为相关研究最近已进行过综述，本章将不再进行讨论[3, 11-17]。

▼ 12.2 钠离子基离子液体电解质

12.2.1 离子液体电解质化学及物化性能 ///

离子液体（IL）又被称为室温熔盐，是一种可以有效提升电化学器件安全性能和可靠性的非水液态电解质。离子液体是由较大的有机阴离子（例如季铵、吡咯烷鎓、咪唑鎓和磷）与小的无机阳离子结合而成。阴离子通常是由诸如四氟硼酸根（BF_4）、六氟磷酸根（PF_6）或具备更强电荷离域的双（氟磺酰基）亚胺（FSI）或双（三氟甲磺酰基）亚胺（TFSI）等含氟物种组成，这类离子可以有效弱化阳离子间库仑相互作用，从而能够提高离子迁移率[18]。与传统易燃、易挥发的有机溶剂电解质相比，离子液体不易燃且挥发性可忽略不计，它兼具良好的热稳定性（高达 300 ~ 400℃）和电化学稳定性。此外，离子液体电解质的物理、化学和电化学特性可以通过选择特定的阴阳离子组合进行调控，进而可以设计出高离子电导率、低黏度的离子液体电解质。表 12.1 列举了几种典型钠电池离子液体电解质阳离子和阴离子。

表 12.1 钠电池领域离子液体常见阴 / 阳离子结构及缩写

	缩写	结构	参考文献
阳离子			
磷	[P*nnn*]+		[12, 19]
铵（醚官能化）	[N*n,n,n,n* O1]+		[20]
烷基甲基吡咯烷鎓	[C*nm*pyr]+		[21]

（续）

	缩写	结构	参考文献
六甲基胍	HMG$^+$		[16]
铵	[Nnnn]$^+$		[22]
烷基甲基咪唑	[C$n$$m$im]$^+$		[23]
阴离子			
双（氟磺酰）亚胺	FSI$^-$		[24]
双（三氟甲磺酰）亚胺	TFSI$^-$		[25]
双氰胺	DCA$^-$		[26]
氟磺酰基 -（三氟甲磺酰基）亚胺	TFA		[27]
六氟磷酸盐	PF$_6^-$		[15]
四氟硼酸盐	BF$_4^-$		[25]

　　离子液体相比于有机碳酸酯电解质的一个主要缺点是其较高的黏度及随之而来的低离子电导率。此外，由于电解质是由阴阳两种离子组成的，这就导致离子电导率除了与目标离子（例如 Na$^+$、Li$^+$ 等）的迁移率相关外，也受阴离子迁移率的影响。电导率较低的钠离子电解质对钠电池的倍率性能以及循环稳定性是不利的[28, 29]，可以通过提高目标离子的

解离度来进一步改善电池性能[30-32]。一种方法是通过提高电解质盐浓度增加钠离子迁移数（t_{Na^+}），虽然该方法能够有效改善钠电池循环性能，但也会影响电极表面 SEI 的形成，相关内容将在本章进一步讨论[23, 33-35]。表 12.2 总结了部分钠电池离子液体电解质成分，并强调了离子液体电解质的化学组成及盐浓度对电导率、黏度、钠离子传输数（t_{Na^+}，仅展示了部分可查阅数据）等关键特性的影响。我们现在更详细地讨论其中一些离子液体组成并重点介绍某些关键进展。离子液体电解质在钠电池应用的关键发现是由 Hagiwara[23, 33, 38] 和 Forsyth[34, 35] 等人道的，他们证实了尽管近饱和状态（50mol% 或 3.2mol·kg^{-1} NaFSI）的离子液体电解质离子电导率比盐浓度较低的电解质（5mol% NaFSI）低，但前者 t_{Na^+} 却有了明显提升并展现出了更加优异的电化学性能。MD 模拟和核磁共振（NMR）研究表明，这些高盐浓度电解质中钠离子的结构扩散机制是提高 t_{Na^+} 的主要原因。得益于此，以 50mol% NaFSI/IL 为电解质的电池循环伏安数据表现出较高的沉积和剥离峰值电流密度和稳定的循环性能，并能够在 50℃下以 1mA·cm^{-2} 的高电流密度和低极化电位（0.5V）实现稳定的对称循环。正如电化学阻抗谱（EIS）测试结果所证明的那样，对称循环稳定性的提升是由低界面电阻导致的[34, 35]。

表 12.2　离子液体电解质物化性质及钠盐浓度影响

离子液体	盐	浓度	σ /S·cm^{-1}	η /mPa·s	T/℃	t_{Na^+}	参考文献
吡咯烷鎓阳离子							
[C$_4$mpyr][TFSI]	NaTFSI	0.3mol	1.3×10^{-3}	172	20	—	[36]
	NaTFSI	1.0mol	5×10^{-4}	—	25	0.25	[25]
	NaClO$_4$	1.0mol	1×10^{-3}	213	30	0.2	[26]
	NaBF$_4$	1.0mol	1.5×10^{-3}	285	30	0.2	[26]
	NaDCA	1.0mol	5×10^{-4}	425	30	0.2	[26]
	NaPF$_6$	1.0mol	1×10^{-3}	327	30	0.2	[26]
[C$_3$mpyr][FSI]	NaFSI	7mol%	1×10^{-3}	—	20	—	[37]
		10mol%	23.4×10^{-3}	14	80	0.08	[38]
		20mol%	3.2×10^{-3}	312	25	0.18	[39]
		50mol%	—		50	0.32	[34]
		50mol%	7.4×10^{-3}	56	80	0.33	[38]
+500ppm 水		50mol%	3×10^{-3}	100	50	—	[40]
+1000ppm 水		50mol%	0.5×10^{-3}	630	20	—	[32]
[C$_3$mpyr][FSI]		60mol%	2×10^{-5}	794	25	—	[23]
[C$_4$mpyr][FSI]	NaTFSI	10mol%	3.57×10^{-3}	—	25	—	[24]
[C$_3$mpyr][FSI]	NaTFSI	10mol%	5.62×10^{-3}	—	25	—	[24]
[C$_3$mpyr][FTA]	NaFTA	10mol%	4.2×10^{-3}	74	25	—	[27]
		40mol%	0.45×10^{-3}	720	25	—	[23]
[C$_4$pyr][TFSI]	NaTFSI	14mol%	1.3×10^{-3}	188	25	—	[41]
		20mol%	6×10^{-4}	—	22	—	[42]
		55mol%	5×10^{-4}		25	0.11	[43]
咪唑鎓阳离子							
[C$_4$mim][BF$_4$]	NaBF4	3.8mol%	3.2×10^{-5}	130	25	—	[44]
[C$_4$mim][TFSI]	NaTFSI	20mol%	1.3×10^{-5}	—	25	—	[21]
		30mol%	2.4×10^{-5}	127	20	—	[45]

（续）

离子液体	盐	浓度	σ /S·cm^{-1}	η /mPa·s	T/℃	t_{Na^+}	参考文献
[C$_2$mim][FSI]	NaFSI	10mol%	45.7×10^{-3}	—	90	0.13	[33]
		50mol%	16.9×10^{-3}	—	90	0.35	[33]
		90mol%	1.2×10^{-5}	144	25	—	[46]
铵阳离子							
[N$_{2(2O2O1)3}$][TFSI]	NaFSI	55mol%	2.7×10^{-6}	791	20	—	[31]
	NaTFSI	57mol%	1.6×10^{-5}	838	60	—	[19]
[N$_{1144}$][FSI]	NaFSI	90mol%	0.7×10^{-3}	356	25	—	[22]
[N$_{1116}$][FSI]	NaFSI	90mol%	0.3×10^{-3}	416	25	—	[22]
磷阳离子							
[P$_{1i444}$][FSI]	NaPF$_6$	20mol%	0.8×10^{-3}		50	0.19	[15]
	NaFSI		1.3×10^{-3}		50	0.37	[15]
	NaTFSI		1×10^{-3}		50	0.31	[15]
	NaFSI	45mol%	2.2×10^{-3}		50	0.35	[13]
[P$_{111i4}$][FSI]	NFSI	42mol%	4.4×10^{-3}	105	50	0.33	[20]

Hilder 等人对高浓度 NaFSI 磷基离子液（[P$_{111i4}$][FSI] 中 2.3mol NaFSI）进行了系统的物理化学研究，研究发现该离子液体电解质在 50℃下具备相对较高的离子电导率（9.4×10^{-4}S·cm^{-1}）和低黏度（100mPa·S），同时该体系展现出了较低的玻璃化转变温度（-71℃）、出色热稳定性（高达 305℃）以及与 [C$_3$mpyr][FSI] 类似物相当的 t_{Na^+}。与此同时，这种高浓度 NaFSI IL 电解质也表现出了与活性钠金属优异的相容性，相应的钠对称电池在 1mA·cm^{-2} 电流密度下循环极化电位仅 90mV[47]。近期研究表明，使用该电解质可以有效提升金属钠电极在高电流密度下（5mA·h·cm^{-2} 面容量）的循环稳定性。

假设更高的钠盐浓度有利于结构扩散机制，则可以通过将 Na$^+$ 运动与其他离子的扩散解耦来提高 t_{Na^+}，从而可以通过在离子液体阳离子烷基链添加可与碱离子配位的高电负性强溶剂化基团来增加钠盐溶解度。为了实现这一目标，研究人员设计了一种季铵阳离子上带有醚官能团的离子液体，并研究了含有 TFSI 阴离子的离子液体（[N$_{2(2O2O1)3}$][TFSI]），研究结果表明该 IL 可溶解高达 2.0mol(57mol%)NaTFSI 或 2.7mol NaFSI[19, 31]。鉴于混合阴离子电解质可以有效改善锂电体系离子液体的传输和电化学性能[48, 49]，该研究还比较了混合阴离子（即单独的 TFSI 与混合的 FSI/TFSI 阴离子电解质）对钠离子电解质性能的影响（图 12.1）。正如预期的那样，盐浓度的升高强化了离子间的相互作用，并进一步导致 T_g 增加和电导率降低。然而，NaTFSI/IL 中电导率的降低比混合阴离子混合物更明显。通过 ^{23}Na NMR 测试发现 TFSI 阴离子溶液中 Na-TFSI 配位作用较强，而混合阴离子体系中 Na-FSI 相互作用较弱。

针对阳离子化学对高浓度（50mol% NaFSI）[P$_{111i4}$][FSI]、[P$_{1i4i4i4}$][FSI] 和 [N$_{2(2O2O1)3}$][NaFSI] 离子液体物理化学性质的影响，也系统地进行了研究（表 12.2）。在三种纯离子液体中，铵阳离子是热稳定性最高的一种，其分解起始温度高达 493℃，玻璃化转变温度较低（-82℃）。添加 50mol% NaFSI 后，铵体系的 T_g 显著升高至 -45℃，而两种磷/NaFSI 混合物的 T_g 仍然较低（约 -75℃）。循环伏安数据表明，尽管 NaFSI/[N$_{2(2O2O1)3}$][NaFSI] 电解质离子电导率较低，但其剥离/电镀峰值电流密度（10mA·cm^{-2}）可以达到与最高导电电解质（NaFSI/[P$_{1i444}$][FSI]）（17mA·cm^{-2}）相当的水平。以三种离子液体为电解质的钠对称电池在循环过程中的极化过电势差异很小，NaFSI/[P$_{1i444}$][FSI] 极化电势在 50℃、0.1mA·cm^{-2} 条件下为 50mV，而其他电解质极化电势为 100mV（图 12.2）。这些数据表明钠电池电化学性能不仅受电解质的离子电导率影响，还很大程度上取决于电极表面形成的固体电解质界面（SEI）的性质以及电极内部的 Na$^+$ 传输机制[20]。这一点特别值得关注，并将在本章后面的 MD 模拟部分中进行深入讨论。

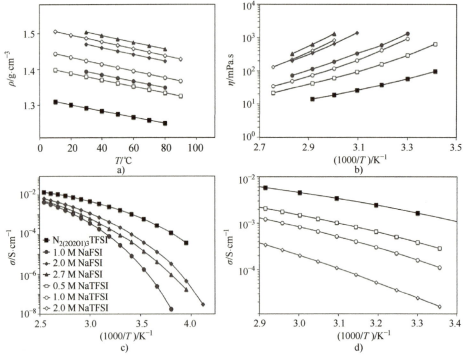

图 12.1 （a）IL 和 Na 混合物密度与温度变化关系；（b）IL 和 Na 混合物黏度与温度倒数变化关系；（c）IL 和 NaFSI 溶液传导率与温度倒数关系；（d）IL 和 NaTFSI 溶液传导率与温度倒数关系（来源：文献 [19]，经 Royal Society of Chemistry 许可）

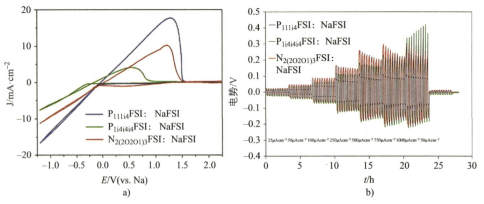

图 12.2 （a）以 Cu 工作电极、Pt 对电极、Na 为参比电极在 100mV·s^{-1} 扫速下测得的循环伏安曲线；（b）以 P$_{111i4}$FSI：NaFSI、P$_{1i444}$FSI：NaFSI 和 N$_{2(2O2O1)3}$FSI：NaFSI 为电解质的 Na/Na 对称电池在 50℃下循环 10 周的极化曲线（10min 极化）（来源：文献 [20]，经 Elsevier 许可）

离子液体阳离子的选择可调控给定阳离子 – 阴离子组合的离子液体流动性和离子传输，见表 12.1，其中咪唑鎓和磷鎓阳离子比吡咯烷鎓或铵类似物性能更好。此外，基于 FSI 的电解质通常比 TFSI 具有更低的黏度和更高的离子电导率。另一种获得低黏度电解质方法是使用基于二氰胺阴离子（DCA）的离子液体，它有比氟化阴离子更高的流动性。尽管这种电解质更便宜且更环保，但氟代碳酸乙烯酯（FEC）、TFSI 和 FSI 这类氟化分子和离子却有助于形成更稳定的 SEI 层，从而提高金属阳极的循环稳定性。鉴于 DCAIL 的高流动性和氟化阴离子在形成稳定 SEI 的优势，Forsyth 等人[50] 将饱和浓度的 NaFSI、NaTFSI 或 NaF-TFSI 掺入 [C₃mpyr][DCA] 离子液体中。这三种氟化类似物的表现差异显著。由于 NaFSI 混合物体系形成的 SEI 主要由 NaF 组成，该电池在 $0.1mA \cdot cm^{-2}$ 电流密度下可以保持低极化电位（10 ~ 20mV）稳定循环 100 周。相比之下，添加了 NaTFSI 和 NaFTFSI 的 DCAIL 几乎在与钠金属电解质接触时就很快产生了厚且强钝化的 SEI 层[51]。钠盐组成（离子类型和盐浓度）对电极表面 SEI 结构的影响开始受到研究人员的关注，并被视为一种可以通过调控 SEI 提高电化学性能的重要途径[35, 51]。

12.2.2　离子液体电解质在钠二次电池中的应用

基于上述电解质体系，近年来已经报道了一些离子液体电解质在钠电池应用相关的研究。特别是 Hagiwara[23, 39, 52-55]、Passerini[24, 36, 56] 和 Forsyth[20, 47, 57, 58] 等人证明了吡咯烷鎓、咪唑鎓和磷基离子液体主要与 FSI 和 / 或 TFSI 阴离子偶联的优异性能。Chagas 等人首次报道了混合 FSI/TFSI 阴离子离子液体（C₄mpyrFSI/NaFSI）在层状氧化物阴极材料的应用，并证明了此类离子液体在提高钠电池安全性方面的潜力[5]。Hagiwara 和 Forsyth 课题组在后续工作中发现当 C₃mpyrFSI/NaFSI 电解质盐浓度提高后，多种正极材料（包括 $NaCrO_2$[23, 39, 59]）与高浓度离子液匹配可以表现出优异的性能，同时该电解液能够提高金属钠的循环稳定性[32]。这些前期工作成果正在逐步推广应用到其他体系，并进一步证明离子液体电解质应用于钠二次电池良好的前景。表 12.3 总结了离子液体电解质在钠电池领域的一些关键进展。

表 12.3　含离子液体电解质的 Na 电池性能

离子液体	盐	浓度	阳极	阴极	倍率	$mA \cdot g^{-1}$	$C_{dis}/$ $mA \cdot h \cdot g^{-1}$	T/℃	参考文献
[C₃mpyr] [FSI]	NaFSI	10mol%	TiO₂	Na	—	670	78	RT	[24]
		20mol%	Na	Na₂/₃Fe₁/₃Mn₂/₃O₂	C/12	20	227	90	[52]
		20mol%	TiO₂/C	Na		10	275	90	[53]
		20mol%	HC	Na		50	260	90	[23]
		40mol%	Na	NaCrO₂	8C	2000	76	90	[23]
+1000ppm 水		50mol%	Na	NaFePO₄	C/2		80	50	[32]
[C₃mpyr] [FSI]	NaFSI		HC	Na	—	1000	230	90	[59]

（续）

离子液体	盐	浓度	阳极	阴极	倍率	mA·g⁻¹	C_{dis}/mA·h·g⁻¹	T/℃	参考文献
		—	HC	$NaCrO_2$	—	20	260	90	[59]
		摩尔比2:8	Na	$NaCrO_2$	—	20	106	80	[39]
		1.0mol	Na	NVP-C			105.6	60	[60]
		1.0mol	Na	NVP-C	2C	—	91.6	20	[60]
		1.0mol	VP_2	Na	—	100	243	90	[61]
		1.0mol	Na	NVP-C	10C	—	60	RT	[58]
		1.0mol	HC	NVP-C	C/5	—	90	RT	[58]
[C₄mpyr][TFSI]	NaTFSI	0.5mol	Na	$Na_2FeP_2O_7$	C/20	—	125	50	[25]
	$NaBF_4$	1mol	Na	$Na_2FeP_2O_7$	C/20	—	152	75	[25]
	NaTFSI	10mol%	Sb-C	$P_2\text{-}Na_{0.6}Ni_{0.22}Al_{0.11}Mn_{0.66}O_2$	—	10	120	25	[56]
	$NaClO_4$	20mol%	Na	$Na_{0.44}MnO_2$	C/20	—	115	75	[62]
	NaTFSI	10mol%	Na	$P_2\text{-}Na_{0.6}Ni_{0.22}Al_{0.11}Mn_{0.66}O_2$	—	30	140	40	[62]
[C₃mpyr][FTA]	NaFTA	30mol%	HC	Na		200	236	90	[27]
N₂(₂O₂O₁)₃[FSI]	NaFSI	55mol%	Na	$P_2\text{-}Na_{2/3}Fe_{2/3}Mn_{1/3}O_2$	C/10	—	116	50	[20]
[C₂mim][FSI]	NaFSI	30mol%	Na	$Na_2FeP_2O_7$		100	92	90	[33]
		50mol%	Na	NiNc	1Ag⁻¹		132.6	RT	[54]
		0.5mol	Na	NVP-C	1C	—	117	90	[55]
[P₁₁₁i4][FSI]	NaFSI	42mol%	Na	$O_3\text{-}Na_{2/3}Fe_{2/3}Mn_{1/3}O_2$	C/2	—	90	50	[47]
			Na	$P_2\text{-}Na_{2/3}(Mn_{0.8}Fe_{0.1}Ti_{0.1})O_2$	C/2	—	70	50	[47]
[P₁₁₁i4][FSI]	NaFSI	45mol%	Na	$P_2\text{-}Na_{2/3}(Mn_{0.8}Fe_{0.1}Ti_{0.1})O_2$	C/2	—	40	50	[47]
		45mol%	Na	NVP-C	C/5	—	99	60	[14]
		90mol%	Na	NVP-C	C/5	—	96	60	[14]

近期报道了一种在1/2C循环的钠金属电池，其电解液为溶解有2.3mol双（氟磺酰基）亚胺钠的三甲基异丁基磷（P₁₁₁i4FSI：NaFSI）的离子液体，阴极活性材料为$O_3\text{-}Na_{2/3}[Fe_{2/3}Mn_{1/3}]O_2$（图12.3a、b）[47]，与传统有机电解液相比，以离子液体为电解液的电池性能得到有效提升（15次循环后的容量保持率对比：86%与77%）[63]。在后续工作中，研究人员还研究了IL阳离子在双（氟磺酰基）亚胺（FSI）阴离子型离子液体电解质中的影响，并将烷基磷阳离子与烷氧基铵阳离子（P₁₁₁i4FSI：NaFSI、

P$_{1i4i4i4}$FSI：NaFSI 和 N$_{2(2O2O1)3}$FSI：NaFSI，如上所述）进行了对比[20]。如图 12.3d ~ f 所示，尽管 P$_{1i4i4i4}$FSI：NaFSI 的离子电导率（2.2mS·cm^{-1}）几乎是 N$_{2(2O2O1)3}$FSI：NaFSI（0.3mS·cm^{-1}）的 8 倍，但以 P$_{1i4i4i4}$FSI：NaFSI 为电解质的钠电池容量和稳定性却是三种阴极系统中最差的。在该研究中，使用 P$_{111i4}$FSI：NaFSI 电解质的电池表现出最佳倍率容量，而 N$_{2(2O2O1)3}$FSI：NaFSI 和 P$_{1i4i4i4}$FSI：NaFSI 电池却无法在高于 1C 的倍率电流下循环（图 12.1c）。这项研究表明，电池性能并不仅是与电解质的物理化学性质直接相关的，这一点在高浓度离子液体电解质体系需要特别注意。不同电解质的钠离子迁移数（t_{Na^+}）及电极表面中形成的 SEI 的性能同样需要引起研究人员的关注。

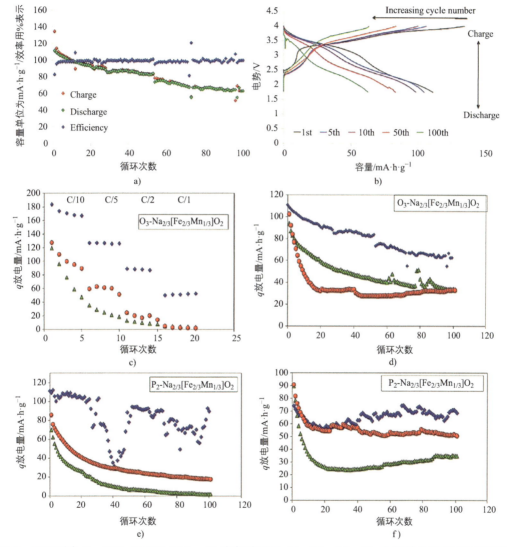

图 12.3　50℃下含 P$_{111i4}$FSI：NaFSI（2.3mol）电解液及 O$_3$-Na$_{2/3}$[Fe$_{2/3}$Mn$_{1/3}$]O$_2$ 电极钠电池在 C/2 循环性能（a）及充放电曲线（b）（来源：文献 [47]，经 Elsevier 许可）；O$_3$-Na$_{2/3}$[Fe$_{2/3}$Mn$_{1/3}$]O$_2$ 层状过渡金属氧化物阴极 50℃下在 P$_{111i4}$FSI：NaFSI（◆）、P$_{1i4i4i4}$FSI：NaFSI（▲）、N$_{2（2O2O1）3}$FSI：NaFSI（●）电解液中倍率（c）及循环（d）性能；P$_2$-Na$_{2/3}$[Fe$_{2/3}$Mn$_{1/3}$]O$_2$ 在 C/2 工况下循环性能（e）及 P$_2$-Na$_{2/3}$[Mn$_{0.8}$Fe$_{0.1}$Ti$_{0.1}$]O$_2$ 循环性能（f）（来源：文献 [20]，经 Elsevier 许可）

以 $NaFePO_4$（NFP）为阴极材料的 Na/NFP 电池为研究载体，使用上述研究工作中相同的三种离子液体电解质进行长期循环测试，进一步阐明了离子液体物理化学性质和电化学性能的关系[57]。与前文层状氧化物系统中的结论一致，本研究发现 P_{111i4}FSI：NaFSI 体系相比其他两种电解液始终展现出更好的性能（图 12.4a、b）。出乎意料的是，经过 12 个月的静置后，所测电池容量有所提高，这表明该电解质本身具备较高的稳定性且有助于稳定 SEI。将电池拆解后进一步研究发现，在 P_{111i4}FSI：NaFSI 电解质体系中钠金属表面 SEI 沉积较少，而 $N_{2(2O2O1)3}$FSI：NaFSI 和 $P_{1i4i4i4}$FSI：NaFSI 体系中的钠金属表面 SEI 更加致密且伴随着严重的裂纹，这种 SEI 性质的差异足以导致电池循环性能差异（图 12.4c）。X 射线光电子能谱（XPS）分析表明钠金属表面存在 NaOH、Na_2S 和 NaF，而阴极表面表征表明循环后的电极表面化学组成与原始材料相似且伴随少量电解质残留。这些研究结果进一步突出了电池性能更多地受到钠金属负极上 SEI 的影响；在 $N_{2(2O2O1)3}$FSI：NaFSI 电解质体系下钠金属表面能够形成致密且较厚的 SEI，而在 P_{111i4}FSI：NaFSI 电解液中的钠金属与原始钠金属电极表面类似，这说明该电解质中 Na 金属表面 SEI 非常薄。对不同电解质体系中的 SEI 层进行详细表征对于后续电解质开发至关重要。

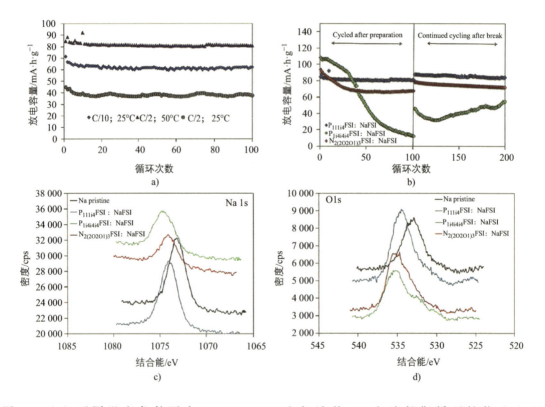

图 12.4 （a）不同温度条件下含 P_{111i4}FSI：NaFSI 电解液的 NFP 电池长期循环性能；（b）以 P_{111i4}FSI：NaFSI、$P_{1i4i4i4}$FSI：NaFSI、$N_{2(2O2O1)3}$FSI：NaFSI 为电解液的 NFP 电池在 50℃下循环性能；Na 表面 XPS 谱图 Na 1s（c）及 O1s（d）；（e）Na 初始状态及在三种电解液中循环之后的 Na 表面扫面电镜（SEM）图（来源：文献 [57]，经 Elsevier 许可）

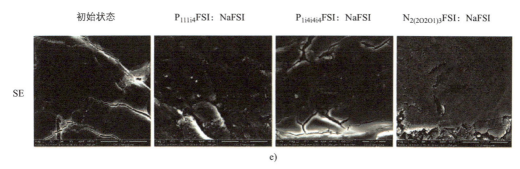

图 12.4 （a）不同温度条件下含 P_{111i4}FSI：NaFSI 电解液的 NFP 电池长期循环性能；（b）以 P_{111i4}FSI：NaFSI、$P_{1i4i4i4}$FSI：NaFSI、$N_{2(2O2O1)3}$FSI：NaFSI 为电解液的 NFP 电池在 50℃下循环性能；Na 表面 XPS 谱图 Na 1s（c）及 O1s（d）；（e）Na 初始状态及在三种电解液中循环之后的 Na 表面扫面电镜（SEM）图（来源：文献 [57]，经 Elsevier 许可）（续）

最近，Howlett 等人利用固态 NMR 和 XPS 对离子液体电解质进行了进一步分析[64]。研究人员在这项工作中对比了干离子液体电解质和水这种廉价添加剂对超浓离子液体电解质的影响，发现即使较低水添加剂浓度也能够有效提高离子传输性能及电解质对钠金属循环性能，少量水的添加似乎有利于在钠表面上形成更光滑、更均匀的 SEI 层，从而促进电荷转移[40]。详细的表面表征进一步确定了在离子液体中添加水可以显著影响钠金属表面形成的 SEI 膜的化学性质和形态[64]。对比发现，加水之后的 Na/NaFePO₄ 电池循环过程中的极化减少，库仑效率增加（干样品为 60%～80%，含水 1000ppm 的样品为 80%～99%）[32]。

12.2.3 使用离子液体电解质的钠离子二次电池界面研究

Sun 等人近期详细报道了关于离子液体中钠碳阳极材料界面性质的研究[65]。他们通过对有机碳酸酯电解质和离子液体电解质的电化学性能和界面性能进行全面的比较，阐明了离子液体对阳极界面演化的影响，并建立了离子液体电解质中阴离子分解产物与高离子电导率之间的联系，揭示了离子液体的使用有利于加速钠去溶剂化并促进实现更快的扩散动力学。总之，该研究为钠离子电池中的界面现象提供了一些基本见解。

如图 12.5a 所示，循环伏安数据表明，使用 IL 电解质的电化学系统在初始钠化期间相对于 Na/Na⁺ 在 1.2V 和 0.8V 处有两个还原峰，而在 EC/DMC 系统中则仅在 0.75V 处显示出一个较大的还原峰。这种电化学差异可归因于有机溶剂 /NaFSI 电解质的电化学不稳定性，在低电位下发生分解并形成以有机物为主的 SEI 层。此外，IL 电解质在不同的还原电位的两个低强度还原峰反映了离子液体在钠化过程中具有不同的 Na⁺ 配位环境，该现象导致了在不同电位下 SEI 构成的差异化。如图 12.5b 所示，在碳阳极上形成的 SEI 层能够对电池循环性能产生显著影响。通过进一步表面分析（图 12.5c、d）发现，碳酸盐电解液中形成的 SEI 主要是由溶剂分解产物构成的，其外层有丰富的有机物质而内层有部分组成为无机还原产物。相比之下，以 ILs 为电解质的电极表面 SEI 则主要由无机组分构成，其中含有由 FSI⁻ 电化学还原生成的 –SOₓ– 及其他小的含硫物种，同时也有 FSI⁻ 分解产生的 NaF。离子液体电解质中形成的具有不同组分和形貌的 SEI 层可以有效促进 Na⁺ 传输到碳阳极结构中，从而通过降低活化能能垒来提高相关反应动力学以促进电化学反应的可逆性。对 SEI 详尽的分析有助于深化电解质的理解和设计，从而促进具备更优异性能钠电池的开发。

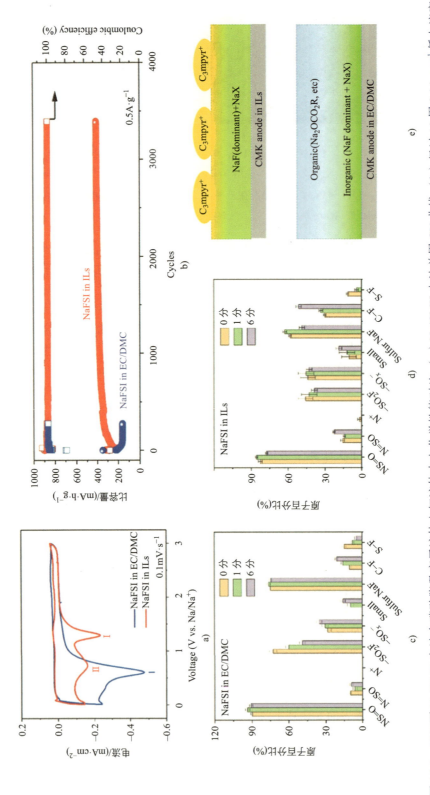

图12.5 50℃下 Na/CMK 电池在碳酸脂及离子液体电解液中电化学性能对比：（a）Na/CMK 电池首周 CV 曲线；（b）经过 10 周 0.1A·g⁻¹ 低电流密度活化后，Na/CMK 电池在 0.5A·g⁻¹ 电流密度下的循环稳定性；（c）CMK 电极表面在 NaFSI-EC/DMC；（d）NaFSI-ILs 电解液中的 XPS 元素深度分布；（e）CMK 电极在 ILs 及碳酸脂电解液中的 SEI 组分简化示意图，X 可以是 O、S、NSO₂F、CO₃（来源：文献 [65]，取得 American Chemical Society 许可）

12.3　固态凝胶聚合物电解质

凝胶聚合物电解质（GPEs）是由聚合物基体和一种溶剂混合组成的，该溶剂可以是有机溶剂或者离子液体，而后面这种通常被称为离子凝胶。其中聚合物基体为 GPEs 的结构完整性提供了机械 / 力学基础，离子液体保证了体系中有效的离子传输[66]。GPEs 具备较高离子传导率，并且其柔性物理特征也有利于优化其与无溶剂聚合物电解质间的物理接触，该体系电解质尚未在钠电池中得到充分的应用。表 12.4 汇总了基于钠电池开发的 GPEs。

表 12.4　钠电池 GPEs 物化性能汇总

聚合物	离子液体	钠盐摩尔比	离子液体 / 钠盐质量比	σ /S·cm^{-1}	T/℃	t_{Na^+}	参考文献
PEGDA	[C₃mpyr][FSI]	20mol% NaFSI	90	6.5×10^{-3}	50	0.3	[8]
PEGDA	[C₃mpyr][FSI]	50mol% NaFSI	90	1.5×10^{-3}	50	0.49	[8]
polyDADMA-TFSI	[C₃mpyr][FSI]	18mol% NaFSI	50	1.6×10^{-3}	30	—	[7]
polyDADMA-TFSI	[C₃mpyr][FSI]	14mol% NaFSI	50	7.1×10^{-3}	70	0.16	[7]
polyDADMA-TFSI	[C₃mpyr][FSI]	57mol% NaFSI	50	1.1×10^{-3}	70	0.61	[7]
PVDF 纤维	[C₂mpyr][FSI]	35mol% NaFSI	90	3×10^{-3}	50	0.44	[6]
PVDF 纤维	[P₁ᵢ₄₄₄][FSI]	20mol% NaFSI	85	4.4×10^{-3}	50	0.21	[9]
PVDF 纤维	[P₁ᵢ₄₄₄][FSI]	20mol% NaTFSI	85	5.5×10^{-3}	50	0.22	[9]

Anastro 等人利用 UV 光聚合方法快速（< 1min）制备了一种基于 [C₃mpyr][FSI]-NaFSI 离子液体和 poly-(ethylene glycol)diacrylate(PEGDA) 的 GPEs（图 12.6）。所制备的 GPEs 由 90wt% IL 和 10wt% 聚合物组成，在 50℃下盐浓度为 20mol% 和 50mol% 的两种 GPEs 离子电导率分别可达 6.5mS·cm^{-1} 和 1.3mS·cm^{-1}，相应钠离子迁移数（t_{Na^+}）可达 0.3 和 0.49，该性能与离子液体性能随盐浓度的变化是一致的。以上述两种 GPEs 为电解质的钠金属对称电池可以在 0.2mA·cm^{-2} 电流密度下实现稳定循环，并且高盐浓度 GPE 钠电池在更高电流密度（0.5mA·cm^{-2}）下可以稳定循环超过 150 周[8]。

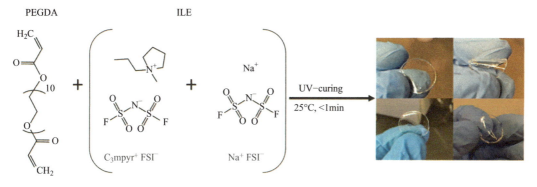

图 12.6　将含有 20wt% PEGDA 和 80wt% 离子液体电解液的化学体系通过紫外固化工艺制备离子凝胶合成示意图（来源：文献 [8]，获得 American Chemical Society 许可）

以同一种离子液体 [C₃mpyr][FSI]/NaFSI 与 polyDADMA[poly（dimethyldiallylammonium）]-TFSI 聚合物结合制备的低离子液体含量（50wt% 或 18mol% NaFSI 溶解于离子液体）自支撑 GPEs，该电解质仍能够保持较高的离子传导能力（1.6×10⁻³S·cm⁻¹，30℃）；然而当离子液体含量升高至 50wt% 以上后，GPEs 结构失稳形成一种黏性电解液。进一步研究发现，当含有 50wt% 离子液体 /NaFSIGPE 中 NaFSI 浓度提高至 57mol% 后离子传导率降低至 1.1×10^{-3}S·cm⁻¹，但相应的钠离子迁移数（t_{Na^+}）却升高至 0.61。通过在这些 GPEs 中加入 5wt% 的无机氧化铝纳米颗粒，可以在保持良好导电性的同时有效增强电解质的物理结构完整性。电化学表明以含有无机氧化铝纳米颗粒 GPE 为电解质的钠对称电池可以在 70℃、0.1mA·cm⁻² 工况下稳定循环，从而验证了无机氧化铝纳米颗粒的加入可以有效提高 GPE 在钠氧化和还原反应过程中的可靠性。Malunavar 等人进一步在 GPE 中对 Hagiwara 等[67] 报告的较小阳离子离子液体电解质（C₂mpyrFSI）进行了研究。C₂mpyrFSI 本身是一种具有塑性晶体特性的固体[6]，但随着 NaFSI 的含量提高至临界点以上及温度略微升高的情况下，该电解质就能形成离子液体。通过溶胀电纺纤维毡，将 90wt% 含有 35mol%NaFSI（NaFSI 是该系统的共晶化合物）的离子液体电解质加入到 10wt% 的电纺聚偏氟乙烯（PVDF）纳米纤维中。膨胀后的 PVDF 纤维膜与离子液体混合物高度兼容，其离子电导率（20℃时为 3×10⁻³S·cm⁻¹）与液态电解液相比没有任何损失，且钠离子迁移数在 50℃时高达 0.44。得益于 GPE 这些优异的特性，钠对称电池可以在 50℃、0.1mA·cm⁻² 工作条件下稳定循环 500 次（1000h）。电池所表现出的长期循环稳定性和低界面电阻表明，该 GPE 可以在金属钠表面形成一层稳定的 SEI，同时该策略也为制备 GPE 提供了一种简单的方法。

与氮基阳离子类似物相比，磷基 OIPC 和离子液体电解液可以带来更好的电化学稳定性和更高的离子电导率等多种优势[68-70]，因此 Makhlooghiazad 等人使用 85wt% 的离子液体电解质和 15wt% 的电纺制备的 PVDF（如上所述）开发了一种磷阳离子电解质 GPE。通过将 [P₁ᵢ₄₄₄][FSI]OIPC 与 20mol% 的 NaFSI 或 NaTFSI 混合制备离子液体电解质，研究相应阴离子组合的影响。热分析表明，混合阴离子体系（NaTFSI/[P₁ᵢ₄₄₄][FSI] 混合物）中保留了无定形电解质，而 NaFSI/[P₁ᵢ₄₄₄][FSI] 体系则出现了结晶。电化学测试结果表明 NaTFSI/[P₁ᵢ₄₄₄][FSI]/PVDF 复合电解质的室温钠离子电导率也略高（5.5×10⁻⁴S·cm⁻¹ 对比 4.4×10⁻⁴S·cm⁻¹），同时阴离子的混合可以有效降低钠对称电池循环过程中的极化电位。吡咯烷基 GPE 中钠离子的转移数（0.44）高于磷基 GPE（0.21），这可能是由于后者混合物中的钠盐浓度（35mol%NaFSI）高于 NaTFSI/[P₁ᵢ₄₄₄][FSI] 或 NaFSI/[P₁ᵢ₄₄₄][FSI]（20mol%NaFSI）。然而，钠对称电池在 0.2mA·h·g⁻¹ 工况下以较低极化电位（≈70mV）实现了 100 多次稳定循环（图 12.7）[9]。

GPE 在钠二次电池中同样具备较好的应用前景，它既可用作电解质也可用作隔膜。GPE 的柔韧性和高离子传导性使得它能够抑制钠枝晶的发展并避免液态电解液存在的泄漏问题[71]。GPE 在全电池中的应用已有报道，包括玻璃纤维支撑的 PVDF-HFP 共聚物 -C₃mpyrFSI-NaFSI 凝胶膜[10] 以及 PVDF-C₂mpyrFSI-NaFSI GPE[6]。基于 C₃mpyrFSI 离子液体的玻璃纤维支持 GPE 在 Na/NVP@C 电池中成功得到了验证，该电池在 1/10C 下的比容量为 83mA·h·g⁻¹；在 3.3V 电压下表现出可逆的插入 / 剥离平台（图 12.8a）。该电池还兼具出色的循环性能，150 次循环后容量保持率高达 92%。此外，得益于这些材料的良好柔性和可恢复性，所制备的层叠柔性钠电池在弯曲和非弯曲条件下都能成功为 LED

灯供电。PVDF-C$_2$mpyrFSI-NaFSI GPE 与 NFP 钠阴极也表现出良好的兼容性和倍率性能（图 12.8c、d）。相关文献表明，GPE 作为钠离子电池准固态电解质具有良好的前景，它们可以保持高离子电导率和良好的机械性能，并能够保证钠全电池的稳定循环。

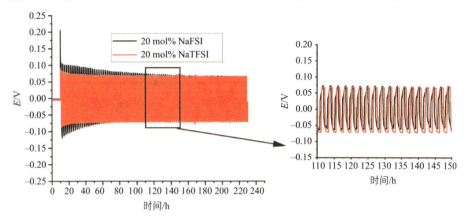

图 12.7　以 20mol% NaFSI/[P$_{1i444}$][FSI]/PVDF 和以 20mol% NaTFSI/[P$_{1i444}$][FSI]/PVDF 为电解液的钠对称电池，在 0.2mA·cm^{-2} 电流密度下长期循环过程中电压 – 时间曲线（50℃，剥离 – 沉积间隔 1h）（来源：文献 [9]，经 IOP Publishing 授权 /CC BY 4.0）

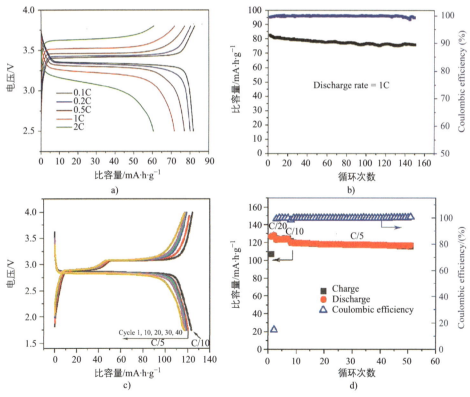

图 12.8　（a）不同倍率下 Na/NVP@C 电池电压曲线；（b）使用 SILGMs（玻璃纤维 -C$_3$mpyrFSI-NaFSI 凝胶膜）的 Na/NVP@C 电池在 1C 倍率下的长期循环（来源：文献 [10]，经 American Chemical Society 许可）；（c）Na/NaFePO$_4$ 电池在 1/10C 和 1/5C 下的充放电曲线；（d）Na/NaFePO$_4$ 电池 1/20C、1/10C 和 1/5C 下用 PVDF-C$_2$mpyrFSI-NaFSIGPEs 的循环性能（来源：文献 [6]，经 IOP Publishing 授权）

▼ 12.4　钠电池电解液分子模拟

分子模拟是对实验研究手段的有效补充，在电池开发过程中发挥着重要作用。模拟可以在电子和原子层面上以高分辨率揭示复杂电池电解质系统的结构，同时还可以为理解离子传输及相关机制提供机理层面见解，而这些问题通常是很难仅依靠实验技术解决的。

基于第一性原理的方法，尤其是密度泛函理论（DFT），被广泛应用于解决与电解质电子结构相关问题，常见的计算内容涵盖了荷电离子溶剂化结构、能量、光谱和轨道。这些属性通常是"静态"的，是在考虑了溶剂介电常数的气相或液相模型中计算的。另一方面，基于原子力场的 MD 模拟可以解决更大尺度（纳米）上与时间相关的问题，MD 技术是一类最常用、最强大的可用于分析离子结构和输运以及阐明电解质中主要传输机制的计算方法。本节将聚焦钠电池系统中离子液体和聚合物电解质的计算研究。

12.4.1　钠离子物理化学性质

与锂类似，钠阳离子可以与多种阴离子配位并在离子液体电解质中形成溶剂化结构，这些结构已通过拉曼 / 红外光谱实验或 MD 模拟计算得到确定。鉴于溶剂化结构与钠离子扩散的强相关性，开展相应的研究是至关重要的。MD 模拟结果 [72, 73] 表明，对于给定的配位阴离子，钠可以形成与锂相似甚至更高配位数的溶剂化结构，这种差异可能归因于钠离子较大的离子半径。此外，由于二者存在质量差异，与较轻的锂离子相比，钠的扩散性会更低一些。尽管如此，使用相同的离子液体溶剂的锂和钠的电导率差异并不显著。例如，在 C₃mpyrFSI 添加 20mol% 的 LiFSI 盐后其离子电导率为 3.6mS·cm⁻¹[74]，与相应的钠离子电导率相似（3.2mS·cm⁻¹）[39]。然而在某些情况下含有钠盐的电解质反而比相应锂盐体系表现出更高的离子电导率，例如 C₄mpyrTFSI IL[75] 或 1,2 二甲基氧乙烷（DME）电解质[76]。在这些特例中钠盐的电解质黏度也更低，这也可能与 Na^+ 和阴离子的相互作用弱于 Li^+ 有关，较弱的相互作用力促进了钠离子在离子液体电解质中的解离，从而提高了 Na^+ 的扩散能力。

此外，根据高级量子化学计算，钠盐的化学键共价性比锂盐低，这种差异可解释为什么钠盐在离子液体中的溶解度比锂盐低[77]。钠盐的结合能或缔合能可通过量子化学方法计算，可以概述为从离子对的能量中减去钠离子和阴离子的能量，计算公式如下：

$$E_{binding} = E_{Na\text{-}anion} - E_{anion} - E_{Na} \tag{12.1}$$

Jónsson 等人在式（12.1）基础上计算了一些常见钠盐的结合能[78]。

12.4.2　钠电池超浓离子液体

钠在离子液体中的溶剂化结构受盐浓度的影响很大。正如采用全原子可极化力场[79] 和不可极化力场[80] 对 C₃mpyrFSI 离子液体进行的 MD 模拟所示，盐浓度的增加会增加 Na^+ 与阴离子之间的配位数（CN）。具体表现为：随着盐浓度的增加，Na^+ 与邻近阴离子之间通过桥式配位形成了由 Na^+ 和阴离子组成的离子聚集体（图 12.9a）[34]，从而导致了 Na^+ 和阴离子 CN 的增加（图 12.9b）[80]。在高 CN 情况下，Na$^+$ 的溶剂化结构变得"松散"，并进一步导致 Na$^+$ 的溶剂化壳层迅速发生包括 CN 以及与新配位阴离子交换的变化（图 12.9c）[80]，通过结构扩散机制的钠迁移和其迁移 / 转移数量也因此得到提高。这一现象已经通过实验 [34, 38, 68] 和模拟计算 [80] 得到了验证。我们注意到钠盐体系中的离子聚集体相对锂盐体系更大 [81]。

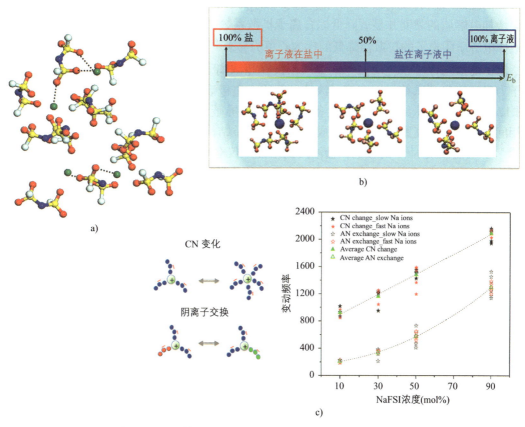

图 12.9　（a）Na-FSI 混合物 / 聚集体结构（来源：文献 [34]，经 American Chemical Society 授权）；（b）不同钠盐浓度下 Na 的溶剂化结构；（c）钠溶剂化结构在不同盐浓度下的变动频率（来源：文献 [80]，经 American Chemical Society 授权）

如上文所述 [68]，在超浓离子液体电解液中 Na$^+$ 迁移数（t_{Na^+}）也较高，这对提高电池的循环性能大有裨益。t_{Na^+} 是由两个参数决定的：钠离子占比（N_{Na^+}）及电解液系统中所有离子的自扩散系数（D）。NMR 测试过程中常用于估算锂离子迁移数的公式如下：

$$t_{Na^+} = \frac{N_{Na}D_{Na}}{N_{Na}D_{Na} + N_{cation}D_{cation} + N_{anion}D_{anion}} \quad (12.2)$$

遗憾的是，很难通过 NMR 测试测量 Na$^+$ 扩散系数，但该参数却可以通过 MD 模拟，使用爱因斯坦方程通过均方位移轻易计算得出：

$$\lim_{t\to\infty}\left\langle\|r_i(t)-r_i(0)\|^2\right\rangle_i=6Dt \qquad (12.3)$$

为了达到最高的 t_{Na^+}（1），与 $N_{Na}D_{Na}$ 相比，$N_{cation}D_{cation}$ 和 $N_{anion}D_{anoin}$ 都必须达到可以忽略不计的程度，比如单离子导电聚合物电解质中金属阳离子是唯一可移动的带电物种。然而，离子液体电解质含有额外的移动离子，所以有必要通过减少后面两个量来提高 t_{Na^+}。盐浓度的提高可以有效增加 N_{Na} 并相应减少 N_{cation}，同时高浓度盐电解液中形成的离子聚集体会增加电解质的黏度并显著降低综合离子扩散系数（D）。有趣的是，在这些电解质中离子液体电解质阴离子的扩散性降低的比 Na^+ 更为显著[38]，从而导致 t_{Na^+} 的增加。

MD 模拟同样可以应用在与钠金属阳极在超浓离子液体电解质中的稳定循环研究[35]。原子力显微镜等测试结果证实离子液体电解质在电极表面附近形成了有序的多层纳米结构（图 12.10a）。该纳米结构的形成具备一定的电荷屏蔽或拥挤效应[83]，不仅影响金属离子在相间的传输，还能影响 SEI 的形成。界面电解质结构同时受其中阳离子和阴离子化学组成[45, 84, 85]及盐浓度[82, 86]的影响，盐浓度的增加不仅会破坏/减少该界面纳米结构层的形成（图 12.10c）[82]，还会改变靠近电极表面电解液的化学组成。这些因素控制着电极表面的氧化还原过程，从而可以改变阳极和阴极上的 SEI 化学性质和形态。与低盐浓度离子液体电解质相比，超浓电解质的 SEI 最内层富含盐成分（图 12.10b），这有助于形成以阴离子还原产物[35]（尤其是 NaF 成分）组成为主的刚性 SEI。与此同时，SEI 内层成分还受外加电压/电流密度的影响，相关课题值得进一步研究以推进最佳的电解质界面设计。

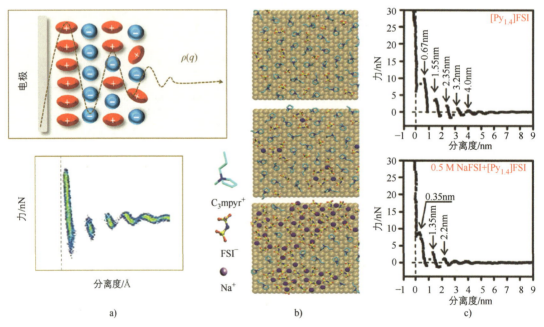

图 12.10 （a）荷负电电极表面多层离子堆叠示意图，该模式已被原子力显微镜证实；（b）盐浓度改变阳极电极最内层电解液组成；（c）原子力显微镜（AFM）结果表明在高盐浓度下发生还原的 IL 层（来源：文献 [82]，经 American Chemical Society 授权）

离子液体电解质的物化特性可以通过设计混合电解质进行调整。一种方法是如第12.2.1 节所述，使用混合阴离子来调整离子液体电解质在体相和界面上的行为。混合阴离子可参与金属阳离子的溶剂化，并根据其与金属阳离子的相对比例和结合强度调控配位环境，进而影响金属阳离子的扩散。例如，扩散性较强的阴离子或弱配位阴离子可以增强金属离子的扩散[19, 87]。另一方面，使用混合阴离子可以充分利用每种阴离子的优势。例如，在对甲基丙基吡咯烷二氰胺（[C₃mpyr][DCA]）离子液体与 NaFSI 盐的研究中，成本更低且扩散性更强的 DCA 可增强离子导电性并降低电解质成本，而氟化 FSI 阴离子可参与 SEI 的形成，从而改善循环行为[51]。在电解质中加入添加剂是调整电解质性能的另一种常见方法，该策略在锂电池电解质中得到了广泛的应用。研究发现，醚类溶剂（如甘油）不仅能提高超浓缩电解质的电导率，在适量混合的条件下还能优化循环稳定性[88, 89]。

12.4.3　钠电池聚合物电解质

尽管对聚合物电解质的研究主要集中在传统的电中性聚合物（聚合物骨架中通常含有极性基团以溶解盐），但近十年来，荷电骨架聚电解质（一种离子键合在聚合物骨架上，而其他离子在理论上是能够导电的）也引起了越来越多的研究兴趣。这种聚合物电解质具有一些传统电解质体系无法实现的性质。本节将特别讨论阴离子单离子导电聚乙烯（PEs）和阳离子聚（离子液体）（或聚合物离子液体）这两类聚电解质及相关模拟（图 12.11）。

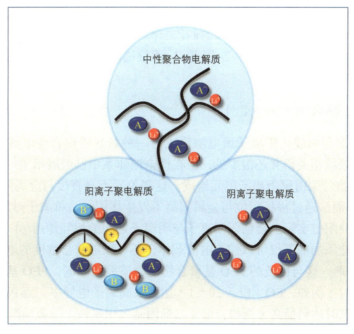

图 12.11　三大类聚合物电解质示意图

1. 单离子导体

阴离子聚电解质又称聚盐，得益于其阴离子与聚合物骨架的共价键合，金属离子迁移数最高可达 1，于近年来引起了研究人员的注意[90]。然而，金属阳离子和聚阴离子之间强烈的库仑相互作用所引发的聚合物链物理交联，大大提高了该聚合物的 T_g 并降低了离子电导率，从而阻碍了其实际应用[91]。实验中可以采用一些策略来降低聚合物的 T_g，例如，制造具有离子扩散促进单元（如聚乙二醇、PEO）的嵌段共聚物[92]，添加离子液体 / 溶剂增塑剂[93, 94]。MD 模拟为如何合理实施这些策略提供了更多有价值的建议。

一项 MD 工作[95]研究了极性或非极性间隔物在增强基于聚 [（4- 苯乙烯磺酰基）（三氟甲磺酰基）亚胺] 钠 P（STFSINa）均聚物的共聚物中 Na^+ 扩散的作用，研究结果表明钠扩散机制与间隔物极性具有极强相关性。在极性间隔物体系中，Na^+ 通过聚合物段运动而移动；但在均聚物或非极性间隔物体系中，跳跃机制占主导地位。此外，该研究还强调了通过在聚电解质中使用大的共阳离子作为增塑剂来减少聚阴离子与 Na^+ 之间相互作用的重要性。研究发现，共阳离子的大小和浓度都会影响离子导电性[96, 97]，共阳离子可引入更多的自由体积并减少聚电解质中的侧链交联，从而有效降低聚合物的 T_g 并促进聚合物链和金属离子的运动。不过，如果金属离子的扩散能与聚合物链段的运动解离，聚合物 T_g 对金属阳离子扩散的影响就会减弱。在这种情况下，金属阳离子更有可能通过跳跃机制进行扩散，而跳跃位点的连续性（与离子聚集体的大小有关）则成为影响金属离子导电性的关键因素。因此，共阳离子需要有最佳的尺寸和浓度，以保持大的金属阳离子 – 阴离子聚集体，并增强聚合物电解质的整体动力学。使用有机溶剂增塑剂（如四乙二醇二甲醚）也能得出类似的结论[98]。MD 模拟显示四乙二醇二甲醚对锂离子和钠离子聚集体有不同的影响：与锂离子相比，钠离子通常会与聚阴离子形成较大的离子聚集体且受加入的四乙二醇二甲醚影响较小，而锂离子聚集体则更容易被加入的四乙二醇二甲醚破坏。这就是在实验中将四乙二醇二甲醚加入到聚（2- 丙烯酰胺基 -2- 甲基 -1- 丙烷磺酸）（PAMPS）时观测到 Li^+ 电导率降低而 Na^+ 电导率却升高的原因。

2. 离子液体聚合物（PolyIL）

由离子液体聚合而成的阳离子聚电解质成为一种新兴的聚合物电解质平台。尽管该电解质在钠电池领域相关研究还很少见，但在锂电池体系中已经展示了一些有趣且有前景的特性[99]。聚合物骨架由聚阳离子单元组成，这些单元不会直接与金属阳离子（如 Li^+ 或 Na^+）发生作用，而是通过桥接配位与金属阳离子发生作用。与单离子对的相互作用相比，这种阴离子桥接共配位实际上会削弱阳离子与阴离子之间的相互作用（图 12.12）。所以该电解质体系中的盐添加剂不仅可以作为电荷载体，还可以随着盐浓度的增加成为一种降低聚合物 T_g 的增塑剂。这与传统的 PEO 基聚合物电解质截然不同，PEO 基聚合物电解质通常在盐浓度较低时（例如，EO：Li = 20：1）达到最高离子电导率，而 PolyIL 电导率却是在锂盐浓度非常高时达到最高（例如，聚（二烯丙基二甲基铵）双氟磺酰亚胺（PDADMA FSI）在 PDADMA：Li = 1：1.5 时电导率最高）。MD 模拟显示在该比例下电解质中可以达到最大共价阴离子状态，当盐浓度超过该最优比例限制时，富盐区域将扩大。尽管这里的例子是针对锂电池体系的，同样的变化方式也适用于其他金属阳离子（包括 Na^+）相应的固态聚合物电解质（SPE）。

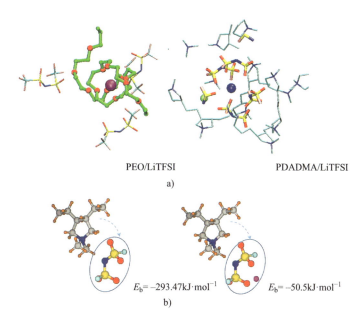

PEO/LiTFSI   PDADMA/LiTFSI

a)

$E_b = -293.47 \text{kJ} \cdot \text{mol}^{-1}$ $E_b = -50.5 \text{kJ} \cdot \text{mol}^{-1}$

b)

图 12.12 （a）在 PEO/LiTFSI（左图）及 PDADMAFSI/LiFSI（右图）中金属 – 离子配位环境，绿色粗棒代表 PEO 链，蓝色和水蓝色棒代表 PDADMA，紫色和蓝色球代表金属离子，彩色棒代表 TFSI 或 FSI；（b）DFT 在 B3LYP/6-31+G（d）理论层面下计算单 PDADMA 在有无与 Li[+] 共配位条件下和 FSI 的结合能

▼ 12.5 总结与展望

　　与锂电池相似，传统的钠二次电池电解质是基于有机溶剂发展而来的，而针对离子液体（IL）、GPE 和 SPE 的下一代安全电解质的研究也正在不断推进。与传统的有机溶剂相比，离子液体电解质在钠二次电池领域的应用拥有巨大的优势，特别是它在更宽温度范围内的热稳定性和化学稳定性使得离子液体电解质在一些特殊应用场景下的应用很有潜力。在离子液体电解质基础上发展的离子凝胶或者 GPE 同样具有前瞻性，它们可以用于制备高安全性、无电解液泄漏、高离子电导率、高 Na[+] 迁移数及柔性电极的准固态器件。相比于传统电解液，离子液体电解质较高的成本是阻碍其广泛使用的因素。然而随着这些电解质材料的性能优势在下一代安全电池中的确立，以及一些化学品公司对这些电解质材料生产规模的扩大，它们的成本会逐步降低并最终成为一种可广泛应用的电解质材料。通过将这些材料与有机溶剂（甚至与水）构建混合电解质系统也能降低电解质的总体成本。此外，市场 / 用户对电池产品在苛刻环境条件下应用可靠性的期望和需求也将使离子液体电解质更具竞争力。当前研究结果表明，离子液体电解质相比有机电解液可以更有效地提高钠二次电池的循环稳定性、高温电池容量和相应工况下的运行安全性。进一步了解 SEI 的形成、SEI 化学组成和电解液成分的关系，以及优化 SEI 化学组成，将有助于此类电解质相关的钠技术的进一步发展。

缩略词

CN	Coordination number	配位数
DFT	Density functional theory	密度泛函理论
DME	1，2-Dimethoxyethane	1，2-二甲氧基乙烷
Eb	Binding energy	结合能
GPE	Gel polymer electrolyte	凝胶聚合物电解质
IL	Ionic liquid	离子液体
MD	Molecular dynamics	分子动力学
$NaCrO_2$	Sodium chromate（Ⅲ）	铬酸钠（Ⅲ）
$Na_{2/3}Fe_{1/3}Mn_{2/3}O_2$	Sodium iron manganese oxide	氧化铁锰钠
$NaFePO_4$	Sodium iron phosphate	磷酸铁钠
$Na_{0.44}MnO_2$	Sodium manganese oxide	氧化锰钠
NiNc	Nickel norcorrole	正咯镍
NVP	Sodium vanadium phosphate	磷酸钒钠
OIPC	Organic ionic plastic crystal	有机离子塑化晶体
PAMPS	Poly（2-acrylamido-2-methyl-1-propane sul-phonic acid）	聚（2-丙烯酰胺基-2-甲基-1-丙烷磺酸）
PDADMA FSI	Poly（diallyldimethylammonium）bis（fluorosulfonyl）imide	聚（二烯丙基二甲基铵）双（氟磺酰）亚胺
PEGDA	Poly（tri-methylene carbonate）	聚（三亚甲基碳酸酯）
PEO	Polyethylene glycol	聚乙二醇
PolyIL	Polymeric ionic liquid	聚合离子液体
P_2-$Na_{0.6}Ni_{0.22}Al_{0.11}Mn_{0.66O2}$	Sodium nickel aluminium manganese oxide	氧化镍铝锰钠
P（STFSI）	Poly[（4-styrenesulfonyl）（trifluoromethane-sulfonyl）imide]	聚[（4-苯乙烯磺酰基）（三氟甲磺酰基）亚胺]
Sb-C composite	Antimony-carbon composite	锑碳复合材料
SEI	Solid-electrolyte interphase	固体电解质相间层
SPE	Solid polymer electrolyte	固体聚合物电解质
TiO_2	Titanium dioxide	二氧化钛
T_{Na}	Na transference number	Na 迁移数

参 考 文 献

1 Tapia-Ruiz, N., Armstrong, A.R., Alptekin, H. et al. (2021). 2021 roadmap for sodium-ion batteries. *Journal of Physics: Energy* 3 (3): 031503.

2 Yamamoto, T. and Nohira, T. (2020). Tin negative electrodes using an FSA-based ionic liquid electrolyte: improved performance of potassium secondary batteries. *Chemical Communications* 56 (17): 2538–2541.

3 Basile, A., Hilder, M., Makhlooghiazad, F. et al. (2018). Ionic liquids and organic ionic plastic crystals: advanced electrolytes for safer high performance sodium energy storage technologies. *Advanced Energy Materials.* 8 (17): 1703491.

4 MacFarlane, D.R., Tachikawa, N., Forsyth, M. et al. (2014). Energy applications of ionic liquids. *Energy & Environmental Science* 7 (1): 232–250.

5 Hagiwara, R., Matsumoto, K., Hwang, J., and Nohira, T. (2019). Sodium ion batteries using ionic liquids as electrolytes. *The Chemical Record* 19 (4): 758–770.

6 Malunavar, S.S., Wang, X., Makhlooghiazad, F. et al. (2021). Highly conductive ionogel electrolytes based on *N*-ethyl-*N*-methylpyrrolidinium bis(fluorosulfonyl) imide FSI and NaFSI mixtures and their applications in sodium batteries. *Journal of Physics: Materials* 4: 044005.

7 De Anastro, A.F., Lago, N., Berlanga, C. et al. (2019). Poly(ionic liquid) iongel membranes for all solid-state rechargeable sodium battery. *Journal of Membrane Science.* 582: 435–441.

8 Fdz De Anastro, A., Porcarelli, L., Hilder, M. et al. (2019). UV-cross-linked ionogels for all-solid-state rechargeable sodium batteries. *ACS Applied Energy Materials* 2 (10): 6960–6966.

9 Makhlooghiazad, F., Nti, F., Sun, J. et al. (2021). Composite electrolytes based on electrospun PVDF and ionic plastic crystal matrices for Na-metal battery applications. *Journal of Physics: Materials.* 4 (3): 034003.

10 Mendes, T.C., Zhang, X., Wu, Y. et al. (2019). Supported ionic liquid gel membrane electrolytes for a safe and flexible sodium metal battery. *ACS Sustainable Chemistry & Engineering* 7 (4): 3722–3726.

11 Makhlooghiazad, F., Guazzagaloppa, J., O'Dell, L.A. et al. (2018). The influence of the size and symmetry of cations and anions on the physicochemical behavior of organic ionic plastic crystal electrolytes mixed with sodium salts. *Physical Chemistry Chemical Physics* 20 (7): 4721–4731.

12 Makhlooghiazad, F., Gunzelmann, D., Hilder, M. et al. (2017). Mixed phase solid-state plastic crystal electrolytes based on a phosphonium cation for sodium devices. *Advanced Energy Materials* 7 (2): 1601272.

13 Makhlooghiazad, F., Howlett, P.C., Wang, X. et al. (2017). Phosphonium plastic crystal salt alloyed with a sodium salt as a solid-state electrolyte for sodium devices: phase behaviour and electrochemical performance. *Journal of Materials Chemistry A* 5 (12): 5770–5780.

14 Makhlooghiazad, F., Sharma, M., Zhang, Z. et al. (2020). Stable high-temperature cycling of Na metal batteries on Na$_3$V$_2$(PO$_4$)$_3$ and Na$_2$FeP$_2$O$_7$ cathodes in NaFSI-rich organic ionic plastic crystal electrolytes. *The Journal of Physical Chemistry Letters* 11 (6): 2092–2100.

15 Makhlooghiazad, F., Yunis, R., Mecerreyes, D. et al. (2017). Comparison of the physicochemical and electrochemical behaviour of mixed anion phosphonium based OIPCs electrolytes for sodium batteries. *Solid State Ionics* 312: 44–52.

16 Biernacka, K., Makhlooghiazad, F., Popov, I. et al. (2021). Investigation of unusual conductivity behavior and ion dynamics in hexamethylguanidinium bis(fluorosulfonyl) imide-based electrolytes for sodium batteries. *The Journal of Physical Chemistry C* 125 (23): 12518–12530.

17 Forsyth, M., Chimdi, T., Seeber, A. et al. (2014). Structure and dynamics in an organic ionic plastic crystal, *N*-ethyl-*N*-methyl pyrrolidinium bis(trifluoromethanesulfonyl) amide, mixed with a sodium salt. *Journal of Materials Chemistry A: Materials for Energy and Sustainability* 2 (11): 3993–4003.

18 MacFarlane, D.R., Forsyth, M., Howlett, P.C. et al. (2016). Ionic liquids and their solid-state analogues as materials for energy generation and storage. *Nature Reviews Materials* 1 (2): 1–15.

19 Hilder, M., Gras, M., Pope, C.R. et al. (2017). Effect of mixed anions on the physicochemical properties of a sodium containing alkoxyammonium ionic liquid electrolyte. *Physical Chemistry Chemical Physics* 19 (26): 17461–17468.

20 Hilder, M., Howlett, P.C., Saurel, D. et al. (2018). The effect of cation chemistry on physicochemical behaviour of superconcentrated NaFSI based ionic liquid electrolytes and the implications for Na battery performance. *Electrochimica Acta* 268: 94–100.

21 Monti, D., Jónsson, E., Palacín, M.R., and Johansson, P. (2014). Ionic liquid based electrolytes for sodium-ion batteries: Na⁺ solvation and ionic conductivity. *Journal of Power Sources* 245: 630–636.

22 Matsumoto, K., Taniki, R., Nohira, T., and Hagiwara, R. (2015). Inorganic–organic hybrid ionic liquid electrolytes for Na secondary batteries. *Journal of the Electrochemical Society* 162 (7): A1409.

23 Ding, C., Nohira, T., Hagiwara, R. et al. (2014). Na[FSA]-[C3C1pyrr][FSA] ionic liquids as electrolytes for sodium secondary batteries: effects of Na ion concentration and operation temperature. *Journal of Power Sources* 269: 124–128.

24 Wu, L., Moretti, A., Buchholz, D. et al. (2016). Combining ionic liquid-based electrolytes and nanostructured anatase TiO2 anodes for intrinsically safer sodium-ion batteries. *Electrochimica Acta* 203: 109–116.

25 Wongittharom, N., Lee, T.-C., Wang, C.-H. et al. (2014). Electrochemical performance of Na/NaFePO 4 sodium-ion batteries with ionic liquid electrolytes. *Journal of Materials Chemistry A* 2 (16): 5655–5661.

26 Wongittharom, N., Wang, C.H., Wang, Y.C. et al. (2014). Ionic liquid electrolytes with various sodium solutes for rechargeable Na/NaFePO4 batteries operated at elevated temperatures. *ACS Applied Material & Interfaces* 6 (20): 17564–17570.

27 Yang, H., Luo, X.-F., Matsumoto, K. et al. (2020). Physicochemical and electrochemical properties of the (fluorosulfonyl)(trifluoromethylsulfonyl) amide ionic liquid for Na secondary batteries. *Journal of Power Sources* 470: 228406.

28 Eshetu, G.G., Elia, G.A., Armand, M. et al. (2020). Electrolytes and interphases in sodium-based rechargeable batteries: recent advances and perspectives. *Advanced Energy Materials.* 10 (20): 2000093.

29 Monconduit, L. and Croguennec, L. (2021). *Na-Ion Batteries.* Wiley.

30 Pal, U., Girard, G.M., O'Dell, L.A. et al. (2018). Improved Li-ion transport by DME chelation in a novel ionic liquid-based hybrid electrolyte for Li–S battery application. *The Journal of Physical Chemistry C* 122 (26): 14373–14382.

31 Pope, C.R., Kar, M., MacFarlane, D.R. et al. (2016). Ion dynamics in a mixed-cation alkoxy-ammonium ionic liquid electrolyte for sodium device applications. *ChemPhysChem* 17 (20): 3187–3195.

32 Ferdousi, S.A., Hilder, M., Basile, A. et al. (2019). Water as an effective additive for high-energy-density Na metal batteries? Studies in a superconcentrated ionic liquid electrolyte. *ChemSusChem* 12 (8): 1700–1711.

33 Chen, C.-Y., Kiko, T., Hosokawa, T. et al. (2016). Ionic liquid electrolytes with high sodium ion fraction for high-rate and long-life sodium secondary batteries. *Journal of Power Sources* 332: 51–59.

34 Forsyth, M., Yoon, H., Chen, F. et al. (2016). Novel Na⁺ion diffusion mechanism in mixed organic–inorganic ionic liquid electrolyte leading to high Na$^+$ transference number and stable, high rate electrochemical cycling of sodium cells. *The Journal of Physical Chemistry C* 120 (8): 4276–4286.

35 Rakov, D.A., Chen, F., Ferdousi, S.A. et al. (2020). Engineering high-energy-density sodium battery anodes for improved cycling with super-concentrated ionic-liquid electrolytes. *Nature Materials* 19 (10): 1096–1101.

36 Vogl, T., Vaalma, C., Buchholz, D. et al. (2016). The use of protic ionic liquids with cathodes for sodium-ion batteries. *Journal of Materials Chemistry A* 4 (27): 10472–10478.

37 Yoon, H., Zhu, H., Hervault, A. et al. (2014). Physicochemical properties of *N*-propyl-*N*-methylpyrrolidinium bis(fluorosulfonyl) imide for sodium metal battery applications. *Physical Chemistry Chemical Physics* 16 (24): 12350–12355.

38 Matsumoto, K., Okamoto, Y., Nohira, T., and Hagiwara, R. (2015). Thermal and transport properties of Na[N(SO$_2$F)$_2$]–[*N*-Methyl-*N*-propylpyrrolidinium] [N(SO$_2$F)$_2$] ionic liquids for Na secondary batteries. *The Journal of Physical Chemistry C* 119 (14): 7648–7655.

39 Ding, C., Nohira, T., Kuroda, K. et al. (2013). NaFSA–C1C3pyrFSA ionic liquids for sodium secondary battery operating over a wide temperature range. *Journal of Power Sources* 238: 296–300.

40 Basile, A., Ferdousi, S.A., Makhlooghiazad, F. et al. (2018). Beneficial effect of added water on sodium metal cycling in super concentrated ionic liquid sodium electrolytes. *Journal of Power Sources* 379: 344–349.

41 Noor, S.A.M., Howlett, P.C., MacFarlane, D.R., and Forsyth, M. (2013). Properties of sodium-based ionic liquid electrolytes for sodium secondary battery applications. *Electrochimica Acta* 114: 766–771.

42 Moreno, J.S., Maresca, G., Panero, S. et al. (2014). Sodium-conducting ionic liquid-based electrolytes. *Electrochemistry Communications* 43: 1–4.

43 Noor, S., Su, N., Khoon, L. et al. (2017). Properties of high Na-ion content *N*-propyl-*N*-methylpyrrolidinium bis(fluorosulfonyl) imide-ethylene carbonate electrolytes. *Electrochimica Acta* 247: 983–993.

44 Nikitina, V.A., Nazet, A., Sonnleitner, T., and Buchner, R. (2012). Properties of sodium tetrafluoroborate solutions in 1-butyl-3-methylimidazolium tetrafluoroborate ionic liquid. *Journal of Chemical & Engineering Data* 57 (11): 3019–3025.

45 Begic, S., Jonsson, E., Chen, F., and Forsyth, M. (2017). Molecular dynamics simulations of pyrrolidinium and imidazolium ionic liquids at graphene interfaces. *Physical Chemistry Chemical Physics* 19 (44): 30010–30020.

46 Matsumoto, K., Hosokawa, T., Nohira, T. et al. (2014). The Na[FSA]–[C2C1im][FSA](C2C1im+: 1-ethyl-3-methylimidazolium and FSA−: bis(fluorosulfonyl)amide) ionic liquid electrolytes for sodium secondary batteries. *Journal of Power Sources* 265: 36–39.

47 Hilder, M., Howlett, P.C., Saurel, D. et al. (2017). Small quaternary alkyl phosphonium bis(fluorosulfonyl)imide ionic liquid electrolytes for sodium-ion batteries with P2- and O3-Na$_{2/3}$[Fe$_{2/3}$Mn$_{1/3}$]O$_2$ cathode material. *Journal of Power Sources* 349: 45–51.

48 Kerner, M., Plylahan, N., Scheers, J., and Johansson, P. (2015). Ionic liquid based lithium battery electrolytes: fundamental benefits of utilising both TFSI and FSI anions? *Physical Chemistry Chemical Physics* 17 (29): 19569–19581.

49 Chaudoy, V., Jacquemin, J., Tran-Van, F. et al. (2019). Effect of mixed anions on the transport properties and performance of an ionic liquid-based electrolyte for lithium-ion batteries. *Pure and Applied Chemistry* 91 (8): 1361–1381.

50 Jin, L., Howlett, P.C., Pringle, J.M. et al. (2014). An organic ionic plastic crystal electrolyte for rate capability and stability of ambient temperature lithium batteries. *Energy & Environmental Science* 7 (10): 3352–3361.

51 Forsyth, M., Hilder, M., Zhang, Y. et al. (2019). Tuning sodium interfacial chemistry with mixed-anion ionic liquid electrolytes. *ACS Applied Materials &Interfaces* 11 (46): 43093–43106.

52 Ding, C., Nohira, T., and Hagiwara, R. (2017). Charge–discharge performance of Na2/3Fe1/3Mn2/3O2 positive electrode in an ionic liquid electrolyte at 90 °C for sodium secondary batteries. *Electrochimica Acta* 231: 412–416.

53 Ding, C., Nohira, T., and Hagiwara, R. (2015). A high-capacity TiO 2/C negative electrode for sodium secondary batteries with an ionic liquid electrolyte. *Journal of Materials Chemistry A* 3 (41): 20767–20771.

54 Hwang, J., Hagiwara, R., Shinokubo, H., and Shin, J.-Y. (2021). Dual-ion charge–discharge behaviors of Na–NiNc and NiNc–NiNc batteries. *Materials Advances* 2 (7): 2263–2266.

55 Hwang, J., Matsumoto, K., and Hagiwara, R. (2018). Na3V2 (PO4) 3/C positive electrodes with high energy and power densities for sodium secondary batteries with ionic liquid electrolytes that operate across wide temperature ranges. *Advanced Sustainable Systems* 2 (5): 1700171.

56 Hasa, I., Passerini, S., and Hassoun, J. (2016). Characteristics of an ionic liquid electrolyte for sodium-ion batteries. *Journal of Power Sources* 303: 203–207.

57 Hilder, M., Howlett, P.C., Saurel, D. et al. (2018). Stable cycling of NaFePO4 cathodes in high salt concentration ionic liquid electrolytes. *Journal of Power Sources* 406: 70–80.

58 Manohar, C.V., Raj, K.A., Kar, M. et al. (2018). Stability enhancing ionic liquid hybrid electrolyte for NVP@C cathode based sodium batteries. *Sustainable Energy & Fuels* 2 (3): 566–576.

59 Ding, C., Nohira, T., Hagiwara, R. et al. (2015). Electrochemical performance of hard carbon negative electrodes for ionic liquid-based sodium ion batteries over a wide temperature range. *Electrochimica Acta* 176: 344–349.

60 Hwang, J., Matsumoto, K., Chen, C.-Y., and Hagiwara, R. (2021). Pseudo-solid-state electrolytes utilizing the ionic liquid family for rechargeable batteries. *Energy & Environmental Science* .

61 Kaushik, S., Matsumoto, K., Orikasa, Y. et al. (2021). Vanadium diphosphide as a negative electrode material for sodium secondary batteries. *Journal of Power Sources* 483: 229182.

62 Wang, C.-H., Yeh, Y.-W., Wongittharom, N. et al. (2015). Rechargeable Na/Na0. 44MnO2 cells with ionic liquid electrolytes containing various sodium solutes. *Journal of Power Sources* 274: 1016–1023.

63 Gonzalo, E., Han, M., Del Amo, J.L. et al. (2014). Synthesis and characterization of pure P2-and O3-Na2/3Fe2/3Mn1/3O2 as cathode materials for Na ion batteries. *Journal of Materials Chemistry A* 2 (43): 18523–18530.

64 Ferdousi, S.A., O'Dell, L.A., Hilder, M. et al. (2021). SEI formation on sodium metal electrodes in superconcentrated ionic liquid electrolytes and the effect of additive water. *ACS Applied Materials &Interfaces* 13 (4): 5706–5720.

65 Sun, J., O'Dell, L.A., Armand, M. et al. (2021). Anion-derived solid-electrolyte interphase enables long life Na-ion batteries using superconcentrated ionic liquid electrolytes. *ACS Energy Letters* 6: 2481–2490.

66 Gebert, F., Knott, J., Gorkin, R. et al. (2021). Polymer electrolytes for sodium-ion batteries. *Energy Storage Materials* 36: 10–30.

67 Yang, H., Hwang, J., Wang, Y. et al. (2019). *N*-ethyl-*N*-propylpyrrolidinium bis(fluorosulfonyl)amide ionic liquid electrolytes for sodium secondary batteries: effects of Na ion concentration. *The Journal of Physical Chemistry C* 123 (36): 22018–22026.

68 Forsyth, M., Girard, G.M., Basile, A. et al. (2016). Inorganic-organic ionic liquid electrolytes enabling high energy-density metal electrodes for energy storage. *Electrochimica Acta* 220: 609–617.

69 Girard, G.M.A., Hilder, M., Nucciarone, D. et al. (2017). Role of Li concentration and the SEI layer in enabling high performance Li metal electrodes using a phosphonium bis(fluorosulfonyl)imide ionic liquid. *The Journal of Physical Chemistry C* 121 (39): 21087–21095.

70 Armel, V., Velayutham, D., Sun, J. et al. (2011). Ionic liquids and organic ionic plastic crystals utilizing small phosphonium cations. *Journal of Materials Chemistry* 21 (21): 7640–7650.

71 Lou, D., Wang, C., He, Z. et al. (2019). Robust organohydrogel with flexibility and conductivity across the freezing and boiling temperatures of water. *Chemical Communications* 55 (58): 8422–8425.

72 Chen, F., Pringle, J.M., and Forsyth, M. (2015). Insights into the transport of alkali metal ions doped into a plastic crystal electrolyte. *Chemistry of Materials* 27 (7): 2666–2672.

73 Kubisiak, P., Wróbel, P., and Eilmes, A. (2020). Molecular dynamics investigation of correlations in ion transport in MeTFSI/EMIM–TFSI (Me = Li, Na) electrolytes. *The Journal of Physical Chemistry B* 124 (2): 413–421.

74 Yoon, H., Best, A.S., Forsyth, M. et al. (2015). Physical properties of high Li-ion content *N*-propyl-*N*-methylpyrrolidinium bis(fluorosulfonyl)imide based ionic liquid electrolytes. *Physical Chemistry Chemical Physics* 17 (6): 4656–4663.

75 Borodin, O., Giffin, G.A., Moretti, A. et al. (2018). Insights into the structure and transport of the lithium, sodium, magnesium, and zinc bis (trifluoromethansulfonyl) imide salts in ionic liquids. *The Journal of Physical Chemistry C* 122 (35): 20108–20121.

76 Liyana-Arachchi, T.P., Haskins, J.B., Burke, C.M. et al. (2018). Polarizable molecular dynamics and experiments of 1,2-dimethoxyethane electrolytes with lithium and sodium salts: structure and transport properties. *The Journal of Physical Chemistry B* 122 (36): 8548–8559.

77 Chen, S., Ishii, J., Horiuchi, S. et al. (2017). Difference in chemical bonding between lithium and sodium salts: influence of covalency on their solubility. *Physical Chemistry Chemical Physics* 19 (26): 17366–17372.

78 Jónsson, E. and Johansson, P. (2012). Modern battery electrolytes: ion–ion interactions in Li$^+$/Na$^+$ conductors from DFT calculations. *Physical Chemistry Chemical Physics* 14 (30): 10774–10779.

79 Massaro, A., Avila, J., Goloviznina, K. et al. (2020). Sodium diffusion in ionic liquid-based electrolytes for Na-ion batteries: the effect of polarizable force fields. *Physical Chemistry Chemical Physics* 22 (35): 20114–20122.

80 Chen, F., Howlett, P., and Forsyth, M. (2018). Na-ion solvation and high transference number in superconcentrated ionic liquid electrolytes: a theoretical approach. *The Journal of Physical Chemistry C* 122 (1): 105–114.

81 Chen, F. and Forsyth, M. (2016). Elucidation of transport mechanism and enhanced alkali ion transference numbers in mixed alkali metal–organic ionic molten salts. *Physical Chemistry Chemical Physics* 18 (28): 19336–19344.

82 Carstens, T., Lahiri, A., Borisenko, N., and Endres, F. (2016). [Py1, 4] FSI–NaFSI-based ionic liquid electrolyte for sodium batteries: Na$^+$ solvation and interfacial nanostructure on Au(111). *The Journal of Physical Chemistry C* 120 (27): 14736–14741.

83 Begić, S., Chen, F., Jónsson, E., and Forsyth, M. (2019). Overscreening and crowding in electrochemical ionic liquid systems. *Physical Review Materials* 3 (9): 095801.

84 Shimizu, M., Usui, H., Matsumoto, K. et al. (2014). Effect of cation structure of ionic liquids on anode properties of Si electrodes for LIB. *Journal of The Electrochemical Society* 161 (12): A1765.

85 Wei, C., Jiang, K., Fang, T., and Liu, X. (2021). Effects of anions and alkyl chain length of imidazolium-based ionic liquids at the Au(111) surface on interfacial structure: a first-principles study. Green. *Green Chemical Engineering* 2: 402–411.

86 Lahiri, A., Carstens, T., Atkin, R. et al. (2015). In situ atomic force microscopic studies of the interfacial multilayer nanostructure of LiTFSI–[Py1, 4] TFSI on Au(111): influence of Li$^+$ ion concentration on the Au(111)/IL interface. *The Journal of Physical Chemistry C* 119 (29): 16734–16742.

87 Chen, F. and Forsyth, M. (2019). Computational investigation of mixed anion effect on lithium coordination and transport in salt concentrated ionic liquid electrolytes. *The Journal of Physical Chemistry Letters* 10 (23): 7414–7420.

88 Pal, U., Chen, F., Gyabang, D. et al. (2020). Enhanced ion transport in an ether aided super concentrated ionic liquid electrolyte for long-life practical lithium metal battery applications. *Journal of Materials Chemistry A* 8 (36): 18826–18839.

89 Garcia-Quintana, L., Chen, F., Ortiz-Vitoriano, N. et al. (2021). Unravelling the role of speciation in glyme: ionic liquid hybrid electrolytes for Na−O2 batteries. *Batteries & Supercaps* 4 (3): 513–521.

90 Lin, K.-J., Li, K., and Maranas, J.K. (2013). Differences between polymer/salt and single ion conductor solid polymer electrolytes. *RSC Advances* 3 (5): 1564–1571.

91 Zhang, H., Li, C., Piszcz, M. et al. (2017). Single lithium-ion conducting solid polymer electrolytes: advances and perspectives. *Chemical Society Reviews* 46 (3): 797–815.

92 Bouchet, R., Maria, S., Meziane, R. et al. (2013). Single-ion BAB triblock copolymers as highly efficient electrolytes for lithium-metal batteries. *Nature Materials* 12: 452.

93 Oza, Y.V., MacFarlane, D.R., Forsyth, M., and O'Dell, L.A. (2016). Unexpected effect of tetraglyme plasticizer on lithium ion dynamics in PAMPS based ionomers. *Physical Chemistry Chemical Physics* 18 (28): 19011–19019.

94 Oza, Y.V., MacFarlane, D.R., Forsyth, M., and O'Dell, L.A. (2015). Characterisation of ion transport in sulfonate based ionomer systems containing lithium and quaternary ammonium cations. *Electrochimica Acta* 175: 80–86.

95 Chen, X., Chen, F., Liu, M.S., and Forsyth, M. (2016). Polymer architecture effect on sodium ion transport in PSTFSI-based ionomers: a molecular dynamics study. *Solid State Ionics* 288: 271–276.

96 Chen, X., Chen, F., Jónsson, E., and Forsyth, M. (2017). Molecular dynamics study of a dual-cation ionomer electrolyte. *ChemPhysChem* 18 (2): 230–237.

97 Chen, X., Forsyth, M., and Chen, F. (2018). Molecular dynamics study of ammonium based co-cation plasticizer effect on lithium ion dynamics in ionomer electrolytes. *Solid State Ionics* 316: 47–52.

98 Chen, X., Chen, F., and Forsyth, M. (2017). Molecular dynamics study of the effect of tetraglyme plasticizer on dual-cation ionomer electrolytes. *Physical Chemistry Chemical Physics* 19 (25): 16426–16432.

99 Wang, X., Chen, F., Girard, G.M.A. et al. (2019). Poly(ionic liquid)s-in-salt electrolytes with co-coordination-assisted lithium-ion transport for safe batteries. *Joule* 3 (11): 2687–2702.

第 13 章
钠电池固态电解质材料——
氧化物钠离子导体的发展历程及性质

作者：F.Tietz
译者：章志珍

▼ 13.1　概述

　　氧化物被用作钠离子电池固态电解质材料已有约 50 年历史。在这些氧化物体系中，三类材料因性能优异而成为电池材料研发的主流，其中之一更是推动了钠离子电池的商业化发展。这三类超离子导体材料分别是 β/β″- 氧化铝、NaSICON 以及稀土硅酸钠，均发现于 20 世纪 60—70 年代，此后开发出的氧化物离子电导率远低于上述三类材料[1]，因此本章不予讨论。上述三类材料发展历史悠久，且已有大量综述文章对其进行了探讨[1-20]，读者难免会问：这些广为人知的材料还有什么好介绍的呢？是否还有什么技术方面的问题尚未得到充分解决？实际上，综述文章通常仅聚焦于某一类材料（如文献 [2-9] 介绍 β/β″- 氧化铝，文献 [10-12] 介绍 NaSICON，文献 [13，14] 介绍稀土硅酸钠），或仅关注不同材料的某一特定性质（通常为离子电导率）[15, 16]，部分文章也介绍了材料的其他性质或应用[1, 17-20]。除此之外，还有一系列介绍钠 – 硫电池[21-25] 和钠 – 金属卤化物电池[24, 26-30] 技术发展水平及研究现状的综述文章与进展报告。相关参考文献已对这三类材料进行了详尽的介绍，本章不再对其涉及的信息进行赘述，而是从概述这三类材料的发展历史出发，帮助读者理解 β- 氧化铝至今仍主导钠离子电池技术发展的原因。随后，讨论并对比了三类材料的一些重要性质，这些性质使得这三类材料被用于电池器件组装时具有相似的最优化工艺。最后，回顾了 β/β″- 氧化铝、NaSICON 和稀土硅酸钠在电池领域取得的成就，同时总结现状并展望了未来的发展趋势，以期帮助读者全面了解这些电解质材料体系的演进过程。

▼ 13.2　β/β″- 氧化铝

β- 氧化铝的发现可以追溯到 1916 年[31]，Rankin 和 Merwin 在研究 CaO-Al$_2$O$_3$-MgO 相图时发现 Al$_2$O$_3$ 除了常见的 α-Al$_2$O$_3$ 之外还存在第二个单相变体，这种变体实际上是铝酸钠，是氧化铝中存在钠杂质的情况下经烧结和熔化后形成的。1926[32]—1936 年间，Ridgway 等人[33] 的研究工作证明制备 β-Al$_2$O$_3$ 需要过量的氧化钠或氧化钾。1927 年 Hendricks 和 Pauling[34] 首次对 β- 氧化铝的结构进行了研究。随后在 1931 年 Bragg、Gottfried 和 West[35] 分析了材料结构中的钠元素含量，不过得到的钠含量高于化学分析的结果。在之后几年里，进一步研究揭示了 β- 氧化铝中钠含量的变化，Beevers 和 Ross 更准确地测定了 β- 氧化铝的成分[36]，并确定了其结构[37]，总结出 β- 氧化铝的理论化学式为 NaAl$_{11}$O$_{17}$，其中钠原子占据空间群 P6$_3$/mmc 中的 2（d）位点，并与氧形成六配位，形成三角棱柱体（图 13.1a）。其中 2（d）位被称为 Beevers-Ross（BR）位点，当这个 2（d）位点的钠与氧配位形成三角双锥结构时，又被称为反 Beevers-Ross（aBR）位点。

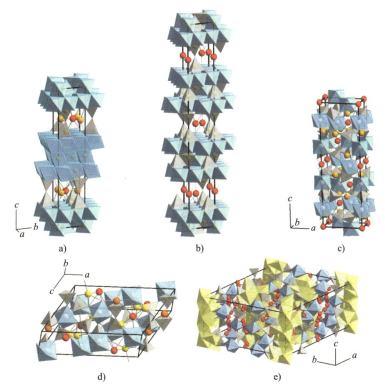

图 13.1　材料的理论晶体结构：（a）β-Al$_2$O$_3$，$a \approx 5.6$Å，$c \approx 22.5$Å（P6$_3$/mmc）[38]；（b）β″-Al$_2$O$_3$，$a \approx 5.6$Å，$c \approx 33.7$Å（R$\overline{3}$m）[39, 40]；（c）对称的 R3c 型 NaSICON 晶胞，$a \approx 8.9$Å，$c \approx 22.9$Å[41]；（d）对称的 C2/c 型 NaSICON 晶胞，$a \approx 15.7$Å，$b \approx 9.2$Å，$c \approx 9.1$Å，$\beta \approx 124.1°$[42]；（e）对称的 R$\overline{3}$c 型硅酸盐晶胞，$a \approx 22.0$Å，$c \approx 12.6$Å[43]。阳离子的四面体和八面体配位分别以灰色和蓝色多面体显示，在图（e）中，黄色多面体的中心为固定的 Na$^+$ 离子，在所有图像中，移动的 Na$^+$ 离子分别显示为优先位点（红色球）和次优先位点（橙色和黄色球），灰棒和彩棒表示 Na-O 键和 Na-Na 键，其中钠离子传导路径通过 Na-Na 键可视化表示

1943 年，Yamaguchi 报道了用碱性碳酸盐与 Al_2O_3 进行烧结后获得的另一种铝酸钠材料 [44]。约 10 年后的重新研究表明，这是一种组成近似为 $Na_2O \cdot 5Al_2O_3$ 的化合物 [45]。由于 β-Al_2O_3 在报道中更常使用变体简称而非化合物全称 $NaAl_{11}O_{17}$，因此 Yamaguchi 将这种新的物质命名为 β''-Al_2O_3。1964 年 Théry 和 Briançon 再次报道了该化合物 [46]。1968 年 Yamaguchi 和 Suzuki 提出了与 β''-Al_2O_3 类似的另一种名为 β'-Al_2O_3（$Na_2O \cdot 7Al_2O_3$）的铝酸钠材料 [47]。后来 β'''-Al_2O_3 和 β''''-Al_2O_3 相继被报道，这类物质的命名方法因此逐渐变得混乱 [48, 49]。此外，根据单位晶胞中尖晶石区块堆垛的数量，还提出了 2- 区块和 3- 区块 β- 氧化铝。

福特汽车公司科学实验室的研究极大地推进了人们对 β-Al_2O_3 化学和物理性质的理解。对 Na_2O-Al_2O_3[50] 相图的研究表明，在很宽的钠含量范围中都可以形成稳定的 β-Al_2O_3 化合物。X 射线结构分析精修结果表明 Na^+ 离子的分布是复杂且无序的 [38]。此外，研究发现结构中的 Na^+ 离子表现出高迁移性，并且可以与一价或二价阳离子进行交换 [51]。由于 β-Al_2O_3 和 β''-Al_2O_3 存在许多同构化合物，为了区别化合物中所包含的阳离子种类，将具体的化合物表示为 M^{a+}-β-Al_2O_3 或 M^{a+}/N^{b+}-β-Al_2O_3（离子没有完全交换的情况下），其中 M 或 N 是元素符号，a 和 b 是掺入的阳离子的电荷数，β-Al_2O_3 或 β''-Al_2O_3 的含义从化合物的名称变为化合物结构类型。而对于 Na^+-β-Al_2O_3 和 Na^+-β''-Al_2O_3，通常使用简称 β-Al_2O_3 和 β''-Al_2O_3。

随后的研究发现添加 MgO 或 Li_2O 可以提高 β''-Al_2O_3 单晶生长的稳定性 [49]，促使研究人员通过合成 β''-Al_2O_3 单晶对其结构进行了详细研究 [39]。在室温下测得单晶 Na^+-β-Al_2O_3 和 Na^+-β''-Al_2O_3 的电导率在 $10^{-2} \sim 10^{-1}$ S·cm^{-1} 之间 [3]，表明这种化合物中的钠离子具有较好的迁移能力。其中，Na^+-β-Al_2O_3 的电导率略低于 Na^+-β''-Al_2O_3。福特科学实验室的研究成果为这类材料的广泛应用奠定了基础，并在接下来的二三十年里引起了科学家和工程师的极大兴趣，因此 β-Al_2O_3 和 β''-Al_2O_3 可以称为被研究得最透彻的离子导体之一。

图 13.1a 和 13.1b 分别展示了 β 和 β''-Al_2O_3 的理论晶胞。两者的结构均由厚度约为 11Å 的尖晶石状的铝 – 氧层以及松散堆积的钠离子和氧离子层组成，这两种结构单元相互分隔，分别称为尖晶石区块和导电层。氧在晶格中的含量低（仅占据了最密堆积结构中 25% 的位点），使得 Na^+ 离子的位置可以发生变化，从而使其具有离子导电性。这些氧离子在相邻尖晶石区块之间形成 Al-O-Al 桥键，有助于提高结构的稳定性。对于 β-Al_2O_3，其化学式可以由两个结构单元得出：$[NaO]^+ + [Al_{11}O_{16}]^+ = NaAl_{11}O_{17}$。由于所有制备的陶瓷和单晶材料中都含有过量的钠，因此其准确的成分是 $Na_{1+x}Al_{11}O_{17+x/2}$（$0.2 < x < 0.7$）。为了对晶格中过量钠离子进行电荷补偿，额外的 O^{2-} 离子进入导电层中，这些 O^{2-} 被铝离子稳定，部分铝离子从尖晶石区块的中心转移到导电层附近的间隙位置（Roth-Reidinger 缺陷）[39]。另一种实现电荷平衡的方法是通过 Mg^{2+} 离子取代 Al^{3+} 离子，得到化学通式为 $Na_{1+x+y}Mg_yAl_{11-y}O_{17+x/2}$（其中 $0 < y < 0.7$，且 $x + y \leqslant 0.7$）的材料 [49, 54]。β-Al_2O_3 晶格中钠离子过量是除三角棱柱 BR 位点外，aBR 位点或 6（h）位点也被占据的原因。其中 6（h）位点位于 BR 和 aBR 位点之间，由于它位于两个桥氧离子之间，也被称为"中氧"（mO）位点。

β-Al_2O_3 和 β''-Al_2O_3 之间的本质区别在于相邻的尖晶石区块沿晶体 c 轴相对旋转的角度。在 β-Al_2O_3 中，这个角度为 180°，使导电层的中心成为一个镜面。而在 β''-Al_2O_3 中，尖晶石区块相对于彼此旋转 120°，这不仅导致六方晶胞的拉长，还使得导电层中 Na^+ 离子的局部环境完全不同。不同于 β-Al_2O_3，β''-Al_2O_3 中 BR 位点和 aBR 位点位于拉长的四面体配位中，而 β-Al_2O_3 中三角棱柱构型的 mO 位点变成了三角反棱柱构型或扭曲八面体构型。

Yamaguchi 指出 β-Al$_2$O$_3$ 的理想组成相 NaAl$_{11}$O$_{17}$ 位于 Na$_2$O-Al$_2$O$_3$ 相图中的稳定相区之外 [54]，与之类似，β″-Al$_2$O$_3$ 的理想组成相 NaAl$_5$O$_8$ 也是如此。对于不稳定的 β-Al$_2$O$_3$，实际上的组成为 Na$_2$O-5.33Al$_2$O$_3$ [55, 56]。因此，β-Al$_2$O$_3$ 的组成可以写为 Na$_3$Al$_{33}$O$_{51}$，而 β″-Al$_2$O$_3$ 的组成为 Na$_6$Al$_{32}$O$_{51}$（表示一个 Al^{3+} 离子被三个 Na$^+$ 离子取代）。此外，对于 β″-Al$_2$O$_3$ 材料，通过 Mg^{2+} 取代 Al^{3+} 实现电荷平衡的取代方式如下，其化学组成可以写为 Na$_2$O·MgO·5Al$_2$O$_3$ [31, 39]：

$$Na_6Al_{32}O_{51}+3Mg^{2+}-2Al^{3+} \rightarrow Na_6Mg_3Al_{30}O_{51}$$

然而，这种化学式也是理论上的组成，代表了 NaAl$_{11}$O$_{17}$ 混合物系列之外的另一种组成（具体见参考文献 [56]）。

钠含量的差异对这两类材料离子传导机制具有决定性影响，在 β-Al$_2$O$_3$ 中，离子传导由导电层间隙位点过量的 Na$^+$ 引起，而在 β″-Al$_2$O$_3$ 中，存在大约 15%～20% 的未被占据的 Na$^+$ 位点，离子传导表现为空位迁移机制。对于分子式为 Na$_{1+x}$Mg$_x$Al$_{11-x}$O$_{17}$ 的 β/β″-Al$_2$O$_3$ 材料，每摩尔陶瓷材料中含有 0.5～0.8mol 的 Mg 原子 [57, 58]，而每个晶体单元中含有约 0.67 个 Mg 原子 [39, 56, 58-61]。基于上述理论化学式，β-Al$_2$O$_3$ 具有更高的钠含量（1.2～1.7，而不是 NaAl$_{11}$O$_{17}$ 中的 1.0），而 β″-Al$_2$O$_3$ 的钠含量较低（1.5～1.8，而不是 Na$_2$O·5Al$_2$O$_3$ 中的 2.0）。

福特汽车公司科学实验室的相关报告 [51, 62] 是固态科学发展的重要里程碑。这些报告不仅包含了 β-Al$_2$O$_3$ 性质的基本研究结果，还为新技术的出现奠定了基础。Dell 和 Moseley 在 1981 年评论了这些报告的重要性 [6]："Kummer 和他在福特实验室的同事发表的这两篇论文可以认为是奠基之作，他们开创了一个新的科学分支——固态离子学，引领了一种全新的、极具潜力的电池技术。从那时起，美国、日本、法国、德国和英国开始积极推动钠/硫电池的研发计划。"Na-S 电池的开发旨在取代铅酸和镍镉电池，主要用于电动汽车、机车牵引和固定储能。除福特汽车公司外，英国铁路公司在 20 世纪 70 年代初与 Chloride Silent Power 和英国原子能管理局的 Harwell 实验室合作共同推动了电池的开发。早期研究阶段，除管状电池外，平板式电池也受到了一定的关注 [63, 64]。20 世纪 70 年代，德国 BBC 公司（后来的 ABB）[22] 也开始电池技术开发。随后在 20 世纪 80 年代，美国通用电气和 NGK Insulators 与日本的 TEPCO 合作，开展电池技术研究。迄今为止，NGK 是唯一一家安装过兆瓦级 Na-S 电池储能基站的公司 [65]，安装的电池基站已超过 580MW 和 4.0GW·h [66]。值得一提的是，早在 20 世纪 70 年代就已开展了降低 Na-S 电池运行温度的相关研究，如以多硫化物 [67] 或过渡金属二硫化物 [68] 作为阴极材料。在上述使用过渡金属二硫化物阴极的电池中，首次采用 NaAlCl$_4$ 作为熔融电解质，这比钠金属卤化物电池的开发早了五年 [69]。

当 Na-S 电池应用发展到千瓦级时 [70]，南非比勒陀利亚的科学与工业研究理事会（CSIR）研发了一种新型高温电池。该电池使用沸石作为液态硫的支架，缓解其对电池材料的腐蚀作用，从而提高电池安全性。由于沸石会限制离子传输，随后的研究提出通过过渡金属氯化物 NiCl$_2$ 作为 Na-S 电池正极材料。当时的南非由于种族隔离政策以及相关的国际抵制，形成了复杂的工业体系和高度的封闭性，直到十年后的 1986 年才对这种 Na-NiCl$_2$ 电池进行了首次报道 [69]。针对 CSIR 的研究，De Beers 集团和 Anglo-American 公司开始对其进行投资研究，随后 Harwell 实验室、英国铁路公司和福特汽车公司同样进行合作投资，共同开展这两种电池的研究交流，并于 1982 年与南非当地公司一起成立了英国 Beta Research 公司，并成立"非洲沸石电池研究（Zeolite Battery Research in Africa，ZEBRA）"项目。随后由于提出零排放汽车的目标，该项目的名称变更为"零排放电池研究活动（Zero-emission batteryresearch activity）"。1986 年，CSIR 的该项研究转移到新公司 Zebra Power Systems Pty Ltd.，并成为 Anglo-American 的子公司。三年后，Anglo-American、Beta Research 和 AEG 共同成立了 AEG Anglo Batteries 公司，在优化 ZEBRA 电池技术方面取得了巨大进展。随后 Daimler-Benz 收购 AEG，开始积极推动将电池集成到各种乘用车和公共汽车中[71]。ZEBRA 电池的第一条中试生产线于 1994 年投产，但在 Daimler 和 Chrysler 合并后，技术开发被终止，直到 1999 年被出售给瑞士 MES-DEA 后，电池的产业化才继续被推进。2011 年，MES-DEA 被出售给意大利 Fiamm 集团，新公司 FZ SoNick 开始推动 ZEBRA 电池系统用于千瓦级乃至兆瓦级能源备用、运输和固定储能应用[72]。

▼ 13.3 NaSICON 材料

β- 氧化铝具有快速离子传输性质的发现极大地激励了研究人员寻找其他具有高离子电导率的材料[73]。自 β- 氧化铝被发现以来，诸多材料种类及晶体结构被筛选出来。1976 年，Goodenough 及其同事提出一种新型快离子导体材料 $Na_3Zr_2Si_2PO_{12}$[74, 75]。这种材料是从 1883 年 Wallroth 发现的三磷酸盐 $NaZr_2P_3O_{12}$ 衍生出来的[76]，通过取代磷酸基团，使得钠含量增加，该材料在 300℃温度下的离子电导率为 $0.2S \cdot cm^{-1}$，与多晶 Na^+-β-Al_2O_3 和 Na^+-β″-Al_2O_3 处于同一水平。

三磷酸盐 $AM_2P_3O_{12}$ 的晶体结构在 20 世纪 60 年代就已经被确定[77-79]，但类似的矿物直到 1993 年才被发现[80]。因此在 $Na_3Zr_2Si_2PO_{12}$ 首次被报道时，还没有这一类晶体结构材料的命名方式。这类材料的晶体结构基于术语"Na^+ 超离子导体（Na^+superionic conductor）"被命名为 NaSICON 结构，或被称为 NZP 结构。在前文提到的三磷酸盐 $AM_2P_3O_{12}$ 通式中，A 代表碱金属离子，M 代表四价阳离子。当 M 被三价离子（M′）取代时，形成 $A_3M'_2P_3O_{12}$，通过四价离子取代 P 元素可以获得组成 $A_4M_2X'_3O_{12}$（X′ = Si^{4+}、Ge^{4+}）。对于 $A_xM_2P_3O_{12}$ 材料，当 x = 4 时，材料中可容纳 A 的位点被全部占据。为了进一步增加 A 元素的含量，只能通过取代部分 M 位点，例如 $Na_5ZrP_3O_{12}$（即 Na_4（NaZr）P_3O_{12}）。

NaSICON 结构由（Si，P）O_4 四面体与 ZrO_6 八面体共享角构成的三维网络组成。每个 ZrO_6 八面体连接六个（Si，P）O_4 四面体，而每个四面体连接四个八面体。由于该结构由多面体通过共角连接构成，因此有大量自由空间供其他阳离子占据。$NaZr_2P_3O_{12}$ 中的 Na^+ 离子占据一个大的反棱柱配位位点，称为 Na(1) 位点。但是该材料的离子电导率非常低（见第 13.4 节），后续研究表明结构中的 Na^+ 离子是固定的，因而 Na(1) 位点可以被视为稳定结构单元。随着 Na 含量的增加，第二个八面体位点 Na(2) 被占据，这两个位点的热振动因子也随之增加。此外，考虑到 Na(2) 离子具有较大的位移，在其附近位置定义了一个 Na(3) 位点。三个 Na^+ 离子位点都位于晶格的多面体框架构成具有交叉 S 形的通道中，形成三维传导路径。其中，Na(1) 位点位于三维传导通道的交叉点，而 Na(2) 和 Na(3) 位点位于通道内。Na^+ 离子通过氧构成的三角形瓶颈[41] 从一个位置迁移到下一个位置，事实上该过程决定了 Na^+ 离子迁移速率的快慢[12]。随着 $Na_{1+x}Zr_2Si_xP_{3-x}O_{12}$ 体系中 P 被 Si 取代的程度增加，菱方晶格参数增大，从而形成更大的三角形区域，促进离子传输[12, 74]。在 $1.8 < x < 2.5$ 范围内[75, 81]，菱方结构在温度降低到 200℃以下会转变为单斜相，$Na_{1+x}Zr_2Si_xP_{3-x}O_{12}$ 的这两种晶体结构存在一定的关联（图 13.1c、d）。单斜相中波纹状排列的 ZrO_6 八面体和 PO_4 四面体的旋转弛豫形成轻微扭曲的晶格，Na(3) 位点成为一个独立的离子传导位点，提供了不同的离子传输传导路径，这可以解释在前面提到的该组成范围内的结构具有最高电导率的原因。

自 20 世纪 80 年代以来，NaSICON 材料的组成被发现具有非常高的灵活性，元素取代只会造成一些晶格畸变而不改变晶体结构。到目前为止，已有数百种源自 $NaZr_2P_3O_{12}$ 的化合物被报道[11, 12]。虽然大多元素取代相关的研究是出于学术上的好奇，但也得出了一些值得注意的普适性结论。

1）其他碱金属离子：除了 Na^+ 离子之外，晶格中的碱金属离子选择离子半径更小的 Li^+ 离子，同样展现出较高的离子电导性。最好的锂离子导体是 $Li_{1+x}Al_xTi_{2-x}P_3O_{12}$，其中 $0.3 < x < 0.5$，室温下离子电导率约为 $1mS \cdot cm^{-1}$[82]。其中当用 Ge 取代 Ti 并通过熔融淬火后结晶制备玻璃陶瓷时，电导率可以达到 $5mS \cdot cm^{-1}$[83]。然而，高能耗的加工方式和高成本的 Ge 原材料使其不适合工业应用。尽管这些材料中的载流子是 Li^+，但由于其具有与 NaSICON 相同的结构，因此应该把它们称为可传导 Li 的 NaSICON，而不应该类比 NaSICON，错误地被命名为 LiSICON。LiSICON 是衍生自化合物 $Li_4(Ge, Ti)O_4$ 的材料名称，其晶体结构与 NaSICON 不同[84]。尽管 $KZr_2P_3O_{12}$ 具有 NaSICON 结构[78, 80, 85]，但这类材料并不能类比 Na 基材料衍生出其他 NaSICON 结构的化合物。过去有研究尝试从熔融态中合成 $K_3Zr_2Si_2PO_{12}$，却只能得到低电导率的硅钙石型结构材料[86]。

2）其他过渡金属离子：四价 Zr 离子可以部分或完全被其他二价、三价或四价阳离子取代。当取代离子不会发生价态变化时（如 Hf、Sc、Y），可以获得具有高电导率的其他离子导体。这里列举几个例子（另见文献 [1，10-12，15-20]）：

$Na_{3.2}Hf_2Si_{2.2}P_{0.8}O_{12}$：　　$\sigma_{25℃} = 2.3 \times 10^{-3}S \cdot cm^{-1}$ 和 $\sigma_{250℃} = 1.7 \times 10^{-1}S \cdot cm^{-1}$[87]

$Na_{3.3}Sc_{0.3}Zr_{1.7}Si_2PO_{12}$：　　$\sigma_{25℃} = 4.1 \times 10^{-4}S \cdot cm^{-1}$ 和 $\sigma_{300℃} = 1.8 \times 10^{-1}S \cdot cm^{-1}$[88]

$Na_{3.4}Sc_2Si_{0.4}P_{2.6}O_{12}$：　　$\sigma_{25℃} = 6.9 \times 10^{-4}S \cdot cm^{-1}$ 和 $\sigma_{300℃} = 8.7 \times 10^{-2}S \cdot cm^{-1}$[89]

$Na_{3.1}Y_{0.1}Zr_{1.9}Si_2PO_{12}$：　　$\sigma_{25℃} = 2 \times 10^{-3}S \cdot cm^{-1}$ 和 $\sigma_{300℃} = 1.1 \times 10^{-1}S \cdot cm^{-1}$[90]

有趣的是最早发现的 NaSICON 材料[74, 75]已经包含了具有最高电导率的最佳元素选择[81]。另外，如果使用容易发生价态变化的阳离子取代 Zr 离子，如元素周期表第四周期的过渡金属离子[91]，可以制备电极活性材料，例如 $Na_3M_2'P_3O_{12}$（M′ = Ti、V、Cr、Mn、Fe）可以作为正极材料。充电过程中，钠含量减少形成 $NaM_2P_3O_{12}$，过渡金属离子被氧化为四价[92-94]。除此之外，一些材料也可以用作负极，形成组成为 $Na_4M'M''P_3O_{12}$ 的材料，其中 M″ 表示金属离子的二价状态[95, 96]。根据这种双重功能，有研究将 $Na_3V_2P_3O_{12}$(NVP) 应用于对称电池[96, 97]。

3）其他聚阴离子：与阳离子取代相比，对阴离子亚晶格修饰的研究较少。目前已有研究报道了用 Si^{4+} 异价取代 P^{5+} 和用 As^{5+} 等价取代 P^{5+}[98, 99]，也有报道使用 Ge^{4+} 取代 P^{5+}，但取代程度有限[100]，且尚未有使用 Sb^{5+} 取代 P^{5+} 的研究报道。针对硫酸盐聚阴离子取代磷酸基团，目前已有大量研究报告，Savinykh 等人[101]研究了同时用二价和三价阳离子取代 Zr^{4+} 的各种磷酸 – 硫酸盐。此外，Slater 和 Greaves[102-104]研究了大量组成通式为 $A_xM_y''M_{2-x}'(SO_4)_{3-y}$

$(SeO_4)_y$ 的材料。$Fe_2(SO_4)_3$ 是被研究最多的硫酸盐 NaSICON 材料，可以用作钠离子电池的正极材料[105, 106]。尽管 NaSICON 结构可以灵活地结合各种聚阴离子，但这种取代的潜力尚未得到充分利用。

与 β-Al_2O_3 和 β''-Al_2O_3 的电池发展相比，NaSICON 材料相关的发展由于其对金属钠的不稳定性而被扼杀在萌芽状态。在液体钠对 β''-Al_2O_3 和 NaSICON 陶瓷的润湿实验中，位于钠滴下方的两种陶瓷表面都会变暗，并且变得比周围表面更光滑。不同于 β''-Al_2O_3，NaSICON 陶瓷表面观察到额外的裂纹[107]。研究人员通过使用 X 射线衍射（XRD）和透射电子显微镜（TEM）对在 300℃ 的液态钠中浸泡两周的致密陶瓷进行详细的研究后，发现了裂纹形成的根源[108]：对于 $Na_3Zr_2Si_2PO_{12}$，与钠的反应导致晶胞体积膨胀 2.4%，而对于 $Na_{3.1}Zr_{1.55}Si_{2.3}P_{0.7}O_{11}$，单胞体积收缩仅 0.1%。两种化合物的 a 轴晶格参数均略有增加，而 c 轴晶格参数分别缩小了 2.3% 和 1.5%，这两种 NaSICON 陶瓷在冷却过程中产生严重的应力，导致裂纹的形成以及机械强度大幅下降。因此，当时的研究者认为"该材料不适合用于金属钠作为电极的固态电池"。对于不含 Zr 的 NaSICON 一项类似的研究中，熔融钠的侵蚀似乎没有那么严重，这对其电池应用非常关键[109]。

有研究通过将粉末样品封装到封闭管中，暴露在液态钠环境中，研究不同组成的 NaSICON 与液态钠的反应机制。结果表明，该反应的活性很大程度上取决于 NaSICON 中的磷含量，反应最终形成 Na_3P、Na_2ZrO_3、三元硅酸盐和 $Na_4Zr_2Si_3O_{12}$[110]，其中最后一种化合物对液态钠稳定，通过热力学计算验证了这种反应机理[111]。NaSICON 对熔融钠的化学不稳定性打破了人们最初将其作为 Na-S 或 Na-NiCl$_2$ 电池固态电解质的愿景。此外，在接下来的二十年内，这种不稳定性也阻碍了其他使用 NaSICON 材料的电池的发展，因为在当年的认知基础上，无法想象电池可以在较低的温度下运行，尽管当时已有相关研究。

▼ 13.4　$Na_5YSi_4O_{12}$ 型硅酸盐

NaSICONs 材料问世的第二年，研究人员报道了另一种具有快离子导电性的复合氧化物，其组成为 $Na_5GdSi_4O_{12}$[112]。Maksimov 等人先前通过水热法合成了组成类似的单晶 $Na_5MSi_4O_{12}$(M = Sc，Y，Fe)，并测定了 $Na_5YSi_4O_{12}$ 的晶体结构[113]。该结构的主要特征是存在 YO_6 八面体连接形成的近平面 $[Si_{12}O_{36}]^{24-}$ 环，其中部分 Na^+ 离子填充在环的四面体位点 Na(2) 与八面体位点 Na(1) 和 Na(3)，并沿着 c 轴形成了巨大的刚性柱状结构（见图 13.1e，黄色多面体），这部分 Na^+ 离子被认为是不可移动的。然而，Maksimov 等人没有精修其他的 Na^+ 离子位点，Shannon 认为这些 Na^+ 离子可能是可移动的[112]。事实上，可移动的 Na^+ 离子只占据了 50% 的 Na(5) 和 Na(6) 位点，并在 $[Si_{12}O_{36}]^{24-}$ 环之间形成了平行于 c 轴的链状结构。这些链通过 Na(4) 位点相互连接，使得 Na^+ 可以在平行于 c 轴的不同链条之间移动。这种结构理论上 Na^+ 沿 c 轴方向的迁移速率更快，但定向电导率测量结果却显示垂直和平行于 c 轴方向的电导率分别为 3.2mS·cm^{-1} 和 0.8mS·cm^{-1}[114]。这一结果表明材料的电导率各向异性较小，陶瓷片中没有出现明显的电流不均匀的现象也证实了这点。根据方程 $\sigma_{max} = (\sigma_{\parallel c} + 2\sigma_{\perp c})/3$，可以计算出陶瓷样品的理论电导率为 2.4mS·cm^{-1}。

与 NaSICON 材料类似，偏硅酸盐类材料也可以通过取代来改变化学组成。除了用上述三价离子（例如其他镧系离子）进行取代[115, 116]，也有研究用四价阳离子对该类材料进

行取代 [115] 以及对硅酸盐框架进行修饰。最初的尝试是用尺寸更大的 Ge^{4+} 取代 Si^{4+}，该方法成功使晶胞体积变大 [115]，但偏锗酸盐的离子电导率显著低于对应的偏硅酸盐 [115, 117]。日本的研究人员对 P^{5+} 取代 Si^{4+} 后的材料进行了深入的探索，并对固溶体 $Na_{3+3x-y}Y_{1-x}P_ySi_{3-y}O_9$（或 $Na_{4+3x-y}Y_{1.25-x}P_ySi_{4-y}O_{12}$）的相组成进行了大量的研究，确定了固溶体中存在三个竞争相：$Na_3YSi_3O_9$、$Na_5YSi_4O_{12}$ 和 $Na_9YSi_6O_{18}$ [118]，通常分别简称为 N3 相、N5 相和 N9 相。在不同的材料组分和环境温度下，三个相的稳定区范围有很大的差异 [13, 118, 119]。随后，研究人员也尝试用其他阳离子对 Si^{4+} 进行取代，如 B^{3+}、Al^{3+}、Ga^{3+} [13, 120] 和其他价态更高的阳离子 [13]，并测量了取代后的材料的电导率。但测量结果显示，这些取代都没有进一步改善材料的离子传导性能。

目前，N5 型材料还未有应用于高温电池的报道，但通过流延法制备的陶瓷组件 [121] 已经被证明可以应用在电池当中。

▼ 13.5 离子电导率

为了便于对比，本节中展示的阿伦尼乌斯曲线图均缩放为相同的温度和电导率范围。图 13.2 给出了 β-Al_2O_3 和 β''-Al_2O_3 离子电导率随温度变化的阿伦尼乌斯关系曲线。Na^+-β''-Al_2O_3 单晶的离子电导率很高，在 25℃和 300℃时分别可达到 0.18 S·cm^{-1} 和 1.75 S·cm^{-1} [122]。影响离子电导率的主要因素包括晶体生长条件和晶体本身结构。另外，载流子浓度的降低也导致了低的离子电导率。例如，缺钠单晶在室温下的电导率降低了约两个数量级，同时高温下的活化能也增加。这不仅表明离子电导率随钠离子浓度变化，还表明结构中的移动离子与主晶格离子间的相互作用更强。

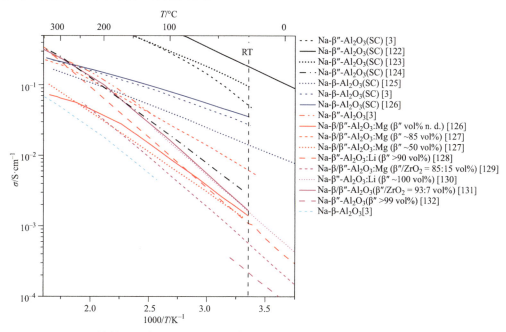

图 13.2 Na-β''-Al_2O_3 单晶（黑线）、Na-β-Al_2O_3 单晶（蓝线）、Na-β''-Al_2O_3 陶瓷（红色和粉色线）和 Na-β-Al_2O_3 陶瓷（浅蓝色线）的离子电导率随温度变化的关系，稳定态氧化物之间的区别以及 β/β''-Al_2O_3 和 ZrO_2 体积分数的变化如图所示

在 25℃时，Na^+-β-Al_2O_3 单晶的离子电导率在 0.01 ~ 0.035S · cm^{-1} 之间，比 Na^+-β″-Al_2O_3 单晶的电导率要低一个数量级。Na^+-β″-Al_2O_3 多晶材料，即陶瓷材料，通常表现出明显低于单晶样品的离子电导率。这与其二维的离子传导平面和类薄片颗粒的随机运动方向不利于颗粒间的传输有关。因此 β″-Al_2O_3 陶瓷在 25℃时的离子电导率仅为 0.5 ~ 2mS · cm^{-1}，在 300℃时离子电导率为 60 ~ 250mS · cm^{-1}。目前有两种方法可以提高陶瓷材料的离子电导率，其一是通过添加晶种促进 β″-Al_2O_3 陶瓷的相形成，制得的样品在 25℃时电导率可以达到 6mS · cm^{-1}[127]；其二是以二氧化钛为助烧剂，采用火焰喷射纳米粉末法来制备 β″-Al_2O_3 陶瓷材料[133]。后一种制备方法制得的厚陶瓷膜在 1300 ~ 1400℃的温度下烧结后，得到的陶瓷膜具有高致密度，电导率可达 2 ~ 5.4mS · cm^{-1}。另外，添加 ZrO_2 可以在提高材料的断裂韧性的同时，不显著影响材料的离子电导率[129, 131]。

目前关于 NaSICON 单晶材料的报道较少。虽然 NaSICON 单晶材料的生长制备在 1983 年便有了首次报道，报告中对成分为 $Na_{3.1}Zr_{1.78}Si_{1.24}P_{1.76}O_{12}$ 的单斜结构样品进行了详细的研究[134]，但报告中没有测试样品的电导率。在随后的研究中，对已知固溶体 $Na_{1+x}Zr_2Si_x$ $P_{3-x}O_{12}$ 的组成物相，即 $NaZr_2P_3O_{12}$ 和 $Na_4Zr_2Si_3O_{12}$ 进行过相关表征[135, 136]，但结果表明二者的离子电导率均较低，这点将在后文进行讨论。对 $NaZr_2P_3O_{12}$ 进行定向电导率测量结果表明，其离子传导路径并不具备各向异性。最近，研究报道了 $Na_3Sc_2P_3O_{12}$ 单晶的电导率[137]并深入研究[138]发现其电导率沿 c 轴方向和 a-b 平面方向的各向异性同样较小，分别为 0.8mS · cm^{-1} 和 0.54mS · cm^{-1}。

由于缺乏可靠的数据，图 13.3 和图 13.4 仅分别展示了 Na-Zr-Si-P-O 体系中不同 Zr 取代量下多晶 NaSICON 材料离子电导率随温度变化的关系。图 13.3 中，材料离子电导率并不严格随着钠含量递减而降低。这主要是因为除了给定的烧结条件之外，Zr 缺陷、少量氧空位和其他电荷补偿机制等引起的材料的总体化学计量数的变化对材料的微观结构也有重大影响。研究人员认为烧结后材料的致密度、晶粒尺寸分布、玻璃相的出现及 ZrO_2 的偏析是影响 NASICON 陶瓷总电导率的主要因素。因此，不同研究小组测量得出的 $Na_3Zr_2Si_2PO_{12}$ 的离子电导率会相差一个数量级[1]。$Na_{3.1}Zr_{1.55}Si_{2.3}P_{0.7}O_{11}$[142, 143]表现出类似的现象，如图 13.3 所示。例如，Von Alpen 等人[142]在室温下测得电导率为 3mS · cm^{-1}，但随后采用溶胶 – 凝胶法未能复现同样高的离子电导率，且在整个温度范围内[143]得出的电导率值比之前报道的数值小 1 ~ 2 个数量级，在室温下仅为 0.2 ~ 0.5mS · cm^{-1}。

目前 NaSICON 材料体系中室温电导率最高的材料为 $Na_{3.4}Zr_2Si_{2.4}P_{0.6}O_{12}$，其室温电导率为 4.8mS · cm^{-1}[81]。图 13.4 展示了 Zr 取代 Si 的材料的电导率都在 2 ~ 4mS · cm^{-1} 范围内，表明这些材料在室温下具有良好的应用前景。值得注意的是，这些材料的钠含量都在 3 ~ 3.4mol/ 化学式单元。Goodenough 等人[75]在 1976 年提出两个钠离子协同运动的方式。结合离子电导率与钠含量的关系，以及所有同一组分的单斜相材料在 100 ~ 200℃之间都会转变为三方相这一现象，认为在 300℃时，当 2/3 的钠位点被占据，1/3 的钠位点未占据时，即组成为 $Na_3Zr_2Si_2PO_{12}$ 的材料具有最高的离子电导率，图 13.5 清楚地显示材料中钠含量为该值或略高于该值的材料具有最高的离子电导率。然而在室温下，一些材料以单斜相的形式存在，并且在传导路径方向上存在额外的位点。尽管由于原子间距离过短，不是所有的额外位点都能够被完全占据，但这些位点使得更多的钠离子可以同时移动，导致电导率最

高值出现在 $x = 3.25$（25% 的空位）甚至 $x = 3.4$（20% 的空位），这种现象可能是 3 ~ 4 个钠离子协同运动导致的。

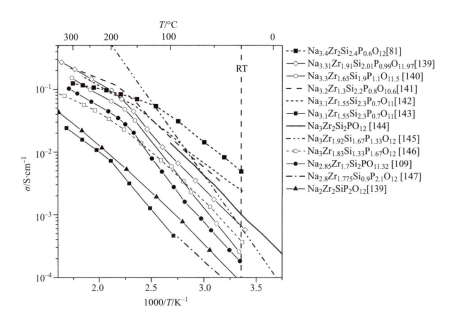

图 13.3　Na-Zr-Si-P-O 体系中 NaSICON 材料的离子电导率

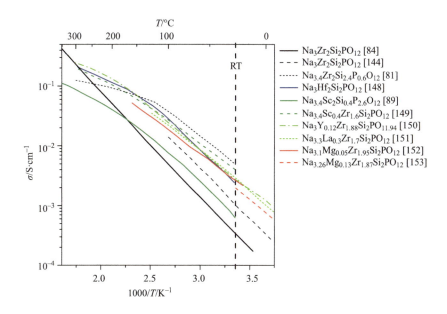

图 13.4　不同 Zr 取代量的 NaSICON 材料的离子电导率，只选择了电导率最高的结果来展示，为了方便比较，我们把 $Na_{3.4}Zr_2Si_{2.4}P_{0.6}O_{12}$ 和 $Na_3Zr_2Si_2PO_{12}$ 的离子电导率也加入到了图中

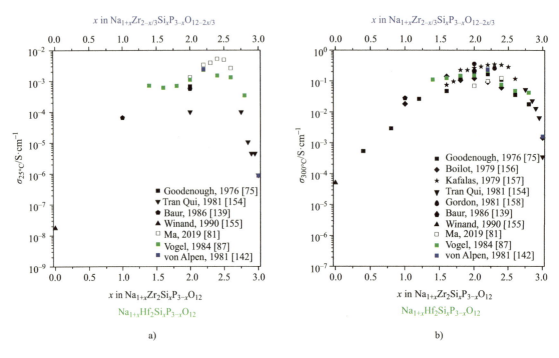

图 13.5　$Na_{1+x}Zr_2Si_xP_{3-x}O_{12}$（黑色符号）、$Na_{1+x}Hf_2Si_xP_{3-x}O_{12}$（绿色符号）和 $Na_{1+x}Zr_{2-x/3}Si_xP_{3-x}O_{12-2x/3}$（蓝色符号）固溶体中钠含量与 NaSICON 材料在 25℃（左）和 300℃（右）时等温离子电导率的关系。请注意，从左图到右图在 y 轴上有两个数量级的位移

　　与 NaSICON 材料类似，关于单晶偏硅酸盐材料的电导率研究也只有少数报道[113, 114]。通过观察晶体结构（图 13.1e），在平行于沿 c 轴排列的硅酸盐环堆方向存在大量开阔的离子输运通道，人们直观地认为离子沿该方向扩散更快。然而，定向电导率测量结果显示，室温下 a-b 平面方向的电导率要比 c 轴方向的电导率高 2.5 倍[114]。这种电导率的各向异性比 NaSICON 材料更明显，但仍然较低，不会像 β 和 β″-Al_2O_3 一样，多晶材料的离子电导率显著低于单晶材料。c 轴方向上离子电导率较低是由于通道中心存在着尺寸过大且几乎没有电子密度的孔洞，通道周围的氧离子间距比钠离子典型配位层中的氧离子间距更大，这使得钠离子与通道壁间的键合作用更强，从而导致了更高的离子迁移势垒。

　　如图 13.6 所示，当偏硅酸盐陶瓷的致密度较高时，多晶材料的电导率几乎可以达到单晶材料电导率的理论最大值。此外，用较小的镧系离子取代 Y 可以略微提高材料的离子电导率[115]。相比之下，改变聚阴离子晶格并没有使材料的离子电导率得到提高。另外值得注意的是，大多数 N5 材料是通过熔融淬火法制备的。在对玻璃化前驱体进行研磨后，将样品进行热处理以进行结晶和致密化。粉末合成法和溶胶 – 凝胶法同样可以用于制备 N5 材料，但采用粉末合成法的报道较少[117, 161]，而用溶胶 – 凝胶法处理得到的陶瓷在室温下电导率可以达到 2 ~ 4mS·cm^{-1}[161]，具有不错的应用前景。

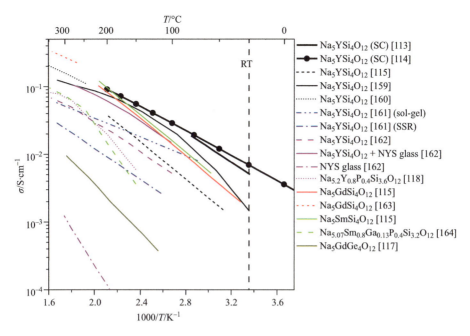

图 13.6　用不同稀土取代和修饰聚阴离子亚晶格得到的 N5 相材料的离子电导率，蓝线表示经溶胶 – 凝胶处理和固态反应法（SSR）制备的 $Na_5YSi_4O_{12}$ 的电导率，紫色的线条是组成为 $Na_{5.38}Y_{0.8}Si_4O_{11.9}$ 的结晶玻璃（NYS，虚线）、由结晶玻璃和 17wt% 非结晶玻璃组成的复合材料（实线）、初始的 NYS 玻璃（点画线）以及玻璃陶瓷 $Na_{5.2}Y_{0.8}P_{0.4}Si_{3.6}O_{12}$[118] 这四种材料的对比

13.6　热膨胀

当离子导体材料在高温下进行处理时，如在制造陶瓷管或陶瓷片固体电解质的烧结过程以及电池组件的装配与封装过程中，离子导体的热膨胀特性非常重要。在本节中，对三种材料的热膨胀的一般特性进行总结。

对于 β 和 β″-Al_2O_3，通过高温 X 射线衍射（HT-XRD）确定在 a 和 c 方向上具有非常相似的热膨胀系数（TECs），并且材料的平均 TEC 与用膨胀法在陶瓷体上测得的线性 TEC 一致[165-167]。研究表明两种晶体中的尖晶石区块对晶胞膨胀具有重要影响，这解释了晶格参数的 TEC 值 α_a 和 α_c 与 α-Al_2O_3（$8.3 \times 10^{-6} K^{-1}$）和尖晶石 $MgAl_2O_4$（$8.8 \times 10^{-6} K^{-1}$）的 TEC 值非常相似的现象[168]，见表 13.1。

表 13.1　通过晶格参数（α_a，α_c）的温度依赖性测量法或膨胀法（α_{dil}）测定氧化物固体电解质的热膨胀系数。理论上 α_{dil} 应对应于根据 $\bar{\alpha} = \alpha_v/3 = 2\alpha_a/3 + \alpha_c/3 = \alpha_{dil}$ 由晶体学数据计算得到的平均热膨胀系数（$\bar{\alpha}$）

组成	$\alpha_a/10^{-6} K^{-1}$	$\alpha_c/10^{-6} K^{-1}$	$\bar{\alpha}/10^{-6} K^{-1}$	$\Delta T/℃$	$\alpha_{dil}/10^{-6} K^{-1}$	$\Delta T/℃$	参考文献
K^+-β-Al_2O_3	7.0	5.6	6.5	25~570			[165]
K^+-β-Ga_2O_3	6.4	7.3	6.7	25~390	7.1	25~600	[165]
Na^+-β-Al_2O_3	8.0	8.3	8.1	20~905			[166]
Na^+-β″-Al_2O_3	8.1	7.0	7.7	20~905			[166]

（续）

组成	α_a/10^{-6}K^{-1}	α_c/10^{-6}K^{-1}	$\bar{\alpha}$/10^{-6}K^{-1}	ΔT/℃	α_{dil}/10^{-6}K^{-1}	ΔT/℃	参考文献
Na$^+$-β″-Al$_2$O$_3$	7.16	6.76	7.02	24~978			[167]
NaZr$_2$P$_3$O$_{12}$	−6.03	23.29	3.74	25~600	−3.38	25~500	[169]
NaZr$_2$P$_3$O$_{12}$	−5.5	22.3	3.77	20~600			[170]
NaZr$_2$P$_3$O$_{12}$	−6.42	25.5	4.22	20~600	−4.03	35~500	[171]
NaZr$_2$P$_3$O$_{12}$	−4.21	23.79	5.12	25~1000	−2.47	25~800	[172]
Na$_{1.125}$Zr$_2$Si$_{0.125}$P$_{2.875}$O$_{12}$					−2.35	25~500	[171]
Na$_{1.25}$Zr$_2$Si$_{0.25}$P$_{2.75}$O$_{12}$					−2.08	35~500	[171]
Na$_{1.5}$Zr$_2$Si$_{0.5}$P$_{2.5}$O$_{12}$	−2.99	25.16	6.39	25~1000	0.16	25~800	[172]
Na$_2$Zr$_2$SiP$_2$O$_{12}$					4.18	35~500	[171]
Na$_2$Zr$_2$SiP$_2$O$_{12}$	−2.17	20.88	5.51	25~1000	2.61	25~800	[172]
Na$_{2.5}$Zr$_2$Si$_{1.5}$P$_{1.5}$O$_{12}$	2.48	16.01	6.99	25~990	5.79	25~800	[172]
Na$_{2.94}$Zr$_{1.49}$Si$_{2.2}$P$_{0.8}$O$_{10.85}$					7.81	20~800	[109]
Na$_3$Zr$_2$Si$_2$PO$_{12}$	3.86	12.86	6.86	25~990	7.45	25~800	[172]
Na$_3$Zr$_2$Si$_2$PO$_{12}$	5.66	9.00	6.77	25~1000			[81]
Na$_3$Zr$_2$Si$_2$PO$_{12}$			5.22	25~700	5.72	25~700	[173]
Na$_{3.2}$Zr$_2$Si$_{2.2}$P$_{0.8}$O$_{12}$	4.82	11.30	6.98	25~1000			[81]
Na$_{3.3}$Zr$_2$Si$_{2.3}$P$_{0.7}$O$_{12}$	4.57	13.21	7.45	25~1000			[81]
Na$_{3.4}$Zr$_2$Si$_{2.4}$P$_{0.6}$O$_{12}$	5.27	15.71	8.74	25~1000			[81]
Na$_{3.4}$Zr$_2$Si$_{2.4}$P$_{0.6}$O$_{12}$					6.92	20~800	[109]
Na$_{3.5}$Zr$_2$Si$_{2.5}$P$_{0.5}$O$_{12}$	2.54	21.32	8.80	25~990	8.08	25~800	[172]
Na$_{3.5}$Zr$_2$Si$_{2.5}$P$_{0.5}$O$_{12}$	3.69	23.69	10.35	25~1000			[81]
Na$_{3.6}$Zr$_2$Si$_{2.6}$P$_{0.4}$O$_{12}$	4.44	28.3	12.4	25~1000			[81]
Na$_4$Zr$_2$Si$_3$O$_{12}$	0	37.5	12.51	25~620			[174]
Na$_4$Zr$_2$Si$_3$O$_{12}$	0.39	29.17	9.98	25~990	8.48	25~800	[172]
Na$_5$YSi$_4$O$_{12}$	8.5	21.7	12.9	25~500			[113]
Na$_5$SmSi$_4$O$_{12}$	6.93	23.14	12.33	20~528			[115]

对于 NaSICON 材料，关于热膨胀系数（TEC）的讨论大多限于 Na-Zr-Si-P-O 体系，并推测出这类材料的热膨胀临界点。表 13.1 列出了不同组成的 NaSICON 材料，不同材料的 TEC 值 α_a 和 α_c 相差很大。对于 NaZr$_2$P$_3$O$_{12}$ 到 Na$_2$Zr$_2$SiP$_2$O$_{12}$ 之间的组分，在加热过程中，a 轴收缩，而 c 轴发生了剧烈的热膨胀，甚至比金属的热膨胀程度还要大。其次，α_{dil} 的值与计算的 $\bar{\alpha}$ 值相差很大，这表明膨胀计测量法得到的结果具有一定的误差。事实上，晶体各方向膨胀系数差异过大的材料（也称为热膨胀各向异性），容易产生裂纹[169]，从而导致错误的测量结果。在 Na$_{2.5}$Zr$_2$Si$_{1.5}$P$_{1.5}$O$_{12}$ 到 Na$_{3.5}$Zr$_2$Si$_{2.5}$P$_{0.5}$O$_{12}$ 的组分区间内，α_a 和 α_c 的差值逐渐减小，膨胀测量值与 $\bar{\alpha}$ 值更加接近（表 13.1，图 13.7），因此这些材料受裂纹形成的

影响较小。当组分变为 $Na_4Zr_2Si_3O_{12}$ 时，α_a 和 α_c 的差值再次略微增大。此外，表 13.1 中没有考虑先前提到的材料在 $100 \sim 200℃$ 之间发生的单斜 $\leftrightarrow$ 三方的相转变行为诱发的陶瓷热膨胀的非线性变化[81, 109, 156]，这一点可能导致封装步骤出现问题，并可能导致陶瓷在高温电池的热循环中性能变差。

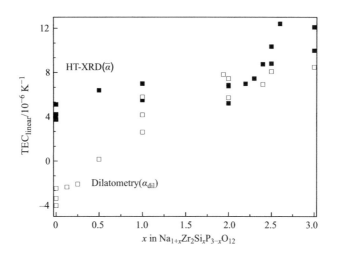

图 13.7　不同钠含量的 NaSICON 材料的 TEC 平均值（实心符号）和膨胀法测定的 TEC 值（空心符号）的比较

关于 N5 材料热膨胀特性的研究报道较少。据可查询的资料显示，对 $Na_5YSi_4O_{12}$[113] 和 $Na_5SmSi_4O_{12}$[115] 两种材料进行过 HT-XRD 测量，结果表明这两种材料中 α_c 大约是 α_a 的 3 倍。这种热膨胀各向异性比许多 NaSICON 材料要低得多，但与 NaSICON 材料中离子导电率较高的组分相似。在 N5 型结构中，$[Si_{12}O_{36}]^{24-}$ 环似乎限制了晶格振动，而沿 c 轴方向排列的面间键允许较大的热振动，从而使该结构具有非常大的 α_c 值。

▼ 13.7　微观结构与加工

为了制造用于电池的致密陶瓷电解质膜，精确控制合成过程中的加工条件十分重要。高致密度的 β/β''-Al_2O_3、NaSICONs 和 N5 硅酸盐陶瓷电解质分别需要在 $1500 \sim 1700℃$、$1200 \sim 1300℃$ 和 $1000 \sim 1100℃$ 的烧结或结晶温度下制备。对于 β/β''-Al_2O_3 和 NaSICONs 陶瓷电解质，烧结过程伴随着严重的 Na_2O 损失，必须添加额外的 Na_2O 补偿陶瓷中的钠含量损失。此外，缩短最高温度下的烧结保温时间有利于减少氧化钠的损失，较短的保温时间也有利于形成均匀的小颗粒。这似乎与传统认知相悖，即单晶或具有大晶粒的微观结构因有利于降低晶界电阻而具有更高的电导率，较短的烧结时间形成的细小颗粒可能导致陶瓷电解质整体电导率不高。但是需要考虑的是，大晶粒也意味着由晶粒横纵比和热膨胀特性会引起更大的应力变化，对陶瓷电解质产生更大的危害。表 13.2 给出了三类材料烧结过程中晶粒生长的关键特征。

表 13.2　三种固体电解质的晶粒形态、横径比和热膨胀特性示意图，箭头 α_a 和 α_c 的长度与表 13.1 中的热膨胀系数成正比，在绘制的扭曲立方晶体中，灰色虚线表示沿 a 和 b 方向的 2×2 超晶胞

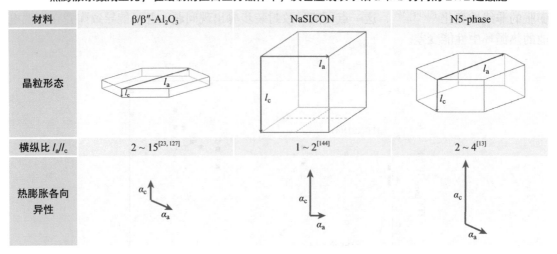

材料	β/β″-Al$_2$O$_3$	NaSICON	N5-phase
晶粒形态			
横纵比 l_a/l_c	2 ~ 15[23, 127]	1 ~ 2[144]	2 ~ 4[13]
热膨胀各向异性			

β/β''-Al$_2$O$_3$ 材料具有二维晶体结构，晶粒优先在 a-b 平面而不是沿着 c 轴生长，材料的晶粒形态表现出各向异性。同时考虑 β/β''-Al$_2$O$_3$ 材料的结构各向异性与几乎各向同性的热膨胀特性，假设材料横纵比为 10，则意味着晶粒在 a 和 b 方向上的尺寸变化是 c 方向上的 10 倍。对于 l_a = 10μm、l_c = 1μm 的 β/β''-Al$_2$O$_3$ 颗粒，制备过程中烧结温度与室温的温差为 1625℃，降温过程中材料颗粒沿 l_a 产生约 0.13μm 的收缩，较大的体积收缩会导致颗粒之间的分离。

对于 NaSICON 材料，材料晶胞中没有结构单元诱导晶粒在某一方向优先生长，其结构特性与 β/β''-Al$_2$O$_3$ 完全相反，表现为各向同性[144]，晶粒倾向于生长为轻微扭曲的立方晶体。然而，NaSICON 材料具有明显的热膨胀各向异性，沿 c 轴方向的收缩比在 a-b 平面内的收缩强 3 ~ 4 倍。对于 l_a = l_c = 10μm 的立方 NaSICON 晶粒，制备过程中烧结温度与室温的温差为 1250℃，材料在降温过程中沿 l_c 方向收缩约 0.2μm，但沿 l_a 和 l_b 方向的收缩较小，不同方向上较大的尺寸变化差异同样容易导致颗粒微裂纹以及和颗粒之间的分离。N5 材料与 NaSICON 材料类似，沿 c 轴更大的热膨胀特性导致其在烧结或晶化后的冷却过程中出现同样巨大的体积收缩。

上述三种材料虽然在晶体结构特征和热膨胀率方面具有明显的差异，但是同时考虑晶体结构特征和热膨胀特性，三种材料在制备过程中面临一个共同的挑战：在陶瓷材料烧结过程中需要避免大晶粒生长。由于不同方向的热膨胀率不同，大晶粒在冷却过程中容易引起微裂纹[170]，导致材料致密度降低，离子电导率下降[89, 175]。且对于 β/β''-Al$_2$O 和 N5 材料，由于各向异性晶粒的排斥作用，晶粒生长会导致材料致密度进一步降低。

目前诸多研究聚焦于致密、小颗粒的陶瓷电解质的制备过程，特别针对大体积 β/β''-Al$_2$O$_3$ 管状电解质膜的生产工序，如原材料的选择，混合物的研磨和混合、颗粒化、成型，以及管材的烧结等，进行了全面的报道研究。在大规模生产前提下，原材料的选择主要考虑材料的获取难度、均匀性、环境危害程度和经济成本，通常制备 β/β''-Al$_2$O$_3$ 的原材料主要包括 α-Al$_2$O$_3$、Na$_2$CO$_3$、NaOH、MgO、Li$_2$CO$_3$ 和 LiOH。β/β''-Al$_2$O$_3$ 的制备过程中，为了实现材料中元素均匀分散，部分工艺中原材料会预先反应生成 NaAlO$_2$ 或 LiAlO$_2$[23]，再

进行最终的高温烧结处理。β/β″-Al$_2$O$_3$ 的大规模合成通常采用固态反应（SSR）进行，因此要求这些原材料通常是细粒粉末状。衡量 β/β″-Al$_2$O$_3$ 制备效率的一个关键参数是原材料到 β″-Al$_2$O$_3$ 相材料的转化程度。目前大量的基础研究已阐明廉价的羟基氧化铝（勃姆石、拟薄水铝石、三羟铝石和三水铝石）等原材料高温合成 β″-Al$_2$O$_3$ 材料的反应过程及机制[27]。Poulieff[176] 和 van Zyl[177] 等人认为原材料的氧堆积顺序决定了 β″-Al$_2$O$_3$ 相的形成，具有类似 β″-Al$_2$O$_3$ 氧晶格的原材料将有利于生成高纯度 β″-Al$_2$O$_3$ 材料。如在勃姆石和三羟铝石脱氢过程中，两者都形成具有立方紧密排列氧晶格的缺陷尖晶石型结构，类似于 Na$^+$-β″-Al$_2$O$_3$ 晶体结构中的尖晶石结构。因此，以勃姆石为原材料可以制备出单一相的 β″-Al$_2$O$_3$ 材料。此外，为了制备性能优异的 β″-Al$_2$O$_3$，除了传统的 SSR 策略外，醇盐水解、溶胶 – 凝胶法、共沉淀技术等化学方法也被用来制备 β″-Al$_2$O$_3$ 材料[27, 133, 178, 179]。这些基于溶液的合成技术相比于前面提到的 SSR 策略，在液相预成相阶段生成均匀的纳米中间相，有助于在较低烧结温度下生成高致密度和小尺寸颗粒的 β″-Al$_2$O$_3$ 材料，缓解材料微裂纹问题。然而迄今为止，由于原材料成本高、中间相产品大规模生产难，或使用具有毒性气体排放（释放 NO$_x$）的盐类，需要配置大量废气净化设备，导致这些具有诸多优势的工艺暂未在工业生产中实际应用。

　　管状陶瓷电解质层制备工艺中，原材料粉末经过第一次混合和煅烧，得到的粉末再经过干磨或湿磨进一步细化颗粒。部分工艺选择引入黏结剂并通过随后的喷雾干燥促进粉末的形成，提高压制过程中材料的易加工性的同时，提高电解质片原胚致密度。细化后的粉末再经过等静压压制成型或挤出形成管状电解质原胚材料[4]。此外，也有报道使用浆料浇铸和电泳沉积制备管状电解质原胚材料[详见参考文献 [8]]。

　　管状电解质原胚材料的高温烧结过程中伴随着严重的 Na$_2$O 蒸发，目前两种工艺可以有效减小 Na$_2$O 蒸发对陶瓷电解质性能的影响：区域烧结和程序化烧结，同时通过引入额外的 Na 源增加炉腔中的 Na$_2$O 分压。区域烧结是一个连续烧结过程，指管状电解质原胚材料快速连续地通过高温的小口径炉腔[180]。为了获得晶粒细小、均匀，同时兼具高强度的 β″-Al$_2$O$_3$ 陶瓷电解质，烧结温度一般为 1700℃，进料速度为 25 ~ 30m/h（或 0.65 ~ 0.85mm/s）。通过控制在短时间（几分钟）内完成烧结过程，避免晶粒过度长大，实现材料的快速致密化。程序化烧结是一种传统的批处理烧结工艺，通常用于陶瓷烧结。管状电解质原胚材料垂直放置在炉腔中，以避免周向畸变，根据预定的温度 / 时间循环加热到烧结温度并冷却。需要注意的是管状电解质原胚材料必须密封在陶瓷容器中以防止 Na$_2$O 的损失。此外，为了制备高性能的 β″-Al$_2$O$_3$ 陶瓷电解质，除了使用勃姆石作为原材料，还可以在等静压前在原材料混合物中加入 β″-Al$_2$O$_3$ 晶种，从而显著增加 β″-Al$_2$O$_3$ 的纯度和离子电导率[180]。除了传统的高温烧结工艺，还可以使用前文提到的溶液合成方法先制备高活性的粉末中间体，再制备 β″-Al$_2$O$_3$ 材料。基于液相制备法合成的中间体材料，可以在较低烧结温度下合成 β″-Al$_2$O$_3$ 材料，缓解高温下严重的 Na 损失和晶粒过大的问题[133, 181, 182]。

　　与 β″-Al$_2$O$_3$ 制备过程类似，制备致密小颗粒的 NaSICON 陶瓷电解质材料要求类似的原材料选择、精准的合成及加工条件控制，以实现高性能陶瓷电解质材料的制备。与 β″-Al$_2$O$_3$ 相比，NaSICON 材料的优势在于其较低的烧结温度，约为 1250 ~ 1300℃，而 β″-Al$_2$O$_3$ 的烧结温度为 1600 ~ 1700℃。NaSICON 陶瓷电解质的烧结过程中，同样需要引入额外的钠源，以缓解 Na$_2$O 的蒸发损失。但相比于 β″-Al$_2$O$_3$ 的烧结过程，烧结 NaSICON 材料

的炉腔中 Na_2O 分压较低，腐蚀性较小。目前 NaSICON 和 N5 硅酸盐陶瓷器件的制备并未像 β/β″-Al_2O_3 那样受到广泛研究，有关 NaSICON 和 N5 硅酸盐陶瓷电解质生产的文献数量非常有限。在 1997—2017 年间，仅有美国的 Ceramatec 公司开发制备大型 NaSICON 管状电解质材料用于 NaI 电池[183]。目前，NaSICON 电解质材料大多采用传统陶瓷粉末工艺制造（氧化物和碳酸盐的 SSR、球磨、喷雾干燥、冷等静压成管状、空气中烧结等）。

为了开发低温钠离子电池，需要制备更薄的陶瓷电解质，以缓解低温下较高的内阻。目前通过流延成型技术代替传统的冷等静压工艺，实现将电解质层厚度从 1 ~ 2mm 减少到约 0.03 ~ 0.1mm[121, 184, 185]。此外，通过溶胶 – 凝胶法[143, 186]或液相烧结技术[185, 187, 188]制备纳米级粉末，同样有利于缓解 NaSICON 材料的烧结温度过高的问题。

▼ 13.8 电池发展现状

过去二十年间，上述三种固体电解质的钠离子电池的总体趋势是逐渐降低运行温度。已知的 Na-S 和 Na-NiCl$_2$ 电池表现出这样的变化规律，一些新型电池体系同样如此。按电池运行温度递减的顺序，这些电池可以分为高温电池（100 ~ 250℃，熔融钠金属作为阳极）、中温电池（40 ~ 100℃）以及室温电池（固态钠作为阳极）。

2007 年 Holze 等人[189]首次报告在室温下运行的 Na-S 电池。作者使用有机液体电解质，成功地展示了金属钠和嵌入聚丙烯腈中的硫具有一定的循环性能。虽然只有约 2/3 的硫可用于可逆反应，且在循环过程中会形成钠枝晶，但结果依旧表明只要电解质具有足够的离子导电性，Na-S 电池就有可能在室温下运行。为了解决电池测试中观察到的不足，作者使用不同的聚合物电解质并提高电池运行温度（110 ~ 150℃）。但是在该工作中，正极（Na_2S 和单质硫）逐渐溶解在混合有离子盐的聚乙二醇二甲醚（TEGDME）中[190-192]，这种正极材料在正极侧电解液中的溶解和不可逆产物的形成导致了明显的容量衰减。此外，电池电流密度与电池测试温度有关，且主要受电池的内部电阻影响，包括面电阻和界面电阻。在高温 Na-S 或 Na-NiCl$_2$ 电池中，固态电解质的面电阻（ASR）可以从交流阻抗性能图中得出[193]，Tietz 等人报道理论 ASR 为 $0.7\Omega \cdot cm^{-2}$[1]。需要注意的是，Watkins 报道的 ASR 数值约比经典理论值大 1 ~ 2 个数量级，导致随着电池倍率的增加出现显著的传输限制[190]。实际情况中，当 ASR 降至 $0.7\Omega \cdot cm^{-2}$ 时，固态电解质的厚度必须小到 10 ~ 100mm。目前，一种薄电解质膜的制备方法通过在多孔基板涂覆制备，该多孔基板要么作为惰性支撑材料，要么由与涂敷材料相同的材料构成[194]。该方法已成功应用于固体氧化物燃料电池技术和薄膜科学。

对于 Na-NiCl$_2$ 电池，目前也有低温条件下运行的研究报道。较低的运行温度有利于减缓腐蚀反应，提高了材料的耐用性 / 兼容性，因此更具经济效益的活性和非活性材料可以被应用于电池，同时可以匹配更简单的热管理系统[24]。此外，平板式结构的电池设计有利于简化电池制作工艺，降低电池成本，同时提高电池的性能。

第一个报道的降低运行温度的 Na-NiCl$_2$ 电池，使用平板式的 β/β″-Al_2O_3/YSZ 复合电解质，在 280℃和 175℃的温度下以 $10mA \cdot cm^{-2}$ 的电流密度进行充放电[195]。电阻测试结果表明，175℃的电池内阻是 280℃的 3 倍。另一方面，循环性能测试显示，电池在 280℃时内阻迅速增加（21mΩ/ 循环），而在 175℃的电池中内阻变化较小（12mΩ/ 循环）。结果表明电池在低于 200℃的温度下运行是可行的，并且显示出更好的稳定性。

另外一个工作比较了 $\beta/\beta''-Al_2O_3$ 和 NaSICON 两种固体电解质作为电解质中间层的 Na-NiCl$_2$ 管状电池在 195℃下的运行性能。结果表明具有更高 Na$^+$ 离子导电性的 NaSICON 电解质使其对应电池在总内阻方面具有明显优势，具有更快的动力学，特别是在大放电倍率（电流密度）下比 $\beta/\beta''-Al_2O_3$ 电解质的电池具有更小的过电位，从而具有更高的能量效率[196]。此外，平板式电池结构替代传统的管状电池结构被证明可以显著提高电池能量密度，传统的 Na-NiCl$_2$ 管状电池在 300℃的工作温度的能量密度约 100～120W·h·kg^{-1}，而平板式电池在 190℃的工作温度的能量密度可以提升至 350W·h·kg^{-1}。对比不同运行温度下的电池，中温电池在前 100 次循环中容量逐渐增加，在第 200 到第 700 次循环中稳定在 137mA·h·g^{-1}，并在随后的循环中（第 700～1000 循环）缓慢下降。相比之下，电池在 280℃下运行 200 次循环容量下降 24%。此外，使用低于 NaAlCl$_4$ 熔点的其他正极侧电解质可以进一步降低电池运行温度。例如，采用由 NaBr 和 NaCl（摩尔比 1：1）组成的电解质[198]，电池在 150℃下展示了稳定的循环性能。除了 NiCl$_2$ 材料以外，其他过渡金属卤化物正极材料也被提出应用于钠离子电池[199, 200]，如更具成本效益的 Na-FeCl$_2$[201, 202] 电池或平板式 Na-ZnCl$_2$[203] 电池。CuCl$_2$ 具有比 NiCl$_2$ 更高的理论容量（400mA·h·g^{-1}）和更高的正极电位（3.40V），但它可溶于 NaAlCl$_4$ 这类熔盐电解质，因此不能作为高温二次电池中的电极材料。然而，一个特殊的例子是使用了 SO$_2$ 饱和 NaAlCl$_4$ 正极电解质的 Na-CuCl$_2$ 电池[204]，通过使用 NaAlCl$_4$·2SO$_2$ 作为溶剂，CuCl$_2$ 在室温下展现出高的可逆容量，大约为 200mA·h·g^{-1}，并具有优异的循环稳定性（1300 次循环 75% 的容量保持率）。

$\beta''-Al_2O_3$ 和 NaSICON 材料还可以应用于其他类型的电池，如 Na-空气电池[205] 或 Na-海水电池[206]。这类电池的正极腔室向环境开放，因此有时也称为燃料电池。Ha 等人[30] 和 Senthilkumar 等人[207] 对这类电池进行了全面概述。

过去十年，以硫代磷酸锂作为固态电解质的固态锂离子电池由于具有高的能量密度和良好的快充能力，在电动汽车领域受到研究人员广泛关注[208]。虽然目前这种研究主要集中在锂电池上，但值得一提的是，在本书讨论的许多钠离子固态电解质具有与硫代磷酸锂相似的离子电导率。因此，采用复合正极和固态钠或其合金作为负极的新型固态钠离子电池（SSNBs）体系同样极具发展潜力。如果想更详细了解这些应用，可以阅读已经发表的几篇综述[1, 18, 20, 209]。

尽管上述三类固态电解质都具有出色的性能，如高离子导电性、宽电化学窗口、优异的热稳定性，但从熔融电极到固态电极的转变依旧存在一些挑战：①电极与电解质之间存在较大的界面电阻；②活性物质和电解质在烧结过程中界面兼容性差（形成新相）；③在电化学循环过程中，由于电极体积变化诱发微裂纹，导致界面稳定性差，电池容量快速衰减；④电解质－电极复合材料混合不均匀或活性物质含量过低，限制离子传输，诱导容量损失。

最早报道的 SSNBs 以 Na$_3$V$_2$(PO$_4$)$_3$(NVP) 和 NaSICON 分别作为正极活性材料和固态电解质。这两种材料具有相同的晶体结构，且 NVP 由于钒离子具有多种价态可以同时用作正极和负极。NZSP/NVP 半电池的研究报告表明[81, 151]，电池循环过程中电解质－正极颗粒逐渐分离，进而导致界面电阻增加，电池快速衰减。通过在电池组装过程中添加少量液体电解质[151]、离子液体[151, 212] 或黏结剂[213]，或者基于聚合物电解质制备复合正极[214-216]，可显著改善电池循环稳定性。一方面，液体添加剂可以填充微裂纹，形成稳定的界面；另一方面，复合电极中的柔性组分可以缓解活性材料的体积变化。然而，当单独考虑"无机电池"以及"全固态"术语时，从根本上解决活性材料体积变化目前有两种解决方案：使用其他新型电池制备体系，或采用在充电和放电状态下没有显著体积变化的"零应变材料"。Lan 等人报道了一种与常规的正极材料制备方法不同的新型电极设计方案[217]，常规方法是将固态电解质与正极活性材料机械混合后烧结，而这种新型电极通过在固体电解质多孔支架的孔壁上原位制备正极活性材料。这种新型电极设计有效改善固态电极 – 电解质接触问题，使其与电解质 – 活性物质之间可以进行有效的离子交换，并减小充电和放电过程中由电极活性材料尺寸变化引起的应力。尽管基于这种新型电极设计的电池性能仍然无法满足需求，但比其他所有基于氧化物的 SSNBs 更具有优势。

迄今为止，在脱嵌钠过程中晶格变化非常小的活性材料较少，目前仅有 $Na_2Fe_2(SO_4)_3$[218]、$Na_{2-x}K_xFe(SO_4)_2(0 < x < 1)$[219, 220] 和 Na_2FeSiO_4[221]。这三种正极材料都由角共享的聚阴离子配位多面体组成，Na^+ 离子主要位于一维通道中，可以实现快速的离子脱嵌。然而这些材料还没有被应用到固态钠离子电池（SSNBs）中以验证它们的零应变特性。

目前在改进正极的界面电阻方面进行了许多努力，但在高电流密度下获得稳定的负极性能的研究报道较少[212]。通过使用润湿剂、中间层或表面涂层[214, 222]在钠负极与固体电解质之间形成稳定的界面，可能有助于确保紧密的界面接触，并避免在高倍率下形成钠枝晶，尤其是当负极是薄的钠膜时，可以有效提高电池循环稳定性。目前关于钠离子固态电解质对称电池的文献中，使用 Na^+-β''-Al_2O_3[223] 以及 NaSICON[81] 的电池在高电流密度下表现出低于 $10mΩ·cm^2$ 的界面电阻。这两个研究报告表明钠离子固态电池形成枝晶的临界电流密度约比 $Li/Li_7La_3Zr_2O_{12}/Li$ 对称电池高一个数量级。

▼ 13.9　总结与展望

本章对 NaSICONs、β/β''-Al_2O_3 和 N5 型硅酸盐材料在离子导电性、热膨胀和微观结构性质等关键参数方面进行了比较。一般来说，这些固态电解质的高温及室温导电性都足够高。然而，晶体结构和热膨胀方面的不同特性导致这三类固态电解质材料在制备过程中需要细化颗粒尺寸，以避免微裂纹和机械性能不佳。此外，降低电池运行温度意味着 ASR 增加，需要通过减小组件厚度来进行补偿。

在过去 50 年中，开发了两种类型高温电池，并成功商业化应用于电网储能和其他领域。此外，还提出了一系列中温电池和固态钠离子电池（SSNBs）。尽管目前在纽扣电池层面上取得了非常不错的结果，但 SSNBs 离实际应用还有很大的距离。从能量密度方面分析，目前安装在航运集装箱中的 200kW 的 Na-S 电池系统的质量能量密度约为 $60W·h·kg^{-1}$[66]，500kW 的 $Na-NiCl_2$ 电池系统的质量能量密度为 $60W·h·kg^{-1}$，体积能量密度为 $44kW·h·m^{-3}$[224]，模块和电池单体的质量能量密度分别为 92 和 $140W·h·kg^{-1}$[224]。相比之下，SSNB 的纽扣电池[81, 151, 210-217]在不考虑任何非活性组分的情况下质量能量密度 $< 1W·h·kg^{-1}$。仅考虑电池级别的数值，SSNB 需要将其能量密度提高 2～3 个数量级。降低固态电解质和负极的厚度、增加正极层的厚度，在提高电池能量密度方面有很大的潜力，但考虑到电池尺寸放大，这三种策略在实际应用上还存在诸多问题。此外，进一步扩大固态钠离子电池的生产规模依赖于流延铸造等工业化工艺的发展。相较于液体或聚合物

电池，固态钠离子电池具有较大的刚性，因此还需考虑单体电池的叠层设计工艺（每个单体电池 > $100cm^2$）。最后，机械性能而非电化学性能将成为限制电池尺寸及性能的关键因素。

参 考 文 献

1 Ma, Q. and Tietz, F. (2020). Solid-stateelectrolyte materials for sodium batteries: towards practical applications. *ChemElectroChem* 7: 2693–2713.

2 De Vries, R.C. and Roth, W.L. (1969). Critical evaluation of the literature data on beta alumina and related phases: I, phase equilibria and characterization of beta alumina phases. *J. Am. Ceram. Soc.* 52: 364–369.

3 Kummer, J.T. (1972). β-Alumina electrolytes. *Progr. Solid State Chem.* 7: 141–175.

4 May, G.J. (1978). The development of beta-alumina for use in electrochemical cells: a survey. *J. Power Sources* 3: 1–22.

5 De Jonghe, L.C. (1979). Fast ion conductors. *J. Am. Ceram. Soc.* 62: 289–293.

6 Dell, R.M. and Moseley, P.T. (1981). Beta-alumina electrolyte for use in sodium/sulphur batteries. Part 1: fundamental properties. *J. Power Sources* 6: 143–160.

7 Dell, R.M. and Moseley, P.T. (1981/1982). Beta-alumina electrolyte for use in sodium/sulphur batteries. Part 1: manufacture and use. *J. Power Sources* 7: 45–63.

8 Stevens, R. and Binner, J.G.P. (1984). Structure, properties and production of β-alumina. *J. Mater. Sci.* 19: 695–715.

9 Lu, X., Lemmon, J.P., Sprenkle, V., and Yang, Z. (2010). Sodium-beta alumina batteries: status and challenges. *JOM* 62: 31–36.

10 Kreuer, K.-D., Kohler, H., and Maier, J. (1989). Sodium ion conductors with NASICON framework structure. In: *High Conductivity Ionic Conductors: Recent Trends and Applications* (ed. T. Takahashi), 242–279. Singapore: World Scientific Publishing Co.

11 Anantharamulu, N., Koteswara Rao, K., Rambabu, G. et al. (2011). A wide-ranging review on Nasicon type materials. *J. Mater. Sci.* 46: 2821–2837.

12 Guin, M. and Tietz, F. (2015). Survey of the transport properties of NASICON materials for use in sodium batteries. *J. Power Sources* 273: 1056–1064.

13 Okura, T., Yoshida, N., and Yamashita, K. (2016). Na^+ superionic conducting silicophosphate glass-ceramics – review. *Solid State Ionics* 285: 143–154.

14 Okura, T. (2019). Development of Na^+ superionic conducting $Na_5YSi_4O_{12}$-type glass-ceramics. *Adv. Mater. Lett.* 10: 85–90.

15 Fergus, J.W. (2012). Ion transport in sodium ion conducting solid electrolytes. *Solid State Ionics* 227: 102–112.

16 Kim, J.-J., Yoon, K., Park, I., and Kang, K. (2017). Progress in the development of sodium-ion solid electrolytes. *Small Methods* 1: 1700219.

17 Hueso, K.B., Armand, M., and Rojo, T. (2013). High temperature sodium batteries: status, challenges and future trends. *Energy Environ. Sci.* 6: 734–749.

18 Zhao, C., Liu, L., Qi, X. et al. (2018). Solid-state sodium batteries. *Adv. Energy Mater.* 8: 1703012.

19 Hou, W., Guo, X., Shen, X. et al. (2018). Solid electrolytes and interfaces in all-solid-state sodium batteries: progress and perspective. *Nano Energy* 52: 279–291.

20 Lu, Y., Li, L., Zhang, Q. et al. (2018). Electrolyte and interface engineering for solid-state sodium batteries. *Joule* 2: 1747–1770.

21 Jones, I.W. (1977). Recent advances in the development of sodium-sulphur batteries for load levelling and motive power applications. *Electrochim. Acta* 22: 681–688.

22 Fischer, W. (1981). State of development and prospects of sodium/sulfur batteries. *Solid State Ionics* 3 (4): 413–424.

23 Oshima, T., Kajita, M., and Okuno, A. (2004). Development of sodium-sulfur batteries. *Int. J. Appl. Ceram. Technol.* 1: 269–276.

24 Lu, X., Xia, G., Lemmon, J.P., and Yang, Z. (2010). Advanced materials for sodium-beta alumina batteries: Status, challenges and perspectives. *J. Power Sources* 195: 2431–2442.

25 Wen, Z., Hu, Y., Wu, X. et al. (2013). Main challenges for high performance NAS battery: materials and interfaces. *Adv. Funct. Mater.* 23: 1005–1018.

26 Sudworth, J.L. (1994). Zebra batteries. *J. Power Sources* 51: 105–114.

27 van Zyl, A. (1996). Review of the zebra battery system development. *Solid State Ionics* 86–88: 883–889.

28 Sudworth, J.L. (2001). The sodium/nickel chloride (ZEBRA) battery. *J. Power Sources* 100: 149–163.

29 Dustmann, C.-H. (2004). Advances in ZEBRA batteries. *J. Power Sources* 127: 85–92.

30 Ha, S., Kim, J.-K., Choi, A. et al. (2014). Sodium–metal halide and sodium–air batteries. *ChemPhysChem* 15: 1971–1982.

31 Rankin, G.A. and Merwin, H.E. (1916). The ternary system CaO-A12O3-MgO. *J. Am. Chem. Soc.* 38: 568–588.

32 Stillwell, C.W. (1926). The color of the ruby. *J. Phys. Chem.* 30: 1441–1466.

33 Ridgway, R., Klein, A.A., and O'Leary, W.J. (1936). The preparation and properties of so-called "beta alumina". *Trans. Electrochem. Soc.* 70: 71–88.

34 Hendricks, S.B. and Pauling, L. (1927). Die Struktureinheit und Raumgruppensymmetrie von β-Aluminiumoxid. *Z. Krist.* 26: 303–308.

35 Bragg, W.L., Gottfried, C., and West, J. (1931). The structure of β alumina. *Z. Krist.* 77: 255–274.

36 Beevers, C.A. and Brohult, S. (1936). The formula of "β alumina", Na_2O $11Al_2O_3$. *Z. Krist.* 95: 472–474.

37 Beevers, C.A. and Ross, M.A.S. (1937). The crystal structure of "β alumina" $Na_2O \cdot 11Al_2O_3$. *Z. Krist.* 97: 59–66.

38 Peters, C.R., Bettman, M., Moore, J.W., and Glick, M.D. (1971). Refinement of the structure of sodium β-alumina. *Acta Cryst.* B27: 1826–1834.

39 Bettman, M. and Peters, C.R. (1969). The crystal structure of $Na_2O \cdot MgO \cdot 5Al_2O_3$ with reference to $Na_2O \cdot 5Al_2O_3$ and other isotypal compounds. *J. Phys. Chem.* 73: 1774–1780.

40 Dunn, B., Schwarz, B.B., Thomas, J.O., and Morgan, P.E.D. (1988). Preparation and structure of Li-stabilized $Na^+ \beta''$-alumina single crystals. *Solid State Ionics* 28–30: 301–305.

41 Kohler, H. and Schulz, H. (1985). Nasicon solid electrolytes Part I: the Na$^+$-diffusion path and its relation to the structure. *Mater. Res. Bull.* 20: 1461–1471.

42 Boilot, J.P., Collin, G., and Colomban, P. (1987). Crystal structure of the true NASICON: Na$_3$Zr$_2$Si$_2$PO$_{12}$. *Mater. Res. Bull.* 22: 669–676.

43 Beyeler, H.U. and Hibma, T. (1978). The sodium conductivity paths in the superionic conductors Na$_5$RESi$_4$O$_{12}$. *Solid State Commun.* 27: 641–643.

44 Yamaguchi, G. (1943). *J. Electrochem. Soc. Jap.* 11: 260–262.

45 Yamaguchi, G. (1954). Dissertation. University of Tokyo.

46 Théry, J. and Briançon, D. (1964). Structure et propriétés des aluminates de sodium. *Rev. Hautes Temp. Réfract.* 1: 221–227.

47 Yamaguchi, G. and Suzuki, K. (1968). On the structures of alkali polyalumi- nates. *Bull. Chem. Soc. Japan* 41: 93–99.

48 Bettman, M. and Terner, L.L. (1971). On the structure of Na$_2$O·4MgO·15Al$_2$O$_3$, a variant of β-alumina. *Inorg. Chem.* 10: 1442–1446.

49 Weber, N. and Venero, A.F. (1970). Subsolidus relations in the system NaAlO$_2$-MgAl$_2$O$_4$-Al$_2$O$_3$. *Am. Ceram. Soc. Bull.* 49: 498.

50 Weber, N. and Venero, A.F. (1970). Revision of the phase diagram NaAlO$_2$-Al$_2$O$_3$. *Am. Ceram. Soc. Bull.* 49: 491–492.

51 Yao, Y.-F.Y. and Kummer, J.T. (1967). Ion exchange properties of and rates of ionic diffusion in β-alumina. *Inorg. J. Nucl. Chem.* 29: 2453–2475.

52 Roth, W.L., Reidinger, F., and LaPlaca, S. (1976). Studies of stabilization and transport mechanisms in β- and β″-alumina by neutron diffraction. In: *Superionic Conductors* (ed. G.D. Mahan and W.L. Roth), 223–241. New York: Plenum Press.

53 Edström, K., Thomas, J.O., and Farrington, G.C. (1991). Sodium-Ion distribution in Na$^+$β-alumina: a crystallographic challenge. *Acta Cryst.* B 47: 210–216.

54 Collin, G., Boilot, J.P., Colomban, P., and Comes, R. (1986). Host lattices and superionic properties in β- and β″ -alumina: II. Homogeneity ranges and con- ductivities. *Phys. Rev. B* 34: 5850–5861.

55 Liebertz, J. (1972). Bildung und Existenzgebiet der beiden Na-β-Al$_2$O$_3$-Phasen. *Ber. Dt. Keram. Ges.* 49: 288–290.

56 Tietz, F., Koepke, J., and Urland, W. (1992). Analytical investigations of β-Al$_2$O$_3$ and β″-Al$_2$O$_3$ crystals. *J. Crystal Growth* 118: 314–318.

57 Harbach, F. (1986). Na β″-alumina ceramics: compositions, phases, conductivi- ties. *Silicate Industriels* 5-6: 81–85.

58 Harbach, F. (1984). Spinel block doping and conductivity of Na-β″-alumina ceramics. *Solid State Ionics* 13: 53–61.

59 Farrington, G.C. and Briant, J.L. (1979). Ionic conductivity in β″ alumina. In: *Fast Ion Transport in Solids* (ed. P. Vashishta, J.N. Mundy and G.K. Shenoy), 395–400. North-Holland: Elsevier.

60 Bates, J.B., Engstrom, H., Wang, J.C. et al. (1981). Composition, ion-ion correla- tions and conductivity of β″-alumina. *Solid State Ionics* 2: 159–162.

61 Dunn, B., Farrington, G.C., and Thomas, J.O. (1989). Frontiers in β″ -alumina research. *MRS Bull.* 14: 22–30.

62 Weber, N. and Kummer, J.T., Adv. Energy Conv. Eng. ASME Conf., Florida, 1967, p. 913; A sodium/sulphur secondary battery; Kummer, J.T. and Weber, N., Proc. SAE Autom. Eng. Congr. Detroit, 1967, paper 670179

63 Sudworth, J.L., Hames, M.D., Storey, M.A. et al. (1972). An analysis and laboratory assessment of two sodium sulphur cell designs. In: *Power Sources*, vol. 4 (ed. D.H. Collins). Oriel Press.

64 Sudworth, J.L. (1975). Sodium/sulphur batteries for rail traction. *Proc. 10th Intersoc. Energy Conv. Eng. Conf*. 616–620, Newark, Delaware (18–22 August 1975).

65 Andriollo, M., Benato, R., Dambone Sessa, S. et al. (2016). Energy intensive electrochemical storage in Italy: 34.8 MW sodium-sulphur secondary cells. *J. Energy Storage* 5: 146–155.

66 BASF_New-Business-GmbH (2020) BASF_NAS-Brochure_NGK.pdf. https://www.basf.com/global/en/who-we-are/organization/locations/europe/german-companies/BASF_New-Business-GmbH/our-solutions/energy-storage/nas-battery-systems.html (accessed 20 February 2021).

67 Abraham, K.M., Rauh, R.D., and Brummer, S.B. (1978). A low temperature Na-S battery incorporating a soluble S cathode. *Electrochim. Acta* 23: 501–507.

68 Abraham, K.M., Rupich, M.W., and Pitts, L. (1981). Moderate temperature Na cells - IV. VS_2 and NbS_2Cl_2 as rechargeable cathodes in molten $NaAlCl_4$. *J. Electrochem. Soc.* 128: 2700–2702.

69 Coetzer, J. (1986). A newhigh energy density battery system. *J. Power Sources* 18: 377–380.

70 Hames, M.D. and Sudworth, J.L. (1979). Development of a sodium/sulphur battery for rail applications. *Proc. IEE* 126 (11): 1157–1161.

71 Thackeray, M. (2011). Twenty golden years of battery R&D at CSIR, 1974–1994. *S. Afr. J. Chem.* 64: 61–66.

72 Company Profile (2020). Company information. https://www.fzsonick.com/about-us/company-profile (accessed 20 February 2021).

73 Whittingham, M.S. and Huggins, R.A. (1972). Recent studies of superionic conductivity in oxide materials. *Bull. Am. Phys. Soc.* 17: 41.

74 Hong, H.Y.-P. (1976). Crystal structures and crystal chemistry in the system $Na_{1+x}Zr_2Si_xP_{3-x}O_{12}$. *Mater. Res. Bull.* 11: 173–182.

75 Goodenough, J.B., Hong, H.Y.-P., and Kafalas, J. (1976). Fast Na^+ - ion transport in skeleton structures. *Mater. Res. Bull.* 11: 203–220.

76 Wallroth, K.A. (1883). Action du sel de phoshore sur diverse oxydes. *Bull. Soc. Chim.* 39: 316–322.

77 Matković, B. and Šljukić, M. (1965). Synthesis and crystallographic data of sodium thorium triphosphate, $NaTh_2(PO_4)_3$ and sodium uranium(IV) triphosphate, $NaU_2(PO_4)_3$. *Croat. Chem. Acta* 37: 115–116.

78 Šljukić, M., Matković, B., Prodić, B., and Šćavničar, S. (1967). Preparation and crystallographic data phosphates with common formula $M^IM_2^{IV}(PO_4)_3$ (M^I = Li, Na, K, Rb, Cs; M^{IV} =Zr, Hf). *Croat. Chem. Acta* 39: 145–148.

79 Hagman, L.O. and Kierkegaard, P. (1968). The crystal structure of $NaM_2^{IV}(PO_4)_3$ (M^{IV} = Ge, Ti, Zr). *Acta Chem. Scand.* 22: 1822–1832.

80 Brownfield, M.E., Foord, E.E., Sutley, S.J., and Botinelly, T. (1993). Kosnarite, $KZr_2(PO_4)_3$, a new mineral from Mount Mica and Black Mountain, Oxford County, Maine. *Am. Mineral.* 78: 653–656.

81 Ma, Q., Tsai, C.-L., Wei, X.-K. et al. (2019). Room temperature demonstration of a sodium superionic conductor with grain conductivity in excess of 0.01 S cm^{-1} and its primary applications in symmetric battery cells. *J. Mater. Chem. A* 7: 7766–7776.

82 Rossbach, A., Tietz, F., and Grieshammer, S. (2018). Structural and transport properties of lithium-conducting NASICON materials. *J. Power Sources* 391: 1–9.

83 Thokchom, J.S., Gupta, N., and Kumar, B. (2008). Superionic conductivity in a lithium aluminum germanium phosphate glass-ceramic. *J. Electrochem. Soc.* 155: A915–A920.

84 Hong, H.Y.-P. (1978). Crystal structure and ionic conductivity of $Li_{14}Zn(GeO_4)_4$ and other new Li^+ superionic conductors. *Mater. Res. Bull.* 13: 117–124.

85 Šljukić, M., Matković, B., Prodić, B., and Anderson, D. (1969). The crystal structure of $KZr_2(PO_4)_3$. *Z. Krist.* 130: 148–161.

86 Lejeune, M., Colomban, P., and Boilot, J.P. (1982). Fast potassium ion conduction in quenched KASICON glass. *J. Non-Cryst. Solids* 51: 273–276.

87 Vogel, E.M., Cava, R.J., and Rietman, E. (1984). Na^+ ion conductivity and crystallographic cell characterization in the Hf-NASICON system $Na_{1+x}Hf_2Si_xP_{3-x}O_{12}$. *Solid State Ionics* 14: 1–6.

88 Subramanian, M.A., Rudolf, P.R., and Clearfield, A. (1985). The preparation, structure, and conductivity of scandium-substituted NASICONs. *J. Solid State Chem.* 60: 172–181.

89 Guin, M., Tietz, F., and Guillon, O. (2016). New promising NASICON material as solid electrolyte for sodium-ion batteries: Correlation between composition, crystal structure and ionic conductivity of $Na_{3+x}Sc_2Si_xP_{3-x}O_{12}$. *Solid State Ionics* 293: 18–26.

90 Takahashi, T., Kuwabara, K., and Shibata, M. (1980). Solid-state ionics - conductivities of Na^+ ion conductors based on NASICON. *Solid State Ionics* 1: 163–175.

91 Delmas, C., Olazcuaga, R., Cherkaoui, F. et al. (1978). New familiy of phosphates with formula $Na_3M_2(PO_4)_3$ (M=Ti,V,Cr,Fe). *C. R. Hebd. Seances Acad. Sci. (C)* 287: 169–171.

92 Delmas, C., Cherkaoui, F., Nadiri, A., and Hagenmuller, P. (1987). A NASICON-type phase as intercalation electrode: $NaTi_2(PO_4)_3$. *Mater. Res. Bull.* 22: 631–639.

93 Jian, Z., Zhao, L., Pan, H. et al. (2012). Carbon coated $Na_3V_2(PO_4)_3$ as novel electrode material for sodium ion batteries. *Electrochem. Commun.* 14: 86–89.

94 Kang, J., Baek, S., Mathew, V. et al. (2012). High rate performance of a $Na_3V_2(PO_4)_3$/C cathode prepared by pyro-synthesis for sodium-ion batteries. *J. Mater. Chem.* 22: 20857.

95 Liu, Y., Zhou, Y., Zhang, J. et al. (2017). Monoclinic phase $Na_3Fe_2(PO_4)_3$: synthesis, structure, and electrochemical performance as cathode material in sodium-ion batteries. *ACS Sust. Chem. Eng.* 5: 1306–1314.

96 Li, W., Yao, Z., Zhong, Y. et al. (2019). Enhancement of the advanced Na storage performance of $Na_3V_2(PO_4)_3$ in a symmetric sodium full cell via a dual strategy design. *J. Mater. Chem. A* 7: 10231–10238.

97 Lan, T., Ma, Q., Tsai, C.-L. et al. (2021). https://doi.org/10.1002/batt.202000229 Ionic conductivity of $Na_3V_2P_3O_{12}$ as a function of electrochemical potential and its impact on battery performance. Batteries & Supercaps 4: 479–484.

98 Sukhanov, V., Pet'kov, V.I., Firsov, D.V. et al. (2011). Synthesis, structure, and thermal expansion of sodium zirconium arsenate phosphates. *Russ. J. Inorg.*

Chem. 56: 1351–1357.

99 Pet'kov, V.I., Sukhanov, M.V., Shipilov, A.S. et al. (2014). Synthesis and properties of LiZr$_2$(AsO$_4$)$_3$ and LiZr$_2$(AsO$_4$)$_x$(PO$_4$)$_{3-x}$. *Inorg. Mater.* 50: 263–272.

100 Hirata, Y., Kitasako, H., and Shimada, K. (1988). Electrical conductivity of the system Na$_{1+3x}$Zr$_2$(P$_{1-x}$Ge$_x$O$_4$)$_3$. *J. Ceram. Soc. Jpn.* 96: 620–623.

101 Savinykh, D.O., Khainakov, S.A., Orlova, A.I., and Garcia-Granda, S. (2018). New phosphate-sulfates with NZP structure. *Russ. J. Inorg. Chem.* 63: 714–724.

102 Slater, P.R. and Greaves, C. (1992). Synthesis and conductivity of new lithium-containing Nasicon-type phases: Li$_x$[M$_x^{II}$M$_{2-x}^{III}$](SO$_4$)$_{3-y}$(SeO$_4$)$_y$ and Li$_x$[Li$_{x/2}$M$_{2-x/2}^{III}$](SO$_4$)$_{3-y}$(SeO$_4$)$_y$. *J. Mater. Chem.* 2: 1267–1269.

103 Slater, P.R. and Greaves, C. (1993). Synthesis and conductivities of sulfate/selenate phases related to Nasicon: Na$_x$M'(II)$_x$M''(III)$_{2-x}$(SO$_4$)$_{3-y}$(SeO$_4$)$_y$. *J. Solid State Chem.* 107: 12–18.

104 Slater, P.R. and Greaves, C. (1994). Powder neutron diffraction study of the nasicon-related phases Na$_x$M$^{II}_x$M$^{III}_{2-x}$(SO$_4$)$_{3-y}$(SeO$_4$)$_y$: M^{II}= Mg, M^{III}= Fe, In. *J. Mater. Chem.* 4: 1469–1473.

105 Nanjundaswamya, K.S., Padhi, A.K., Goodenough, J.B. et al. (1996). Synthesis, redox potential evaluation and electrochemical characteristics of NASICON-related-3D framework compounds. *Solid State Ionics* 92: 1–10.

106 Mason, C.W., Gocheva, I., Hoster, H.E., and Yu, D.Y.W. (2014). Iron(III) sulfate: a stable, cost effective electrode material for sodium ion batteries. *Chem. Commun.* 50: 2249–2251.

107 Viswanathan, L. and Virkar, A.V. (1982). Wetting characteristics of sodium on β''-alumina and on nasicon. *J. Mater. Sci.* 17: 753–759.

108 Schmid, H., De Jonghe, L.C., and Cameron, C. (1982). Chemical stability of NASICON. *Solid State Ionics* 6: 57–63.

109 Yde-Andersen, S., Lundsgaard, J.S., Møller, L., and Engell, J. (1984). Properties of NASICON electrolytes prepared from alkoxide derived gels: ionic conductivity, durability in molten sodium and strength test data. *Solid State Ionics* 14: 73–79.

110 Kreuer, K.D. and Warhus, U. (1986). Nasicon solid electrolytes Part IV: chemical durability. *Mater. Res. Bull.* 21: 357–363.

111 Maier, J., Warhus, U., and Gmelin, E. (1986). Thermodynamic and electrochemical investigations of the NASICON solid solution system. *Solid State Ionics* 18&19: 969–973.

112 Shannon, R.D., Chen, H.-Y., and Berzins, T. (1977). Ionic conductivity in Na$_5$GdSi$_4$O$_{12}$. *Mater. Res. Bull.* 12: 969–973.

113 Maksimov, B.A., Kharitonov, Y.A., and Belov, N.V., Dokl. Akad. Nauk. SSSR 213, 1072-1075 (1973);(1974). Crystal structure of the Na-Y metasilicate Na$_5$YSi$_4$O$_{12}$. *Engl. Transl. in Sov. Phys. Dokl.* 18: 763–765.

114 Beyeler, H.U., Shannon, R.D., and Chen, H.Y. (1980). Ionic conductivity of single-crystal Na$_5$YSi$_4$O$_{12}$. *Appl.Phys. Lett.* 37: 934–935.

115 Shannon, R.D., Taylor, B.E., Gier, T.E. et al. (1978). Ionic conductivity in Na$_5$YSi$_4$O$_{12}$-type silicates. *Inorg. Chem.* 17: 958–964.

116 Yamashita, K., Umegaki, T., Tanaka, M. et al. (1996). Microstructural effects on conduction properties of Na$_5$YSi$_4$O$_{12}$-type glass-ceramic Na$^+$-fast ionic conductors. *J. Electrochem. Soc.* 143: 2180–2186.

117 Chen, Z., Huang, T., and Ji, X. (1987). Study on a new sodium ionic conductor

in the Na$_2$O-Y$_2$O$_3$-GeO$_2$ system. *Solid State Ionics* 23: 119–123.

118 Yamashita, K., Nojiri, T., Umegaki, T., and Kanazawa, T. (1989). New fast sodium-ion conducting glass-ceramics of silicophosphates: crystallization, microstructure and conduction properties. *Solid State Ionics* 35: 299–306.

119 Yamashita, K., Matsuda, M., and Umegaki, T. (1998). Synthesis and Na$^+$conduction properties of the ceramics of Na$_5$YSi$_4$O$_{12}$-type phosphate-substituted solid solutions. *J. Mater. Res.* 13: 3361–3364.

120 Okura, T., Kawada, K., Yoshida, N. et al. (2012). Synthesis and Na$^+$ conduction properties of Nasicon-type glass-ceramics in the system Na$_2$O-Y$_2$O$_3$-X$_2$O$_3$-SiO$_2$ (X = B, Al, Ga) and effect of Si substitution. *Solid State Ionics* 225: 367–370.

121 Wagner, D., Rost, A., Schilm, J. et al. (2016). Glass ceramic separators for room temperature operating sodium batteries. In: *Ceramic Materials for Energy Applications V: A Collection of Papers Presented, at the 39th International Conference on Advanced Ceramics and Composites* (ed. J. Matyáš, Y. Katoh, H.-T. Lin and A. Vomiero), 59–68. John Wiley & Sons, Inc.

122 Briant, J.L. and Farrington, G.C. (1980). Ionic conductivity in Na$^+$, K$^+$, and Ag$^+$β″-alumina. *J. Solid State Chem.* 33: 385–390.

123 Engstrom, H., Bates, J.B., Brundage, W.E., and Wang, J.C. (1981). Ionic conductivity of sodium beta″-alumina. *Solid State Ionics* 2: 265–276.

124 Tietz, F. and Urland, W. (1995). Impedance spectroscopy on Na$^+$/Ho^{3+}-β″-Al$_2$O$_3$ crystals. *Solid State Ionics* 78: 35–40.

125 Whittingham, M.S. and Huggins, R.A. (1971). Measurement of sodium ion transport in beta alumina using reversible solid electrodes. *J. Chem. Phys.* 54: 414–416.

126 Hooper, A. (1977). A study of the electrical properties of single-crystal and polycrystalline β-alumina using complex plane analysis. *J. Phys. D: Appl. Phys.* 10: 1487–1496.

127 May, G.J. and Hooper, A. (1978). The effect of microstructure and phase composition on the ionic conductivity of magnesium-doped sodium-beta-alumina. *J. Mater. Sci.* 13: 1480–1486.

128 Archer, W.I., Armstrong, R.D., Sellick, D.P. et al. (1980). The relationship between the a.c. impedance and microstructure of a sodium β-alumina ceramic. *J. Mater. Sci.* 15: 2066–2072.

129 Sheng, Y., Sarkar, P., and Nicholson, P.S. (1988). The mechanical and electrical properties of ZrO$_2$-Naβ″-Al$_2$O$_3$ composites. *J. Mater. Sci.* 23: 958–967.

130 Dygas, J.R., Fafilek, G., and Breiter, M.W. (1999). Study of grain boundary polarization by two-probe and four-probe impedance spectroscopy. *Solid State Ionics* 119: 115–125.

131 Lu, X., Bowden, M.E., Sprenkle, V.L., and Liu, J. (2015). A low cost, high energy density, and long cycle lifepotassium–sulfur battery for grid-scale energy storage. *Adv. Mater.* 27: 5915–5922.

132 Wu, T., Wen, Z., Sun, C. et al. (2018). Disordered carbon tubes based on cotton cloth for modulating interface impedance in β″-Al$_2$O$_3$-based solid-state sodium metal batteries. *J. Mater. Chem. A* 6: 12623–12629.

133 Yi, E., Temeche, E., and Laine, R.M. (2018). Superionically conducting β″-Al$_2$O$_3$ thin films processed using flame synthesized nanopowders. *J. Mater. Chem. A* 6: 12411–12419.

134 Kohler, H., Schulz, H., and Melnikov, O. (1983). Composition and conduction mechanism of the Nasicon structure – X-ray diffraction on two crystals at different temperatures. *Mater. Res. Bull.* 18: 1143–1152.

135 Kreuer, K.D., Kohler, H., Warhus, U., and Schulz, H. (1986). Nasicon solid electrolytes Part III: sodium conductivity enhancement along domain and grain boundaries. *Mater. Res. Bull.* 21: 149–159.

136 Ivanov-Schitz, A.K. and Bykov, A.B. (1997). Ionic conductivity of the $NaZr_2(PO_3)_4$ single crystals. *Solid State Ionics* 100: 153–155.

137 Rettenwander, D., Redhammer, G.J., Guin, M. et al. (2018). Arrhenius behavior of the bulk Na-ion conductivity in $Na_3Sc_2(PO_4)_3$ single crystals observed by microcontact impedance spectroscopy. *Chem. Mater.* 30: 1776–1781.

138 Ladenstein, L., Lunghammer, S., Wang, E.Y. et al. (2020). On the dependence of ionic transport on crystal orientation in NaSICON-type solid electrolytes. *Energy* 2: 035003.

139 Baur, W.H., Dygas, J.R., Whitmore, D.H., and Faber, J. (1986). Neutron powder diffraction study and ionic conductivity of $Na_2Zr_2SiP_2O_{12}$ and $Na_3Zr_2Si_2PO_{12}$. *Solid State Ionics* 18 & 19: 935–943.

140 Clearfield, A., Subramanian, M.A., Wang, W., and Jerus, P. (1983). The use of hydrothermal procedures to synthesize NASICON and some comments on the stoichiometry of NASICON phases. *Solid State Ionics* 9 & 10: 895–902.

141 Kang, H.-B. and Cho, N.-H. (1999). Phase formation, sintering behavior, and electrical characteristics of NASICON compounds. *J. Mater. Sci.* 34: 5005–5013.

142 von Alpen, U., Bell, M.F., and Höfer, H.H. (1981). Compositional dependence of the electrochemical and structural parameters in the NASICON system ($Na_{1+x}Si_xZr_2P_{3-x}O_{12}$). *Solid State Ionics* 3 (4): 215–218.

143 Perthuis, H. and Colomban, P. (1984). Well densified NASICON type ceramics, elaborated using sol-gel process and sintering at low temperatures. *Mater. Res. Bull.* 19: 621–631.

144 Naqash, S., Ma, Q., Tietz, F., and Guillon, O. (2017). $Na_3Zr_2(SiO_4)_2(PO_4)$ prepared by a solution-assisted solid state reaction. *Solid State Ionics* 302: 83–91.

145 Bohnke, O., Ronchetti, S., and Mazza, D. (1999). Conductivity measurements on nasicon and nasicon-modified materials. *Solid State Ionics* 122: 127–136.

146 Traversa, E., Aono, H., Sadaoka, Y., and Montanaro, L. (2000). Electrical properties of sol–gel processed NASICON having new compositions. *Sensors and Actuators B* 65: 204–208.

147 Essoumhi, A., Favotto, C., Mansori, M., and Satre, P. (2004). Synthesis and characterization of a NaSICON series with general formula $Na_{2.8}Zr_{2-y}Si_{1.8-4y}P_{1.2+4y}O_{12}$ ($0 \leq y \leq 0.45$). *J. Solid State Chem.* 177: 4475–4481.

148 Cava, R.J., Vogel, E.M., and Johnson, D.W. Jr., (1982). Effect of homovalent framework cation substitutions on the sodium ion conductivity in $Na_3Zr_2Si_2PO_{12}$. *J. Am. Ceram. Soc.* 65: C157–C159.

149 Ma, Q., Guin, M., Naqash, S. et al. (2016). Scandium-substituted $Na_3Zr_2(SiO_4)_2(PO_4)$ prepared by a solution-assisted solid-state reaction method as sodium-ion conductors. *Chem. Mater.* 28: 4821–4828.

150 Fuentes, R.O., Figueiredo, F.M., Soares, M.R., and Marques, F.M.B. (2005). Submicrometric NASICON ceramics with improved electrical conductivity obtained from mechanically activated precursors. *J. Eur. Ceram. Soc.* 25: 455–462.

151 Zhang, Z., Zhang, Q., Shi, J. et al. (2016). A self-forming composite electrolyte for solid-state sodium battery with ultralong cycle life. *Adv. Energy Mater.* 6: 1601196.

152 Song, S., Duong, H.M., Korsunsky, A.M. et al. (2016). A Na^+superionic conductor for room-temperature sodium batteries. *Sci. Rep.* 6: 32330.

153 Samiee, M., Radhakrishnan, B., Rice, Z. et al. (2017). Divalent-doped $Na_3Zr_2Si_2PO_{12}$ natrium superionic conductor: improving the ionic conductivity via simultaneously optimizing the phase and chemistry of the primary and secondary phases. *J. Power Sources* 347: 229–237.

154 Tran Qui, D., Capponi, J.J., Joubert, J.C., and Shannon, R.D. (1981). Crystal structure and ionic conductivity in $Na_4Zr_2Si_3O_{12}$. *J. Solid State Chem.* 39: 219–229.

155 Winand, J.M., Rulmont, A., and Tarte, P. (1990). Ionic conductivity of the $Na_{1+x}M_xZr_{2-x}(PO_4)_3$ systems (M = Al, Ga, Cr, Fe, Sc, In, Y, Yb). *J. Mater. Sci.* 25: 4008–4013.

156 Boilot, J.P., Salanié, P., Desplanches, G., and Le Potier, D. (1979). Phase transformation in $Na_{1+x}Si_xZr_2P_{3-x}O_{12}$ compounds. *Mater. Res. Bull.* 14: 1469–1477.

157 Kafalas, J.A. and Cava, J.R. (1979). Effect of pressure and composition on fast Na+-ion transport in the system $Na_{1+x}Zr_2Si_xP_{3-x}O_{12}$. In: *Proc. Int. Conf. Fast Ion Transport in Solids, Electrodes, and Electrolytes, Lake Geneva, Wisconsin, U.S.A., May 21-25, 1979* (ed. P. Vashishta, J.N. Mundy and G.K. Shenoy), 419–422. North Holland: Elsevier.

158 Gordon, R.S., Miller, G.R., McEntire, B.J. et al. (1981). Fabrication and characterization of NASICON electrolytes. *Solid State Ionics* 3–4: 243–248.

159 Hong, H.Y.-P., Kafalas, J.A., and Bayard, M. (1978). High Na^+-ion conductivity in $Na_5YSi_4O_{12}$. *Mater. Res. Bull.* 13: 757–761.

160 Bentzen, J.J. and Nicholson, P.S. (1982). Preparation and characterization of dense sodium superionic conducting $Na_5YSi_4O_{12}$ (NYS). *Mater. Res. Bull.* 17: 541–548.

161 Cui, D., Pang, G., Feng, S., and Xu, R. (1996). Investigation of synthesis and ionic conductivity of $Na_5YSi_4O_{12}$. *Chem. Res. Chin. Univ.* 12: 219–226.

162 Sadaoka, Y., Matsuguchi, M., Sakai, Y., and Komatsubara, K. (1992). Ionic conductivity in $Na_5YSi_4O_{12}$-based ceramics with and without additives. *J. Mater. Sci.* 27: 5045–5051.

163 Bentzen, J.J. and Nicholson, P.S. (1980). The preparation and characterization of dense highly conductive $Na_5GdSi_4O_{12}$ (NGS). *Mater. Res. Bull.* 15: 1737–1745.

164 Okura, T., Monma, H., and Yamashita, K. (2004). Na^+-superionic conductors of glass–ceramics in the system Na_2O–Sm_2O_3–X_2O_3–P_2O_5–SiO_2 (X = Al, Ga). *Solid State Ionics* 172: 561–564.

165 Dudley, G.J. and Steele, B.C.H. (1978). Thermal expansion of beta-alumina-type phases and variation of lattice parameters with potassium content. *J. Mater. Sci.* 13: 1267–1274.

166 May, G.J. and Henderson, C.M.B. (1979). Thermal expansion behaviour of sodium-beta-alumina. *J. Mater. Sci.* 14: 1229–1237.

167 Radzilowski, R.H. (1970). X-ray determination of the thermal expansion of $Na_2O \cdot MgO \cdot 5Al_2O_3$. *J. Am. Ceram. Soc.* 53: 699–700.

168 Touloukian, Y.S., Kirby, R.K., Taylor, R.E., and Lee, T.Y.R. *Thermophysical Properties of Matter, Vol. 13: Thermal Expansion – Nonmetallic Solids.* U.S.A.: IFI/Plenum Press.

169 Lenain, G.E., Mckinstry, H.A., Limaye, S.Y., and Woodward, A. (1984). Low thermal expansion of alkali-zirconium phosphates. *Mater. Res. Bull.* 19: 1451–1456.

170 Srikanth, V., Subbarao, E.C., Agrawal, D.K. et al. (1991). Thermal expansion anisotropy and acoustic emission of $NaZr_2P_3O_{12}$ family ceramics. *J. Am. Ceram. Soc.* 74: 365–368.

171 Alamo, J. and Roy, R. (1984). Ultralow-expansion ceramics in the system $Na_2O-ZrO_2-P_2O_5-SiO_2$. *J. Am. Ceram. Soc.* 67: C78–C80.

172 Oota, T. and Yamai, I. (1986). Thermal expansion behavior of $NaZr_2(PO_4)_3$-type compounds. *J. Am. Ceram. Soc* 69: 1–6.

173 Naqash, S., Gerhards, M.-T., Tietz, F. and Guillon, O. (2018). Coefficients of thermal expansion of Al- and Y-substituted NaSICON solid solution $Na_{3+2x}Al_xY_xZr_{2-2x}Si_2PO_{12}$. *Batteries* 4: 33.

174 Tran Qui, D., Capponi, J.J., Gondrand, M. et al. (1981). Thermal expansion of the framework in NASICON-type structure and its relation to Na^+ mobility. *Solid State Ionics* 3 (4): 219–222.

175 Jackman, S.D. and Cutler, R.A. (2012). Effect of microcracking on ionic conductivity in LATP. *J. Power Sources* 218: 65–72.

176 Poulieff, C.N., Kvachkov, R., and Balkanov, I.M. (1978). Influence of starting Al_2O_3 and of halogen ion additions on the structural state of the synthetized β-alumina phases. *Mater. Res. Bull.* 13: 323.

177 van Zyl, A., Thackeray, M.M., Duncan, G.K. et al. (1993). The synthesis of beta alumina from aluminium hydroxide and oxyhydroxide precursors. *Mater. Res. Bull.* 28: 145–157.

178 Zhang, G., Wen, Z., Wu, X. et al. (2014). Sol-gel synthesis of Mg^{2+} stabilized Na-β″/β-Al_2O_3 solid electrolyte for sodium anode battery. *J. Alloys Comp.* 613: 80–86.

179 Butee, S.P., Kambale, K.R., and Firodiya, M. (2016). Electrical properties of sodium beta-alumina ceramics synthesized by citrate sol-gel route using glycerine. *Process. Appl. Ceram.* 10: 67–72.

180 May, G.J. and Tan, S.R. (1979). Recent progress in the development of beta-alumina for the sodium-sulphur battery. *Electrochim. Acta* 24: 735–763.

181 DeJonghe, L.C., Chandan, H., and Am (1976). Improving sintering behavior of sodium beta-alumina. *Ceram. Soc. Bull.* 55: 312–313.

182 Bay, M.-C., Heinz, M.V.F., Figi, R. et al. (2019). Impact of liquid phase formation on microstructure and conductivity of Li-stabilized Na-β″-alumina ceramics. *Energy Mater.* 2: 687–693.

183 Small, L.J., Eccleston, A., Lamb, J. et al. (2017). Next generation molten NaI batteries for grid scale energy storage. *J. Power Sources* 360: 569–574.

184 Li, J., Liang, X., Yin, C. et al. (2013). Preparation of NASICON disk by tape casting and its CO_2 sensing properties. *Key Eng. Mater.* 537: 134–139.

185 Okubo, K., Wang, H., Hayashi, K. et al. (2018). A dense NASICON sheet prepared by tape-casting and low temperature sintering. *Electrochim. Acta* 278: 176–181.

186 Perthuis, H. and Colomban, P. (1986). Sol-Gel routes leading to nasicon ceramics. *Ceram. Int.* 12: 39–52.

187 Noi, K., Suzuki, K., Tanibata, N. et al. (2018). Liquid-phase sintering of highly

Na⁺ ion conducting $Na_3Zr_2Si_2PO_{12}$ ceramics using Na_3BO_3 additive. *J. Am. Ceram. Soc.* 101: 1255–1265.

188 Oh, J.A.S., He, L., Plewa, A. et al. (2019). Composite NASICON ($Na_3Zr_2Si_2PO_{12}$) solid-state electrolyte with enhanced Na⁺ionic conductivity: effect of liquid phase sintering. *ACS Appl. Mater. Interfaces* 11: 40125–40133.

189 Wang, J., Yang, J., Nuli, Y., and Holze, R. (2007). Room temperature Na/S batteries with sulfur composite cathode materials. *Electrochem. Commun.* 9: 31–34.

190 Gordon, J.H. and Watkins, J.J. (2010) Sodium-sulfur battery with a substantially non-porous membrane and enhanced cathode. US Patent Appl. 2010/0239893 A1.

191 Lu, X., Kirby, B.W., Xu, W. et al. (2013). Advanced intermediate-temperature Na–S battery. *Energy Environ. Sci.* 6: 299–306.

192 Kim, I., Park, J.-Y., Kim, C.H. et al. (2016). A room temperature Na/S battery using a β″-alumina solid electrolyte separator, tetraethylene glycol dimethyl ether electrolyte, and a S/C composite cathode. *J. Power Sources* 301: 332–337.

193 Galloway, R.C. (1987). A sodium/beta-alumina/nickel chloride secondary cell. *J. Electrochem. Soc.* 134: 256–257.

194 Mali, A. and Petric, A. (2011). Fabrication of a thin walled β″-alumina electrolyte cells. *J. Power Sources* 196: 5191–5196.

195 Lu, X., Li, G., Kim, J. et al. (2012). The effects of temperature on the electrochemical performance of sodium-nickel chloride batteries. *J. Power Sources* 215: 288–295.

196 Kim, J., Jo, S.H., Bhavaraju, S. et al. (2015). Low temperature performance of sodium–nickel chloride batteries with NaSICON solid electrolyte. *J. Electroanal. Chem.* 59: 201–206.

197 Li, G., Lu, X., Kim, J.Y. et al. (2016). Advanced intermediate temperature sodium–nickel chloride batteries with ultra-high energy density. *Nature Commun.* 7: 10683.

198 Li, G., Lu, X., Coyle, C.A. et al. (2012). Novel ternary molten salt electrolytes for intermediate-temperature sodium/nickel chloride batteries. *J. Power Sources* 220: 193–198.

199 Bones, R.J., Coetzer, J., Galloway, R.C., and Teagle, D.A. (1987). A sodium/iron(ll) chloride cell with a beta alumina electrolyte. *J. Electrochem. Soc.* 134: 2379–2382.

200 Di Stefano, S., Ratnakumar, B.V., and Bankston, C.P. (1990). Advanced rechargeable sodium batteries with novel cathodes. *J. Power Sources* 29: 301–309.

201 Zhan, X., Bowden, M.E., Lu, X. et al. (2020). A low-cost durable Na-FeCl₂battery with ultrahigh rate capability. *Adv. Energy Mater.* 10: 1903472.

202 Li, G., Lu, X., Kim, J.Y. et al. (2015). An advanced Na–FeCl₂ ZEBRA battery for stationary energy storage application. *Adv. Energy Mater.* 5: 1500357.

203 Lu, X., Li, G., Kim, J.Y. et al. (2013). A novel low-cost sodium–zinc chloride battery. *Energy Environ. Sci.* 6: 1837–1843.

204 Kim, B.-R., Jeong, G., Kim, A. et al. (2016). High performance Na–CuCl₂rechargeable battery toward room temperature ZEBRA-type battery. *Adv. Energy Mater.* 6: 1600862.

205 Hayashi, K., Shima, K., and Sugiyama, F. (2013). A Mixed Aqueous/Aprotic Sodium/Air Cell Using a NASICON Ceramic Separator. *J. Electrochem. Soc.* 160: A1467–A1472.

206 Kim, J.K., Mueller, F., Kim, H. et al. (2014). Rechargeable-hybrid-seawater fuel cell. *NPG Asia Mater.* 6: e144.

207 Senthilkumar, S.T., Go, W., Han, J. et al. (2019). Emergence of rechargeable seawater batteries. *J. Mater. Chem. A* 7: 22803–22825.

208 Kato, Y., Hori, S., Saito, T. et al. (2016). High-power all-solid-state batteries using sulfide superionic conductors. *Nature Energy* 1: 16030.

209 Hou, W., Guo, X., Shen, X. et al. (2018). Solid electrolytes and interfaces in all-solid-state sodium batteries: progress and perspectives. *Nano Energy* 52: 279–291.

210 Noguchi, Y., Kobayashi, E., Plashnitsa, L.S. et al. (2013). Fabrication and performances of all solid-state symmetric sodium battery based on NASICON-related compounds. *Electrochim. Acta* 101: 59–65.

211 Lalère, F., Leriche, J.B., Courty, M. et al. (2014). An all-solid state NASICON sodium battery operating at 200 °C. *J. Power Sources* 247: 975–980.

212 Liu, L., Qi, X., Ma, Q. et al. (2016). Toothpaste-like electrode: a novel approach to optimize the interface for solid-state sodium-ion batteries with ultralong cycle life. *ACS Appl. Mater. Interfaces* 8: 32631–32636.

213 Sun, H.-B., Guo, J.-Z., Zhang, Y. et al. (2019). High-voltage all-solid-state Na-ion-based full cells enabled by all NASICON-structured materials. *ACS Appl. Mater. Interfaces* 11: 24192–24197.

214 Lu, Y., Alonso, J.A., Yi, Q. et al. (2019). A high-performance monolithic solid-state sodium battery with Ca^{2+} doped $Na_3Zr_2Si_2PO_{12}$ electrolyte. *Adv. Energy Mater.* 9: 1901205.

215 Gao, H., Xin, S., Xue, L., and Goodenough, J.B. (2018). Stabilizing a high-energy-density rechargeable sodium battery with a solid electrolyte. *Chem* 4: 833–844.

216 Gao, H., Xue, L., Xin, S. et al. (2017). A plastic-crystal electrolyte interphase for all-solid-state sodium batteries. *Angew. Chem. Int. Ed.* 56: 5541–5545.

217 Lan, T., Tsai, C.-L., Tietz, F. et al. (2019). Room-temperature all-solid-state sodium batteries with robust ceramic interface between rigid electrolyte and electrode materials. *Nano Energy* 65: 104040.

218 Barpanda, P., Oyama, G., Nishimura, S.I. et al. (2014). A 3.8-V earth-abundant sodium battery electrode. *Nature Commun.* 5: 4358.

219 Ko, W., Park, T., Park, H. et al. (2018). $Na_{0.97}KFe(SO_4)_2$: an iron-based sulfate cathode material with outstanding cyclability and power capability for Na-ion batteries. *J. Mater. Chem. A* 6: 17095–17100.

220 Pan, W., Guan, W., Liu, S. et al. (2019). $Na_2Fe(SO_4)_2$: an anhydrous 3.6 V, low-cost and good-safety cathode for a rechargeable sodium ion battery. *J. Mater. Chem. A* 7: 13197–13204.

221 Li, S., Guo, J., Ye, Z. et al. (2016). Zero-strain Na_2FeSiO_4 as novel cathode material for sodium-ion batteries. *ACS Appl. Mater. Interfaces* 8: 17233–17238.

222 Zhou, W., Li, Y., Xin, S., and Goodenough, J.B. (2017). Rechargeable sodium all-solid-state battery. *ACS Cent.Sci.* 3: 52–57.

223 Bay, M.-C., Wang, M., Grissa, R. et al. (2019). Sodium plating from Na-β''-alumina ceramics at room temperature, paving the way for fast-charging all-solid-state batteries. *Adv. Energy Mater.* 9: 1902899.

224 Benato, R., Cosciani, N., Crugnola, G. et al. (2015). Sodium nickel chloride battery technology for large-scale stationary storage in the high voltage network. *J. Power Sources* 293: 127–136.

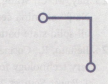

第 14 章
钠离子电池中的聚合物

作者：*Heather Au* 和 *Maria Crespo-Ribadeneyra*
译者：苏韵

钠离子电池（NIBs）的研究主要集中于开发离子存储的活性材料，这些材料与基于锂离子电池（LIBs）的活性材料相似，如硬碳作为负极材料，金属氧化物和硫化物作为正极材料。然而，这些材料尚未满足电池对材料性能的需求，因此，需要我们开发具有更加多元功能的迭代材料以提升电池的性能，包括更高的倍率性能、更低的成本和更优异的机械性能。

很少有人考虑电池内部的其他组分，以及它们如何对性能产生重要影响。在这些组分中，聚合物起着关键的作用：当作为黏结剂时，它们能够确保材料间良好的黏附和接触；当作为电解质时，它们能够促进离子的传导，确保操作安全；当作为隔膜和电化学界面时，它们可以增加活性材料的稳定性。基于 LIBs 技术，NIBs 体系推陈出新，聚合物为构筑 NIBs 专用的新型材料提供了巧妙的设计思路，这些聚合物链段不仅满足电池的基本要求，而且还具有自修复或自调节等优异特性。此外，聚合物可以通过可持续的途径生产，例如基于环境友好的来源获取，和设计可生物降解的聚合物。

在本章中，我们将讨论聚合物在钠基电池的各个组成部分中的作用，以及聚合物的结构和化学成分如何影响电池的循环性能，并对聚合物在未来智能化、高性能的超越锂电池体系的合理设计提供了新的展望。

Ｉ 钠离子电池电极中的聚合物

▼ 14.1 电池电极简介

钠离子电池（NIBs）电极通常由一种适用于可逆存储和释放钠离子的活性材料和一种导电添加剂组成，由聚合物黏结剂粘合在一起，然后涂在铜或铝箔集流体上。虽然聚合物在黏结剂组分的发展中发挥的作用最为显著，但是具有氧化还原活性的聚合物本身作为活性材料更值得关注。这是由于导电聚合物的加入不仅可以消除对导电添加剂的进一步需求，同时还可以在电极内提供黏结功能。总的来说，NIBs 电极中的聚合物最初的发展主要建立在现有的锂离子技术之上[1-6]，尽管为了应对锂和钠在物理和化学性质方面的差异所带来的挑战，研究者们已有了新的进展。下文将讨论聚合物作为活性材料、碳活性材料的前驱体以及作为黏结剂的作用。

▼ 14.2 作为活性材料的聚合物

氧化还原活性聚合物由于其具有结构多样性、表面功能性、柔性、耐久性和低成本的特点而成为开发 NIBs 先进电极的一大类有趣的材料[7]。这些固有优势使氧化还原活性聚合物成为电极材料的有吸引力的选择（表 14.1），主要包括：①它们不含重金属，这对发展绿色能源存储越来越重要；②由于有机材料可以从可再生的自然资源中获取，因此可以降低成本；③在分子水平上的设计允许合成具有定制表面功能的不同聚合物结构；④聚合物具有固有的柔韧性，这对于实现柔性存储器件具有重要的意义[30]；⑤与小有机分子相比，聚合物的一个巨大优势是它们在电解质中的溶解度可以忽略不计，因此保持电极结构，从而延长循环性能[31]。

对聚合物电极材料的研究可分为几种主要的氧化还原反应：①在 C=O 基团上的反应，如聚酰亚胺和聚醌；②在 C=N 基团上的反应，如希夫碱聚合物或蝶啶衍生物；③利用掺杂反应的导电聚合物，包括共轭导电聚合物和有机自由基聚合物。这些氧化还原活性官能团既可以嵌入在聚合物的主链中，如导电聚合物，也可以作为侧链基团存在，如自由基聚合物。然而，除了导电聚合物外，大多数聚合物的导电性差仍然是聚合物电极发展的一个重要障碍。

14.2.1 含羰基官能团的聚合物

1. 聚酰亚胺

芳香聚酰亚胺因其具有能够为氧化还原反应提供活性位点的羰基基团，而成为一种很有发展前景的储能材料。钠离子与羰基发生烯醇化反应，经过两个单电子还原步骤，首先生成阴离子自由基，然后生成二价阴离子（图 14.1）。最常用的 NIBs 电极的芳香聚酰亚胺来源于 3,4,9,10- 苝四甲酸二酐（PTCDA）[8,32]，1,4,5,8- 萘四甲酸酐（NTCDA）[9,10] 和均苯四酸二酐（PMDA）[10,11]。LUMO 的能量随聚合物芳香核的变化而变化，进而影响平均放电电压[33]。因此，平均放电电压为 1.94V 的 PTCDA 聚酰亚胺通常用作正极材料，而 1.89V 的 NTCDA 和 1.73V 的 PMDA 聚酰亚胺则用于负极材料。聚酰亚胺具有通过调整结构来调控电化学性能的能力，使其成为具有吸引力的电极材料；通过选用较大的共轭芳香核可以改善循环稳定性，通过引入吸电子基团可以调控聚酰亚胺的工作电压[31]；此外，通过降低非活性侧基的分子量，可以增加电池的质量比容量。

表 14.1 某些聚合物电极材料的电化学性能概述

聚合物	可逆容量（mA·h·g⁻¹）/电流密度（mA·g⁻¹）	容量保持率/循环次数/电流密度（mA·g⁻¹）	倍率性能（mA·h·g⁻¹）/电流密度（mA·g⁻¹）	电极组成	电解质	参考文献
	126/100	90%/50/100	80/400	60:30:10	1 M NaPF$_6$ in PC	[8]
	140/140	90%/500/140	84/2520	30:50:20	1 M NaClO$_4$ in EC/DEC (1/1)	[9]
	190/50	93%/150/50	130/500	40:40:20	Saturated NaPF$_6$ in DME/DOL (1/1)	[10]
	123/25	95%/100/25	43/2000	60:30:10	1 M NaClO$_4$ in EC/PC (1/1), 0.3 wt% FEC	[11]
	244.2/500	83.1%/1000/5000	88.8/5000	50:30:20	1 M NaClO$_4$ in EC/DEC (1/1)	[12]
	220/200	100%/200/1600	175/3200	40:50:10	Saturated NaPF$_6$ in DME/DOL (1/1)	[13]
	247/50	68%/100/50	NA	60:30:10	1 M NaN(CF$_3$SO$_2$)$_2$ in DME/DOL (1/1)	[14]
	508/50	100%/1024/50	122/3200	70:20:10	1 M NaPF$_6$ in EC/DEC (1/1)	[15]
	350/26	53%/75/26	NA	50:50:0	1 M NaN(SO$_2$F)$_2$ in Me-THF	[16]
	178/19.7	89%/25/19.7	NA	80:20	1 M NaN(SO$_2$F)$_2$ in Me-THF	[17]
	133/50	96.7%/200/100	76/800	80:10:10	1 M NaPF$_6$ in EC/DEC (1/1)	[18]
	180/50	96%/50/50	165/200	70:20:10	1 M NaPF$_6$ in EC/DMC/DEC (1/1/1)	[19]

（续）

聚合物	可逆容量（mA·h·g⁻¹）/ 电流密度（mA·g⁻¹）	容量保持率 / 循环次数 / 电流密度（mA·g⁻¹）	倍率性能（mA·h·g⁻¹）/ 电流密度（mA·g⁻¹）	电极组成	电解质	参考文献
[结构]	99/50	70%/100/50	43/400	50:40:10	1 M NaPF$_6$ in EC/DEC (1/1)	[20]
[结构]	112/0.47mA·cm^{-2}	86%/100/0.47mA·cm^{-2}	67/0.94mA·cm^{-2}	70:15:15	1 M NaClO$_4$ in EC/PC/DME (1/1/1)	[21]
[结构]	97/20	78.5%/1000/400	87/320	80:10:10	1 M NaClO$_4$ in EC/PC (1/1)	[22]
	186.7/200	98%/100/200	84/14400	70:20:10	1 M NaClO$_4$ in PC	[23]
	83/300	100%/120/300	75/300	70:15:15	1 M NaPF$_6$ in DEGDME	[24]
[结构]	115/50	82%/50/50	85/800	80:10:10	1 M NaPF$_6$ in EC/DEC (1/1)	[25]
[结构] Fe(CN)$_6^{4-}$-doped PPy	135/50	85%/100/50	75/1600	80:10:10	1 M NaPF$_6$ in EC/DEC (1/1)	[26]
[结构]	75/50	64.5%/50/50	NA	30:60:10	1 M NaClO$_4$ in EC/DMC (1/1)	[27]
[结构]	222/22.5	92%/100/112.5	190/1125	93:0:7	1 M NaClO$_4$ in EC/DEC (1/1)	[28]
[结构] CNT-encapsulated PTMA	400/20	96.4%/1000/1000	134.3/10000	50:40:10	1 M NaPF$_6$ in DEGDME	[29]

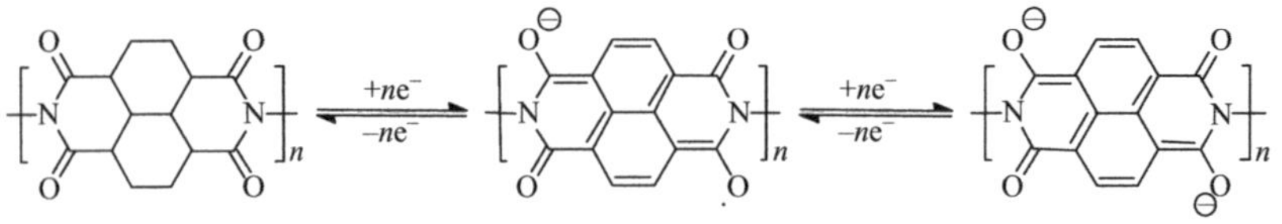

图 14.1　芳香族聚酰亚胺氧化还原反应示意图

然而，聚酰亚胺的主要缺点是其容量通常小于 140mA·h·g^{-1}，因为只有一半的羰基可以参与氧化还原反应。为了克服这一缺点，需要开发更加优化的结构，其中在聚酰亚胺链中引入吸电子基团是提高容量的一种可行性策略。一项研究报告指出，引入三嗪环可以提高钠存储能力[12]。此外，与高容量醌共聚可以增加容量。Xu 等人证明了几种亚胺-醌共聚物具有 190mA·h·g^{-1} 的高可逆容量，在 150 次循环后，容量保持率可维持在 93%[10]，尽管尚不清楚性能的提升是由协同效应引起的还是简单的相加。

2. 聚醌类

用于 NIBs 的聚醌通常由带有未共用电子对的杂原子分隔的醌环组成，该结构可以提高放电电压，但它们对钠的储存没有贡献。通过钠离子与具有氧化还原活性的醌基的可逆配位，多醌类物质与聚酰亚胺类物质发生类似的双电子氧化还原反应（图 14.2）。在这种情况下，还原的驱动力是体系的芳构化。

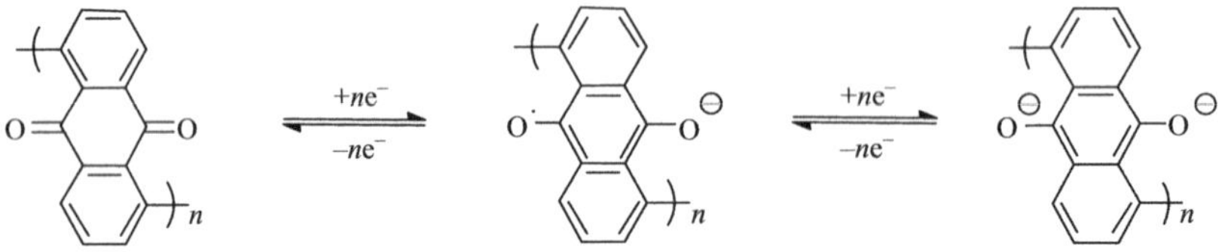

图 14.2　聚醌氧化还原反应示意图

Deng 等报道了一种聚蒽醌硫醚（PAQS），可作为全有机聚合物 NIBs 的负极材料，该材料表现出 220mA·h·g^{-1} 的可逆比容量（理论容量的 98%，2 个钠离子存储）[13]。聚醌显示出良好的倍率性能和循环稳定性，经过 500 次循环后仍能保持 85% 的容量。醌类化合物由于其氧化还原电位低，通常被用作负极材料，虽然通过改变结构可以提高其电压[1]。在另一项研究中，Song 等人报道了一种聚苯醌硫醚作为 NIBs 的高能量的正极材料[14]，其能量密度高达 557W·h·kg^{-1}，但与同类 LIBs 相比，其循环性能和倍率性能较差，这主要是由于钠负极与电解液的不兼容所致。聚多巴胺（PDA）是一种来源于生物质的可生物降解的"绿色"氧化还原电极材料。此外，PDA 中的邻苯二酚基团主要对贻贝和其他双壳贝类具有较强的黏附性，因此，PDA 既可以作为活性材料，又可以充当黏结剂，减少了电池组分中非活性物质的占比，从而增加质量比容量。当用作 NIBs 的负极材料时，该电极可提供 500mA·h·g^{-1} 的高容量，并且在循环 1000 次后显示出几乎 100% 的容量保持率[15]。

尽管取得了这些进展，但氧化还原非活性的聚合物黏结剂和电极中导电添加剂的含量对总比容量产生不利影响。为了从聚醌中获得更好的性能，必须合理设计氧化还原活性连接剂或优化醌-碳类复合材料。

14.2.2　席夫碱聚合物

席夫碱聚合物含有共轭 –C=C– 和 –C=N– 键的主链。它们可以表现出很大的结构多样性，具体取决于其合成中使用的前驱体二胺和二醛或二酮的结构[30]。最常见的席夫碱具有重复单元 –N=CH–Ar–HC=N–，其基本电荷储存机制依赖于共轭芳香主链，即氮孤对能够与 Na 离子配位（图 14.3）[34]。

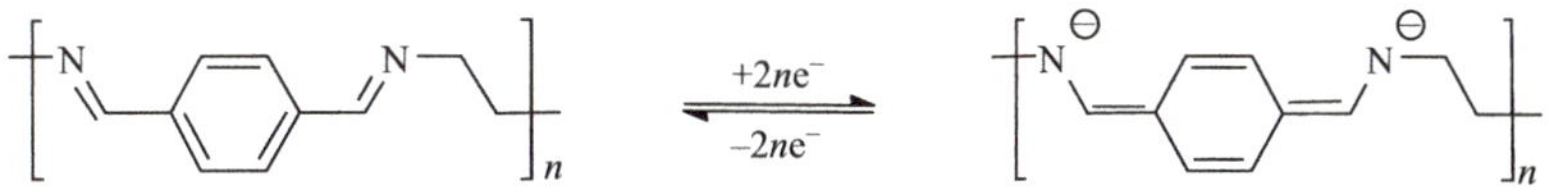

图 14.3　席夫碱聚合物中氧化还原反应示意图

Armand 等人在 2014 年首次报道了关于席夫碱聚合物作为 NIBs 负极材料的研究[16]。当电位低于 1.5V（vs.Na/Na⁺）时，该材料会发生还原反应，表明席夫碱聚合物适合作为负极材料。使用芳香族而不是脂肪族黏结剂可以改善钠的可逆存储，并且通过改变芳香族环上的取代基，可以在不影响聚合物主链共轭的情况下调整氧化还原电位。该材料在添加 50wt% 科琴黑的情况下，可以实现 $350mA \cdot h \cdot g^{-1}$ 的容量，对应于每个单体 2.8 个钠离子。有趣的是，该研究还发现，反向等电子构型由于缺乏共轭，–CH=N–Ar–N=HC– 没有电化学活性。虽然芳香基团是非活性的，但共轭和平面构型对结构的稳定起着至关重要的作用，使其能够获得更高的容量[35]。最近的文献报道了一种具有低氧化还原电位和自结合能力的聚席夫 – 聚环氧乙烷（PEO）共聚物[17]，其作为层压电极可以在没有额外黏结剂的情况下实现 $185mA \cdot h \cdot g^{-1}$ 的稳定可逆容量[17]。此外，当氧化还原活性聚合物用作硬碳的黏结剂时，电极的总容量显著增加，这项研究对于氧化还原活性黏结剂的开发具有重要意义。虽然席夫碱聚合物的低溶解度使其成为 NIBs 电极的理想材料，但是其不溶性的特点也使加工方法变得复杂化。通过使用不同的黏结剂修饰聚合物链来调节聚合物的溶解度[16]，是开发适合于 NIBs 电极材料的宝贵方法。

14.2.3　导电聚合物

共轭导电聚合物可以进行 p 掺杂，即聚合物与阴离子结合（如 PF_6^-）并转换为正电荷状态，或 n 掺杂，即聚合物与钠离子结合时变为负电荷状态（图 14.4）。

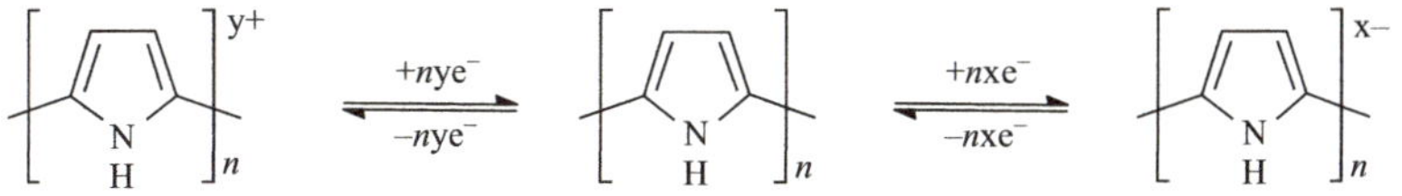

图 14.4　共轭导电聚合物 p- 掺杂和 n- 掺杂的反应示意图

早期对共轭导电聚合物的研究认为聚乙炔（PAc）和聚对苯撑（PPP）可能作为负极材料使用[36]。这些聚合物能够进行 p 掺杂和 n 掺杂的氧化还原反应，这使得它们适合作为正极和负极材料使用，从而有希望制备出全有机电池。然而，研究最广泛的共轭导电聚合物是 p 型聚合物，包括聚苯胺（PANi）[18-21] 和聚吡咯（PPy）[22-24,37]。虽然性能受到其固有的低容量的限制，但是通过将高容量的氧化还原活性基团接枝到骨架上，可以达到增加容量的效果。该策略已在各种研究中得到应用，例如，将邻硝基苯胺基团连接到聚苯胺链上，能够实现 180mA·h·g^{-1} 的高可逆容量[19]。在类似的方法中，用二苯胺磺酸阴离子[25]和氰化铁阴离子[26]掺杂聚吡啶，通过提供氧化还原活性单元来增加容量。这些例子表明，虽然导电聚合物的引入避免了电极中对导电添加剂的需求，但是如果不对聚合物进行改性，使其含有额外的氧化还原活性结构单元，则会导致导电聚合物的容量相对较低。

14.2.4　有机自由基聚合物　　　///

氮氧化物自由基聚合物是目前研究最广泛的电池有机自由基聚合物，既可以在高压下的正极反应中掺杂 n，也可以在较低电压下的负极反应中掺杂 p（图 14.5）。它可以在高电压下的正极反应中进行 n- 掺杂，也可以在相对低电压下的负极反应中进行 p- 掺杂（图 14.5）。

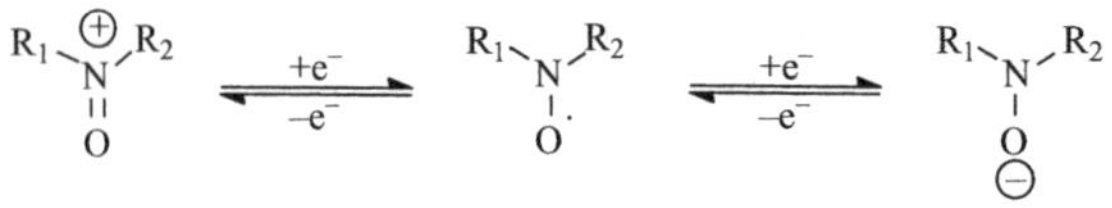

图 14.5　氮氧自由基 n- 掺杂和 p- 掺杂的机理示意图

相关文献报道了由含有氮氧自由基的 2,2,6,6- 四甲基哌啶氮氧化物（TEMPO）为重复单元的聚合物制备电极的例子[27,28]。Dai 等人采用自由基聚合方法制备出的聚降冰片烯衍生物用于正极活性材料，其初始放电容量较低为 75mA·h·g^{-1}，在循环 50 次后放电容量保持率仅能维持在 65%[27]。有机自由基聚合物的自放电率很高，其绝缘性也会对可实现的容量产生负面影响。有机自由基聚合物易快速自放电，并且其绝缘性也对目标容量的实现产生负面影响。通过将聚（TEMPO-4- 甲基丙烯酸乙烯酯）（PTMA）封装在碳纳米管（CNTs）中，可以减少 PTMA 的溶解，同时保持导电网络[28]，在 100 次循环后的容量为 222mA·h·g^{-1}，容量保留率可维持在 93%。

由于结构变化小，自由基聚合物的电荷转移动力学通常很快。这种稳定的结构促使电池的电压保持稳定。然而，自由基聚合物会溶解在电解液中并引发电池自放电，聚合物会随着电解液在正负极之间反复发生氧化和还原。因此，亟须探究策略来防止自由基聚合物在电解质中溶解。此外，电荷存储机制是每个重复单元的单电子反应，理论容量受到每个重复单元的摩尔质量的固有限制，因此，需要仔细合理地设计聚合物链的结构以增加整体容量。

14.2.5　氧化还原活性共价有机框架　　　///

氧化还原活性并不是决定活性材料性能的唯一因素，除此之外纳米结构也会对电子和离子性质产生重要的影响。共价有机框架（COFs）是一类新的多孔材料，由于其定向多孔性可促进电极内的离子传输，已在能量存储领域展现出潜在的应用前景[38]。为了用作电极材料，COF 骨架必须包含氧化还原活性基团，一些研究已经报道了使用醌类[29,39]或三嗪类[40,41]功能化的 COFs 作为钠存储位点。这类材料能够显著提升电池的容量和循环稳定性，特别是使用吡嗪单元取代所有非活性键的 COF 材料（图 14.6），不仅增加了电池的比容量，还增强了电子和离子电导率[29]。用原位傅里叶变化红外光谱（FTIR）和 X 射线光电子能谱（XPS）监测了 C=O 和 C=N 位点的 Na 储存情况，发现 C=O 和 C=N 的特征峰信号在放电过程中逐渐减弱，符合 Na 离子与活性位点的配位顺序。

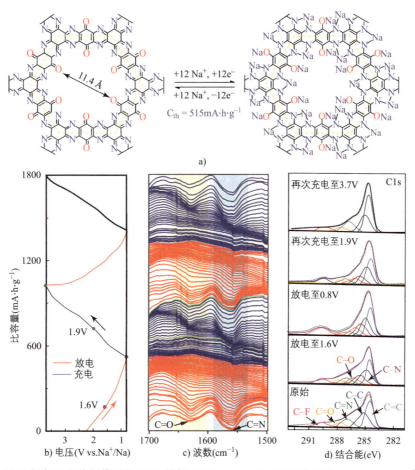

图 14.6　（a）基于含有三喹啉和苯醌的 COF 材料（TQBQ-COF）（理论容量为 515mA·h·g⁻¹）的化学结构以及可能的电化学氧化还原机理；（b）TQBQ-COF 电极在 0.02A·g⁻¹ 倍率下前两周循环的放电和充电曲线；（c）图 b 对应的不同态的原位 FTIR 光谱；（d）在图 a 中标记的 TQBQ-COF 电极在不同充放电状态下的 C1s XPS 光谱（来源：文献[29]，经 Springer Nature 授权 /CC BY 4.0）

充电后，特征峰重新出现，回到原始状态。光谱表明，Na 在羰基和吡嗪上的存储是同时发生的，而不是按照顺序发生的，这可能是由于结构中 O 和 N 原子的电负性差异不大所导致的。用吡嗪单元取代氧化还原非活性组分，可以实现 452mA·h·g⁻¹ 的高比容量（1000 次循环后容量保持率为 96%）和在 10A·g⁻¹ 倍率下，可以实现 134.3mA·h·g⁻¹ 的比容量。

14.2.6   聚合物作为活性材料的总结   ///

聚合物可以通过改变其主链和侧链的化学组成构筑出多种多样的结构，从而赋予材料特殊的功能性和物理特性，是一种很有前景的 NIBs 电极材料。然而，聚合物的主要的缺点是容量受限于聚合物中每个重复单元的电荷转移，因此必须通过特殊的构筑策略以最大限度地提高活性位点的密度。此外，聚合物可能会溶解于有机电解液中，导致循环不稳定，这两方面的因素阻碍了其商业化的发展。将聚合物掺入不溶性导电框架内是防止溶解的一种方法。一方面聚合物通常具有较低的电子导电性，因此必须加入导电添加剂以提升其电化学性能；另一方面，由于导电聚合物通常具有低容量，因此通过共聚或添加高容量氧化还原活性单元是制造任何实用价值的电池所必需的手段。聚合物电极未来的工作应着眼于结合不同类型聚合物的优点，例如，醌基与聚酰亚胺的高容量可实现长期稳定性。聚合物电极未来的工作应着眼于结合不同类型聚合物的优点，例如利用醌基实现高容量，以及利用聚酰亚胺实现长循环稳定性。

▼ 14.3   作为活性材料前驱体的聚合物

硬碳是 NIBs 研究最广泛的负极材料，具有高存储容量、低工作电位和良好的循环稳定性[42]。硬碳可以从各种各样的天然和合成材料中获得[43, 44]。它通常是通过对廉价的、环境友好的、可再生的生物质前驱体[45]进行热处理或化学处理获得，在大规模生产和商业化方面具有巨大的优势。这些生物质前驱体具有简单的大分子聚合物结构，例如纤维素或木质素[46]，在不断升高的退火温度下分解，从而形成硬碳。根据前驱体的成分、本征结构以及退火温度，可以调节石墨结构、孔隙率和掺杂程度。也可以对碳进行额外或使用其他的处理方法以改变其结构，例如通过水热碳化[47]、微波辐射[48]或盐活化[49]。以石油化工前驱体为原料的硬碳电极也得到了很好的开发，例如碳化间苯二酚甲醛或酚醛树脂[50-54]。甚至还可以作为回收废塑料的一种技术，如橡胶轮胎废料[55]或聚对苯二甲酸乙二醇酯轮胎废料[48]。除了粉末电极外，还研究了木质素[56]、聚丙烯腈[57]、聚乙烯吡啶酮[58]和聚氯乙烯[59]静电纺丝成的碳纤维负极，这些自支撑结构的优点是不需要黏结剂和集流体。此外，其他电活性材料也可以加入到聚合物溶液中，从而使碳纤维充当这些颗粒的支撑，并使两者之间实现密切的电接触[60]。

聚合物是制备硬碳的理想的前驱体，因为聚合物的结构和成分的多样性，为合成具有更强钠储存能力的特定材料提供了一个巧妙的研究思路。

▼ 14.4   聚合物作为黏结剂

14.4.1   黏结剂的作用   ///

黏结剂是电极制作中必不可少的关键材料，它在电极内部用于连接颗粒状的电极活性材料、导电剂和电极集流体，稳定极片的内部结构以获得良好的长循环稳定性。黏结剂还用于稳定电极表面并缓解正负极材料在脱嵌钠过程中的体积膨胀收缩。由于 NIBs 与 LIBs 具有相似的储能机制，黏结剂在电池性能方面发挥着类似的作用，对 NIBs 黏结剂的研究大多借鉴了现有的 LIBs 的文献[3]。但是由于锂和钠的氧化还原电位和离子半径的差异，导致两者对黏结剂的选择存在特殊性。特别是在负极材料中，聚合物黏结剂的选择对储钠性能有显著影响[61]。黏结剂的用量会影响电池的性能，当黏结剂过多时会导致电导率和容量的衰减，而过少时则不足以维持电极的结构。通常，黏结剂只占负极质量的 5% ~ 10%，但黏结剂的选择会显著影响电池的整体性能。目前电池行业普遍使用的是油系黏结剂聚偏氟乙烯（PVDF），随着新能源的发展，PVDF 黏结剂的缺点也渐渐凸显出来。例如：与电活性材料缺少化学键的连接（一般来自于分子间的范德华力和主链上 C–F 键和电极其他物质形成的氢键）；结合强度有限，机械性能不足；电子和离子导电性较弱[62]。尽管存在这些缺点，但是 PVDF 仍然是 NIBs 技术中最常用的黏结剂材料[63]。基于对 PVDF 黏结剂的探究，研究者们致力于探索具有先进性能的新型聚合物，以更好地解决钠离子电极固有的挑战（表 14.2）。

表 14.2　现有 NIBs 黏结剂的分子结构和电极材料应用

聚合物	结合	电极材料
PVDF		$Na_{0.44}MnO_2$[64]
		$Na_3V_2O_{2x}(PO_4)_2F_{3-2x}$-rGO[65]
		$Na_3V_2(PO_4)_2F$[66]
		Na_2FePO_4F[67]
		硬碳 [68, 69]
		N 掺杂的碳纳米管 [70]
		Sn[71-73]
		MoS_2[74]
		MoS_2（锚定在 N 掺杂的碳带上）[75]
CMC		$Na_{0.44}MnO_2$[64]
		$Na_3V_2O_{2x}(PO_4)_2F_{3-2x}$-rGO[65]
		$Na_3V_2(PO_4)_2F$[66]
		P2-$Na_{2/3}Ni_{1/3}Mn_{5/9}Al_{1/9}O_2$[76]
		$Na_3V_2(PO_4)_2F_3$[77]
		硬碳 [68, 78]
		Sn[73]
		Sb/C composite[79]
		MoS_2（锚定在 N 掺杂的碳带上）[75]
CMC:SBR		硬碳 [80, 81]
PAA		红磷 / 碳 [82]
		Sn[72]
Na-PAA		硬碳 [83]
		N 掺杂的碳纳米管 [70]

（续）

聚合物	结合	电极材料
PAA-CMC		Co_3O_4，NiO-C[84]
交联的 CMC- 柠檬酸		红磷 / 碳纳米管复合 [85]
海藻酸盐		$Na_3V_2(PO_4)_2O_2F$[66] 硬碳 [86, 87] 硬碳 / 软碳复合 [88] MoS_2[74] MoS_2/ 碳超细纤维 [89] MoS_2/C[90] 玫棕酸钠 [91]
PFM		Sn[73]
聚丙烯酸酯乳胶		$Na_3V_2(PO_4)_2O_2F$[66] Na_2FePO_4F[67]
交联的壳聚糖 / 戊二醛		Sb[92]
透明质酸钠		$NaTi_2(PO_4)_3$/C $KNi^{II}Fe^{III}(CN)_6$[93]

含氟聚合物 PVDF 是 LIBs 使用最广泛的合成黏结剂，并已扩展应用于 NIBs 技术。然而，PVDF 通常需要使用 N- 甲基吡咯烷酮（NMP）作为溶剂来制备电极浆料，该溶剂致畸且有毒。改用水性电极加工工艺和无毒黏结剂是实现完全可持续和环境友好型储能设备的重要一步，同时还能降低制造成本并简化制造工艺。此外，含氟聚合物会分解成有害化合物，并且在电池寿命结束时难以安全处置，因此寻找无氟黏结剂对于生产更环保的电池势在必行[94]。其他可溶于水或分散在水中的合成聚合物，如聚丙烯酸（PAA）、聚丙烯酸钠（PANa）和丁苯橡胶（SBR），在电极制造中也被用于黏结剂[80, 82, 83]。合成黏结剂显著的优点是可以对组成进行精细的调控，这对大规模生产的一致性是至关重要的。此外，通过对聚合物进行特定基团的后修饰，能够赋予材料先进的功能性，以满足电池的特殊应用需求。然而，尽管有诸多优点，合成黏结剂终究属于不可再生的材料。基于此，开发天然聚合物衍生物是实现电池可持续发展的重要途径，因为该类聚合物储量丰富、价格低廉，能够从可再生资源中获得，通常可以在水中处理。

大多数天然黏结剂，例如多糖，是直接从各种非食用来源中提取的。它们通常具有相同的葡萄糖单体主链，在吡喃糖环上有不同的糖苷键和取代基，这些键和取代基决定了每种特定聚合物的机械和化学性质。这些聚合物具有丰富的羟基和羧酸基团，能够形成强氢键、离子偶极相互作用，有时与活性物质形成化学键，以增强结合强度。羧甲基纤维素（CMC）是电池电极中应用最广泛的生物聚合物黏结剂，除此之外海藻酸钠、壳聚糖、阿拉伯胶、纤维素和黄原胶生物聚合物黏结剂也用于电极的制备。Bresser 等人对面向可持续性发展目标的不同类型聚合物黏结剂进行了全面总结（图 14.7）[94]。

14.4.2 黏结机制

在传统的电极制造中，黏结过程为两个单独的步骤。第一步，将黏结剂溶解在适当的溶剂中并与其他电极成分混合形成浆料，黏结剂润湿基底表面并渗透电极材料颗粒的孔隙；第二步，黏结剂的硬化，包括物理硬化（溶剂蒸发）和化学硬化（原位聚合、交联）[62]。根据黏结剂的化学结构和电活性颗粒的表面化学和形貌，可以观察到不同的黏结机制（图 14.8）。机械互锁在很大程度上取决于涂层材料的表面粗糙度，而分子间的其他物理作用力，如范德华力，也有助于提高聚合物的结合强度。当黏结剂具有可与活性材料颗粒上的分子或表面基团发生静电或共价相互作用的官能团（例如羟基或羧酸）时，可以发生进一步的化学键合。通过聚合物之间的交联反应能够构筑出机械性能更加优异的黏结网络。

PVDF 作为非反应性黏结剂的代表，不需要任何额外的化学反应可直接使用，该材料目前在储能设备中占主导地位。PVDF 首先在溶剂中溶解，然后在干燥过程中自发形成结合力。对于反应性黏结剂，是通过前驱体交联或者发生聚合反应促使活性材料的颗粒和集流体之间产生强大的结合力。可以通过化学自由基[95]、紫外辐照[96]或加热[97]的方式引发聚合。在这些聚合方式下，形成的是一个复杂的互穿网络，而不是一种简单的多组分混合物。

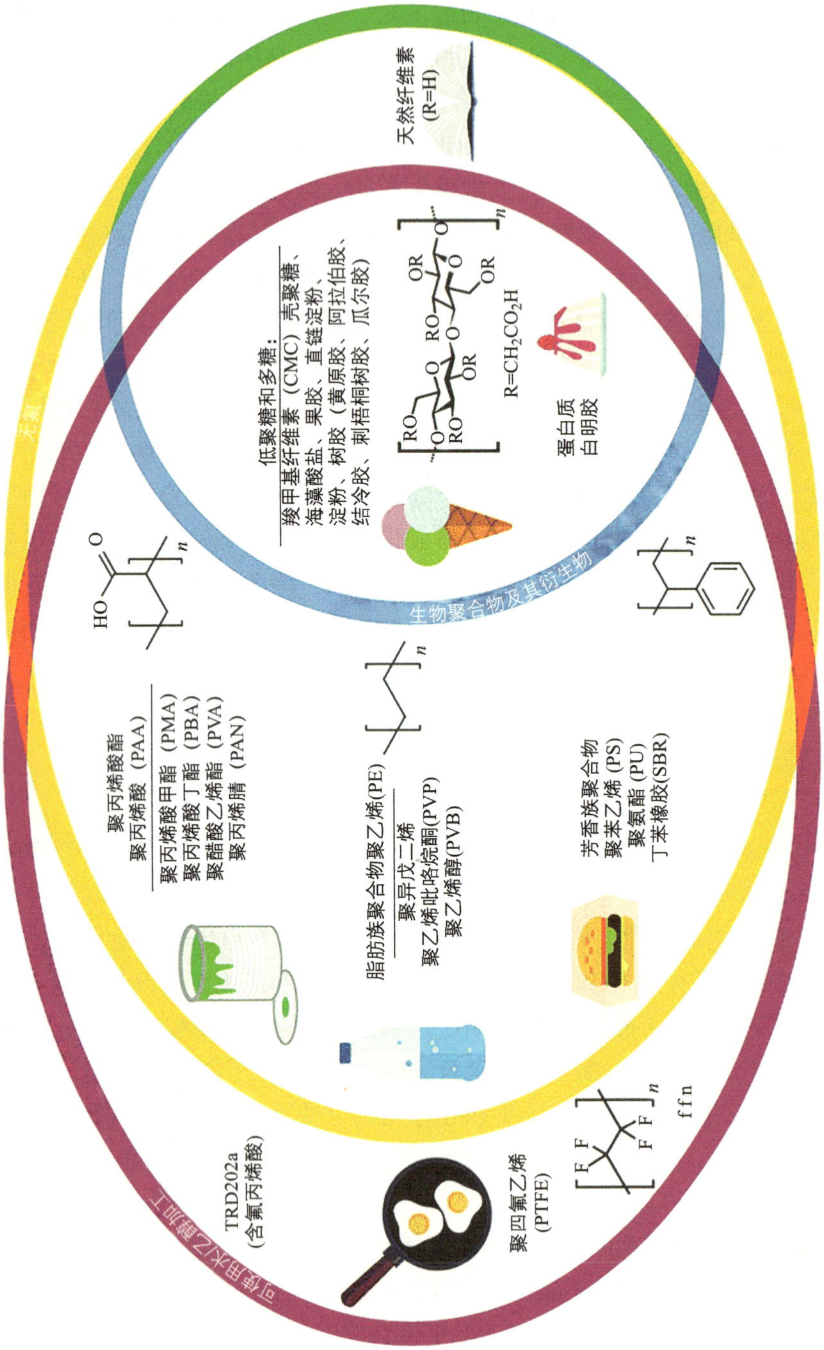

图 14.7　不同类型聚合物黏结剂的"绿色"凭据概述（资料来源：文献 [94]，经英国皇家化学学会许可）

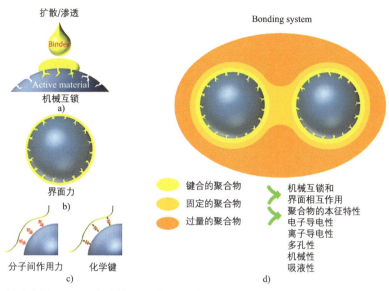

图 14.8　黏结机制示意图：（a）电极制备过程中的扩散 / 渗透过程；（b）干燥过程中形成机械互锁；（c）界面黏结力包括分子间相互作用力和化学键的连接；（d）与活性颗粒接触的聚合物黏结剂中的聚合物状态，包括与活性材料表面键合的聚合物层、其上的固定聚合物层、最外层的过量聚合物层（资料来源：文献 [62]，经美国化学学会许可）

14.4.3　黏结剂性能

在电池内部，黏结剂需要在电池制备和操作过程中保持稳定。因此，必须优化电池的热、机械、化学、电化学性以及电子和离子导电性，以提高电池性能（图 14.9）。这些性质与聚合物的分子量、摩尔体积、密度、聚合度、结晶度和官能团直接相关 [62]。

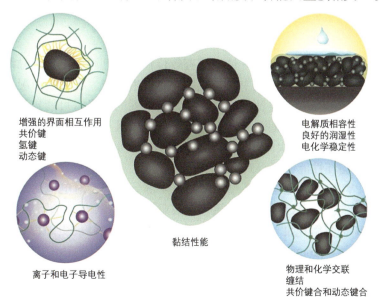

图 14.9　理想的黏结剂性能汇总

1. 热性能

在黏结剂的实际应用中，有必要考虑在电极制造和操作过程中所需的温度范围内黏结剂聚合物的稳定性。在电极的干燥或固化过程中，为了去除 NMP 等溶剂，温度通常高达 120℃[5]。在操作过程中，黏结剂应在 −20～55℃的典型温度范围内保持稳定[98]。

2. 机械性能

黏结剂的主要作用是将各组分黏结在一起，因此抗拉强度、弹性、柔韧性、硬度和附着力是值得注意的关键参数。这些性质在很大程度上取决于聚合物的摩尔质量和官能团，并可以决定电极在长循环过程中的稳定性。当黏结剂具有与活性材料互补的官能团时，二者间的黏附力更强，并促使活性材料在电极上的均匀分散。不同的电池化学成分对机械性能参数有不同的要求，电极的组成将会影响这些参数。例如，具有更好的弹性和柔韧性的聚合物（如 CMC 或海藻酸盐），对于循环过程中体积变化较大的电极尤为重要[99]，而具有高拉伸强度和黏结强度的聚合物，促使电极更加耐受长循环过程中产生的力的作用，并保持活性材料、导电添加剂和集流体之间的良好接触，从而最大限度地减少所有类型的电极中化学物质的容量衰减。

3. 电子和离子导电性

大多数聚合物黏结剂是电绝缘的，但导电聚合物的使用可以消除电极中对导电添加剂的需求，增加电池的比容量。此外，导电聚合物能够实现与活性材料的机械柔性电子接触，因此能够更好地适应电极内更大的体积变化。导电性源于共轭聚合物链，常见例子有聚吡咯、聚噻吩、聚苯胺、PEDOT 和聚乙炔。

离子电导率是溶剂化离子通过聚合物链的运动，这种性质是由聚合物的结晶度、孔隙度和黏度决定的。聚合物的离子电导率对电池的电化学性能，尤其是功率密度起着重要的作用。

4. 化学稳定性

电解液应充分湿润电极，以允许钠离子有效传输到活性材料表面，黏结剂不应与电解液、活性材料和电化学反应的任何中间体或副产物发生反应。在某些情况下，黏结剂与活性材料之间的键合有利于稳定电池循环，但通常黏结剂的不稳定可能导致电极的分解，不利于电池的长循环稳定性。然而，黏结剂和电解液可控且有限的分解对于固体电解质中间相（SEI）保护层的形成（首次循环，伴随部分容量损失）至关重要。如果所形成的 SEI 层是稳定的，电池的循环性能也会得到提升。

众所周知，PVDF 在电化学循环过程中易发生部分分解，对电池的库仑效率和长循环稳定性产生负面影响。在 PVDF 中添加氟代碳酸亚乙酯（FEC）能够形成基于 NaF 的 SEI，有利于减缓 PVDF 的分解速度[71]。基于此，开发可替代的、性能更加稳定的新型黏结剂激起了研究者们的兴趣。Komaba 等人的一项早期研究表明，使用 CMC 黏结剂的电极比使用 PVDF 的电极具有更加优异的长循环稳定性[68]。除此之外，将 PAA 分别用于锡基负极[72]和 N 掺杂的空心碳纳米管[70]的黏结剂也发现了类似的现象，即 PAA 黏结剂的性能优于使用 PVDF 黏结剂。作者猜测这是由于使用 CMC 和 PAA 形成了一个更稳定的钝化层，具有更低的内阻，从而改善电池循环稳定性。

5. 电化学稳定性

黏结剂应在电池设定的工作电压范围内保持稳定，即在低负电位下不被还原，在高正电位下不被氧化。常见的黏结剂（如 PVDF、CMC 和 PAA）表现出相对较高的电化学稳定性，但仍需开发特定的聚合物黏结剂以满足新型活性材料在更高工作电压下的稳定循环。有时，可以利用某些聚合物的电化学活性来增加电极的比容量，该类聚合物称为"氧化还原活性"黏结剂（见第 14.2 节）。

14.4.4　正极黏结剂　///

尽管对活性材料进行了大量研究，但与负极黏结剂的开发相比，正极黏结剂的优化还有待进一步探索，这主要是由于正极材料对水的敏感性[94]，限制了水溶性聚合物的使用。PVDF 仍然是用于 NIBs 正极材料的主要黏结剂[61]。

对于水敏感性较低的正极材料的黏结剂，目前报道的研究有使用聚丙烯酸乳胶作为碳包覆的 Na_2FePO_4F 的黏结剂[67]，除此之外，还有使用 CMC 作为 $Na_{0.44}MnO_2$[64]、$Na_3V_2O_{2x}(PO_4)_2F_{3-2x}$[65]、$P2-Na_{2/3}Ni_{1/3}Mn_{5/9}Al_{1/9}O_2$[76] 和 $Na_3V_2(PO_4)_2F_3$ 四种正极材料的黏结剂[77]。在这些研究中，与使用 PVDF 制备的正极相比，由于电子电导率提高、电极黏附力增强以及 Na 离子扩散更好，促使电极表现出更加稳定的性能。最近，Gu 等人研究了四种不同黏结剂对 $Na_3V_2(PO_4)_2O_2F$（NVPOF）正极材料电化学性能的影响[66]。通过对海藻酸钠、CMC、PVDF 和聚丙烯酸乳液（LA133）的比较，发现使用海藻酸钠能使活性材料和导电碳颗粒分散更均匀，从而制备出更均匀的电极。此外，优异的黏结性能可以减少极化、改善电极的动力学性能并能保持结构完整性。基于这些特性，组装的电池在 200 次循环后，容量保持率仍接近 100%（图 14.10）。

要实现使用更环保的水来制备电极的方案，就必须开发对水敏感性更低的正极材料，目前已有许多研究者致力于开发此类体系的黏结剂[94]。

14.4.5　负极黏结剂　///

1. 硬碳

对 NIBs 硬碳负极的首次研究使用了 PVDF 黏结剂，该项工作直接借鉴了现有的 LIBs 技术[69]。随后，与 PVDF 相比，用 CMC 制备的电极表现出更好的循环性能，因为 CMC 有助于在固化后形成稳定、均匀的薄钝化层[68]。这表明 CMC 的使用能够减少黏结剂的用量，有利于提高 LIBs 电极的能量密度，是一种优秀的 LIBs 负极黏结剂。PVDF 的使用则会增加黏结剂的用量并且还有产生脱氟反应，导致该类电极松动和电阻增加。更加环保的可替代 PVDF 的黏结剂已经广泛应用于硬碳负极材料，包括 CMC[78]、CMC：SBR[80, 81]、海藻酸钠[86-88] 和聚丙烯酸钠[83]。但是迄今为止，还没有系统地比较过这些不同种类的黏结剂对负极材料的影响。

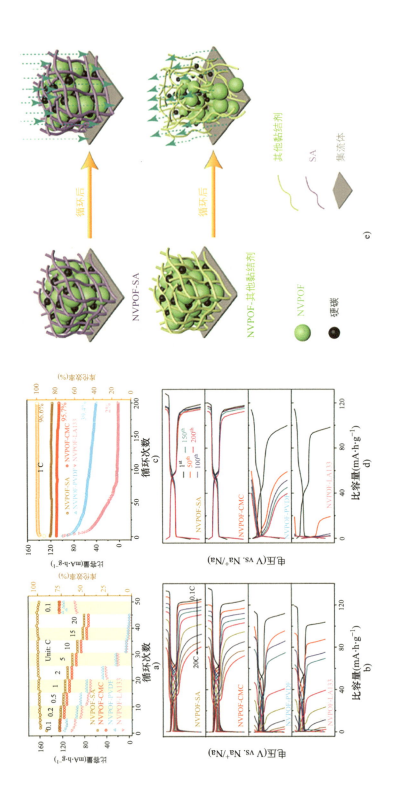

图 14.10 不同黏结剂作用下 NVPOF 电极的电化学性能：（a）倍率性能；（b）不同速率的 GCD 曲线；（c）1C 倍率下 200 次循环后的稳定性；（d）不同循环次数的 GCD 曲线；（e）采用不同黏结剂的 NVPOF 电极在循环过程中的示意图（资料来源：文献[66]，经美国化学会许可）

2. 合金负极

合金材料具有较高的比容量，是一种极具前景的负极材料，但是在合金化过程中，颗粒会发生明显的体积膨胀和收缩，导致电极开裂及粉化，限制了电池的循环寿命[100]。黏结剂的选择对性能有着至关重要的影响。如果黏结剂太弱，则失去与集流体的接触；如果颗粒结合太强而限制生长，则可能发生破裂或不完全合金化。黏结剂的导电性也更重要，因为合金材料通常具有较差的导电性。

Bommier 和 Ji 的综述中，根据负极类型分析了黏结剂的类型[63]。分析表明，对于合金化和转化负极通常更多使用 CMC 和 PAA[72, 79, 82] 黏结剂，因为它们能够更好地适应体积变化，这表明了不同电池化学成分对黏结剂的要求不同。在 LIBs 中，PVDF 由于弹性较差，因此不常用于合金化和转化负极材料。

Dai 等人使用 PVDF、CMC 和聚（9,9- 二辛基芴 -co- 芴酮 – 可甲基苯甲酸酯）（PFM）用于锡基负极的黏结剂，证明了黏结剂选择此类负极容量的重要性[73]。和 PVDF 相比，使用 CMC 黏结剂的电极性能有所提升，但使用 PFM 黏结剂时电极表现出了最好的性能，这是因为该聚合物具有更高的电子电导率，可以确保在循环过程中整个电极中不存在电子绝缘的区域。

进一步使用戊二醛和壳聚糖构筑交联网络用于锑基合金的黏结剂[92]。该电极的性能优于使用 CMC 和 PVDF 黏结剂制备的电极，也优于使用未交联的壳聚糖制备的电极，在 $660\text{mA}\cdot\text{g}^{-1}$ 的倍率下，循环 100 次的容量保持率为 96.5%，而未交联电极的容量保持率仅为 81.3%。构筑交联网络有利于提升整体的机械性能，有效地缓解了电极体积变化，并最大限度地减少极化，从而在负极表面形成稳定的 SEI。交联方法也适用于磷负极。当使用 PVDF 作为黏结剂时，钠与磷的反应发生了 490% 的体积膨胀，导致电极粉化严重。CMC 与柠檬酸交联以结合红磷和 CNT 的复合电极[85]。形成的 P–O–C 键有助于保持磷和 CNT 之间的接触，而黏结剂本身的交联用于形成坚固的电极（图 14.11）。结果，阳极在 100 次循环后提供了 $1586\text{mA}\cdot\text{h}\cdot\text{g}^{-1}$ 的稳定循环容量。将 CMC 与柠檬酸形成交联网络用于红磷和碳纳米管的复合电极的黏结剂[85]。形成的 P–O–C 键有助于保持红磷与 CNTs 之间的接触，而黏结剂本身的交联网络有利于电极结构的稳定（图 14.11）。基于此，负极在循环 100 次后容量可保持 $1586\text{mA}\cdot\text{h}\cdot\text{g}^{-1}$。

可以通过与多种聚合物交联形成特殊的网络结构，用于不同的合金材料。该方法广泛应用于电极体积变化严重的电池化学材料。

3. 转换负极

金属氧化物和硫化物作为 NIBs 的负极材料已经得到了广泛的研究，由于它们可以在每个过渡金属上交换多个电子，因此具有较高的比容量[101, 102]。在二维层状过渡金属二卤族化合物中，MoS_2 受到了广泛的关注[101]。将 MoS_2 铆钉在 N 掺杂的碳带上并将其分别与 CMC 或 PVDF 黏结剂混合做成负极电极。对比发现，使用 CMC 黏结剂的电极具有更高的库仑效率（72.9%，PVDF 为 61.4%），可稳定循环 300 次以上且具有更好循环稳定性[75]。这种差异归因于活性材料与 CMC 上羧基之间的氢键相互作用。海藻酸钠也被用于研究 MoS_2 负极材料[89,90]。一项研究结果表明，与传统的 PVDF 和聚乙二醇（PEG）黏结剂相比，使用海藻酸钠作为 MoS$_2$ 微花电极的黏结剂具有更加优异的性能，表现出良好的循环稳定性，在 50 次循环后放电容量高达 595mA·h·g^{-1}，并且在没有任何碳质材料的情况下展现出非常高的倍率性能，在 10C 时的容量为 236mA·h·g^{-1} [74]。电池性能的改善归因于海藻酸钠黏结剂的结合强度，可承受循环过程中的结构变化。对于合金负极，聚合物能与活性材料形成更强的界面相互作用，并能适应体积的变化，被证明是提高电极性能的更有效的黏结剂。

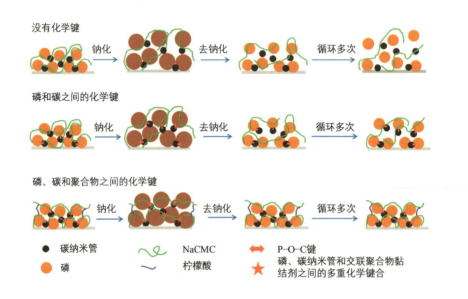

图 14.11　磷基负极在循环过程中的结构演化示意图（资料来源：文献 [85]，经美国化学学会许可）

14.4.6　先进黏结剂的设计策略

1. 导电黏结剂

黏结剂可以提供电子或离子电导率，因此有潜力同时作为黏结剂和导电添加剂。导电聚合物在 NIBs 中的应用还相对较少，但它们已被用于 LIBs 电极[4]，通常用于硅负极[103-105]或硫正极[106, 107]，在这些电极中，需要在保持电接触的同时进行柔性结合。为了达到类似的效果，在 NIBs 中探究了由纯锡纳米颗粒、导电 PFM 黏结剂和无碳添加剂组成的复合电极，并与由锡/PVDF 和锡/CMC 制成的负极进行了比较。虽然电极在循环过程中发生了较大的体积变化，但导电网络保持了良好的电连接，而使用 PVDF 和 CMC 制备的电极中则出现了电子绝缘的区域。尽管只进行了 10 次循环，但 Sn/PFM 负极没有出现衰减现象，充电容量仍然可以达到 621mA·h·g^{-1} [73]。进一步研究用于 NIBs 体系的导电聚合物黏结剂，对于必须承受较大体积变化的合金负极体系来说将大有裨益。

离子导电性对电池的倍率性能至关重要，一个有趣的方法是使用离子导电黏结剂，如聚离子液体或单离子导体聚合物作为黏结剂[108, 109]。在这些研究中，离子导电性黏结剂促进了离子流向电极材料内部，有利于充放电[110]。在现有的电池体系中，使用这种方法改性电极性能的研究还相对较少。由于 Na 离子的尺寸比 Li 离子更大，不利于离子的输运，因此在 NIBs 体系中使用离子导电黏结剂大有裨益。

2. 自修复黏结剂

电池电极内的自修复机制是通过保持电极的完整性来延长使用寿命。自修复能力源于强大的分子间相互作用，这种作用可使聚合物与自身或其他电极组分重新连接。开发自修复黏结剂的重点主要集中在产生大体积膨胀的 LIBs 的电极上，比如在硅负极中，利用强氢键相互作用[111, 112]，或在硫正极中，利用 π–π 键[11]。自修复黏结剂在 NIBs 电极上的应用仍处于起步阶段，现有的研究主要依赖于富羟基海藻酸钠黏结剂与富氧玫棕酸钠活性材料之间的氢键[91]，或透明质酸钠黏结剂内部的动态硼酸酯键[93]。

一个有趣但更复杂的方法是通过超分子自组装来赋予材料自修复功能。例如，利用芘单元与碳表面之间的 π–π 相互作用构筑出 1- 芘甲醇（PyOH）修饰的碳包覆的硅颗粒（Py-c-SiO-PAA）[114]。这些芘基团随后连接在聚轮烷修饰的 PAA（PRPAA）网络上，由于 α- 环糊精（α-CD）可以在 PEG 链上滑动，使得电极在循环过程中发生体积变化时具有"呼吸"的能力。使用多种超分子相互作用协同提高了电极的附着力，减轻了电极的体积膨胀，从而延长了电池的循环寿命。对聚轮烷体系进行适当的改性，使其与锡颗粒有良好的黏结性，就可以将其应用在 NIBs 材料体系中（图 14.12）。

3. 氧化还原活性黏结剂

通常情况下，黏结剂最好对电池操作条件没有影响，但在某些情况下，氧化还原活性黏结剂可以通过增加容量或通过反应形成稳定的表面膜来提高电极性能。事实证明，氧化还原活性黏结剂在锂 – 硫体系中非常有用，它可以通过提供比容量和抑制穿梭效应来提升电池性能，同时还能提高硫的利用率[115]。尽管一项研究发现使用聚希夫 – 聚醚三元共聚物作为硬碳黏结剂有不错的效果，但有关 NIBs 体系的报道很少[17]。

4. 复合黏结剂

由于任何单一材料都不可能满足多功能黏结剂的所有要求，复合黏结剂是一种结合不同聚合物优点的简便方法，在 LIBs 体系中探索了各种组合的性能[3]。

最常用的是 CMC/SBR 黏结剂，其中的弹性体添加剂 SBR 可以缓解 CMC 的脆性[116, 117]。对于 NIBs 电极，PAA 与 CMC 结合用于氧化物基负极 Co_3O_4 和 NiO-C[84]。在 $50mA \cdot g^{-1}$ 的电流密度下，初始容量分别为 $600mA \cdot h \cdot g^{-1}$ 和 $237mA \cdot h \cdot g^{-1}$ 时，在 50 次循环后，容量保持率分别为 73.2% 和 71.4%，优于使用 PAA、CMC 和 PVDF 单一黏结剂制备的电极。

然而，NIBs 复合黏结剂领域尚未得到充分研究，许多潜在的性能改进可以通过探索新型聚合物组合来实现。

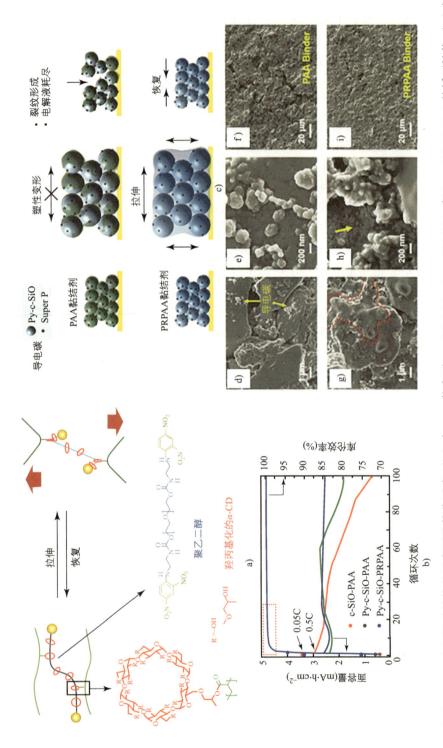

图 14.12 （a）PRPAA 中环滑动结构的示意图及其分子式；（b）在 0.5C 倍率下，c-SiO-PAA、Py-c-SiO-PAA 和 Py-c-SiO-PRPAA 的循环性能；（c）锂化和脱锂过程中电极结构变化示意图；（d、e）Py-c-SiO-PAA 电极第一次锂化后的 SEM 图像；（f）Py-c-SiO-PAA 电极第一次锂化后的 SEM 俯视图图像；（g、h）Py-c-SiO-PRPAA 电极预循环后的 SEM 图像；（i）Py-c-SiO-PRPAA 电极预循环后的 SEM 俯视图图像（资料来源：文献[114]）

14.4.7　聚合物作为黏结剂的总结

虽然黏结剂只占电极成分的一小部分，但它对电池的循环稳定性和整体性能起着至关重要的作用。除传统的 PVDF 外，其他研究还表明，聚合物必须具有更大的弹性，以缓冲循环过程中的结构变化；具有极性官能团，以保持与活性材料颗粒和集流体之间强的界面相互作用；具有交联能力，以制备机械性能更强的电极。黏结剂与电解质之间的相互作用，取决于聚合物的化学特性，对电池性能产生重要的影响，但这一领域还需进一步的研究。诸如电子电导率和离子电导率等可以分别降低电极的极化和提高倍率性能，而有效的自修复策略可以显著延长电池的循环寿命，特别是在合金负极中，可以减轻电极体积膨胀的不利影响。

根据活性材料类型的不同，每个电极对黏结剂的性能要求也不同，因此黏结剂的设计没有"放之四海而皆准"的方法。目前，对特定材料的黏结剂效果进行系统比较的方法仍然很少。此外，还缺乏先进的表征方法来监测黏结剂在循环过程中的行为。但是通过识别特定活性材料的失效路径，应用之前概述和其他研究的设计原则[118]，并借鉴 LIBs 领域最新的技术，将有助于开发性能更优异的 NIBs 电极黏结剂。

Ⅱ　聚合物在钠离子电池电极 – 电解质界面中的应用

▼ 14.5　界面设计注意事项

电池组件在充放电循环的过程中会反复受到极端电化学条件的影响，导致电解液分解。这种不稳定性导致在电解质 – 负极界面处逐渐形成 SEI，当沉积发生在最高工作电压的电极上时，在电解质 – 正极界面处也会形成类似的界面层，通常称为正极 – 电解质中间相（CEI）。

理想情况下，如图 14.13 所示，新形成的电池中间相应该具有机械兼容性、化学稳定性、离子导电性但电子绝缘性，并且与形成的电极界面有很高的亲和力。实现这些特性组合可以保护被包埋的电极界面不再与新的电解质发生进一步反应，同时适应膨胀 / 收缩产生的机械作用。界面决定了电池的成败，但即使是在广泛研究的锂离子体系中，界面仍然是人们最不了解的领域。

人造 SEIs（ASEIs）除了保护金属负极免受腐蚀外，还必须具有机械稳定性，并能使 Na^+ 均匀传输。在力学性能方面，锂电池主要探索了两种策略。第一种设计材料的剪切模量（G'）大于金属负极的剪切模量，如 $G_{Li} \approx 4GPa$，$G_{Na} = (3.9 \pm 0.5)GPa$；第二种构筑质地柔软、富有黏弹性和可适应性的多功能界面层。

在聚合物方面，高 G' 材料可以通过构筑软段和硬段相结合的聚合物链（如 PEO 和定向 PS 共聚物）或复合聚合物与高模量陶瓷导体实现。第一种方法由于涉及使用更硬的聚合物区域（晶区）来赋予更好的机械强度，但是导致该界面层的离子导电率很低，这归因于聚合物的刚性区域阻碍的离子的输运。尽管如此，通过聚合物的分子设计可以解决离子电导率和机械强度难以同时提升的矛盾，将在下文中讨论。

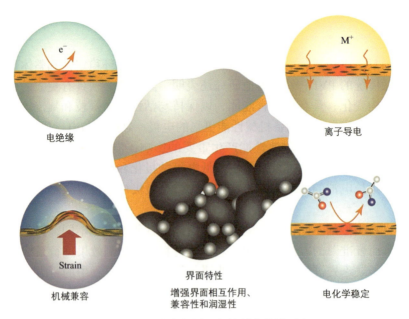

电绝缘

离子导电

机械兼容

界面特性
增强界面相互作用、
兼容性和润湿性

电化学稳定

图 14.13　稳定的界面保护层的设计要点

　　值得一提的是，仅通过使用高剪切模量材料与负极界面连接来抑制枝晶的生长[119]可能不足以解释界面稳定化的过程，许多例子证明，较软的 Li/ASEIs 依然具有延长电池寿命的能力[120]。

　　Archer 等人和 Koch 等人[121, 122]对界面黏弹性的影响进行了广泛的研究，例如在电解质 – 电极界面（液 – 固）加入高分子量聚合物。研究表明，电解质的弹性可以抑制电对流不稳定性，限制大电流通量的时间，使液固界面处的场更加均匀。此外，还探究了使用超高分子量的无规聚甲基丙烯酸甲酯（PMMA）半稀溶液（4wt%）作为碳酸酯基电解质的黏弹性保护层体系[123]（图 14.14）。

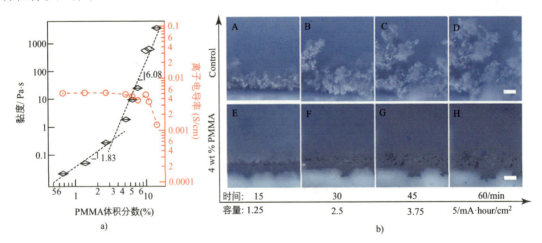

图 14.14　（a）25℃下零剪切黏度和电导率的浓度范围；（b）在超过极限电流密度情况下，电沉积过程的界面演化的光学快照图（电池结构：Li|| 不锈钢和 Na|| 不锈钢），（A ~ D）在牛顿流体电解质中的 Li 的电沉积（EC/ PC-1 M LiTFSI），（E ~ H）在黏弹性液体电解质中的 Li 的电沉积（在 EC/PC-1 M LiTFSI 中含有 4 wt% PMMA）（来源文献：[123]，经 AAAS 许可）

结果表明，在牛顿液体电解质中，电沉积过程存在不稳定性与微电路的失效。发现由非常高分子量中性聚合物的半稀溶液组成的黏弹性电解质可通过多种机制抑制上述不稳定性。经过多次实验观察，黏弹性电解质能够实现许多金属的稳定电沉积，对活性金属如钠和锂有着最深刻的影响。在低电流密度和高电流密度（即 $1mA \cdot cm^{-2}$ 和 $5mA \cdot cm^{-2}$）下都能够有效地抑制枝晶的生长。

因此，枝晶抑制和 SEI 稳定是由界面参数复杂的相互作用控制的，包括电荷转移电阻、电极附近的通量、电沉积动力学和表面张力。此外，与 Li 相比，Na 具有更低的模量和更高的蠕变倾向，因此 Na 与质地软的 ASEIs 和聚合物固体电解质的界面相互作用可能更好[124]。

在下文中，我们将分析实现稳定的 ASI 的最相关的例子，包括使用聚合物和复合材料。更多的研究进展可以参考 Chen 等人[125]、Passerini 等人[126] 和 Ulrich 等人[5] 近期的综述。

▼ 14.6　聚合物添加剂和寡聚物电解质

电解质中的微量添加剂通常是为了增强钠离子在 SEI 中的传输，并防止副反应的发生。

NIBs 常见的电解液包括高介电常数碳酸酯，例如碳酸乙烯酯（EC）、碳酸二甲酯（DMC）、碳酸甲乙酯（EMC）或碳酸丙烯酯（PC）的混合物，它们会形成不稳定的 SEI，由于它们具有很高的还原电位并容易分解成烷基碳酸盐和醇盐。对于反应活性相对较低的醚基电解质（如"聚乙烯醚"类），能够形成由 PEO 衍生物组成的薄且稳定的 SEI 层，赋予电池具有更高的库伦效率，但是在工作电位高于 3.5V 时容易发生氧化分解，因此不能匹配某些高电压的正极材料[127]。

为了避免碳酸酯基电解液的分解以及不可控的 SEI 生长，可以采取的策略包括使用更高还原电位的添加剂，比如 FEC 和碳酸乙烯酯（VC）。研究者认为 FEC 首先还原然后通过五元环开环聚合，形成含有 NaF、聚碳酸酯钠和多不饱和低聚物的薄的、电绝缘的和离子导电的聚合物界面保护层。而 VC 似乎会还原成含氧中间体[126]。

据报道，即使在 EC：EMC 混合物中掺入的 FEC 和 VC 的质量百分比非常小，也能提高锂电池的性能和循环寿命。相比之下，NIBs 中的 FEC 可以增加硬碳和锰基层状氧化物半电池的稳定性并提高其电化学性能，这主要是由于金属钠的钝化作用，而 VC 则表现出不利的影响[128]。这种与 LIBs 不同的行为尚未得到很好的理解，但可能是由于在 Na 的存在下产生了不同的降解中间体。FEC 在包括 Sb 和 Sn 基复合材料在内的钠合金材料中表现出良好的应用前景，但只有在碳酸酯基溶剂中才能显著提高容量保持率[130-133]。综合来看，这些添加剂对性能的影响取决于体系的选择，包括黏结剂的组合，钠盐的选择[134] 以及活性材料的类型。据报道，当使用 CMC 或 PVDF 作为黏结剂时，VC 可以提高以黑磷[135] 或 MoO_2[136] 作为负极、以 EC/DEC/$NaPF_6$ 作为电解液的电池的可逆容量，并可延长循环寿命。但当负极改为硬碳、电解液改为 PC/$NaClO_4$ 时，则会形成不稳定的 SEI 膜[128]，而 FEC 似乎以不用的方式实现 $NaPF_6$/PC 体系的容量保持率[68]。虽然大多数关于聚合物界面的研究都集中在锂基体系上[137-140]，但在 NIBs 特定界面的经典综述中，对碳酸酯基体系中加入添加剂的工作已有全面的总结[61, 126, 141-143]。

最近，通过纳米压痕法结合密度泛函理论（DFT）计算，可以对此类聚合界面进行机械表征，尽管这是在锂体系中。Kamikawa 等人描述了基于 FEC 聚合物的双层 SEI 机械结构（如较硬的内层和较软的聚合物外壳），其弹性模量为可达到 3.7 GPa[144]，可以减小高模量相（如 LiF 和 LiO_2）的界面应变。在同时添加 FEC 和 VC 的 EC 体系中，通过第一性原理计算证明，在负极界面处由 FEC/VC 还原形成的聚氟代碳酸乙烯酯和聚碳酸亚乙烯酯层，展现出高各向异性杨氏模量，从而赋予 SEIs 机械稳定性[145]。

基于此，Zhang 等人报道了通过 1,3-二氧环烷（DOL）添加剂的原位聚合来改善改善非质子双金属 Li-Na 合金 -O_2 电池的循环稳定性。由于在负极表面构建的 ASEI 膜具有弹性，既阻隔了合金负极与电解液的直接反应，又能够有效缓冲体积膨胀效应，实现无枝晶无裂纹碱金属负极[146]。

关于由醚类电解液产生的降解膜，已知它们可以在负极的高还原电位下发生阴离子聚合反应，但几乎不知道正极的氧化电位对其降解的影响[147]。

▼ 14.7　钠金属电极上的聚合物界面

在钠基电池中，金属钠具有最高的理论比容量（1166mA·h·g^{-1}）；然而金属钠反应活性高且质地柔软，会导致不受控制的枝晶生长和寄生反应产生的 SEI 演化，而这些现象会在使用液体电解液的情况下加剧。不可逆的反应和循环过程中较大的体积膨胀 / 收缩，会导致钠金属电池容易出现循环过程中容量衰减和库仑效率低等问题。

与金属锂相比，关于金属钠表面稳定性对电池性能影响的研究较少。有人预测，通过在电解质 – 金属钠界面构筑厚度约为德拜屏蔽长度（对于浓度为 1mol 的电解液，其尺寸为纳米级）10 倍的薄界面层，可以实现金属钠的稳定沉积[148]。受到 LIBs 的启发，实现长寿命钠金属电池（如室温 Na-S 电池、室温 Na-Cl_2 电池和室温 ZEBRA 钠 – 卤电池等）最希望的策略之一是通过引入亲钠的聚合物基材料，制备导电、机械和化学等性能优良的薄钠 – 电解质界面层。对于 LIBs，最佳的稳定聚合物涂层要么具有高介电常数（如高极性聚合物或聚合物电解质，如 PVDF），要么具有低表面能（如具有柔性链的聚二甲基硅氧烷[150]、"橡皮泥"[151]，或 SBR[152]）。对于 NIBs，这种趋势已经开始出现，以下几个例子就可能让电池研究者们获得和锂电池研究中类似的结论。

▼ 14.8　原位聚合的 ASEIs 和复合的 ASEIs

如图 14.15c 所示，Archer 等人报道了由含有烯丙基或乙烯基和高氯酸阴离子的反应性离子单体通过电聚合得到的电解质膜，能够赋予 NIBs 更加稳定的性能[155]。在 1mol EC/PC-$NaClO_4$ 电解液体系中，聚合后的 1-烯丙基 -3-甲基咪唑高氯酸盐（AMIM）、1,3-二烯丙基咪唑高氯酸盐（DAIM）和 1-烯丙基 -3-乙烯基咪唑高氯酸盐（AVIM）在金属钠负极上形成厚度约为 80nm 的保护层。

即使是以 3.4V 高电压的 $Na_3V_2(PO_4)_3$ 作为正极材料，以金属钠作为负极材料组装的半电池，由于金属钠负极受到 DAIM 膜的保护，在循环 160 次后容量保持率仍能接近 96%（容量为 97mA·h·g^{-1}）。此外，以硫化聚丙烯腈（SPAN）作为复合正极，以金属钠作为负极材料组装的钠硫电池时，金属钠表面同样受到保护，在循环 100 次后库仑效率可达到

100%。如图 14.15c 所示，这些改进归因于均匀导电的聚电解质膜，它可以向金属钠表面持续供应离子，从而防止了电化学沉积的不稳定性。

可采用原子层沉积（ALD）和分子层沉积（MLD）两种方法制备超薄 ASEIs。据报道，这些薄膜可以保护与电解液接触的锂和钠负极。MLD 薄膜比 ALD 薄膜更致密、更柔软、更柔韧，对充放电时负极体积变化的适应性更强。近期研究通过 MLD 制备出 alucone 薄膜（带有铝金属中心的聚乙二醇）可作为金属锂和钠负极的复合 ASEI 保护膜，以提高电池的循环性能[157]。厚度约为 13nm 的电沉积薄膜在 $1 \sim 3mA \cdot cm^{-2}$ 之间显示出更强的电化学沉积和剥离的能力，并且在溶解有 $1mol\ NaPF_6$ 的 EC/PC 电解液体系中明显抑制了钠枝晶的生长。

以类似的方式，对负极表面附近作为离子筛的自具微孔聚合物（PIMs）进行了研究。研究方向主要集中在 Li 负极，PIMs 能够生成具有特定孔径的 ASEIs，可以减少活性离子（如 Li^+、Na^+）的溶剂化。因此，PIM 层可以有效地抑制电解液的不可控分解，从而延长电池的寿命[153]。虽然没有专门为 NIBs 设计的 PIMS 的研究报道，但值得注意的是，Meng 等人 [154] 首次使用了 COF 作为锂负极 ASEI 膜，其中 COF 是通过 1,3,5- 三（4- 氨基苯基）苯（TAPB）和对苯二醛（PDA）之间的席夫碱反应原位聚合而成。锂金属表面原位制备的 COF 薄膜厚度为 10nm，具有高的机械强度（杨氏模量达 6.8GPa），COF 丰富的微孔结构能够起着类似于"筛子"的作用，不但能隔离电解质中大尺寸的阴离子，减少其与锂负极的不良副反应，还有着均匀化锂离子流的效果，促进锂离子的均匀沉积。Li|Li 对称电池在 $2mA \cdot cm^{-2}$ 的条件下能够稳定循环超过 400h（图 14.15b）。

▼ 14.9　界面聚合物层的插入

在 Na 负极上产生稳定的 ASEIs 的一个常见策略是，在集流体（如 Cu 或 Al）上涂上一层薄薄的离子导电聚合物，然后在其下面电镀 Na。在 Cu 基集流体表面修饰 PVDF 涂层后，与未被改性的集流体相比，循环寿命从 200h 提升至 1200h，并表现出较低的过电位。PVDF-Na 界面处的相区域剪切模量高、钠源丰富，因此具有高的机械强度和良好的离子导电性[158]。同样，Quan 等人 [159] 使用复合的氟化钠（NaF）-PVDF 薄膜涂覆在商业化的 Cu 集流体上。

相关研究表明，PVDF 相作为基体确保体积顺应性，NaF 相促使 Na^+ 快速传输，这两种特性能协同抑制钠枝晶的生长，即使在 $5mA \cdot cm^{-2}$ 的条件下也能保持良好的稳定性[159]。

为了提高机械稳定性，Kim 等人 [160] 将刚性的 Al_2O_3 填料颗粒加入到溶胀在电解液中的聚偏二氟乙烯 – 六氟丙烯（PVDF-HFP）膜（$17 \sim 20\mu m$）中，并将其直接层压在金属钠负极上，形成了一个复合的保护层，实现了长循环稳定性的提升。然而，在不影响离子导电性的情况下，液体电解质（PC）吸收的系统增加显示出抑制 Na 枝晶生长的临界剪切模量，突出了机械性能和离子迁移率之间的协同作用。

为了解决 PVDF 薄膜柔韧性差的问题，Goodenough 等人 [156, 161] 在钠负极和陶瓷电解质之间引入了一种界面聚合物夹层——交联的聚乙二醇甲基醚丙烯酸酯（CPMEA）（图 14.15e）。聚合物表面的润湿性不仅可以减小阻抗，提高钠离子的输运能力，还可以解决陶瓷表面和钠离子接触不均匀导致的钠枝晶生长的问题。

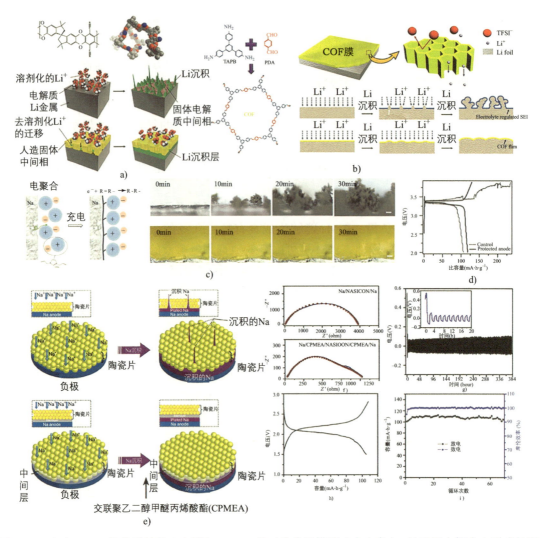

图 14.15 （a）PIM-1 的分子结构（上图），PIM-1 的三维分子模型（右上角），显示了由螺中心形成的固有孔隙以及锂离子通过作为人造固体-聚合物中间相的 PIM-1 的固有孔隙的选择性输运同时阻止溶剂传输的示意图（底部）（资料来源：文献 [153]，经英国皇家化学学会许可）；（b）使用 TAPB 和 PDA 制备 COF 的示意图，循环时 COF 膜对锂金属负极的影响：COF 能够促进 Li⁺ 的输运，并阻碍 TFSI⁻ 的输运，分别在光滑 Li 和 COF-Li 表面上进行锂沉积/剥离循环（资料来源：文献 [154]，经约翰·威利父子公司许可）；（c）聚合物离子液体膜的形成（左图），在 1mol NaClO₄ 的 EC/PC 电解液中钠在电极上的电化学沉积的光学图像（中图），这些图像是在电流密度为 1mA·cm⁻² 时，钠沉积时间分别为 0min、10min、20min 和 30min 时拍摄的；（d）在正极活性材料为 100mA·g⁻¹ 的条件下，以 Na₃V₂(PO₄)₃ 为正极材料分别使用纯金属钠负极和表面修饰后的金属钠负极组装的半电池的循环曲线对比（资料来源：文献 [155]，经约翰·威利父子公司许可）；（e）钠沉积过程中，陶瓷颗粒固体电解质与金属钠的接触模型，上图为润湿性较差的陶瓷颗粒，下图为润湿性较好的人造中间层；（f）分别采用 CPMEA/NASICON/CPMEA 三明治结构以及 NASICON 作为电解质组装的 Na/Na 对称池的阻抗谱对比；（g）采用 CPMEA/NASICON/CPMEA 三明治电解质的 Na|Na 对称电池在在 65℃下的循环电压曲线，采用 CPMEA/NASICON 作为电解质，以 NaTi₂(PO₄)₃ 作为正极材料，金属钠作为负极材料组装的全电池在 0.2C 和 65℃下的充放电电压曲线（h）和循环性能（i）（资料来源：摘自文献 [156]，经美国化学学会许可）

同样，Chi 等人[162]通过引入纤维素 -PEO（CPEO）共混夹层，稳定 Na 金属和硫化物基固态电解质（Na_3SbS_4）之间的界面，该电解质通常分解为 Na_2S 和 Sb。电子绝缘的 CPEO 膜可以在 $0.1mA \cdot cm^{-2}$ 的电流密度下稳定地沉积 / 剥离循环 800 次，而使用未涂覆的负极时，电解质在循环的初期就开始分解。在该体系中，CPEO 膜不仅作为界面润湿剂，还作为电子屏障。

Jiao 等人[163]报道了一种可植入的 NaF 和 PVDF 复合保护层（FLAP），使用碳酸酯基电解液组装的 Na||Al 电池，循环 100 次后，其库仑效率可达到 96%，而未包覆的电池在循环 40 次后的库仑效率下降到 40%。在 1.5 ~ 4.1V 电压范围内，组装的 $Na|FLAP|Na_{0.6}MnO_2$ 电池循环 100 次后仍能保持 $88.7mA \cdot h \cdot g^{-1}$ 的容量，且无钠枝晶生长。

Ⅲ　钠离子电池电解质中的聚合物

▼ 14.10　电解质概述

电解质在电池内部正、负极之间起到建立离子导电通道，同时阻隔电子导电的作用，从而实现电池的充放电。对于电解液体系，电绝缘的多孔膜浸泡在电解液中（例如含有 $NaPF_6$、$NaClO_4$ 盐的碳酸酯基或醚基电解液）可作为隔膜将电池的正、负极分隔开，防止两极接触发生短路，保证电解质离子可以自由地通过，并有利于形成充放电回路。

电解液有几个主要缺点：①在某些条件下（如严重变形、高温）会变得易爆或易燃，存在电池泄漏的风险；②金属钠的高还原性表面附近的电场分布不稳定，导致钠枝晶生长严重。

固态电解质可以是陶瓷基或聚合物基，与电解液相比固态电解质更安全、更环保，设计更灵活，而且有望制备出性能更好、寿命更长的电池。在全球电池市场中，固态电池技术突破产业化加速，预计将以每年 44% 的速度增长，到 2025 年价值将超过 20 亿美元。

理想的电解质应具备高离子电导率、高阳离子迁移数、宽的电化学窗口、良好的电极 / 电解质界面、足够的机械强度、易于加工制造、环境友好等特性。最有前景的固体电解质仍然是陶瓷离子导体，但它们不能承受高的机械应变且集成度低。此外，在陶瓷电解质中枝晶的生长不受限制，因为它们可以在缺陷或孔洞中生长，即便在致密烧结的陶瓷中也普遍存在[164]。聚合物可以赋予固体电解质一些特殊的性能，但它们通常被证明是较差的离子导体，而且目前只有 PEO 衍生物基聚合物电解质（PEs）技术相对成熟。随着可穿戴电子产品的出现，对可伸缩电池的需求激增[165]，研究者们对本征弹性材料与室温陶瓷离子导体结合在一起的复合电解质进行了深入的研究[166]。然而，陶瓷 – 聚合物界面的界面黏附仍然是一项重大挑战。目前的研究方向是将高机械强度的超分子离子导体[167,168]与陶瓷电解质框架[169]结合起来。最近，陶瓷和弹性体复合方面的开创性工作证明，电解质中的柔韧性至关重要，因为该特性可以改善电解质与电极之间的界面阻抗，从而提升界面稳定性[170]。

在下文中，我们将详细介绍 NIBs 中新型聚合物隔膜和 PEs 的最新研究工作，并分析如何通过聚合物基的添加剂和聚合物设计来实现对上述电解质性能的需求。

▼ 14.11 聚合物隔膜

虽然隔膜通常被认为是电化学不活泼的电池组件，但它也在决定电池的成本、可逆性、功率密度和整体安全性等方面发挥着关键作用。随着对其作用的逐渐认识，研究者们正在探究调整隔膜化学和机械性能的新方法，以提高电解质的性能并控制电极界面的不稳定性。感兴趣的读者可以通过 Wood 等人[171] 和 Lu 等人[172] 的综述进一步了解隔膜的关键特性。

最常见的隔膜类型的包括聚丙烯 - 聚乙烯 - 聚丙烯（PP-PE-PP）的聚烯烃三层复合隔膜，通常成为 Celgard。这些聚合物隔膜具有良好的电化学稳定性，而且厚度有望低至 10μm 的，使它们成为许多 Li 和 Na 基体系的首选。理想的隔膜还应具备优异的尺寸稳定性且对电解液亲和力强。然而，Celgard 在大多数常见的 NIBs 有机电解液体系中并没有表现出良好的润湿性；此外，它高度易燃，热稳定性差。在隔膜的孔隙内，离子的扩散系数发生改变，因此，离子电导率和钠离子迁移数不同于电解液固有的特性。基于此，在设计具有高阳离子迁移率的隔膜时，必须考虑有关孔隙率的几何参数，如渗透率和弯曲度等。

改善隔膜 - 电解质相互作用的早期策略依赖于在商用隔膜上沉积纳米级颗粒的无机薄层（如 TiO_2、Al_2O_3、SiO_2），可以提高隔膜的机械强度并赋予阻燃性能。隔膜的润湿性和离子传输性能密切相关，因此，隔膜的改性策略转变为采用"活性"材料的隔膜，例如基于离子导电聚合物（如 Nafion、PVDF 衍生物[173, 174] 和 PMMA），以增加离子输运的能力。在这种情况下，我们认为这种导电性辅助可以促进电极间电通量的均匀性，从而提高电池的容量，延长电池的寿命。另一种改善隔膜 - 电解质相互作用（即增强界面润湿性）的策略包括在陶瓷隔膜内引入 PEs。Goodenough 等人[156] 和 Stefano 等人[175] 的研究表明，由于界面阻抗的降低，可以在 Na 上实现稳定的沉积和剥离。

虽然大多数研究工作都聚焦于 LIBs，对于 NIBs，Li 等人报道了一种具有高离子交换容量（$1.18mmol \cdot g^{-1}$）的全氟钠磺酸膜（PFSA-Na）。与使用电解液的液态电池相比，使用该膜组装的电池展现出更高的可逆比容量（0.05C，$116.1mA \cdot h \cdot g^{-1}$ vs.$89.5mA \cdot h \cdot g^{-1}$）和更优异的循环稳定性（0.1C，50 次，97.6% vs.67.6%）。Coustan 等人[176] 报道了一种由 PVDF-HFP 和 SiO_2（40wt%）组成的厚度约 145 nm、高孔隙率（85.4%）、耐热的无纺布纤维基隔膜。与商业隔膜相比，该隔膜表现出高电解液吸收率，但没有明显的膨胀，具有优异的润湿性和界面稳定性。使用这些隔膜组装的 NVPF//NaPF$_6$-EC: PC// 硬碳全电池完表现出良好的倍率性能（5C 时为 70%）和循环保持率（100 次循环后仅下降 2%）。Park 等人[177] 报道了一个类似的例子，将 PVDF-HFP 聚合物渗透到玻璃纤维（GF）隔膜中（图 14.16a）。还通过非溶剂诱导相分离（NIPS）对隔膜进行改性，使其呈现出多孔的形态。这种多孔膜由于界面阻抗小，因此显著提升了 Na|Na 对称电池容量的和长循环稳定性。

Janus 型隔膜是一种针对功能定向需求的设计策略，该类型的隔膜两侧具有不同的功能。最近报道了一种用于室温 Na-S 电池的聚烯烃基 Janus 隔膜（图 14.16c）[178]。Janus 隔膜是在 Celgard 型隔膜上一侧接枝单离子导体（SIC）聚合物层，另一侧涂覆 MXene 纳米片构成。在室温钠硫电池中使用时，修饰 PMTFSINa 侧可有效提高电解液的润湿性，并抑制多硫化物扩散和钠枝晶生长。此外，Ti 空位的含氮 MXene 涂层可通过电催化方式改善多硫化物的转化动力学。功能更加先进的 Janus 型隔膜已经引起了研究人员的广泛关注，由于 Janus 特殊的结构可以通过构筑中间相和设计"离子筛"从而引入耐热功能[179] 或界面层，来抑制枝晶的生长[180-182]，如前文所述。然而，这方面的研究进展只集中在 LIBs 中，因此亟须对适用于 NIBs 的高性能的隔膜技术进行深入的研究。

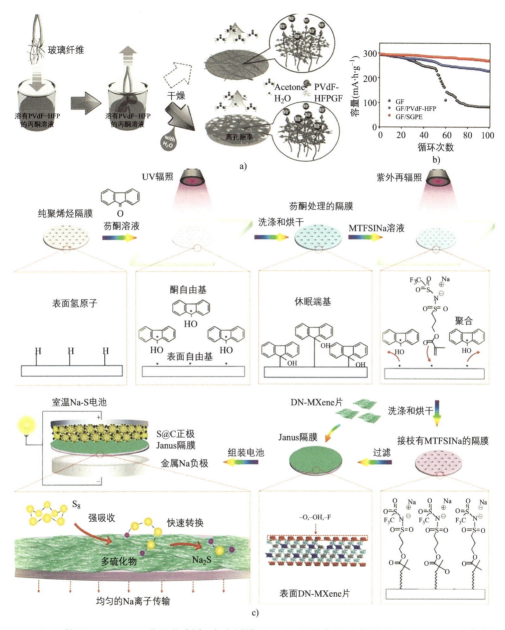

图 14.16 （a）使用 PVdF-HFP 共聚物制备玻璃纤维（GF）基隔膜的示意图和（b）Na|Na 对称电池循环 100 次的放电容量（资料来源：文献 [177]，经约翰·威利父子出版公司许可）；（c）用于室温 Na-S 电池的聚（1-[3-（甲基丙烯酰氧基）丙基磺酰基]-1-（三氟甲磺酰基）- 酰亚胺钠）（PMTFSINa）接枝和富含空位和氮元素的迈克烯（DN-MXene）涂覆的 Janus 隔膜的制备方法示意图，DN-MXene 的球棍模型：Ti（淡青色）、C（灰色）、H（白色）、O（红色）、N（蓝色）；（d）使用 GF 隔膜和 PMTFSINa 接枝隔膜组装的 Na|Na 对称电池在 0.2mA·cm⁻² 电流密度下的电压曲线对比；（e）使用 GF 隔膜和 PMTFSINa 接枝隔膜组装的 Na|Cu 电池在 0.5mA·cm⁻² 电流密度下 Na 沉积和剥离的库伦效率对比（容量为 1mA·h·cm⁻²）（资料来源：文献 [178]，经约翰·威利父子出版公司许可）

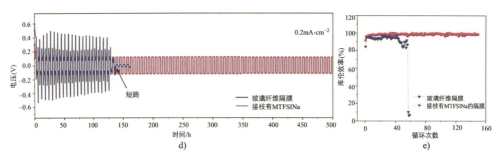

图 14.16 （a）使用 PVdF-HFP 共聚物制备玻璃纤维（GF）基隔膜的示意图和（b）Na|Na 对称电池循环 100 次的放电容量（资料来源：文献 [177]，经约翰·威利父子出版公司许可）；（c）用于室温 Na-S 电池的聚（1-[3-（甲基丙烯酰氧基）丙基磺酰基]-1-（三氟甲磺酰基）- 酰亚胺钠）（PMTFSINa）接枝和富含空位和氮元素的迈克烯（DN-MXene）涂覆的 Janus 隔膜的制备方法示意图，DN-MXene 的球棍模型：Ti（淡青色）、C（灰色）、H（白色）、O（红色）、N（蓝色）；（d）使用 GF 隔膜和 PMTFSINa 接枝隔膜组装的 Na|Na 对称电池在 0.2mA · cm^{-2} 电流密度下的电压曲线对比；（e）使用 GF 隔膜和 PMTFSINa 接枝隔膜组装的 Na|Cu 电池在 0.5mA · cm^{-2} 电流密度下 Na 沉积和剥离的库伦效率对比（容量为 1mA · h · cm^{-2}）（资料来源：文献 [178]，经约翰·威利父子出版公司许可）（续）

　　另一个值得考虑的因素是新型隔膜的可持续性，因为常用的隔膜通常来自化石燃料。最近，Lizundia 等人发表了一篇关于生物基隔膜的综述[183]。纤维素和其他常用聚合物（如 PVDF 共聚物[184]、PAN- 氧化铝[185] 或羟乙基纤维素（HEC）和 PEO 混合物[186]）共混作为隔膜在 NIBs 中应用已有报道，但对纯生物基体系的研究仍然很少。例如 Chen 等人[187] 报道了一种生物基无纺布隔膜，由无序排列的改性醋酸纤维素的纤维构成，可以通过调节醋酸纤维素隔膜上乙酰基的数量来调控隔膜表面的功能。通过这种方法制备的隔膜具有良好的机械性能（G = 11MPa，断裂伸长率 9%），对电解液具有优异的润湿性能，在 EC/PC、EC/DMC、二甘醇二甲醚和三甘醇二甲醚电解液中，吸收率高达 518%。组装的 Na/SnS$_2$ 和 Na/Na$_3$V$_2$(PO$_4$)$_3$ 半电池展现出良好的循环寿命，前者 10000 次循环后容量保持率为 93.78%，后者在循环 100 次后容量保持率为 98.59%，表明改性的隔膜对负极表面具有良好的稳定性。其他类似的生物基聚合物膜 / 电解液体系的例子将在第 14.12.4 节中讨论。

　　值得一提的是，LIBs 最常见的安全性问题主要出现在电解液和隔膜。电池的热失控往往从电解液的起火开始。聚烯烃和生物基隔膜都是高度易燃的，因此，在电解液和隔膜中加入阻燃添加剂对 LIBs 电池的安全性是至关重要的[188]。此类复合体系可纳入凝胶型 Pes 的类别（第 14.12.3 节）。

　　尽管专门为 NIBs 设计的隔膜的研究甚少，但根据 Lizundia 等人之前的综述中的材料信息，可以了解一些符合隔膜性能要求的常用聚合物[2, 183]。

▼ 14.12　聚合物电解质

　　与陶瓷电解质相比，PEs 的优势主要包括：①柔韧性好；②能够更好地适应体积的变化；③易于加工和设备集成；④质量轻（即高能量密度）；⑤能够相对容易地调控链的化学性质；⑥生产成本低。此外，由于 PEs 质地柔软，具有良好的润湿性，能够增强与电极的相互作用，从而降低了电池的界面电阻，提高了电池的稳定性[156]。然而，阻碍 PEs 产业化发展的原因仍然是电极和电解质界面接触问题以及与电解液和陶瓷电解质相比离子导电率较差问题。

接下来，我们将结合前面提到的设计原则，分析 PEs（包括固态、复合、生物衍生、凝胶型和聚电解质）所面临的主要挑战和取得的重要进展。

14.12.1 固态聚合物电解质

在 Wright 等人报道了 PEO 可以溶解碱金属盐并形成离子导电聚合物后[189, 190]，针对具有与电解液相当的离子电导率的固态聚合物电解质（SPE）进行了广泛的研究。PEO 是一种半结晶的聚合物。PEO 可以通过醚氧键（-COC-）中氧原子的孤对电子直接与钠盐结合，并通过 Na-O 键的形成与解耦来实现钠离子的传输（图 14.17）。然而，在纯 PEO 中，只有在相对较高的温度（$60 \sim 90 \, \text{℃}$）下离子电导率才能达到 $10^{-3} \, \text{S} \cdot \text{cm}^{-1}$ 以上，因为聚合物链中的结晶区域限制了离子迁移和扩散。例如，在 PEO/NaPF$_6$ 体系中，当 EO/Na = 15 时，该 SPE 在室温下的离子电导率约为 $5 \times 10^{-6} \, \text{S} \cdot \text{cm}^{-1}$，在 80 ℃时的电导率可达到 $6.3 \times 10^{-4} \, \text{S} \cdot \text{cm}^{-1}$[192]。

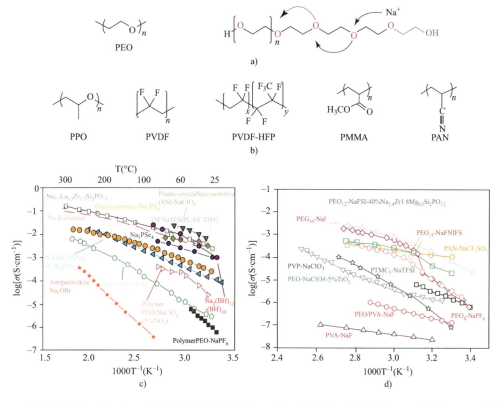

图 14.17 （a）聚环氧乙烷（PEO）重复单元结构以及 Na$^+$ 离子传输机制示意图；（b）其他可用于钠离子传输的带有极性基团重复单元的聚合物的化学结构（资料来源：文献 [191]/经约翰·威利父子公司许可）；（c）典型的钠离子固体电解质的离子电导率随温度的变化曲线，（体系中包括：有机电解液和 β″-Al$_2$O$_3$、NASICON、硫化物、聚合物和氯化物）；（d）用于钠离子电池的聚合物电解质和复合电解质的离子电导率随温度的变化曲线（来源：文献 [191]，经爱思唯尔许可）

Na 的熔点较低（97.8℃），因此用于 NIBs 的 SPE 必须在环境温度或接近环境温度下展现出良好的钠离子导电性。向 PEO 中加入增塑剂或填料能够降低 PEO 的结晶度，从而提升链段的运动能力，例如降低玻璃化转变温度（T_g）。不同的相互作用可以产生塑化效应。例如，Armand 等人[193] 报道了三氟甲烷磺酰亚胺钠盐（NaTFSI）可以与 PEO 形成配位，增强其室温下的离子传输能力。Wu 等人将离子液体 (ILs)Pyr$_{13}$FSI 加入到 PEO-NaClO$_4$ 聚合物电解质中，体系中 FSI$^-$ 阴离子可以吸附在 PEO 骨架上，从而增强了与 Na$^+$ 与极性基团的配位能力。Passerini 等人[175] 对此类电解质材料进行了综述。Saito 等人[195] 报道了一种 PEO 与支化聚乙烯亚胺（PEI）交联的 SPE 膜，其中膜的 T_g 和结晶度随着交联度的降低而增加，与纯 PEO 基 SPE 相比，胺之间的交联和链间的氢键导致结晶度降低，因此离子电导率显著增强（80℃时为 1.2×10^{-3} S·cm^{-1}）。

在 NaClO$_4$ 的存在下，以氨基为端基的 PEG 会发生交联，由于与 PEG 中的环氧乙烷单元相互作用，当 Na$^+$ 浓度达到一定程度时，结晶就会完全消失[196]。用该 SPE 膜组装的 Na/Na 对称电池在 0.5mA·cm^{-2} 电流密度下进行沉积和剥离循环可达 3550h，界面演化表现为 Na 的松散填充导致负极 / 电解质界面接触变差。

针对 SPE 改性的更先进的策略是通过对聚合物侧链结构（例如长度、数量以及功能性）进行精细的设计以及构筑交联的结构来调控体系的结晶度，从而提升 SPE 的离子电导率。Lopez 等人的综述中详细总结了 SPE 的设计方法[118]，例如固定聚合物主链不变，增加三个侧链的重复单元数，能够促使链段的运动能力增强，体系的刚性降低，从而使离子电导率与未修饰的 SPE 相比提升了 10 倍。用于 NIBs 的 SPE 的设计策略，包括通过构筑超支化或刷型拓扑结构的聚合物来降低 SPE 的 T_g，例如，Chen 等人[197] 设计了一种基于星型超支化的 β-环糊精的聚合物，该拓扑结构聚合物与三氟甲磺酸钠混合后可以制备出具有自支撑能力的、机械性能优异的并且对钠电电极表面稳定的 PE。室温下的离子电导率为 3.0×10^{-5} S·cm^{-1}，与纯 PEO 基 PE 相比高出一个数量级。以 NaNi$_{1/3}$Fe$_{1/3}$Mn$_{1/3}$O$_2$ 作为正极材料，组装的固态电池可以稳定循环超过 80 次。

Cui 等人[167] 提出了一种将 PEs 的离子电导率和机械强度解耦的有效策略。设计了一种超分子离子导体（SLIC），其中具有低 T_g 聚醚主链单元提供离子导电性，而动态键耦合的 2- 脲基 -4- 嘧啶酮（UPy）主链单元提供机械性能，从而获得了具有（29.3 ± 1.4）MJ·m^{-3} 的超强韧性和室温下离子电导率为（1.2 ± 0.21）$\times 10^{-4}$ S·cm^{-1} 的 PEs。此外，SLIC 聚合物的超强韧性和离子电导率使得其可以作为优异的黏结材料，用来构建可拉伸的复合电极，为开发高韧性离子传输材料用于 NIBs 体系开辟了一条有希望的新途径。

其他含有吸电子基团的够部分溶解 Na 离子的聚合物，还包括 PVP、PVC、聚乙烯醇（PVA）、PAN 和聚碳酸酯基聚合物，如聚（ε- 己内酯）（PCL）或聚（三甲基碳酸酯）（PTC）。关于该类型聚合物的最新研究可以参考相关文献中的总结[126, 198-203]。

14.12.2　复合聚合物电解质　　　　／／／

为了提高 PEs 的热稳定性、阳离子迁移数、离子电导率、剪切模量，降低聚合物的结晶度，研究者们通过在聚合物体系中加入陶瓷填料制备出复合 PEs（CPE）[204]。

一些添加有 Al$_2$O$_3$[205]、TiO$_2$[206]、BaTiO$_3$[206]、SiO$_2$[207] 或 Sb$_2$O$_3$[208] 等微纳米填料的 PEO

和 PVDF 基 PE 的例子证明，由于体系中 G' 值的增加，钠枝晶在陶瓷晶界中成核受阻，因此钠枝晶从负极侧的生长受到抑制。

关于活性陶瓷填料，钠超离子导体（NASICON，$Na_{1+x}Zr_2Si_xP_{3-x}O_{12}$，$0<x<3$）和 Na-β″-$Al_2O_3$ 因其具有宽的电化学窗口（>5V）、良好的热稳定性、高的离子电导率（>$10^{-4}S\cdot cm^{-1}$）和接近 1 的 Na^+ 迁移数而引起研究者们广泛的关注。Hu 等人[209] 使用 NASICON 材料作为 PEO 中的活性无机填料，制备出的 CPE 的离子电导率约为 $4.4\times10^{-5}S\cdot cm^{-1}$，并展现出高达 150℃的良好的热稳定性。使用该复合膜，以 $Na_3V_2(PO_4)_3$ 作为正极材料，以金属钠作为负极材料组装的固态电池，初始可逆容量为 106.1mA·h·g^{-1}，电池循环 120 次后容量几乎无损失。这一性能的提升归因于无机填料的加入降低了 PEO 的结晶度，在陶瓷 / 聚合物复合电解质中无定型区域高于结晶区域，有利于 Na^+ 的迁移。除此之外复合电解质与电极之间有良好的界面相互作用，降低了固固接触的阻抗，进一步提升了 Na^+ 的输运能力[210, 211]。其他的例子可以在图 14.17d 和参考文献 [212-214] 中找到。

由于纳米填料具有较高的比表面积，将纳米复合材料或纳米颗粒与聚合物 / 聚合物钠盐混合制备出新的 CPE，纳米填料具有良好的增塑效果[215]，从而提高了 SPE 的机械性能和离子电导率。例如，Ünügür 等人[216] 报道了一种将六方氮化硼（nano-hBN）作为纳米填料加入到聚砜 – 磺酸钠 [SPSU(Na)] 和聚 [聚甲基丙烯酸乙二醇酯] 中制备出 CPE 膜，但是将温度升至 100℃时，离子电导率也仅为 $5.5\times10^{-6}S\cdot cm^{-1}$。

基于纳米填料的研究，二维材料是一类可以显著提升 PEs 的离子电导率和弹性的填料，即使添加量在非常低的比例（≤ 1wt%），也能赋予 PE 优异的性能。在聚合物中加入氧化石墨烯、蛭石薄片或二维介孔二氧化硅纳米板填料制备出的 CPEs，其热稳定性、机械性能和离子导电率都有明显的提升[217, 218]。例如，将二维 Mxene 纳米片材添加到 PEO 中，可以降低 PEO 的结晶度，还能提升聚合物链的运动能力[219]。此外，这些垂直排列的 MXene 纳米片[220] 可以显著提升离子电导率（$1.89\times10^{-4}S\cdot cm^{-1}$），并能有效地提升锂离子迁移数（$t_{Li}^+=0.5$）。

CPE 的一个较新的概念是，陶瓷作为连续相而不是填料，例如，Hu 等人[221] 提出了一种具有"瓷砖 – 灌浆"规则图案结构的复合柔性电解质膜设计策略，利用 3D 打印增材制造的方法将陶瓷电解质"瓷砖"（$Li_{6.75}La_3Zr_{1.75}Ta_{0.25}O_{12}(LLZO)$）通过苯乙烯 – 丁二烯共聚物（SBC）"泥浆"无间隙地连接在一起。得到的柔性膜表现出最高可达 220% 形变的延展性，极限抗拉强度达 5.12MPa，室温下离子电导率还能达到 $1.6\times10^{-4}S\cdot cm^{-1}$（图 14.18）。

Kim 等人在制备 NASICON- 聚合物 CPE 中运用了"陶瓷添加到 PEs 中"的概念，NASICON 电解质预烧结过程中有一定的孔隙度，然后将环氧聚合物渗入到孔隙中[222]。该 CPE 的物理强度提高了约 2 倍，且离子电导率与 NASICON 相近，可达到 $1.45\times10^{-4}S\cdot cm^{-1}$，这是由于烧结过程中形成了离子传输通道。以 $Na_3V_2(PO_4)_3$ 作为正极材料，组装的半电池在循环 20 次后容量可维持在 120mA·h·g^{-1}。但是该 CPE 膜的厚度不够薄（300mm）。

针对"聚合物添加到陶瓷中"类型的电解质的研究虽然主要集中于 LIBs。然而，我们认为，基于先前的研究策略并对基体传输通道进行精细的调控[223]，将有望在 NIBs 中实现更高的离子导电能力和更稳定的电极 – 电解质界面。

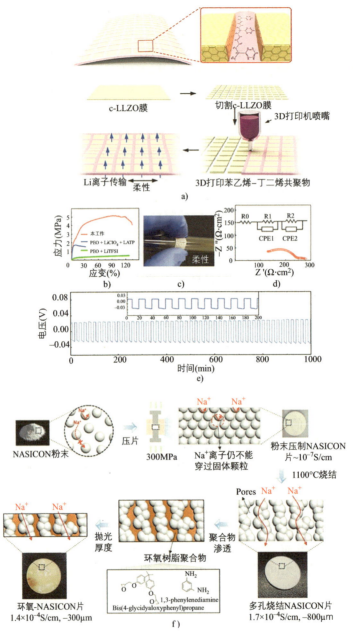

图 14.18 （a）具有"瓷砖 - 灌浆"规则图案结构的复合柔性电解质膜设计策略；（b）改性膜与常用的 PEO 基聚合物以及含有 NASICON 型电解质填料的复合电解质的应力 - 应变曲线对比；（c）膜的照片显示具有良好的弹性；（d）膜在室温下的 EIS 曲线；（e）室温下以 0.1mA·cm^{-2} 的电流密度下进行锂沉积 / 剥离循环的电压曲线（资料来源：文献 [221]，经美国化学学会许可）；（f）多孔的 NASICON 陶瓷和环氧 -NASICON 复合电解质膜的制备；（g）多孔的 NASICON 电解质（上）和环氧 -NASICON 复合电解质（下）通过 EIS 测量的离子电导率结果及对应的 SEM 截面图像；（h）每种 NASICON 电解质、环氧树脂 -NASICON 电解质和环氧树脂 PEs 的弯曲强度平行测试结果，每个测试结果的平均值分别为（15±2）MPa、（35±5）MPa 和（150±15）MPa（左图），根据测量的弯曲强度值绘制的固体电解质片强度图（右图）；（i）组装的 Na/ 环氧树脂 -NASICON/Na$_3$V$_2$(PO$_4$)$_3$ 半电池在室温下以 0.1C 倍率下进行的充放电循环性能，在室温下，以 0.1C 速率电流进行充放电；（j）双极性叠片电池在室温下以 0.1C 倍率下进行的充放电循环性能（资料来源：文献 [222]，经英国皇家化学学会许可）

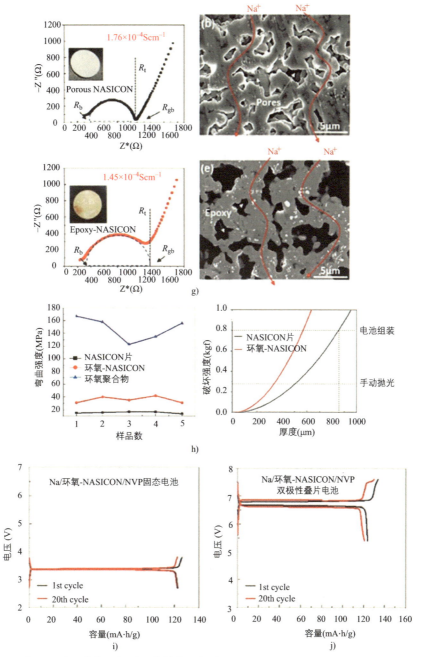

图 14.18 （a）具有"瓷砖 – 灌浆"规则图案结构的复合柔性电解质膜设计策略；（b）改性膜与常用的 PEO 基聚合物以及含有 NASICON 型电解质填料的复合电解质的应力 – 应变曲线对比；（c）膜的照片显示具有良好的弹性；（d）膜在室温下的 EIS 曲线；（e）室温下以 0.1mA·cm^{-2} 的电流密度下进行锂沉积 / 剥离循环的电压曲线（资料来源：文献 [221]，经美国化学学会许可）；（f）多孔的 NASICON 陶瓷和环氧 -NASICON 复合电解质膜的制备；（g）多孔的 NASICON 电解质（上）和环氧 -NASICON 复合电解质（下）通过 EIS 测量的离子电导率结果及对应的 SEM 截面图像；（h）每种 NASICON 电解质、环氧树脂 -NASICON 电解质和环氧树脂 PEs 的弯曲强度平行测试结果，每个测试结果的平均值分别为（15 ± 2）MPa、（35 ± 5）MPa 和（150 ± 15）MPa（左图），根据测量的弯曲强度值绘制的固体电解质片强度图（右图）；（i）组装的 Na/ 环氧树脂 -NASICON/Na$_3$V$_2$(PO$_4$)$_3$ 半电池在室温下以 0.1C 倍率下进行的充放电循环性能，在室温下，以 0.1C 速率电流进行充放电；（j）双极性叠片电池在室温下以 0.1C 倍率下进行的充放电循环性能（资料来源：文献 [222]，经英国皇家化学学会许可）（续）

14.12.3 有机凝胶和离子凝胶聚合物电解质

凝胶聚合物电解质（GPE）与浸泡在电解液中的聚合物隔膜和塑化 SPE 的区别仅在于结构内的液体含量。对于凝胶，电解质中的液相成分的体积分数较大；而对于塑化 SPE，液相占比较小，是作为添加剂使用，为了降低电解质的玻璃化温度并提高离子传输能力。严格来说，凝胶电解质是膨胀的三维聚合物网络，其中包含电解液，而隔膜是由离子导电聚合物制成的均匀的多孔膜，用来补充液相中离子的导电性。严格地说，凝胶电解质是膨胀的三维聚合物网络，液体电解质被包围在其中，而隔膜是由离子导电聚合物组成的多孔膜，用来保证液相中离子高效传输。

有机凝胶是在有机溶剂存在下凝胶化的聚合物（图 14.19a），这是本节中所述的非水体系的常见类型。聚合物溶液的凝胶点是指反应进行到某一程度或受到一定条件影响时，体系黏度突增，难以流动，聚合物链彼此交联形成三维网状结构。通过设计凝胶点或交联的数量、三维网络中软段和硬段的比例以及侧链的功能基团，可以实现对 CPE 力学性能的调控。这反过来又调节了凝胶电解质与电池中电极的体积变化的适应能力（图 14.19e），凝胶可通过在电极的表面原位交联形成，以增强界面接触并改善界面力学性能（图 14.19b）[226]。

与 SPE 一样，报道最多的用于 GPE 导电膜的聚合物基体是 PEO、PVDF 和 PMMA。这些聚合物的交联网络和电解液的吸收降低了结晶度，增强了离子导电性，但机械性能却有所下降。为了增加凝胶的硬度，大多数方法都依赖于化学交联、物理交联或共混形成互穿网络结构。

例如，Goodenough 等人[224] 早期报道了一种 PMMA/ 纤维素膜，其制备方法是在多孔纤维素膜内聚合甲基丙烯酸甲酯和四乙二醇二甲基丙烯酸酯（TEGDMA）（图 14.19c），该类 CPE 被证明是一种低成本、可大规模制备的方法。在温度为 25℃时，离子电导率可达到 $6.2 \times 10^{-3} S \cdot cm^{-1}$ 并具有优异的机械性能。当使用 $Na_3V_2(PO_4)_3$ 作为正极材料，Sb 作为负极材料组装 NIBs 时，平均电压为 2.7V，具有良好的循环稳定性（0.1C 下容量为 $106.8 mA \cdot h \cdot g^{-1}$，10C 下容量为 $61.1 mA \cdot h \cdot g^{-1}$）。最近，其他研究者也报道了类似的方法[227-229]。Colo 等人[230] 探究了一种基于 PEO 的柔性凝胶 PE 膜（XPE），该膜由 $NaClO_4$、PC、PEO 和光引发剂（4- 甲氧基二苯甲酮）混合物通过紫外光固化交联法制备而成。XPE 膜在室温下展现出超过 $1 mS \cdot cm^{-1}$ 的高离子电导率，并具有稳定的电化学窗口（4.7V）。组装的半电池 TiO_2/XPE/Na 在 $0.1 mA \cdot cm^{-2}$ 条件下循环 1000 次后，比容量可以稳定在 $250 mA \cdot h \cdot g^{-1}$。但是，没有对电极和电解质间的界面稳定性进行探究。

MacFarlane 等人[231] 首次报道了离子凝胶聚合物的概念。他们开发了一种在 IL 内经过快速的紫外光照而发生聚合的交联 PEG 凝胶。在 IL 含量为 70wt% 时，形成的离子凝胶展现出约 $3 \times 10^{-4} S \cdot cm^{-2}$ 的离子电导率。在 NaFSI 浓度较高时，组装的 Na| 离子凝胶 |NaFePO$_4$ 全电池展现出更高的比容量、库仑效率和容量保持率。其容量可达到 $152 mA \cdot h \cdot g^{-1}$。但是，在循环 30 次后，容量开始骤减。

另一个例子是 Hashmi 等人的报告[233]，在 $NaClO_4$-EC/PC 中将 PMMA 与 SiO_2 物理胶凝。这种含有 20wt% SiO_2 的纳米复合电解质在 20℃时的电导率高达 $3.4 mS \cdot cm^{-1}$，几乎比 EC-PC-$NaClO_4$ +PMMA 的电导率高出一个数量级。类似的例子还有使用 α-Al_2O_3（在 70℃ 时为 $1.46 \times 10^{-4} S \cdot cm^{-1}$）[234]。也有报道称 GPE 的聚合物不太常见，如 $NaClO_4$/EC/PC 中的

聚丙烯腈（PAN）[235]（4.5mS·cm⁻¹）或热塑性聚氨酯（PU）（1.5mS·cm⁻¹，可高度拉伸，应变可达 610%）[236]。

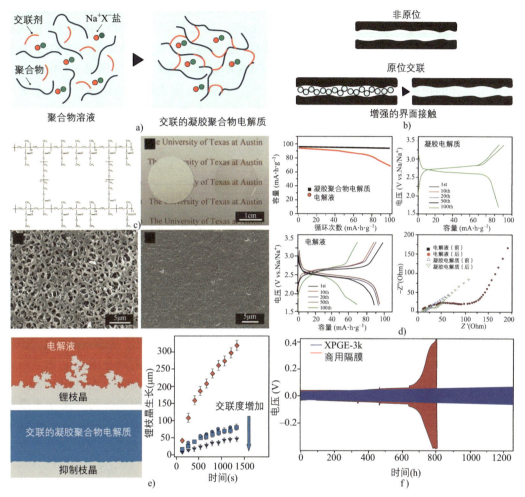

图 14.19　（a）凝胶聚合物电解质（GPE）中溶胶 – 凝胶转变示意图；（b）非原位交联与原位交联对比示意图，强调原位交联与电极的接触更加紧密；（c）交联 PMMA 的化学结构，纤维素膜（左上）和负载有交联 PMMA 的 GPE 的纤维素膜（右上）的照片，右下角是纤维素膜的 SEM 图像，左下角是负载有交联 PMMA 的纤维素膜的 SEM 图像；（d）分别使用电解液和 GPE 组装的 Sb/Na₃V₂(PO₄)₃ 钠离子全电池在 60℃下的电化学性能对比，左上角是组装的钠离子全电池在 1C 恒定电流密度下的循环性能，右上是使用 GPE 组装的钠离子全电池在 1C 恒定电流密度时的恒流充放电曲线，左下角是使用电解液组装的钠离子全电池在 1C 恒定电流密度时的恒流充放电曲线，右下角是分别使用电解液和 GPE 组装的钠离子全电池在循环 100 次后与循环前的电化学阻抗谱（资料来源：文献 [224]，经约翰·威利父子出版公司许可）；（e）Archer 等人报道的在 PEO 交联网络中对 Li 电化学沉积的精细调控，该交联网络的孔隙中含有电解液，由于交联网络可以调控界面压应力（随着交联密度的增加而增加），因此有利于更均匀的锂沉积；（f）使用商用隔膜（Celgard 3501）和交联的 PEO 凝胶电解质的长期稳定性对比（资料来源：文献 [225]，经美国化学学会许可）

除此之外，Hashmi 等人报道了另一个例子[233]，在混合有 SiO_2 的 $NaClO_4$-EC/PC 电解中加入 PMMA 从而发生物理交联形成 CPE。在该纳米复合电解质中 SiO_2 含量为 20% 时，在 20℃ 温度下具有 3.4mS·cm^{-1} 的高离子电导率，与 EC-PC-$NaClO_4$+PMMA 电解质的离子电导率相比，高了一个数量级。另外，类似的例子是使用 α-Al_2O_3 作为添加剂制备的 CPE，也同样具有优异的离子电导率（1.46×10^{-4}S·cm^{-1}，70℃）[234]。在 GPE 中不经常使用的聚合物如聚丙烯腈（PAN）和热塑性聚氨酯（PU）也有报道，使用 PAN 制备的 GPE 具有良好的离子电导率（4.5mS·cm^{-1}），基于 PU 的 GPE 不仅具有高的离子电导率（1.5mS·cm^{-1}），还展现出优异的拉伸性能（应变可达 610%）[236]。Hashmi 等人近期的综述[237] 对 GPE 中其他类型的聚合物基体也进行了详细的总结。

14.12.4　生物聚合物电解质

正如前面提到的生物基隔膜，重要的是要考虑能源材料的可持续性，以使清洁能源技术的使用产生积极影响。就 NIBs 而言，还必须进一步降低成本，以弥补与 LIBs 相比能量密度的不足。生物聚合物是一种重要的材料，因为大多数生物聚合物都具有极性基团（例如 O-，S-，N-），可以进一步功能化，能够与极性溶剂产生相互作用，与阳离子发生溶剂化反应，同时也是可再生资源。当生物聚合物作为其他行业的副产品时，其更有价值（例如木质素）。生物聚合物还具有无毒、易加工/可回收的特点，因此是未来电池技术的重要选择。

只有极少数研究将木质素与其他聚合物一起用作 LIBs 的电解质基质，而用于 NIBs 体系的研究则更少[238-240]。其中一个例子是 Li 等人报道的使用木质素制备的高电化学稳定性（7.5V）的 GPE 的研究，该电解质在室温下展现出高的离子的电导率（3.73mS·cm^{-1}）和锂离子迁移数 (0.875)。最近，Lee 等人[241] 通过使用原子转移可控聚合的方法在木质素上接枝离子传导和可交联的分子，制备出星形功能聚合物。该电解质的离子电导率在 30℃ 温度下可达到 3.3×10^{-5}S·cm^{-1}，这为开发用于电池的木质素电解质和黏结剂以稳定二次碱电池的界面提供了新思路[242, 243]。

使用纤维素的研究报道较多，将离子导电的 PEO 链段通过活性可控聚合共价连接到纤维素基大分子引发剂上，可以制备出刷型结构的全固态聚合物电解质[244]。具有自支撑性能的 CMC 和纤维素纳米纤维复合电解质，具有一维/二维离子导电的纳米通道[245]。此外，基于纤维素纳米晶自组装的 SIC 具有优异的离子传输能力，锂离子的电导率能够达到 0.93mS·cm^{-1}[246]。

Lizundia 等人[183, 247] 和 Arof 等人[248] 还对其他常见的生物聚合物基体类型的研究工作进行了总结，例如壳聚糖、淀粉、卡拉胶。

Casas 等人[249] 报道了一种由非溶剂诱导的相分离法制备的高表面积的 CMC 和 HEC 交联的隔膜，该膜成功用于 NIBs 体系。组装的 Na|Na 对称电池在循环 250h 后几乎没有极化，表明钠在沉积和剥离过程中很稳定，没有枝晶的生长。使用改良膜的 $Na_3V_2(PO_4)_3$|Na 电池的容量为 74mA·h·g^{-1}，库仑效率为 100%，而使用商用 Whatman GF/D 膜的电池容量为 61mA·h·g^{-1}，库仑效率为 96%。以 $Na_3V_2(PO_4)_3$ 作为正极材料，以金属钠作为负极材料，使用改性后的隔膜组装的全电池，展现出 74mA·h·g^{-1} 的容量和 100% 的库仑效率，而

使用 Whatman 的 GF/D 膜组装的全电池，容量仅为 61mA·h·g^{-1} 且库伦效率下降至 96%。这种改善归因于隔膜良好的保液能力以及膜与电极的界面附着力的增强。

对生物衍生物和水系黏结剂的研究工作已非常深入，基于此，有必要将此类材料延伸到电解质领域。本节总结的关于 LIBs 的早期研究工作方法，对后续研究 NIBs 体系奠定了基础。

14.12.5　离子聚合物：聚阴离子和交联离聚物

离子聚合物，也被称为离聚物和聚电解质（例如聚阳离子和聚阴离子），其阳离子迁移数（t^+）接近 1。迁移数描述了电解质中某一种离子的迁移能力，一般用该离子占体系中所有离子总数的比值来表示。对于给定的 M$^+$ 离子，$t^+ \propto D^+/\sigma_{el}$，其中 D^+ 和 σ_{el} 分别为扩散系数和离子电导率，描述了电解质间电荷极化梯度的程度。在电解液中，阴离子（X$^-$）和 M$^+$ 均会扩散，且 $t^+ < 1$，由于阴离子（X$^-$）的体积更大，因此迁移速度更快，导致在负极表面积累从而引起浓差极化。对于固体电解质，当阴离子（X$^-$）固定在电解质的结构上时，由于体系中传输的离子为 M$^+$，消除了电解质内部的缓慢动力学和浓差极化，因此 $t^+ = 1$。

为了解决传统 PEO 基 PEs 阳离子迁移数低的问题（$t^+ \approx 0.2$），研究者们对用于 LIBs 的离子聚合物进行了广泛的研究，常见的离子聚合物类型包括 Nafion、磺化聚苯乙烯和聚合 ILs[250]（图 14.20）。

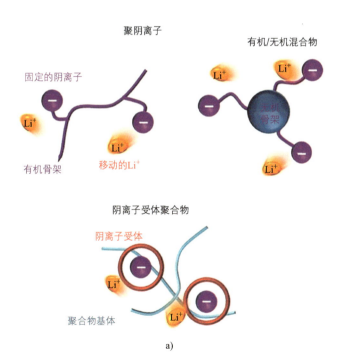

a)

图 14.20　（a）不同结构的单离子聚合物导体的示意图；（b）SiO$_2$_ 阴离子纳米粒子以及 SiO$_2$_PEG_ 阴离子纳米粒子两种电解质的离子电导率对比，以及两种杂化聚合物的示意图（来源：改编自文献 [251]）

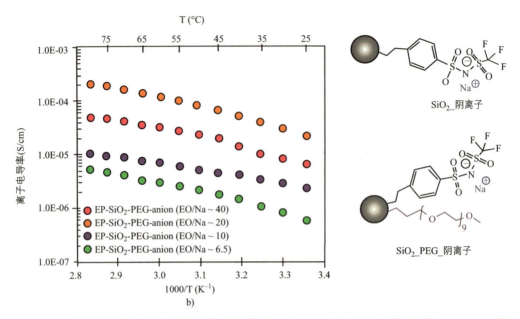

图 14.20 （a）不同结构的单离子聚合物导体的示意图；（b）SiO$_2$_ 阴离子纳米粒子以及 SiO$_2$_PEG_ 阴离子纳米粒子两种电解质的离子电导率对比，以及两种杂化聚合物的示意图（来源：改编自文献 [251]）（续）

基于 Nafion 的离子膜已成功用于 NIBs，该离子膜可以增强离子导电能力，抑制钠枝晶的生长，并能够延长循环寿命[252]。浸泡在电解液（基于 NaClO$_4$/NaNO$_3$ 的四乙二醇二甲醚溶液）[253] 或用 Al$_2$O$_3$[254] 增强的无孔 Na$^+$-Nafion 膜，能够防止可溶性多硫化物的，提升离子电导率，抑制多硫化物的穿梭效应，提高了 Na-S 电池在室温下的硫利用率和循环稳定性。

其他的离子交换膜和离子选择性膜大多是针对 Li 离子的，相关综述文章对此进行了总结[255-257]。

尽管离聚物和 IL 的交联不可避免地会降低离子电导率，但由于机械稳定性的提高以及枝晶生长受到抑制，许多研究者都致力于合成特定的可聚合 ILs 和离子单体，包括磺酸盐、磺酰亚胺和四面体硼酸盐[251, 258]。在化学性质方面，磺酸盐相对容易溶解，且负电荷分布适中。硼酸盐与阳离子的相互作用通常较弱，这是由于 B 的电负性低于 O、N 和 S，该特性有利于达到最佳的溶解 / 扩散度。磺酰亚胺含有多个吸电子基团，能够通过共振稳定离子。已有许多关于 SIC 膜的报道，其中一些例子如下：将苯磺酰亚胺大分子与 PVDF-HFP 混合制备的 SIC 膜，其电导率达到 0.91 × 10^{-4}S · cm^{-1}，Na$^+$ 迁移数为 0.83[259]；将新型聚合物钠盐聚酒石酸硼酸钠与 PVCA 共混制备 PEs 用于钠金属电池，离子电导率（1 × 10^{-4}S · cm^{-1}）和钠离子迁移数均有明显的提升 (0.88)[260]。与传统的 NaClO$_4$ 基电解液相比，用这种膜组装的 Na$_3$V$_2$(PO$_4$)$_3$|Na 电池显示出更好的循环稳定性，并能有效抑制钠枝晶的生长[261]。

在一些复合离子电解质膜中，可电离基团被锚定在纳米材料表面，以提高离子导电能力和机械性能。基于 Archer 等人设计的新型聚合物 -SiO$_2$ 纳米杂化材料的 SIC 成功用于 LIBs 之后[262]，Armand 等人[251] 报道了一种功能化的纳米复合膜，该膜是将 PEG 链段和有机硅氧烷钠盐衍生物接枝到 SiO$_2$ 纳米颗粒上制备而成，在室温下该膜的离子电导率可以达

到具 $10^{-5}S \cdot cm^{-1}$。

针对 LIBs 体系的大多数 SIC 膜的研究表明，SIC 膜具有出色的界面稳定性和良好的离子导电性，此外通过特定的修饰还能赋予膜具有自修复的特性（例如硼酸酯键）[265, 266]。这些巧妙的设计方法为今后发展用于 NIBs 体系的 SIC 提供了可借鉴的研究思路。Shaefer 等人[267] 最近发表的研究成果从 SIC 要求的角度对 NIBs 和 LIBs 进行了比较。

▼ 14.13　全聚合物的钠离子电池

在 NIBs 的各个部件中均采用高分子材料已经制备出完全集成、低成本和柔性的器件。这种巧妙的设计结合了本章中每节的内容，并借助了低表面积和大孔石墨碳结构以制备出灵活的、预图案化的集流体[268, 269]（如碳毡[270]、碳纸[271]）。例如，Sun 等人[272] 报道了一种柔性的准固态 NIBs，该电池展现出良好的循环稳定性，将熔融钠注入柔性亲钠碳布制备成负极材料，以浸泡在 $NaPF_6/EC: DME: EMC$ 的 PVDF-HFP 膜作为准固态电解质，组装的对称电池可沉积 / 剥离循环 400h。此外，通过静电纺丝技术制备 $Na_3V_2(PO_4)_3$@C 纳米纤维作为正极材料，组装的全电池在 5C 的倍率下循环容量可达到 $72.5mA \cdot h \cdot g^{-1}$，经过 3000 次循环后，容量仍能保持在 $67.2mA \cdot h \cdot g^{-1}$。

Cao 等人报道了一种基于氧化还原聚合物和塑晶电解质的全有机全固态 NIBs。该全固态电池是以聚蒽醌硫醚（PAQS）为负极材料，以聚（苯胺 / 邻硝基苯胺）（P(AN-NA)）为正极材料，以塑晶为电解质（钠盐溶解在琥珀腈中）。所组装的 NIBs 的工作电压为 1.8V，比能量为 $92W \cdot h \cdot kg^{-1}$，在 8C 的倍率下循环 500 次后，电池容量保持率为 85%，在 16C 倍率下（电流密度为 $3200mA \cdot g^{-1}$）容量保持率为 60%，显示出良好的倍率性能。这些优异的性能和有机聚合物电极的高稳定性和柔韧性有关（图 14.21）。

Ahn 等人[275] 报道了一种以导电聚酰亚胺（PI）/ 多壁碳纳米管（MWCNT）纳米复合材料作为正极材料，该材料是通过氧化还原活性分子 PTCDA 的亚胺化制备。使用浸入在 $NaClO_4/EC/PC/DME$ 电解液中的电纺丝 PAN 纳米纤维膜作为电解质，以金属钠作为负极，组装的半电池在 0.1C 倍率下放电容量接近 100%，在 5C 的倍率下可稳定循环 3000 次。本研究没有对全电池的性能进行评估。

Titirici 等人[186] 将分层结构的碳材料与基于纤维素的凝胶电解质组装成钠离子电容器。通过对纤维素纳米晶的直接热裂解制备了无孔硬碳负极，通过水热炭化和纤维素微原纤维活化制备了具有珊瑚状分层多孔结构的氮掺杂碳正极，使用浸泡在 EC: PC 1mol $NaClO_4$ 电解液中的羟乙基纤维素作为凝胶电解质组装全电池。在 $250W \cdot kg^{-1}$ 功率密度下，该钠离子电容器的能量密度可以达到 $181W \cdot h \cdot kg^{-1}$。

Yu 等人[274] 利用糖晶体作为负极模板制备出石墨烯修饰的 PDMS 海绵体电极，将其应用在钠离子全电池和半电池上，表现出良好电化学性能和机械可塑性。然后，以 PDMS/rGO 海绵体 /$VOPO_4$ 作为正极，PDMS/rGO 海绵体 / 硬碳作为负极，以浸泡在含有 2 Vol%（体积分数）FEC 添加剂的 $NaClO_4/PC$ 中的 PVDF-HFP 为电解质膜组装钠离子全电池。在 0.1C 的电流密度下，没有拉伸时可逆比容量为 $103mA \cdot h \cdot g^{-1}$，在 $0.4A \cdot g^{-1}$ 的电流密度下，循环 300 次后容量保持率为 85%；在拉伸程度为 20% 和 50% 时，电池的可逆比容量分别为 $96mA \cdot h \cdot g^{-1}$ 和 $92mA \cdot h \cdot g^{-1}$。

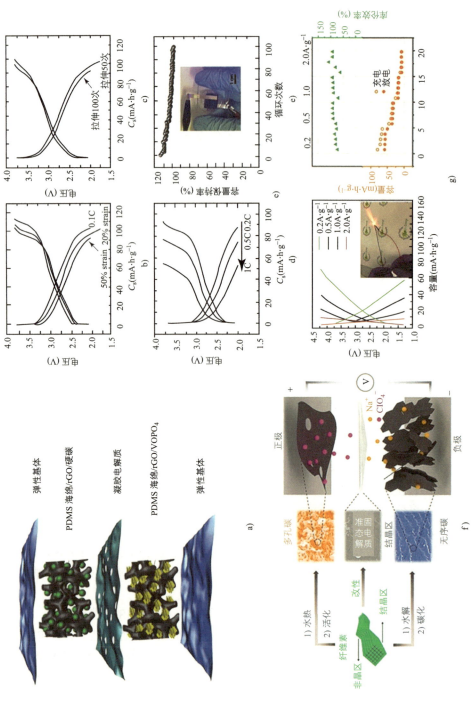

图 14.21 （a）制备可伸缩的 PDMS/rGO 海绵 /VOPO4/PDMS/rGO 海绵 / 硬碳钠离子全电池的示意图；PDMS/rGO 海绵体 /VOPO4 和 PDMS/rGO 海绵体 / 硬碳组成的钠离子全电池的电化学性能：(b) 不同拉伸条件下充放电曲线，(c) 不同倍率下充放电曲线，(d) 不同拉伸次数后的充放电曲线，(e) 没有拉伸的全电池的循环稳定性，插图显示的是电池在未拉伸状态下的循环稳定性（资料来源：文献 [274]，经约翰·威利父子公司许可）；(f) 电极和电解质的 "一体" 合成过程以及钠离子电容器的非对称结构示意图；(g) 组装的 CHKM800/HEC-PEO/CNC1000 准固态电池在 0.2 ~ 2.0A·g−1 电流密度下的恒流态充放电曲线（每一电流密度下循环第二次的充放电曲线）和倍率性能，文献 [186]，经约翰·威利父子公司许可）。

▼ 14.14　结论

　　总之，聚合物对电池电极的性能起着至关重要的作用。作为黏结剂，无论活性材料的性能如何，它都是可能导致电池过早失效的成分。虽然黏结剂领域的研究还相对匮乏，但我们可以借鉴大量的关于锂离子体系的文献，设计出新颖和有效的黏结剂，以满足特定电极类型的需求。但是，对电极失效机制的研究还不够深入，因此，必须采用先进的表征方法来阐明电极在运行过程中发生的确切机制，从而设计出合适的黏结剂来应对这些挑战。

　　除黏结剂之外，聚合物还可用作电极中的活性材料。由于可以对结构进行微精细的调控，因此这些材料在 NIBs 电极方面用途广泛，极具吸引力。然而，在溶解性、自放电、低容量和导电性方面仍存在一些挑战，因此有必要合成新型聚合物并对已有聚合物的结构进行改进，以实现这些聚合物在实际中应用。

　　聚合物在电极–电解质界面中的作用仍未得到广泛探索和深入了解，而界面离子传输、力学和化学相容性的影响对于决定电池的整体性能至关重要。将理论模拟、实验研究和原位表征技术结合起来，对于开发具有稳定性界面的下一代 NIBs 体系具有决定性意义。

　　在 PEs 方面，可以从 LIBs 体系中借鉴大量的材料和制造技术。固态技术在安全性、设备集成和制造方面是最理想的技术方案。结合对界面力学的探究，PEs 有望推动固态技术的飞速发展。

　　所有聚合物组件的首要考虑因素必须是其对环境的影响。在向绿色能源储存过渡的过程中，必须考虑所有电池技术元件的材料、生产和制造的可持续性。聚合物为材料的可持续发展提供了一个极具吸引力的解决方案，因为它们可以通过结构设计满足生物降解性，由可持续的前驱体合成，并采用绿色制造方法进行加工。

　　最后，对于每个组件，都有大量需要优化的参数，这在本章的每节中都进行了讨论。同时，每个组件的最优体系可能与电池中其他组件的最优参数不兼容。因此，作为一个多方面的问题，需要进行大规模的组合测试来生成全面的数据集（例如材料性能与电池性能）来帮助机器学习，这反过来又将推动基于新型聚合物基材料的高性能电池技术的发展。

参 考 文 献

1 Amin, K., Mao, L., and Wei, Z. (2019). Recent progress in polymeric carbonyl-based electrode materials for lithium and sodium ion batteries. *Macromol. Rapid Commun.* 40 (1): 1800565.

2 Costa, C.M., Lizundia, E., and Lanceros-Méndez, S. (2020). Polymers for advanced lithium-ion batteries: state of the art and future needs on polymers for the different battery components. *Prog. Energy Combust. Sci.* 79: 100846.

3 Ma, Y., Ma, J., and Cui, G. (2019). Small things make big deal: powerful binders of lithium batteries and post-lithium batteries. *Energy Storage Mater.* 20: 146–175.

4 Nguyen, V.A. and Kuss, C. (2020). Review—conducting polymer-based binders for lithium-ion batteries and beyond. *J. Electrochem. Soc.* 167 (6): 65501.

5 Saal, A., Hagemann, T., and Schubert, U.S. (2020). Polymers for battery applications—active materials, membranes, and binders. *Adv. Energy Mater.* 11 (43): 2001984.

6 Bhosale, M.E., Chae, S., Kim, J.M., and Choi, J.-Y. (2018). Organic small molecules and polymers as an electrode material for rechargeable lithium ion batteries. *J. Mater. Chem. A* 6 (41): 19885–19911.

7 Shea, J.J. and Luo, C. (2020). Organic electrode materials for metal ion batteries. *ACS Appl. Mater. Interfaces* 12 (5): 5361–5380.

8 Banda, H., Damien, D., Nagarajan, K. et al. (2015). A polyimide based all-organic sodium ion battery. *J. Mater. Chem. A* 3 (19): 10453–10458.

9 Chen, L., Li, W., Wang, Y. et al. (2014). Polyimide as anode electrode material for rechargeable sodium batteries. *RSC Adv.* 4 (48): 25369–25373.

10 Xu, F., Wang, H., Lin, J. et al. (2016). Poly(anthraquinonyl imide) as a high capacity organic cathode material for Na-ion batteries. *J. Mater. Chem. A* 4 (29): 11491–11497.

11 Zhao, Q., Gaddam, R.R., Yang, D. et al. (2018). Pyromellitic dianhydride-based polyimide anodes for sodium-ion batteries. *Electrochim. Acta* 265: 702–708.

12 Li, Z., Zhou, J., Xu, R. et al. (2016). Synthesis of three dimensional extended conjugated polyimide and application as sodium-ion battery anode. *Chem. Eng. J.* 287: 516–522.

13 Deng, W., Liang, X., Wu, X. et al. (2013). A low cost, all-organic Na-ion battery based on polymeric cathode and anode. *Sci. Rep.* 3 (1): 2671.

14 Song, Z., Qian, Y., Zhang, T. et al. (2015). Poly(benzoquinonyl sulfide) as a high-energy organic cathode for rechargeable Li and Na batteries. *Adv. Sci.* 2 (9): 1500124.

15 Sun, T., Li, Z., Wang, H. et al. (2016). A biodegradable polydopamine-derived electrode material for high-capacity and long-life lithium-ion and sodium-ion batteries. *Angew. Chemie Int. Ed.* 55 (36): 10662–10666.

16 Castillo-Martínez, E., Carretero-González, J., and Armand, M. (2014). Polymeric schiff bases as low-voltage redox centers for sodium-ion batteries. *Angew. Chemie Int. Ed.* 53 (21): 5341–5345.

17 Fernández, N., Sánchez-Fontecoba, P., Castillo-Martínez, E. et al. (2018). Polymeric redox-active electrodes for sodium-ion batteries. *ChemSusChem* 11 (1): 311–319.

18 Zhou, M., Li, W., Gu, T. et al. (2015). A sulfonated polyaniline with high density and high rate Na-storage performances as a flexible organic cathode for sodium ion batteries. *Chem. Commun.* 51 (76): 14354–14356.

19 Zhao, R., Zhu, L., Cao, Y. et al. (2012). An aniline-nitroaniline copolymer as a high capacity cathode for Na-ion batteries. *Electrochem. commun.* 21: 36–38.

20 Shen, Y.F., Yuan, D.D., Ai, X.P. et al. (2014). Poly(diphenylaminesulfonic acid sodium) as a cation-exchanging organic cathode for sodium batteries. *Electrochem. commun.* 49: 5–8.

21 Manuel, J., Salguero, T., and Ramasamy, R.P. (2019). Synthesis and characterization of polyaniline nanofibers as cathode active material for sodium-ion battery. *J. Appl. Electrochem.* 49 (5): 529–537.

22 Su, D., Zhang, J., Dou, S., and Wang, G. (2015). Polypyrrole hollow nanospheres: stable cathode materials for sodium-ion batteries. *Chem. Commun.* 51 (89): 16092–16095.

23 Chen, X., Liu, L., Yan, Z. et al. (2016). The excellent cycling stability and superior rate capability of polypyrrole as the anode material for rechargeable sodium ion batteries. *RSC Adv.* 6 (3): 2345–2351.

24 Liu, S., Wang, F., Dong, R. et al. (2016). Dual-template synthesis of 2D meso-porous polypyrrole nanosheets with controlled pore size. *Adv. Mater.* 28 (38): 8365–8370.

25 Zhou, M., Xiong, Y., Cao, Y. et al. (2013). Electroactive organic anion-doped polypyrrole as a low cost and renewable cathode for sodium-ion batteries. *J. Polym. Sci. Part B Polym. Phys.* 51 (2): 114–118.

26 Zhou, M., Zhu, L., Cao, Y. et al. (2012). Fe(CN)6−4-doped polypyrrole: a high-capacity and high-rate cathode material for sodium-ion batteries. *RSC Adv.* 2 (13): 5495–5498.

27 Dai, Y., Zhang, Y., Gao, L. et al. (2010). A sodium ion based organic radical battery. *Electrochem. Solid-State Lett.* 13 (3): A22.

28 Kim, J.-K., Kim, Y., Park, S. et al. (2016). Encapsulation of organic active materials in carbon nanotubes for application to high-electrochemical-performance sodium batteries. *Energy Environ. Sci.* 9 (4): 1264–1269.

29 Shi, R., Liu, L., Lu, Y. et al. (2020). Nitrogen-rich covalent organic frameworks with multiple carbonyls for high-performance sodium batteries. *Nat. Commun.* 11 (1): 178.

30 Zhao, Q., Whittaker, A.K., and Zhao, X.S. (2018). Polymer electrode materials for sodium-ion batteries. *Materials* 11 (12).

31 Zhang, Y., Wang, J., and Riduan, S.N. (2016). Strategies toward improving the performance of organic electrodes in rechargeable lithium (sodium) batteries. *J. Mater. Chem. A* 4 (39): 14902–14914.

32 Ruby Raj, M., Mangalaraja, R.V., Contreras, D. et al. (2020). Perylenedianhydride-based polyimides as organic cathodes for rechargeable lithium and sodium batteries. *ACS Appl. Energy Mater.* 3 (1): 240–252.

33 Wang, H., Yuan, S., Ma, D. et al. (2014). Tailored aromatic carbonyl derivative polyimides for high-power and long-cycle sodium-organic batteries. *Adv. Energy Mater.* 4 (7): 1301651.

34 Zhao, Q., Lu, Y., and Chen, J. (2017). Advanced organic electrode materials for rechargeable sodium-ion batteries. *Adv. Energy Mater.* 7 (8): 1601792.

35 López-Herraiz, M., Castillo-Martínez, E., Carretero-González, J. et al. (2015). Oligomeric-Schiff bases as negative electrodes for sodium ion batteries: unveiling the nature of their active redox centers. *Energy Environ. Sci.* 8 (11): 3233–3241.

36 Shacklette, L.W., Toth, J.E., Murthy, N.S., and Baughman, R.H. (1985). Poly-acetylene and polyphenylene as anode materials for nonaqueous secondary batteries. *J. Electrochem. Soc.* 132 (7): 1529–1535.

37 Zhu, L., Shen, Y., Sun, M. et al. (2013). Self-doped polypyrrole with ionizable sodium sulfonate as a renewable cathode material for sodium ion batteries. *Chem. Commun.* 49 (97): 11370–11372.

38 Kim, J., Kim, J.H., and Ariga, K. (2017). Redox-active polymers for energy storage nanoarchitectonics. *Joule* 1 (4): 739–768.

39 Gu, S., Wu, S., Cao, L. et al. (2019). Recent progress in electrode and electrolyte materials for flexible sodium-ion https://doi.org/10.1039/D0TA07188A batteries Kuldeep. *J. Am. Chem. Soc.* 141 (24): 9623–9628.

40 Haldar, S., Kaleeswaran, D., Rase, D. et al. (2020). Tuning the electronic energy level of covalent organic frameworks for crafting high-rate Na-ion battery anode. *Nanoscale Horizons* 5 (8): 1264–1273.

41 Sakaushi, K., Hosono, E., Nickerl, G. et al. (2013). Aromatic porous-honeycomb electrodes for a sodium-organic energy storage device. *Nat. Commun.* 4 (1): 1485.

42 Dou, X., Hasa, I., Saurel, D. et al. (2019). Hard carbons for sodium-ion batteries: structure, analysis, sustainability, and electrochemistry. *Mater. Today* 23: 87–104.

43 Wahid, M., Puthusseri, D., Gawli, Y. et al. (2018). Hard carbons for sodium-ion battery anodes: synthetic strategies, material properties, and storage mechanisms. *ChemSusChem* 11 (3): 506–526.

44 Zhang, H., Huang, Y., Ming, H. et al. (2020). Recent advances in nanostructured carbon for sodium-ion batteries. *J. Mater. Chem. A* 8 (4): 1604–1630.

45 Liedel, C. (2020). Sustainable battery materials from biomass. *ChemSusChem* 13 (9): 2110–2141.

46 Nirmale, T.C., Kale, B.B., and Varma, A.J. (2017). A review on cellulose and lignin based binders and electrodes: small steps towards a sustainable lithium ion battery. *Int. J. Biol. Macromol.* 103: 1032–1043.

47 Nicolae, S.A., Au, H., Modugno, P. et al. (2020). Recent advances in hydrothermal carbonisation: from tailored carbon materials and biochemicals to applications and bioenergy. *Green Chem* 22 (15): 4747–4800.

48 Ghosh, S., Makeev, M.A., Qi, Z. et al. (2020). Rapid upcycling of waste polyethylene terephthalate to energy storing disodium terephthalate flowers with DFT calculations. *ACS Sustain. Chem. Eng.* 8 (16): 6252–6262.

49 Wang, J. and Kaskel, S. (2012). KOH activation of carbon-based materials for energy storage. *J. Mater. Chem.* 22 (45): 23710–23725.

50 Alcántara, R., Lavela, P., Ortiz, G.F., and Tirado, J.L. (2005). Carbon microspheres obtained from resorcinol-formaldehyde as high-capacity electrodes for sodium-ion batteries. *Electrochem. Solid-State Lett.* 8 (4): A222.

51 Kamiyama, A., Kubota, K., Nakano, T. et al. (2020). High-capacity hard carbon synthesized from macroporous phenolic resin for sodium-ion and potassium-ion battery. *ACS Appl. Energy Mater.* 3 (1): 135–140.

52 Wang, H., Shi, Z., Jin, J. et al. (2015). Properties and sodium insertion behavior of phenolic resin-based hard carbon microspheres obtained by a hydrothermal method. *J. Electroanal. Chem.* 755: 87–91.

53 Hasegawa, G., Kanamori, K., Kannari, N. et al. (2015). Hard carbon anodes for Na-ion batteries: toward a practical use. *ChemElectroChem* 2 (12): 1917–1920.

54 Beda, A., Taberna, P.-L., Simon, P., and Matei Ghimbeu, C. (2018). Hard carbons derived from green phenolic resins for Na-ion batteries. *Carbon N. Y.* 139: 248–257.

55 Palanisamy, M., Pol, V.G., Evans, S.F. et al. (2020). Encapsulated Sb and Sb_2O_3 particles in waste-tire derived carbon as stable composite anodes for sodium-ion batteries. *Sustain. Energy Fuels* 4 (7): 3613–3622.

56 Peuvot, K., Hosseinaei, O., Tomani, P. et al. (2019). Lignin based electrospun carbon fiber anode for sodium ion batteries. *J. Electrochem. Soc.* 166 (10): A1984–A1990.

57 Jin, J., Shi, Z., and Wang, C. (2014). Electrochemical performance of electrospun carbon nanofibers as free-standing and binder-free anodes for sodium-ion and lithium-ion batteries. *Electrochim. Acta* 141: 302–310.

58 Bai, Y., Liu, Y., Li, Y. et al. (2017). Mille-feuille shaped hard carbons derived from polyvinylpyrrolidone via environmentally friendly electrostatic spinning for sodium ion battery anodes. *RSC Adv.* 7 (9): 5519–5527.

59 Bai, Y., Wang, Z., Wu, C. et al. (2015). Hard carbon originated from polyvinyl chloride nanofibers as high-performance anode material for Na-ion battery. *ACS Appl. Mater. Interfaces* 7 (9): 5598–5604.

60 Wang, Y., Liu, Y., Liu, Y. et al. (2021). Recent advances in electrospun electrode materials for sodium-ion batteries. *J. Energy Chem.* 54: 225–241.

61 Hwang, J.-Y., Myung, S.-T., and Sun, Y.-K. (2017). Sodium-ion batteries: present and future. *Chem. Soc. Rev.* 46 (12): 3529–3614.

62 Chen, H., Ling, M., Hencz, L. et al. (2018). Exploring chemical, mechanical, and electrical functionalities of binders for advanced energy-storage devices. *Chem. Rev.* 118 (18): 8936–8982.

63 Bommier, C. and Ji, X. (2018). Electrolytes, SEI formation, and binders: areview of nonelectrode factors for sodium-ion battery anodes. *Small* 14 (16): 1703576.

64 Dall'Asta, V., Buchholz, D., Chagas, L.G. et al. (2017). Aqueous processing of Na0.44MnO2 cathode material for the development of greener Na-ion batteries. *ACS Appl. Mater. Interfaces* 9 (40): 34891–34899.

65 Kumar, P.R., Jung, Y.H., Ahad, S.A., and Kim, D.K. (2017). A high rate and stable electrode consisting of a Na3V2O2X(PO4)2F3−2X–rGO composite with a cellulose binder for sodium-ion batteries. *RSC Adv.* 7 (35): 21820–21826.

66 Gu, Z.-Y., Sun, Z.-H., Guo, J.-Z. et al. (2020). High-rate and long-cycle cathode for sodium-ion batteries: enhanced electrode stability and kinetics via binder adjustment. *ACS Appl. Mater. Interfaces.* 12 (42): 47580–47589.

67 Deng, X., Shi, W., Sunarso, J. et al. (2017). A green route to a Na_2FePO_4F-based cathode for sodium ion batteries of high rate and long cycling life. *ACS Appl. Mater. Interfaces* 9 (19): 16280–16287.

68 Dahbi, M., Nakano, T., Yabuuchi, N. et al. (2014). Sodium carboxymethyl cellulose as a potential binder for hard-carbon negative electrodes in sodium-ion batteries. *Electrochem. commun.* 44: 66–69.

69 Stevens, D.A. and Dahn, J.R. (2000). High capacity anode materials for rechargeable sodium-ion batteries. *J. Electrochem. Soc.* 147 (4): 1271–1273.

70 Fan, Q., Zhang, W., Duan, J. et al. (2015). Effects of binders on electrochemical performance of nitrogen-doped carbon nanotube anode in sodium-ion battery. *Electrochim. Acta* 174: 970–977.

71 Vogt, L.O., El Kazzi, M., Jämstorp Berg, E. et al. (2015). Understanding the interaction of the carbonates and binder in Na-ion batteries: acombined bulk and surface study. *Chem. Mater.* 27 (4): 1210–1216.

72 Komaba, S., Matsuura, Y., Ishikawa, T. et al. (2012). Redox reaction of Sn-polyacrylate electrodes in aprotic Na cell. *Electrochem. commun.* 21: 65–68.

73 Dai, K., Zhao, H., Wang, Z. et al. (2014). Toward high specific capacity and high cycling stability of pure tin nanoparticles with conductive polymer binder for sodium ion batteries. *J. Power Sources* 263: 276–279.

74 Kumar, P.R., Jung, Y.H., and Kim, D.K. (2015). High performance of MoS2 microflowers with a water-based binder as an anode for Na-ion batteries. *RSC Adv.* 5 (97): 79845–79851.

75 Pang, Y., Zhang, S., Liu, L. et al. (2017). Few-layer MoS2 anchored at nitrogen-doped carbon ribbons for sodium-ion battery anodes with high rate performance. *J. Mater. Chem. A* 5 (34): 17963–17972.

76 Zhang, X.-H., Pang, W.-L., Wan, F. et al. (2016). P2–$Na_{2/3}Ni_{1/3}Mn_{5/9}Al_{1/9}O_2$ microparticles as superior cathode material for sodium-ion batteries: enhanced properties and mechanism via graphene connection. *ACS Appl. Mater. Interfaces* 8 (32): 20650–20659.

77 Zhao, J., Yang, X., Yao, Y. et al. (2018). Moving to aqueous binder: avalid approach to achieving high-rate capability and long-term durability for sodium-ion battery. *Adv. Sci.* 5 (4): 1700768.

78 Au, H., Alptekin, H., Jensen, A.C.S. et al. (2020). A revised mechanistic model for sodium insertion in hard carbons. *Energy Environ Sci.* 13 (10): 3469–3479.

79 Qian, J., Chen, Y., Wu, L. et al. (2012). High capacity Na-storage and superior cyclability of nanocomposite Sb/C anode for Na-ion batteries. *Chem. Commun.* 48 (56): 7070–7072.

80 Jin, Y., Sun, S., Ou, M. et al. (2018). High-performance hard carbon anode: tunable local structures and sodium storage mechanism. *ACS Appl. Energy Mater.* 1 (5): 2295–2305.

81 Wang, J., Yan, L., Ren, Q. et al. (2018). Facile hydrothermal treatment route of reed straw-derived hard carbon for high performance sodium ion battery. *Electrochim. Acta* 291: 188–196.

82 Kim, Y., Park, Y., Choi, A. et al. (2013). An amorphous red phosphorus/carbon composite as a promising anode material for sodium ion batteries. *Adv. Mater.* 25 (22): 3045–3049.

83 Kubota, K., Shimadzu, S., Yabuuchi, N. et al. (2020). Structural analysis of sucrose-derived hard carbon and correlation with the electrochemical properties for lithium, sodium, and potassium insertion. *Chem. Mater.* 32 (7): 2961–2977.

84 Ming, J., Ming, H., Kwak, W.-J. et al. (2014). The binder effect on an oxide-based anode in lithium and sodium-ion battery applications: the fastest way to ultrahigh performance. *Chem. Commun.* 50 (87): 13307–13310.

85 Song, J., Yu, Z., Gordin, M.L. et al. (2015). Advanced sodium ion battery anode constructed via chemical bonding between phosphorus, carbon nanotube, and cross-linked polymer binder. *ACS Nano* 9 (12): 11933–11941.

86 Rybarczyk, M.K., Li, Y., Qiao, M. et al. (2019). Hard carbon derived from rice husk as low cost negative electrodes in Na-ion batteries. *J. Energy Chem.* 29: 17–22.

87 Bai, P., He, Y., Zou, X. et al. (2018). Elucidation of the sodium-storage mechanism in hard carbons. *Adv. Energy Mater.* 8 (15): 1703217.

88 Xie, F., Xu, Z., Jensen, A.C.S. et al. (2019). Hard–soft carbon composite anodes with synergistic sodium storage performance. *Adv. Funct. Mater.* 29 (24): 1901072.

89 Li, X., Yang, Y., Liu, J. et al. (2017). MoS2/cotton-derived carbon fibers with enhanced cyclic performance for sodium-ion batteries. *Appl. Surf. Sci.* 413: 169–174.

90 Wang, J., Luo, C., Gao, T. et al. (2015). An advanced MoS2/carbon anode for high-performance sodium-ion batteries. *Small* 11 (4): 473–481.

91 Luo, C., Fan, X., Ma, Z. et al. (2017). Self-healing chemistry between organic material and binder for stable sodium-ion batteries. *Chem* 3 (6): 1050–1062.

92 Gao, H., Zhou, W., Jang, J.-H., and Goodenough, J.B. (2016). Cross-linked chitosan as a polymer network binder for an antimony anode in sodium-ion batteries. *Adv. Energy Mater.* 6 (6): 1502130.

93 Tao, F., Qin, L., Chu, Y. et al. (2019). Sodium hyaluronate: aversatile polysaccharide toward intrinsically self-healable energy-storage devices. *ACS Appl. Mater. Interfaces* 11 (3): 3136–3141.

94 Bresser, D., Buchholz, D., Moretti, A. et al. (2018). Alternative binders for sustainable electrochemical energy storage – the transition to aqueous electrode processing and bio-derived polymers. *Energy Environ. Sci.* 11 (11): 3096–3127.

95 Wang, Y.-X., Xu, Y., Meng, Q. et al. (2016). Chemically bonded Sn nanoparticles using the crosslinked epoxy binder for high energy-density Li ion battery. *Adv. Mater. Interfaces* 3 (23): 1600662.

96 Park, Y., Lee, S., Kim, S.-H. et al. (2013). A photo-cross-linkable polymeric binder for silicon anodes in lithium ion batteries. *RSC Adv.* 3 (31): 12625–12630.

97 Liu, Z., Han, S., Xu, C. et al. (2016). In situ crosslinked PVA–PEI polymer binder for long-cycle silicon anodes in Li-ion batteries. *RSC Adv.* 6 (72): 68371–68378.

98 Lu, L., Han, X., Li, J. et al. (2013). A review on the key issues for lithium-ion battery management in electric vehicles. *J. Power Sources* 226: 272–288.

99 Liu, J., Zhang, Q., Wu, Z.-Y. et al. (2014). A high-performance alginate hydrogel binder for the Si/C anode of a Li-ion battery. *Chem. Commun.* 50 (48): 6386–6389.

100 Tan, H., Chen, D., Rui, X., and Yu, Y. (2019). Peering into alloy anodes for sodium-ion batteries: current trends, challenges, and opportunities. *Adv. Funct. Mater.* 29 (14): 1808745.

101 Xiao, Y., Lee, S.H., and Sun, Y.-K. (2017). The application of metal sulfides in sodium ion batteries. *Adv. Energy Mater.* 7 (3): 1601329.

102 Fang, S., Bresser, D., and Passerini, S. (2020). Transition metal oxide anodes for electrochemical energy storage in lithium- and sodium-ion batteries. *Adv. Energy Mater.* 10 (1): 1902485.

103 Zhao, H., Wei, Y., Wang, C. et al. (2018). Mussel-inspired conductive polymer binder for Si-alloy anode in lithium-ion batteries. *ACS Appl. Mater. Interfaces* 10 (6): 5440–5446.

104 Lee, K. and Kim, T.-H. (2018). Poly(aniline-co-anthranilic acid) as an electrically conductive and mechanically stable binder for high-performance silicon anodes. *Electrochim. Acta* 283: 260–268.

105 Higgins, T.M., Park, S.-H., King, P.J. et al. (2016). A commercial conducting polymer as both binder and conductive additive for silicon nanoparticle-based lithium-ion battery negative electrodes. *ACS Nano* 10 (3): 3702–3713.

106 Liu, X., Qian, T., Liu, J. et al. (2018). Greatly improved conductivity of double-chain polymer network binder for high sulfur loading lithium–sulfur batteries with a low electrolyte/sulfur ratio. *Small* 14 (33): 1801536.

107 Gao, H., Lu, Q., Yao, Y. et al. (2017). Significantly raising the cell performance of lithium sulfur battery via the multifunctional polyaniline binder. *Electrochim. Acta* 232: 414–421.

108 von Zamory, J., Bedu, M., Fantini, S. et al. (2013). Polymeric ionic liquid nanoparticles as binder for composite Li-ion electrodes. *J. Power Sources* 240: 745–752.

109 Grygiel, K., Lee, J.-S., Sakaushi, K. et al. (2015). Thiazolium poly(ionic liquid)s: synthesis and application as binder for lithium-ion batteries. *ACS Macro Lett.* 4 (12): 1312–1316.

110 Mecerreyes, D., Porcarelli, L., and Casado, N. (2020). Innovative polymers for next-generation batteries. *Macromol. Chem. Phys.* 221 (4): 1900490.

111 Wang, C., Wu, H., Chen, Z. et al. (2013). Self-healing chemistry enables the stable operation of silicon microparticle anodes for high-energy lithium-ion batteries. *Nat. Chem.* 5 (12): 1042–1048.

112 Xu, Z., Yang, J., Zhang, T. et al. (2018). Silicon microparticle anodes with self-healing multiple network binder. *Joule* 2 (5): 950–961.

113 Qin, J., Lin, F., Hubble, D. et al. (2019). Tuning self-healing properties of stiff, ion-conductive polymers. *J. Mater. Chem. A* 7 (12): 6773–6783.

114 Cho, Y., Kim, J., Elabd, A. et al. (2019). A pyrene–poly(acrylic acid)–polyrotaxane supramolecular binder network for high-performance silicon negative electrodes. *Adv. Mater.* 31 (51): 1905048.

115 Huang, S., Guan, R., Wang, S. et al. (2019). Polymers for high performance Li-S batteries: material selection and structure design. *Prog. Polym. Sci.* 89: 19–60.

116 Li, T., Yang, J., and Lu, S. (2012). Effect of modified elastomeric binders on the electrochemical properties of silicon anodes for lithium-ion batteries. *Int. J. Miner. Metall. Mater.* 19 (8): 752–756.

117 Lee, J.-H., Lee, S., Paik, U., and Choi, Y.-M. (2005). Aqueous processing of natural graphite particulates for lithium-ion battery anodes and their electrochemical performance. *J. Power Sources* 147 (1): 249–255.

118 Lopez, J., Mackanic, D.G., Cui, Y., and Bao, Z. (2019). Designing polymers for advanced battery chemistries. *Nat. Rev. Mater.* 4 (5): 312–330.

119 Monroe, C. and Newman, J. (2005). The impact of elastic deformation on deposition kinetics at lithium/polymer interfaces. *J. Electrochem. Soc.* 152 (2): A396.

120 Li, Z., Huang, J., Liaw, Y. et al. (2014). A review of lithium deposition in lithium-ion and lithium metal secondary batteries. *J. Power Sources* 254: 168–182.

121 Tikekar, M.D., Archer, L.A., and Koch, D.L. (2016). Stabilizing electrodeposition in elastic solid electrolytes containing immobilized anions. *Sci. Adv.* 2 (7): e1600320.

122 Tikekar, M.D., Archer, L.A., and Koch, D.L. (2014). Stability analysis of electrodeposition across a structured electrolyte with immobilized anions. *J. Electrochem. Soc.* 161 (6): A847–A855.

123 Wei, S., Cheng, Z., Nath, P. et al. (2018). Stabilizing electrochemical interfaces in viscoelastic liquid electrolytes. *Sci. Adv.* 4 (3): eaao6243.

124 Fincher, C.D., Zhang, Y., Pharr, G.M., and Pharr, M. (2020). Elastic and plastic characteristics of sodium metal. *ACS Appl. Energy Mater.* 3 (2): 1759–1767.

125 Lu, Y., Li, L., Zhang, Q. et al. (2018). Electrolyte and interface engineering for solid-state sodium batteries. *Joule* 2 (9): 1747–1770.

126 Eshetu, G.G., Elia, G.A., Armand, M. et al. (2020). Electrolytes and interphases in sodium-based rechargeable batteries: recent advances and perspectives. *Adv. Energy Mater.* 10 (20): 2000093.

127 Li, K., Zhang, J., Lin, D. et al. (2019). Evolution of the electrochemical interface in sodium ion batteries with ether electrolytes. *Nat. Commun.* 10 (1): 1–10.

128 Komaba, S., Ishikawa, T., Yabuuchi, N. et al. (2011). Fluorinated ethylene carbonate as electrolyte additive for rechargeable Na batteries. *ACS Appl. Mater. Interfaces* 3 (11): 4165–4168.

129 Song, J., Xiao, B., Lin, Y. et al. (2018). Interphases in sodium-ion batteries. *Adv. Energy Mater.* 8 (17): 1703082–1703082.

130 Gómez-Cámer, J.L., Acebedo, B., Ortiz-Vitoriano, N. et al. (2019). Unravelling the impact of electrolyte nature on Sn 4 P 3 /C negative electrodes for Na-ion batteries. *J. Mater. Chem.* A 7 (31): 18434–18441.

131 Bian, X., Dong, Y., Zhao, D. et al. (2020). Microsized antimony as a stable anode in fluoroethylene carbonate containing electrolytes for rechargeable lithium-/sodium-ion batteries. *ACS Appl. Mater. Interfaces* 12 (3): 3554–3562.

132 Yu, Y., Che, H., Yang, X. et al. (2020). Non-flammable organic electrolyte for sodium-ion batteries. *Electrochem. Commun.* 110: 106635.

133 Fondard, J., Irisarri, E., Courrèges, C. et al. (2020). SEI composition on hard carbon in Na-ion batteries after long cycling: influence of salts (NaPF 6, NaTFSI) and additives (FEC, DMCF). *J. Electrochem. Soc.* 167 (7): 070526.

134 Dahbi, M., Nakano, T., Yabuuchi, N. et al. (2016). Effect of hexafluorophosphate and fluoroethylene carbonate on electrochemical performance and the surface layer of hard carbon for sodium-ion batteries. *ChemElectroChem* 3 (11): 1856–1867.

135 Dahbi, M., Yabuuchi, N., Fukunishi, M. et al. (2016). Black phosphorus as a high-capacity, high-capability negative electrode for sodium-ion batteries: investigation of the electrode/electrolyte interface. *Chem. Mater.* 28 (6): 1625–1635.

136 Zhang, W., Xing, L., Chen, J. et al. (2020). Improving the cyclic stability of MoO2 anode for sodium ion batteries via film-forming electrolyte additive. *J. Alloys Compd.* 822: 153530.

137 Wang, P., Qu, W., Song, W. et al. (2019). Electro–chemo–mechanical issues at the interfaces in solid-state lithium metal batteries. *Adv. Funct. Mater.* 29 (27): 1900950.

138 Henschel, J., Peschel, C., Klein, S. et al. (2020). Clarification of decomposition pathways in a state-of-the-art lithium ion battery electrolyte through ^{13}C-labeling of electrolyte components. *Angew. Chemie Int. Ed.* 59 (15): 6128–6137.

139 Gibson, L.D. and Pfaendtner, J. (2020). Solvent oligomerization pathways facilitated by electrolyte additives during solid-electrolyte interphase formation. *Phys. Chem. Chem. Phys.* 22 (37): 21494–21503.

140 Jin, Y., Kneusels, N.J.H., Marbella, L.E. et al. (2018). Understanding fluoroethylene carbonate and vinylene carbonate based electrolytes for Si anodes in lithium ion batteries with NMR spectroscopy. *J. Am. Chem. Soc.* 140 (31): 9854–9867.

141 Lin, Z., Xia, Q., Wang, W. et al. (2019). Recent research progresses in ether- and ester-based electrolytes for sodium-ion batteries. *InfoMat* 1 (3): 376–389.

142 Huang, Y., Zhao, L., Li, L. et al. (2019). Electrolytes and electrolyte/electrode interfaces in sodium-ion batteries: from scientific research to practical application. *Adv. Mater.* 31 (21): 1808393.

143 Matios, E., Wang, H., Wang, C., and Li, W. (2019). Enabling safe sodium metal batteries by solid electrolyte interphase engineering: areview. 58 (23): 9758–9780.

144 Kamikawa, Y., Amezawa, K., and Terada, K. (2020). Elastic–plastic deformation of a solid electrolyte interface formed by reduction of fluoroethylene carbonate: ananoindentation and finite element analysis study. *J. Phys. Chem.C* 124 (41): 22488–22495.

145 Kamikawa, Y., Amezawa, K., and Terada, K. (2020). First-principles study on the mechanical properties of polymers formed by the electrochemical reduction of fluoroethylene carbonate and vinylene carbonate. *J. Phys. Chem. C* 124 (37): 19937–19944.

146 Ma, J.-L., Meng, F.-L., Yu, Y. et al. (2019). Prevention of dendrite growth and volume expansion to give high-performance aprotic bimetallic Li-Na alloy-O 2 batteries. *Nat. Chem.* 11: 64–70.

147 Choudhury, S., Tu, Z., Nijamudheen, A. et al. (2019). Stabilizing polymer electrolytes in high-voltage lithium batteries. *Nat. Commun.* 10 (1): 1–11.

148 Tikekar, M.D., Choudhury, S., Tu, Z., and Archer, L.A. (2016). Design principles for electrolytes and interfaces for stable lithium-metal batteries. *Nat. Energy* 1 (9): 16114.

149 Luo, J., Fang, C.C., and Wu, N.L. (2018). High polarity poly(vinylidene difluoride) thin coating for dendrite-free and high-performance lithium metal anodes. *Adv. Energy Mater.* 8 (2): 1701482–1701482.

150 Zhu, B., Jin, Y., Hu, X. et al. (2017). Poly(dimethylsiloxane) thin film as a stable interfacial layer for high-performance lithium-metal battery anodes. *Adv. Mater.* 29 (2): 1603755–1603755.

151 Liu, K., Pei, A., Lee, H.R. et al. (2017). Lithium metal anodes with an adaptive "solid-liquid" interfacial protective layer. *J. Am. Chem. Soc.* 139 (13): 4815–4820.

152 Liu, Y., Lin, D., Yuen, P.Y. et al. (2017). An artificial solid electrolyte interphase with high Li-ion conductivity, mechanical strength, and flexibility for stable lithium metal anodes. *Adv. Mater.* 29 (10): 1605531–1605531.

153 Moon, G.H., Kim, H.J., Chae, I.S. et al. (2019). An artificial solid interphase with polymers of intrinsic microporosity for highly stable Li metal anodes. *Chem. Commun.* 55 (44): 6313–6316.

154 Chen, D., Huang, S., Zhong, L. et al. (2020). In situ preparation of thin and rigid COF film on Li anode as artificial solid electrolyte interphase layer resisting Li dendrite puncture. *Adv. Funct. Mater.* 30 (7): 1907717.

155 Wei, S., Choudhury, S., Xu, J. et al. (2017). Highly stable sodium batteries enabled by functional ionic polymer membranes. *Adv. Mater.* 29 (12): 1605512–1605512.

156 Zhou, W., Li, Y., Xin, S., and Goodenough, J.B. (2017). Rechargeable sodium all-solid-state battery. *ACS Cent. Sci.* 3 (1): 52–57.

157 Zhao, Y., Zheng, K., and Sun, X. (2018). Addressing interfacial issues in liquid-based and solid-state batteries by atomic and molecular layer deposition. *Joule* 2: 2583–2604.

158 Hou, Z., Wang, W., Yu, Y. et al. (2020). Poly(vinylidene difluoride) coating on Cu current collector for high-performance Na metal anode. *Energy Storage Mater.* 24: 588–593.

159 Hou, Z., Wang, W., Chen, Q. et al. (2019). Hybrid protective layer for stable sodium metal anodes at high utilization. *ACS Appl. Mater. Interfaces* 11 (41): 37693–37700.

160 Kim, Y.J., Lee, H., Noh, H. et al. (2017). Enhancing the cycling stability of sodium metal electrodes by building an inorganic-organic composite protective layer. *ACS Appl. Mater. Interfaces* 9 (7): 6000–6006.

161 Zhou, W., Wang, S., Li, Y. et al. (2016). Plating a dendrite-free lithium anode with a polymer/ceramic/polymer sandwich electrolyte. *J. Am. Chem. Soc.* 138 (30): 9385–9388.

162 Hu, P., Zhang, Y., Chi, X. et al. (2019). Stabilizing the interface between sodium metal anode and sulfide-based solid-state electrolyte with an electron-blocking interlayer. *ACS Appl. Mater. Interfaces* 11 (10): 9672–9678.

163 Wang, S., Jie, Y., Sun, Z. et al. (2020). An implantable artificial protective layer enables stable sodium metal anodes. *ACS Appl. Energy Mater* 2020: 8694.

164 Che, H., Chen, S., Xie, Y. et al. (2017). Electrolyte design strategies and research progress for room-temperature sodium-ion batteries. *Energy Environ. Sci.* 10 (5): 1075–1101.

165 Mackanic, D.G., Kao, M., and Bao, Z. (2020). Enabling deformable and stretchable batteries. *Adv. Energy Mater.* 10 (29): 2001424.

166 Lopez, J., Sun, Y., Mackanic, D.G. et al. (2018). A dual-crosslinking design for resilient lithium-ion conductors. *Adv. Mater.* 30 (43): 1804142.

167 Mackanic, D.G., Yan, X., Zhang, Q. et al. (2019). Decoupling of mechanical properties and ionic conductivity in supramolecular lithium ion conductors. *Nat. Commun.* 10 (1): 1–11.

168 Kwon, T.-W., Choi, J.W., and Coskun, A. (2019). Prospect for supramolecular chemistry in high-energy-density rechargeable batteries. *Joule* 3 (3): 662–682.

169 Yi, E., Shen, H., Heywood, S. et al. (2020). All-solid-state batteries using rationally designed garnet electrolyte frameworks. *ACS Appl. Energy Mater.* 3 (1): 170–175.

170 Pang, Q., Zhou, L., and Nazar, L.F. (2018). Elastic and Li-ion–percolating hybrid membrane stabilizes Li metal plating. *Proc. Natl. Acad. Sci. U. S. A.* 115 (49): 12389–12394.

171 Lagadec, M.F., Zahn, R., and Wood, V. (2019). Characterization and performance evaluation of lithium-ion battery separators. *Nat. Energy* 4 (1): 16–25.

172 Huang, X., He, R., Li, M. et al. (2020). Functionalized separator for next-generation batteries. *Mater. Today* 41: 143–155.

173 Janakiraman, S., Khalifa, M., Biswal, R. et al. (2020). High performance electrospun nanofiber coated polypropylene membrane as a separator for sodium ion batteries. *J. Power Sources* 460: 228060.

174 Ma, X., Qiao, F., Qian, M. et al. (2021). Facile fabrication of flexible electrodes with poly(vinylidene fluoride)/Si3N4 composite separator prepared by electrospinning for sodium-ion batteries. *Scr. Mater.* 190: 153–157.

175 Osada, I., de Vries, H., Scrosati, B., and Passerini, S. (2016). Ionic-liquid-based polymer electrolytes for battery applications. *Angew. Chemie Int. Ed.* 55 (2): 500–513.

176 Coustan, L., Tarascon, J.M., and Laberty-Robert, C. (2019). Thin fiber-based separators for high-rate sodium ion batteries. *ACS Appl. Energy Mater.* 2 (12): 8369–8375.

177 Kim, J.I., Choi, Y., Chung, K.Y., and Park, J.H. (2017). A structurable gel-polymer electrolyte for sodium ion batteries. *Adv. Funct. Mater.* 27 (34): 1–7.

178 Zhou, D., Tang, X., Guo, X. et al. (2020). Polyolefin-based janus separator for rechargeable sodium batteries. *Angew. Chemie - Int. Ed.* 59 (38): 16725–16734.

179 Li, Y., Yu, L., Hu, W., and Hu, X. (2020). Thermotolerant separators for safe lithium-ion batteries under extreme conditions. *J. Mater. Chem. A* 8 (39): 20294–20317.

180 Gonzalez, M.S., Yan, Q., Holoubek, J. et al. (2020). Draining over blocking:

nano-composite janus separators for mitigating internal shorting of lithium batteries. *Adv. Mater.* 32 (12): 1906836.

181 Liu, B., Taheri, M., Torres, J.F. et al. (2020). Janus conductive/insulating micro-porous ion-sieving membranes for stable Li−S batteries. *ACS Nano* 56: 43.

182 Li, C., Liu, S., Shi, C. et al. (2019). Two-dimensional molecular brush-functionalized porous bilayer composite separators toward ultrastable high-current density lithium metal anodes. *Nat. Commun.* 10 (1): 1363.

183 Lizundia, E. and Kundu, D. (2020). Advances in natural biopolymer-based electrolytes and separators for battery applications. *Adv. Funct. Mater.* 31 (3): 2005646.

184 Kelley, J., Simonsen, J., and Ding, J. (2013). Poly(vinylidene fluoride- *co* -hexafluoropropylene) nanocomposites incorporating cellulose nanocrystals with potential applications in lithium ion batteries. *J. Appl. Polym. Sci.* 127 (1): 487–493.

185 Kim, H., Chul Kim, J., Hyeon Jo, J. et al. (2020). Nature-derived cellulose-based composite separator for sodium-ion batteries. *Front. Chem.*www.frontiersin.org 1: 153.

186 Xu, Z., Xie, F., Wang, J. et al. (2019). All-cellulose-based quasi-solid-state sodium-ion hybrid capacitors enabled by structural hierarchy. *Adv. Funct. Mater.* 29 (39): 1903895.

187 Chen, W., Zhang, L., Liu, C. et al. (2018). Electrospun flexible cellulose acetate-based separators for sodium-ion batteries with ultralong cycle stability and excellent wettability: the role of interface chemical groups. *ACS Appl. Mater. Interfaces* 10 (28): 23883–23890.

188 Sun, Y., Shi, P., Xiang, H. et al. (2019). High-safety nonaqueous electrolytes and interphases for sodium-ion batteries. *Small* 15 (14): 1805479.

189 Fenton, D.E., Parker, J.M., and Wright, P.V. (1973). Complexes of alkali metal ions with poly(ethylene oxide). *Polymer (Guildf).* 14 (11): 589.

190 Watanabe, M., Nagano, S., Sanui, K., and Ogata, N. (1986). Ionic conductivity of network polymers from poly(ethylene oxide) containing lithium perchlorate. *Polym. J.* 18 (11): 809–817.

191 Hou, W., Guo, X., Shen, X. et al. (2018). Solid electrolytes and interfaces in all-solid-state sodium batteries: progress and perspective. *Nano Energy* 52: 279–291.

192 Zhang, Q., Lu, Y., Yu, H. et al. (2020). PEO-NaPF 6 blended polymer electrolyte for solid state sodium battery. *J. Electrochem. Soc.* 167 (7): 070523.

193 Moreno, J.S., Armand, M., Berman, M.B. et al. (2014). Composite PEOn:NaTFSI polymer electrolyte: preparation, thermal and electrochemical characterization. *J. Power Sources* 248: 695–702.

194 Chen, G., Bai, Y., Gao, Y. et al. (2019). Inhibition of crystallization of poly(ethylene oxide) by ionic liquid: insight into plasticizing mechanism and application for solid-state sodium ion batteries. *ACS Appl. Mater. Interfaces* 11 (46): 43252–43260.

195 Lehmann, M.L., Yang, G., Nanda, J., and Saito, T. (2020). Well-designed crosslinked polymer electrolyte enables high ionic conductivity and enhanced salt solvation. *J. Electrochem. Soc.* 167 (7): 070539.

196 Zheng, Y., Pan, Q., Clites, M. et al. (2018). High-capacity all-solid-state sodium metal battery with hybrid polymer electrolytes. *Adv. Energy Mater.* 8 (27): 1801885.

197 Chen, S., Feng, F., Yin, Y. et al. (2018). A solid polymer electrolyte based on star-like hyperbranched β-cyclodextrin for all-solid-state sodium batteries. *J. Power Sources* 399: 363–371.

198 Ma, Q. and Tietz, F. (2020). Solid-state electrolyte materials for sodium batteries: towards practical applications. *ChemElectroChem* 7 (13): 2693–2713.

199 Wang, H., Sheng, L., Yasin, G. et al. (2020). Reviewing the current status and development of polymer electrolytes for solid-state lithium batteries. *Energy Storage Mater.* 33: 188–215.

200 Kerman, K., Luntz, A., Viswanathan, V. et al. (2017). Review-practical challenges hindering the development of solid state Li ion batteries. *J. Electrochem. Soc.* 164 (7): 1731–1744.

201 Wang, Y., Song, S., Xu, C. et al. (2019). Development of solid-state electrolytes for sodium-ion battery–a short review. *Nano Mater. Sci.* 1 (2): 91–100.

202 Qiao, L., Judez, X., Rojo, T. et al. (2020). Review—polymer electrolytes for sodium batteries. *J. Electrochem. Soc.* 167 (7): 070534.

203 Tang, S., Guo, W., and Fu, Y. (2020). Advances in composite polymer electrolytes for lithium batteries and beyond. *Adv. Energy Mater.* 11 (2): 2000802.

204 Musto, P., Pequeno De Oliveira, H., Scherillo, G. et al. (2019). Review on polymer-based composite electrolytes for lithium batteries. *Front. Chem.*www .frontiersin.org 1: 522.

205 Jinisha, B., Anilkumar, K.M., Manoj, M., Abhilash, A., Pradeep, V.S., and Jayalekshmi, S. (2017) Poly (ethylene oxide)(PEO)-based, sodium ion-conducting' solid polymer electrolyte films, dispersed with Al2O3 filler, for applications in sodium ion cells. *Ionics (Kiel)* 24 (6), 1675–1683.

206 Ni'mah, Y.L., Cheng, M.-Y., Cheng, J.H. et al. (2014). Solid-state polymer nanocomposite electrolyte of TiO 2 /PEO/NaClO 4 for sodium ion batteries. *J. Power Sources* 278: 375–381.

207 Yap, Y.L., You, A.H., Teo, L.L., and Hanapei, H. (2013). Inorganic filler sizes effect on ionic conductivity in Polyethylene Oxide (PEO) composite polymer electrolyte. *Int. J. Electrochem. Sci* 8 (2013): 2154–2163.

208 Ansari, Y., Guo, B., Cho, J.H. et al. (2014). Low-cost, dendrite-blocking polymer-Sb 2 O 3 separators for lithium and sodium batteries. *J. Electrochem. Soc.* 161 (10): A1655–A1661.

209 Zhang, Z., Zhang, Q., Ren, C. et al. (2016). A ceramic/polymer composite solid electrolyte for sodium batteries. *J. Mater. Chem. A* 4 (41): 15823–15828.

210 Zhang, Z., Xu, K., Rong, X. et al. (2017). Na3.4Zr1.8Mg0.2Si2PO12 filled poly(ethylene oxide)/Na(CF3SO2)2N as flexible composite polymer electrolyte for solid-state sodium batteries. *J. Power Sources* 372: 270–275.

211 Wang, Y., Wang, Z., Sun, J. et al. (2020). Flexible, stable, fast-ion-conducting composite electrolyte composed of nanostructured Na-super-ion-conductor framework and continuous Poly(ethylene oxide) for all-solid-state Na battery. *J. Power Sources* 454: 227949.

212 Hiraoka, K., Kato, M., Kobayashi, T., and Seki, S. (2020). Polyether/Na 3 Zr 2 Si 2 PO 12 composite solid electrolytes for all-solid-state sodium batteries. *J. Phys. Chem. C* 124 (40): 21948–21956.

213 Wu, J.F., Yu, Z.Y., Wang, Q., and Guo, X. (2020). High performance all-solid-state sodium batteries actualized by polyethylene oxide/Na2Zn2TeO6 composite solid electrolytes. *Energy Storage Mater.* 24: 467–471.

214 Kim, J.K., Lim, Y.J., Kim, H. et al. (2015). A hybrid solid electrolyte for flexible solid-state sodium batteries. *Energy Environ. Sci.* 8 (12): 3589–3596.

215 Wang, W. and Alexandridis, P. (2016). Composite polymer electrolytes: nanoparticles affect structure and properties. *Polymers (Basel).* 8 (11): 387.

216 Hamisu, A. and Çelik, S.Ü. (2019). Polymer composite electrolyte of SPSU(Na)/PPEGMA/hBN for sodium-ion batteries. *Polym. Polym. Compos.* 27 (7): 419–428.

217 Tang, W., Tang, S., Zhang, C. et al. (2018). Simultaneously enhancing the thermal stability, mechanical modulus, and electrochemical performance of solid polymer electrolytes by incorporating 2D sheets. *Adv. Energy Mater.* 8 (24): 1800866.

218 Wang, S., Shi, Q.X., Ye, Y.S. et al. (2017). Constructing desirable ion-conducting channels within ionic liquid-based composite polymer electrolytes by using polymeric ionic liquid-functionalized 2D mesoporous silica nanoplates. *Nano Energy* 33: 110–123.

219 Pan, Q., Zheng, Y., Kota, S. et al. (2019). 2D MXene-containing polymer electrolytes for all-solid-state lithium metal batteries. *Nanoscale Adv.* 1: 395.

220 Tang, W., Tang, S., Guan, X. et al. (2019). High-performance solid polymer electrolytes filled with vertically aligned 2D materials. *Adv. Funct. Mater.* 29 (16): 1900648.

221 Xie, H., Bao, Y., Cheng, J. et al. (2019). Flexible garnet solid-state electrolyte membranes enabled by tile-and-grout design. *ACS Energy Lett.* 4 (11): 2668–2674.

222 Lim, Y.J., Han, J., Kim, H.W. et al. (2020). An epoxy-reinforced ceramic sheet as a durable solid electrolyte for solid state Na-ion batteries. *J. Mater. Chem. A* 8 (29): 14528–14537.

223 Liu, W., Lee, S.W., Lin, D. et al. (2017). Enhancing ionic conductivity in composite polymer electrolytes with well-aligned ceramic nanowires. *Nat. Energy* 2 (5): 17035.

224 Gao, H., Zhou, W., Park, K., and Goodenough, J.B. (2016). A sodium-ion battery with a low-cost cross-linked gel-polymer electrolyte. *Adv. Energy Mater.* 6 (18): 1600467.

225 Stalin, S., Johnson, H.E.N., Biswal, P. et al. (2020). Achieving uniform lithium electrodeposition in cross-linked poly(ethylene oxide) networks: "soft" polymers prevent metal dendrite proliferation. *Macromolecules* 53 (13): 5445–5454.

226 Liu, T., Zhang, J., Han, W. et al. (2020). Review—in situ polymerization for integration and interfacial protection towards solid state lithium batteries. *J. Electrochem. Soc.* 167 (7): 070527.

227 Zheng, J., Zhao, Y., Feng, X. et al. (2018). Novel safer phosphonate-based gel polymer electrolytes for sodium-ion batteries with excellent cycling performance. *J. Mater. Chem. A* 2018 (6): 6559.

228 Zheng, J., Liu, X., Duan, Y. et al. (2019). Stable cross-linked gel terpolymer electrolyte containing methyl phosphonate for sodium ion batteries. *J. Memb. Sci.* 583: 163–170.

229 Gao, Y., Yan, Z., Gray, J.L. et al. (2019). Polymer–inorganic solid–electrolyte interphase for stable lithium metal batteries under lean electrolyte conditions. *Nat. Mater.* 18 (4): 384–389.

230 Colò, F., Bella, F., Nair, J.R., and Gerbaldi, C. (2017). Light-cured polymer electrolytes for safe, low-cost and sustainable sodium-ion batteries. *J. Power Sources* 365: 293–302.

231 Mohd Noor, S.A., Yoon, H., Forsyth, M., and Macfarlane, D.R. (2015). Gelled ionic liquid sodium ion conductors for sodium batteries. *Electrochim. Acta* 169: 376–381.

232 De Anastro, A.F., Porcarelli, L., Hilder, M. et al. (2019). UV-cross-linked ionogels for all-solid-state rechargeable sodium batteries. *ACS Appl. Energy Mater.* 2 (10): 6960–6966.

233 Kumar, D. and Hashmi, S.A. (2010). Ion transport and ion-filler-polymer interaction in poly(methyl methacrylate)-based, sodium ion conducting, gel polymer electrolytes dispersed with silica nanoparticles. *J. Power Sources* 195 (15): 5101–5108.

234 Zhang, X., Wang, X., Liu, S. et al. (2018). A novel PMA/PEG-based composite polymer electrolyte for all-solid-state sodium ion batteries. *Nano Res.* 11 (12): 6244–6251.

235 Vignarooban, K., Badami, P., Dissanayake, M.A.K.L. et al. (2017). Polyacrylonitrile-based gel-polymer electrolytes for sodium-ion batteries. *Ionics (Kiel).* 23 (10): 2817–2822.

236 Park, M., Woo, H., Heo, J. et al. (2019). Thermoplastic polyurethane elastomer-based gel polymer electrolytes for sodium-metal cells with enhanced cycling performance. *ChemSusChem* 12 (20): 4645–4654.

237 Mishra, K., Yadav, N., and Hashmi, S.A. (2020). Recent progress in electrode and electrolyte materials for flexible sodium-ion batteries. *J. Mater. Chem. A* 8 (43): 22507–22543.

238 Wang, S., Zhang, L., Wang, A. et al. (2018). Polymer-laden composite lignin-based electrolyte membrane for high-performance lithium batteries. *ACS Sustain. Chem. Eng.* 6 (11): 14460–14469.

239 Gong, S.-D., Huang, Y., Cao, H.-J. et al. (2016). A green and environment-friendly gel polymer electrolyte with higher performances based on the natural matrix of lignin. *J. Power Sources* 307: 624–633.

240 Liu, B., Huang, Y., Cao, H. et al. (2018). A high-performance and environment-friendly gel polymer electrolyte for lithium ion battery based on composited lignin membrane. *J. Solid State Electrochem.* 22 (3): 807–816.

241 Jeong, D., Shim, J., Shin, H., and Lee, J.C. (2020). Sustainable lignin-derived cross-linked graft polymers as electrolyte and binder materials for lithium metal batteries. *ChemSusChem* 13 (10): 2642–2649.

242 Zhu, J., Yan, C., Zhang, X. et al. (2020). A sustainable platform of lignin: from bioresources to materials and their applications in rechargeable batteries and supercapacitors. *Prog. Energy Combust. Sci.* 76: 100788.

243 Singh, R., Polu, A.R., Bhattacharya, B. et al. (2016). Perspectives for solid biopolymer electrolytes in dye sensitized solar cell and battery application. *Renew. Sustain. Energy Rev.* 65: 1098–1117.

244 Wang, S., Zhang, L., Zeng, Q. et al. (2020). Cellulose microcrystals with brush-like architectures as flexible all-solid-state polymer electrolyte for lithium-ion battery. *ACS Sustain. Chem. Eng.* 8 (8): 3200–3207.

245 Jia, W. and Wu, P. (2019). Stable functionalized graphene oxide-cellulose nanofiber solid electrolytes with long-range 1D/2D ionic nanochannels. *J. Mater. Chem. A* 7 (36): 20871–20877.

246 Hänsel, C., Lizundia, E., and Kundu, D. (2019). A single Li-ion conductor based on cellulose. *ACS Appl. Energy Mater.* 17: 19.

247 Lizundia, E., Costa, C.M., Alves, R., and Lanceros-Méndez, S. (2020). Cellulose and its derivatives for lithium ion battery separators: a review on the processing methods and properties. *Carbohydr. Polym. Technol. Appl.* 1: 100001.

248 Winie, T. and Arof, A.K. (2016). Biopolymer electrolytes for energy devices. In: *Nanostructured Polymer Membranes*, vol. 2, 311–355. Hoboken, NJ: John Wiley & Sons, Inc.

249 Casas, X., Niederberger, M., and Lizundia, E. (2020). A sodium-ion battery separator with reversible voltage response based on water-soluble cellulose derivatives. *ACS Appl. Mater. Interfaces* 12 (26): 29264–29274.

250 Jeong, K., Park, S., and Lee, S.Y. (2019). Revisiting polymeric single lithium-ion conductors as an organic route for all-solid-state lithium ion and metal batteries. *J. Mater. Chem. A* 7 (5): 1917–1935.

251 Villaluenga, I., Bogle, X., Greenbaum, S. et al. (2013). Cation only conduction in new polymer-SiO2 nanohybrids: Na + electrolytes. *J. Mater. Chem. A* 1 (29): 8348–8352.

252 Cao, C., Wang, H., Liu, W. et al. (2014). Nafion membranes as electrolyte and separator for sodium-ion battery. *Int. J. Hydrogen Energy* 39 (28): 16110–16115.

253 Yu, X. and Manthiram, A. (2015). Ambient-temperature sodium-sulfur batteries with a sodiated nafion membrane and a carbon nanofiber-activated carbon composite electrode. *Adv. Energy Mater.* 5 (12): 1500350.

254 Ceylan Cengiz, E., Erdol, Z., Sakar, B. et al. (2017). Investigation of the effect of using Al_2O_3 –nafion barrier on room-temperature Na–S batteries. *J. Phys. Chem. C* 121 (28): 15120–15126.

255 Liu, Y., Cai, Z., Tan, L., and Li, L. (2012). Ion exchange membranes as electrolyte for high performance Li-ion batteries. *Energy Environ. Sci.* 5 (10): 9007–9013.

256 Lee, H., Yanilmaz, M., Toprakci, O. et al. (2014). A review of recent developments in membrane separators for rechargeable lithium-ion batteries. *Energy Environ. Sci.* 7 (12): 3857–3886.

257 Zhang, S.S. (2007). A review on the separators of liquid electrolyte Li-ion batteries. *J. Power Sources* 164 (1): 351–364.

258 Pope, C.R., Romanenko, K., MacFarlane, D.R. et al. (2015). Sodium ion dynamics in a sulfonate based ionomer system studied by 23Na solid-state nuclear magnetic resonance and impedance spectroscopy. *Electrochim. Acta* 175: 62–67.

259 Pan, Q., Li, Z., Zhang, W. et al. (2017). Single ion conducting sodium ion batteries enabled by a sodium ion exchanged poly(bis(4-carbonyl benzene sulfonyl)imide-co-2,5-diamino benzesulfonic acid) polymer electrolyte. *Solid State Ionics* 300: 60–66.

260 Yang, L., Jiang, Y., Liang, X. et al. (2020). Novel sodium–poly(tartaric acid)borate-based single-ion conducting polymer electrolyte for sodium–metal batteries. *ACS Appl. Energy Mater.* 3 (10): 10053–10060.

261 Wang, P., Zhang, H., Chai, J. et al. (2019). A novel single-ion conducting gel polymer electrolyte based on polymeric sodium tartaric acid borate for elevated-temperature sodium metal batteries. *Solid State Ionics* 337: 140–146.

262 Nugent, J.L., Moganty, S.S., and Archer, L.A. (2010). Nanoscale organic hybrid electrolytes. *Adv. Mater.* 22 (33): 3677–3680.

263 Liang, S., Choi, H., Liu, W. et al. (2012). Synthesis and lithium ion conduction of polysiloxane single-ion conductors containing novel weak-binding borates. *Chem. Mater* 24: 22.

264 Choi, H., Liang, S., O'reilly, M.V. et al. (2014). Influence of solvating plasticizer on ion conduction of polysiloxane single-ion conductors. *Macromolecules* 47 (9): 3145–3153.

265 Ahmed, F., Choi, I., Rahman, M.M. et al. (2019). Remarkable conductivity of a self-healing single-ion conducting polymer electrolyte, poly(ethylene-co-acrylic lithium (fluoro sulfonyl)imide), for all-solid-state Li-ion batteries. *ACS Appl. Mater. Interfaces* 11 (38): 34930–34938.

266 Li, S., Zuo, C., Zhang, Y. et al. (2020). Covalently cross-linked polymer stabilized electrolytes with self-healing performance via boronic ester bonds. *Polym. Chem.* 11 (36): 5893–5902.

267 Ford, H., Cui, C., and Schaefer, J. (2020). Comparison of single-ion conducting polymer gel electrolytes for sodium, potassium, and calcium batteries: influence of polymer chemistry, cation identity, charge density, and solvent on conductivity. *Batteries* 6 (1): 11.

268 Jung, J., Yeon Hwang, D., Kristanto, I. et al. (2019). Deterministic growth of a sodium metal anode on a pre-patterned current collector for highly rechargeable seawater batteries. *J. Mater. Chem. A* 7 (16): 9773–9781.

269 Yamada, M., Watanabe, T., Gunji, T. et al. Review of the design of current collectors for improving the battery performance in lithium-ion and post-lithium-ion batteries. *Electrochem* 1: 124–159.

270 Chi, S.S., Qi, X.G., Hu, Y.S., and Fan, L.Z. (2018). 3D flexible carbon felt host for highly stable sodium metal anodes. *Adv. Energy Mater.* 8 (15): 1702764–1702764.

271 Wang, Z., Li, M., Ruan, C. et al. (2018). Conducting polymer paper-derived mesoporous 3D N-doped carbon current collectors for Na and Li metal anodes: acombined experimental and theoretical study. *J. Phys. Chem. C* 122 (41): 23352–23363.

272 Lu, Y., Lu, L., Qiu, G., and Sun, C. (2020). Flexible quasi-solid-state sodium battery for storing pulse electricity harvested from triboelectric nanogenerators. *ACS Appl. Mater. Interfaces* 12 (35): 39342–39351.

273 Zhu, X., Zhao, R., Deng, W. et al. (2015). An all-solid-state and all-organic sodium-ion battery based on redox-active polymers and plastic crystal electrolyte. *Electrochim. Acta* 178: 55–59.

274 Li, H., Ding, Y., Ha, H. et al. (2017). An all-stretchable-component sodium-ion full battery. *Adv. Mater.* 29 (23): 1700898.

275 Manuel, J., Zhao, X., Cho, K.-K. et al. (2018). Ultralong life organic sodium ion batteries using a polyimide/ multiwalled carbon nanotubes nanocomposite and gel polymer electrolyte. *ACS Sustain. Chem. Eng.* 6 (7): 8159–8166.

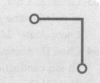

第15章
固态钠电池

作者：*Edouard Quérel, Ainara Aguadero*
译者：苏醒

得益于参考已经建立起来的锂离子化学设计原理，钠离子电池的研究在过去的十年间得到了迅猛发展。尤其对于有机电解液方面，通过将锂离子电池常规的配方稍加调整就能应用于钠离子电池[1]。采用有机溶剂的主要优势在于其具有在室温条件下的高离子电导率和消纳电极颗粒在电池循环过程中的可逆体积膨胀的能力。但有机溶剂也会带来电化学与热稳定性的问题，因此在应用于电池时会被严格限制。这些安全限制也会对电池的能量密度以及功率密度最大限度的提升产生巨大影响[2]。

对于电解液带来的这些问题，其解决方案的核心目标是构建固态电池。固态电池的特征在于其电解质是固体而非液体。固体电解质种类很广，主要包括有机聚合物、无机晶体、玻璃相或者复合相（由两种或者多种固体电解质组成）。每种固体电解质都具有其独特的性质、导电机制和分解机理。本章将会着重介绍晶体无机固体电解质，这主要是由于其较高的离子电导率和趋近于 1 的阳离子迁移数，因此晶体无机固体电解质成为替代电解液的最重要候选方案。

根据所选择的电解质和电极材料的不同，固态电池架构涵盖了多种不同的化学体系。在负极方面，尽管金属合金和碳材料（如硬碳）在第一代电池中已被研究，但大多数固态电池仍使用金属钠（Na^0）作为负极。在正极方面，第一代固态钠电池中大部分研究都集中在过渡金属正极材料（嵌入型和聚阴离子型），但硫（在 Na-S 电池中）和氧气（在 Na-O_2 电池中）为未来电池提供了非常大的能量密度提升前景。

迄今为止，固态钠电池化学领域受到大多数研究关注的问题主要是碱金属负极和过渡金属正极。得益于大量的研究工作，对于影响这些特殊电池化学（尤其是电极|电解质界面）基础问题现在已经有了良好理解，并且相关解决方法也在研究当中。其他因更高的理论能量密度（如 Na-S 或 Na-O_2 电池）本应被认为更加重要的电池化学，由于没有形成科学

共识和清晰的解决方法，在现阶段还没有得到充分的研究。因此，本章将重点介绍固态钠电池电解质、金属负极和过渡金属正极。

本章旨在介绍能够理解 Na 金属固态电池是如何工作和衰减所需的基本概念，偶尔会引入相近的 Li 金属固态电池相关文献，因为目前 Li 金属固态电池领域受到了更多的研究关注。当然，Li 金属固态电池领域的概念和研究也可借鉴用于 Na 金属固态电池。

本章分为以下几个部分：第 I 部分主要提供固态电池的优点总览；第 II 部分重点介绍晶体无机固体电解质中离子扩散的基本机理；第 III 部分介绍电极 | 无机固体电解质界面处的电池衰减机制，第 II 和第 III 部分已经写得尽可能宽泛，并且关于特殊无机固体电解质的引文限于有助于读者理解的例子；有关特殊的无机固体电解质的更多详细内容，请读者参考第 IV 部分，该部分提供了当前已知钠离子导体无机固体电解质种类的索引。

I　固态电池架构优势

相比使用电解液的电池，固态电池可以预见的从四个重要方面提升性能，分别是能量密度、功率密度、长循环稳定性和安全性。使这些预期成为可能的原因将在下文中阐述。我们注意到这些预期在一个特定的固态电池中，根据无机固体电解质和电极材料的不同而不一定能同时实现。

▼ 15.1　能量密度

锂离子电池和钠离子电池相比较时，固态电池能够吸引大量研究关注主要是由于其能够促使能量密度提升。锂离子电池和钠离子电池的质量能量密度分别能够达到 $260W \cdot h \cdot kg^{-1}$ [2] 和 $120 \sim 150W \cdot h \cdot kg^{-1}$ [2]。相比而言，一些固态钠电池化学在电池层级上的理论能量密度能够达到 $400W \cdot h \cdot kg^{-1}$ [3]。

在电池层级上，固态电池较大的体积能量密度和质量能量密度主要源于使用了新一代电极。在负极方面，通过将碳基电极替换为金属电极（Na^0）将会在容量上有较大的提升。Na 金属有 $1166mA \cdot h \cdot g^{-1}$ 的理论比容量，而最好的硬碳只具有 $500mA \cdot h \cdot g^{-1}$ 左右的比容量。金属负极在锂电池和钠电池中应用已经研究了几十年 [4, 5]。在使用电解液的情况下，即便在适中的充电倍率下经常会观察到 Li/Na 枝晶的产生。除了会引发安全问题外，碱金属在使用电解液的电池中不可控的沉积也会导致快速的容量衰减。相比之下，一些金属 / 无机固体电解质界面不会被金属枝晶穿透，从而使金属负极的使用成为可能。

图 15.1 系统性地列举了通过将硬碳负极替换为 Na 金属负极，可以将负极的体积减少超过 2/3，可以推算电池的体积能量密度能够提升 48%。质量能量密度增加程度没有体积能量密度明显，主要是由于无机固体电解质比电解液的密度高，例如图 15.1 中所计算的 $Na_{3.4}Zr_2Si_{2.4}P_{0.6}O_{12}$ 电解质（密度 $3.3g \cdot m^{-3}$）。根据图 20.1 中列举的详细参数，在使用相同正极和面密度载量的情况下，固态电池质量能量密度在理论上可增加 14wt.%。如果使用密度更小的电解质（如闭环硼化物 $Na_2B_{12}H_{12}$，密度 $1.63g \cdot cm^{-3}$），质量能量密度会增加更多，达到 27wt.%。我们想强调的是，这些估算是基于理论能量密度的计算而得出的，实际能量密度经常会比理论计算的要低得多。通过理论计算得出的固态电池性能超出使用电解液的

电池性能的程度，还需要进行证明。

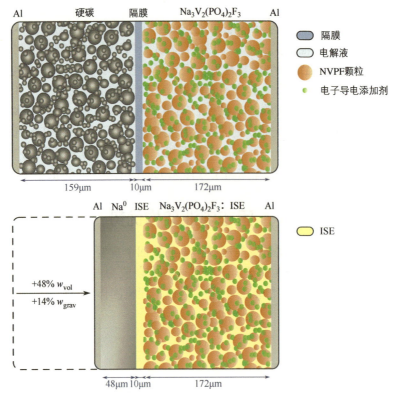

图 15.1　商业化 5mA·h·cm^{-2} 面负载量的 Na 离子电池和 Na 金属固态电池的示意图 [7]，钠离子电池由硬碳负极（比容量 300mA·h·g^{-1}，密度 1.5g·cm^{-3}）[1]，隔膜和 Na$_3$V$_2$(PO$_4$)$_2$F$_3$ 正极（NVPF，标准比容量 130mA·h·g^{-1}，密度 3.17g·cm^{-3}）。硬碳和 NVPF 电极有 30vol.% 孔隙率。对于质量能量密度计算，电解质和隔膜假设占据 18wt.% 的总电池质量（不算集流体和电池外壳）[8]。Al 集流体不列入计算。Na 金属固态电池由 Na^0 负极（标准比容量 1166mA·h·g^{-1}，密度 0.97g·cm^{-3}），无机固体电解质和 Na$_3$V$_2$(PO$_4$)$_2$F$_3$：无机固体电解质复合正极构成。图中电池现处于充电态（负极完全 Na 化），Na^0 负极有 10vol.% 的过量容量从而避免在放电时的全部消耗。对于质量能量密度计算，无机固体电解质采用 Na$_{3.4}$Zr$_2$Si$_{2.4}$P$_{0.6}$O$_{12}$ 的 3.3g·cm^{-3}[9]，正极复合物采用 70vol.% 的 NVPF 和 30vol.% 的 Na$_{3.4}$Zr$_2$Si$_{2.4}$P$_{0.6}$O$_{12}$。尽管电子导电添加剂展示在图中，但其质量比例没有包括在正极复合物的模型当中

　　目前，大部分实验中碱金属固态电池通过将膜状金属 Na 或 Li 压在固体电解质的负极一侧而组装制成。典型过量的 Na 使负极在放电过程中不能全部被消耗。10% 过量的 Na 金属可以被商业化所接受，然而现今大部分实验电池都远远超量 [7]。另外一种电池构造是组装时不加碱金属层，从而组装成为全放电状态。这种典型的电池成为"无负极"电池，金属负极在电池第一次充电时原位产生，将过量的碱金属移除可稍微增加电池能量密度。除此之外，制造"无负极"固态电池可以更加安全。有危险性的碱金属膜在非严格无水无氧空气氛围中会快速钝化，"无负极"电池的使用排除了该因素，进而降低了生产成本。

　　在无机固体电解质电化学稳定窗口足够宽的情况下，另一种增加固态电池能量密度的途径是选择高电压正极（参考第 15.9.1 节）。

　　观察电池组，通过最小化非活性电池组分（电解质、集流器、电池壳等）的体积分

数，可以进一步提升能量密度。Celgard 隔膜已经普遍用于使用电解液的电池中，并且其极薄的厚度（~10μm）使其很难通过使用无机固体电解质替代电解液而使能量密度得到提升。实际上，与电解液相比，固体电解质有更大的密度，导致其质量能量密度没有提升。制造出与 Celgard 隔膜相当厚度的 10μm 厚度的全致密无机固体电解质膜面临着挑战，目前还不可行 [10]。

　　单独电池的堆叠是固态电池构造所带来的优势。固态电池中没有液体存在，可以使正负极共用一个集流体分列于一个单体结构两端。因此，高电压电池堆叠结构可以实现，并且电池包装和集流体的体积分数可以最小化。这种双极性堆叠的典型例子如图 15.2 所示。

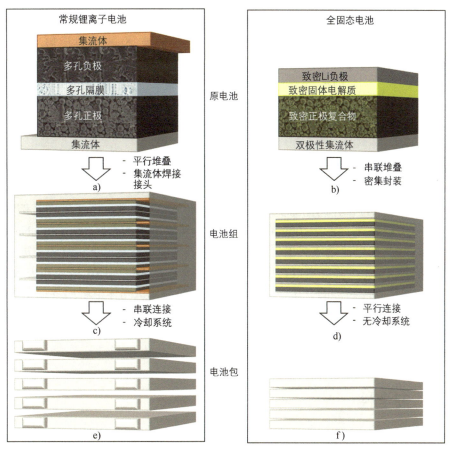

图 15.2　固态电池可以从单独电池到电池堆叠甚至电池组等多个维度上增加能量密度（来源：文献 [11]，经 Elsevier 出版商授权）

　　最终，复杂的温度管理系统对于固态电池组而言不再是必需的了，因为大部分固体电解质在较宽的温度范围内都比较稳定。一些固体电解质较低的离子迁移激活能也意味着它们在较宽的工作温度范围内都能保持电化学性能。与传统电池组相比，去除固态电池组中的热管理系统也会使其能量密度得到显著增加。

▼ 15.2　功率密度

电池充电/放电的速率（C倍率）决定了它的功率密度。电池的倍率性能受到电解质的离子导电性和电极处氧化还原过程的动力学限制的影响。固态电池中无机固体电解质在特定温度下的离子导通能力最开始成为限制因素，但是在最近十年中无机固体电解质的离子电导能力得到了巨大提升，很多无机固体电解质即便在室温条件下都具有与有机电解液相当的电导率（范围在 $10^{-3} \sim 10^{-2} S \cdot cm^{-1}$，更多信息请看第15.7节）。这些快离子无机固体电解质要么是新发现的硫化物、卤化物或环状硼化物等无机固体电解质，要么是离子电导能力得到增强的原有氧化物无机固体电解质。只有聚合物电解质（一般不算是无机固体电解质）的离子电导能力还低于电解液（室温条件下低于 $10^{-5} S \cdot cm^{-1}$）。固体电解质固定的阴离子框架也具有巨大优势，那就是即便在高倍率条件下也不会发生主体的极化。

对于传统电池而言，安全性是限制倍率增加的主要因素。Na离子在电极材料中的嵌入/脱出是动力学受限的过程。如果一个电池工作在超过电极材料在当前荷电状态下可接受的电流密度的倍率下，一些副反应（沉积）将会伴随着原本反应（插入和转换）而发生。例如，Li离子在 Li_xC_6（石墨，通常用于锂离子电池）中的充电倍率必须在充电结束时减速，以防止石墨表面产生不需要的Li金属镀层。Li金属沉积将会使枝晶穿过隔膜并引发短路，产生灾难性后果。

相反，碱金属固态电池以截然不同的方法解决了金属沉积的问题，通过设计，金属沉积是充电所产生的基本机制。因此从理论上讲，固态电池在操作上没有充电倍率的限制。目前，只有在高温条件工作的熔融负极的固态电池实现了高充电电流密度，例如，Landmann等人在250℃条件下，以 $1000mA \cdot cm^{-2}$ 的电流密度对 Na|Na-β″alumina|Na 对称电池进行 $10A \cdot h \cdot cm^{-2}$ 的电池循环沉积[12]。这一性能表现能否在室温下重复还需进一步证明。限制室温状态下固态电池临界电流密度（最大电流密度是无机固体电解质在失效前能够承受的最大值，通常是短路）的一个主要因素是在金属与无机固体电解质界面上Na不均匀的沉积和剥离（详细请看第Ⅲ部分）。尽管如此，一些最新的报道指出，氧化物无机固体电解质的Na金属固态电池也可以像商业化电池一样在超过 $10mA \cdot cm^{-2}$ 的电流密度下工作（参照 Bay 等人[13] 和 Quérel 等人[14] 的例子）。

▼ 15.3　安全性

固态电池中没有可燃性的有机溶剂通常被认定为主要优势。实际上，由于大电池包在电动载具和储能电站的普遍应用，在规模数量的电池包中仍会有失效的风险，如何保证更高等级的安全性成为关键问题。固态电池的本征安全性经常通过穿刺实验证明。在穿刺实验中，电池需要在空气中被剪刀剪开后不发生起火。

无机固体电解质良好的热稳定性也是另一个重要优势，因为在固态电池中电池包精细的温度控制不再变得必要。假如在电池生命周期过程中无机固体电解质被金属枝晶穿透，不会出现具有电解液电池那样的灾难性后果（在电解液电池中，枝晶的产生将会产生热点，焦耳热也会引发热失控）。

尽管具有这些安全优势，固态电池依旧不能达到100%的安全性。如果电池使用金属

Na 作为负极材料，在碱金属遇到水（或环境的高湿度）的时候依旧会有爆炸的风险。硫化物电解质在遇到空气时释放有毒 H_2S 气体是另外一个安全隐患 [15]。

15.4　长循环稳定性

一些早期无机固体电解质微电池突出的性能，给固态电池的长循环性能带来了希望。图 15.3 展示了 Li 微电池中的一个超级性能，该研究发表于 2015 年 [16]。该固态电池以 5C 的倍率循环 10000 次，容量保持率超过了 90%，对比参考的电解液电池而言是一个巨大的进步。

这些希望在将微型电池拓展到大型电池以及使用更高离子电导率的无机固体电解质时遇到了挑战。这些无机固体电解质快离子导体的电化学稳定窗口并没有预期中的那么好（参照第 15.9.1 节），导致结果就是无机固体电解质 – 电极界面的热力学不稳定。

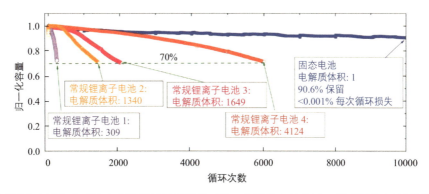

图 15.3　微型固态电池与参考液态电池的长循环性能对比，与液态电池相比，微型固态电池展示了更好的超过 10000 次循环的容量保持能力。微型固态电池由金属 Li 负极、LiPON 无机固体电解质和 $LiNi_{0.5}Mn_{1.5}O_4$ 正极构成；液态电池使用了相同的正极与负极，电解液采用含有 $1.2mol\ LiPF_6$ 的 EC/DMC 电解液（根据电解液体积使用量不同，将电池分为 1~4）（来源：文献 [16]，取得 John Wiley 国际出版公司授权）

尽管如此，找到稳定电极 – 电解质界面的方法依旧有很大可能，并且固态电池极少的容量衰减目标也不是幻想。例如，使用固态电解质代替电解液的一个明显的优势就是可以有效地阻止串扰（就是电极扩散出的影响另一侧电极的元素）。除此之外，最近的研究表明在高荷电状态下正极颗粒逸散出的气体，也被认为是液态电池衰减的原因，但可能较少地影响固态电池 [17, 18]。

II　无机固体电解质的离子电导率

如果固体电解质考虑到实际应用的话，就需要其具备以下特性：①电子电导率应该低（一般应该小于 $10^{-9}S \cdot cm^{-1}$）；②离子电导率必须在工作温度下足够高，以减小循环时的欧姆损耗（一般范围为 $10^{-3} \sim 10^{-2}S \cdot cm^{-1}$，与电解液相当）；③可移动阳离子的迁移数应该接近于 1，$t_i = \sigma_i / \sigma \approx 1$；④电化学稳定窗口（电解质既不氧化也不分解的惰性电压窗口）应该足够宽，从而可以使用碱金属和高电压正极；⑤容易加工成为致密均一的膜（目标厚度为 $10 \sim 100\mu m$）。

这一部分主要阐述无机固体电解质离子传导的机理。其载流子传输与电解液不同，但与电极材料的离子传输概念框架相似。晶格中离子迁移的理解与固体物理学（晶体学、缺陷化学、扩散等）和电化学相关。与这些主题相关的更多背景，我们希望读者可以参考相关书籍和论文[19-21]。除此之外，一些关于设计超离子导体的优秀综述于近年发表，并且可以作为本文的延伸阅读资料[22-24]。

无机固体电解质是典型的多晶材料，其离子迁移机制根据关注范围的不同而有所差别。在完美晶格中原子级别的离子迁移机制将首先被阐述，晶界和空隙对离子电导的影响在第 15.8 节会被讨论。

▼ 15.5 阴离子和迁移阳离子亚晶格

无机固体电解质代表了一个庞大的材料体系，包括多种阴离子化合物（氧化物、硫化物、硒化物、卤化物、硼化物等）和晶体结构。在晶格中原子级别的离子迁移的基础机制将这些材料统一在一起。

Li^+ 和 Na^+ 无机固体电解质的骨架由它们相应的聚阴离子构成的。图 15.4 展示了三种不同聚阴离子家族的 Na^+ 无机固体电解质的晶体结构。例如，硫化物 $\beta\text{-}Na_3PS_4$ 的聚阴离子部分是（PS_4）$^{3-}$ 四面体，对于闭环硼化物 $Na_2B_{12}H_{12}$ 聚阴离子结构是（$B_{12}H_{12}$）$^{2-}$ 笼状物，$\beta\text{-}Na_3PS_4$ 和 $Na_2B_{12}H_{12}$ 的阴离子亚晶格形成一个体心立方（BCC）结构。

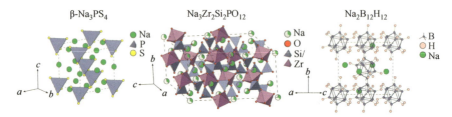

图 15.4　三种不同阴离子结构的无机固体电解质的晶体结构。其骨架由聚阴离子部分构成：对于 $\beta\text{-}Na_3PS_4$ 蓝色的是 $(PS_4)^{3-}$；对于 $Na_3Zr_2Si_2PO_{12}$，紫色的是 $(ZrO_6)^{8-}$，蓝色的是 $(PO_4)^{3-}$ 和 $(SiO_4)^{4-}$；对于 $Na_2B_{12}H_{12}$，阴离子为 $(B_{12}H_{12})^{2-}$。聚阴离子部分不同的空间排布产生了不同的晶体结构：$\beta\text{-}Na_3PS_4$ 和 $Na_2B_{12}H_{12}$ 为 bbc，$Na_3Zr_2Si_2PO_{12}$ 的为菱方 $R\bar{3}c$，在菱方 $Na_3Zr_2Si_2PO_{12}$ 中两个晶体点的部分占据点由饼状图表示

与这个阴离子亚晶格相互渗透，另一个亚晶格是特殊排布的可移动阳离子（在本书中为 Na^+）。对于 Li 或 Na 的无机固体电解质，可移动阳离子具有典型的四面体或八面体配位晶体结构：Na^+ 易于占据八面体位点，而 Li^+（具有更小的离子半径）可以占据四面体位点。

一个可移动阳离子在无机固体电解质中扩散的能量情况是由离子占据的迁移路径和位点间能级势垒所决定的（见第 15.6.2 节）。可移动阳离子位点的能势由其键合环境决定。重要的是，相同的晶体位点具有相同的能量。在临近可移动阳离子没有静电排斥的情况下，具有最低能量的位点最先被填满。

在导致整体晶体能量最低的特定条件下，一些可移动阳离子可以从最低能量位点推至较高的能量位点。这样就会使晶体位点部分被占据（图 15.4 中例子，$Na_3Zr_2Si_2PO_{12}$ 的 Na 占据位点情况）。正如将会在第 15.7.1 节中讨论的，在可移动阳离子位点中最佳的缺陷浓度是大量无机固体电解质超离子导电性能的来源。

▼ 15.6　离子迁移率

15.6.1　电导率基本公式 ///

如果没有载流子浓度梯度，一个晶体的电导率 σ（一个张量）与应用电场 E 和通过欧姆定律得到的电流密度 i 相关：

$$i = \sigma \cdot E \tag{15.1}$$

为了简化方程，这个张量不会留在下面公式中，并且离子迁移将会假定在一维（沿着 x 方向）。对三维的推广就会在后面再引入。

在固体中可移动的电荷颗粒可以是离子（阳离子和阴离子），或者电子（电子或者空穴）。固体的电导率是电子电导率和部分离子电导率的总和：

$$\sigma = \sigma_e + \sum_i \sigma_i \tag{15.2}$$

在外加电场的作用下，载流子在固体中以速度 v_i 移动（更多表示为它们的移动速度 $\mu_i = v_i/E$）。第 i 个载流子的部分电导率 σ_i 与其移动速度 μ_i、固体中的浓度 c_i 和电荷 q_i 的关系如下：

$$\sigma_i = c_i q_i \mu_i \tag{15.3}$$

离子传输不同于电子，普遍是一个热力学激发扩散过程，并且可以通过修正的阿伦尼乌斯方程表示：

$$\sigma_i = \frac{\sigma_i^0}{T} e^{-E_a/k_B T} \tag{15.4}$$

式中，σ_i^0 指前因子；T 是温度（K）；E_a 是可测激活能垒；k_B 是玻尔兹曼常数。这个关系只在相稳定的温度区间内有效。

关于无机固体电解质的一个假设是其电导率由部分离子电导率决定（因其电子电导率极低）。离子迁移激活能 E_a 可以通过测量不同温度的阻抗谱和线性拟合函数 $\ln(\sigma T) = f(1/T)$ 得到（见图 15.5 的例子和第 15.8.2 节中如何拟合无机固体电解质 Nyquist 图的信息）。如果相变发生在温度 T_t，那么迁移机制改变，将会得到两个激活能，每个相稳定区域（$T < T_t$ 和 $T > T_t$）对应一个激活能。

式（15.3）和式（15.4）都是描述无机固体电解质离子电导率的，初看并不相关。在第 15.6.3 节中，如果我们认为阳离子迁移不相关，我们将会证明电导率的 Arrhenius 方程并不只是经验公式，还可以建立在随机游走的理论之上（这说明单个元素迁移跳跃与所有之前的跳跃相互独立，并且可以发生在所有方向）。为了阐明不相关性，对于可移动阳离子的不同迁移路径首先进行了表述。

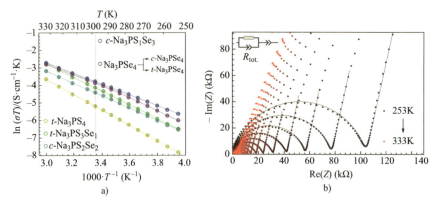

图 15.5 （a）通过温度相关阻抗谱获得的 (HT)-Na$_3$PS$_{4-x}$Se$_x$ 典型 Arrhenius 图，HT 代表合成材料时使用了高温条件，图中"c"和"t"表明晶体结构的相（立方或四方），对于 Na$_3$PSe$_4$，在温度低于 270K 时发生从立方到四方的相变（垂直线标注），激活能微妙的变化与相变相关；（b）(HT)-Na$_3$PS$_{4-x}$Se$_x$ 在不同温度下特定 Nyquist 图，Nyquist 图拟合成插入的等效电路，并且每一温度下的电导率都被计算以便获得左侧的 Arrhenius 图（来源：文献 [25]，经美国化学学会授权）

15.6.2　在无机固体电解质中的迁移路径

在原子尺度上，可移动阳离子通过其亚晶格两个位点之间的跳跃实现在无机固体电解质中的扩散。如第 15.5 节中所述，可移动阳离子根据其成键所处环境不同有不同的能量。在本节中，两种可移动阳离子位点将被考虑：一个低能量点和一个高能量点，可移动阳离子位点可以是被占据的或者是空位。

两个位点之间的迁移通过以下机制中的一个进行：①空位跃迁，通过阳离子迁移至临近的一个空位位点；②间隙位跃迁，阳离子通过晶体的间隙进行扩散；③联动跃迁（有时也称作协同迁移或间隙迁移）是一个链式机制，占据高能位点的阳离子将临近处于低能位点的阳离子撞击至空的更高能的位点。这个场景如图 15.6 所示，并有其相关的势能图（阳离子在迁移时需要克服的能级屏障）。对于相同的迁移路径，联动跃迁被证明与单离子迁移相比，具备较低的迁移激活能 [26]。单离子迁移的势能图可以通过微动弹性带（NEB）方法在密度泛函理论（DFT）内进行计算 [27]。对于联动跃迁的能级图，则需要从头算分子动力学（AIMD）模拟 [26, 28]。

15.6.3　从随机游走理论到 Arrhenius 型关系的电导率

本节的目的在于从基础方程中解释电导率可以通过 Arrhenius 型关系进行描述的原因，并且寻找式（15.3）和式（15.4）的缺失联系。下面的推导假设单个离子跃迁是不相关的。

在静息状态（电解质上没有施加点位），一个可移动阳离子将会尝试跳跃至临近空位位置的频率 v_0 成为尝试频率。所有的跳跃尝试都不会成功。假设迁移是沿着 x 轴一维方向（如图 15.6 所示），跳跃既可以发生在正向（v_+）也可以发生在相反方向（v_-）。成功的跳跃将在任意方向上以频率 v 发生，并满足以下方程：

$$v_{\pm} = v_0 \exp\frac{-\Delta G_{\mathrm{m}}}{k_{\mathrm{B}}T} = v_0 \exp\frac{\Delta S_{\mathrm{m}}}{k_{\mathrm{B}}} \exp\frac{-\Delta H_{\mathrm{m}}}{k_{\mathrm{B}}T} \qquad (15.5)$$

式中，ΔG_{m}、ΔS_{m}、ΔH_{m} 分别是自由能、熵和迁移焓（$\Delta G_{\mathrm{m}} = \Delta H_{\mathrm{m}} - T\Delta S_{\mathrm{m}}$）；$v_0$ 是尝试频率；k_{B} 是玻尔兹曼常数；T 是温度（K）。尝试频率 v_0 通常接近固体的德拜频率。Rice 和 Roth 给出了另一个阐明参数影响的 v_0 接近值[29]：$v_0 = 1/\alpha_0\sqrt{2\Delta H_{\mathrm{m}}/M}$（$\alpha_0$ 是跳跃距离，M 是移动颗粒的质量）。这个表达式说明可移动阳离子将会振动的更快（因此增加了它们的跳跃频率），如果两个位点之间的距离更小了（小于 α_0），能量井的壁障将会更陡（大于 ΔH_{m}），或者可移动粒子更轻（轻于 M）。

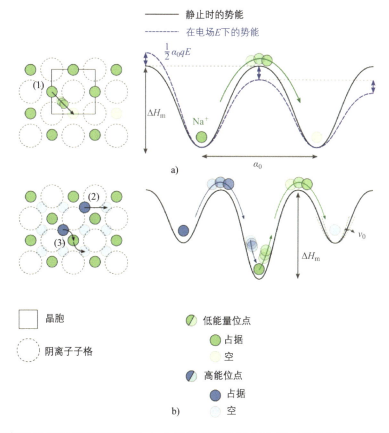

图 15.6　无机固体电解质阳离子迁移机制：(a) 空位跃迁机制（1）的二维示意图，在静态状态下（自扩散），可自移动阳离子在其晶体位置的振动通过跨越能量屏障 ΔH_{m}（实线代表能级图）可以给它足够的能量跳跃到邻近的空穴，静电场对能级图的影响也通过实线表达了出来；(b) 间隙位跃迁机制（2）和联动跃迁机制（3）的 2 维图，对联动跃迁机制的能级图中，处于亚稳态的阳离子通过撞击处于稳态位点的阳离子去临近的亚稳态位点从而占据稳态位置

式（15.5）说明在 0K，没有跳跃产生，但是跳跃频率会随着温度呈指数上涨。可移动粒子的速度在 x 轴的方向是 v_+ 和 v_-，方程如下：

$$v_x = \frac{1}{2}\alpha_0(1-c)(v_+ - v_-) \qquad (15.6)$$

式中，$1/2\alpha_0$ 是两个稳定位点的距离的一半；（$1-c$）是最近空位点的分数，c 是被占据的能量等价位点的浓度。静止时，移动阳离子向前跳跃和向后跳跃的概率相等（$v_+ = v_-$）。因此在实际观察中，速度 v_x 平均为 0，没有外加电势的话就没有净电流。这不意味着可移动阳离子留在了同一位置（实际上，在室温下，在超导无机固体电解质中的阳离子会传播很远的距离），但只是由于随机迁移并没有产生净电流。

为找到式（15.3）和式（15.4）之间缺失的关联，我们需要考虑的一个问题是在电场 E 的作用下将会发生什么。

横跨固体电解质施加一个外电场 E 将会改变其势能（如图 15.6 中实线所表示），在前进方向，能量势垒将会降低 $-1/2\alpha_0 qE$，而在相反的方向，能级势垒将会增加 $+1/2\alpha_0 qE$。可以快速发现这个表达式对于能量是同类的，因为电场是电势场的空间导数（$E = \mathrm{d}\varphi/\mathrm{d}x$，式中电场方向为 x 轴方向）；将 E 乘以一个距离 $1/2\alpha_0$（对应可移动阳离子位点距离的一半，即离子迁移路径中能量最小值和能量最大值之间的距离内）得到电势差 $\Delta\varphi$。对于能量而言，电势差和电荷 q 的乘积是同质的。激活能的变化导致了正向跳跃的频率。

更精确的计算公式如下：

$$v_+ = v_0 \exp\frac{\Delta S_\mathrm{m}}{k_\mathrm{B}} \exp\frac{-(\Delta H_\mathrm{m} - \frac{1}{2}\alpha_0 qE)}{k_\mathrm{B}T} = v_0 \exp\frac{-\Delta G_\mathrm{m}}{k_\mathrm{B}T} \exp\frac{\frac{1}{2}\alpha_0 qE}{k_\mathrm{B}T} \qquad (15.7)$$

$$v_- = v_0 \exp\frac{\Delta S_\mathrm{m}}{k_\mathrm{B}} \exp\frac{-(\Delta H_\mathrm{m} + \frac{1}{2}\alpha_0 qE)}{k_\mathrm{B}T} = v_0 \exp\frac{-\Delta G_\mathrm{m}}{k_\mathrm{B}T} \exp\frac{-\frac{1}{2}\alpha_0 qE}{k_\mathrm{B}T} \qquad (15.8)$$

结合式（15.6）~ 式（15.8），载流子速度 v_x 变为

$$v_x = \frac{1}{2}\alpha_0(1-c)(v_+ - v_-) \qquad (15.9)$$

$$= \frac{1}{2}\alpha_0(1-c)v_0 \exp\frac{-\Delta G_\mathrm{m}}{k_\mathrm{B}T}\left(\exp\left(\frac{\frac{1}{2}\alpha_0 qE}{k_\mathrm{B}T}\right) - \exp\left(\frac{-\frac{1}{2}\alpha_0 qE}{k_\mathrm{B}T}\right)\right) \qquad (15.10)$$

对于 $\alpha_0 qE \ll 2k_\mathrm{B}T$，指数项的差异可以简化为 $\dfrac{\alpha_0 qE}{k_\mathrm{B}T}$，一阶泰勒级数近似 $\exp(x)$ 是 $1+x$。

重写式（15.9）得到

$$v_x = \frac{1}{2}\alpha_0^2(1-c)v_0 \frac{qE}{k_\mathrm{B}T}\exp\frac{-\Delta G_\mathrm{m}}{k_\mathrm{B}T} \qquad (15.11)$$

这个表达式描述了在某一方向的粒子的速度。为获得粒子在三维中的速度，如果系统是各向同性的且在各个方向跳跃相同距离，那么 $1/2\,\alpha_0^2$ 应该用 $1/6\,\alpha_0^2$ 替代[15]。

在这一点，通过结合流动性、速度关系（$\mu_i = v/E$）和式（15.3）（$\sigma_i = c_i q_i \mu_i$），一个关

于离子电导率 σ_i 的 Arrhenius 型的关系式就获得了：

$$\sigma_i = \left(\frac{1}{6} \alpha_0^2 c(1-c) v_0 \frac{q^2}{k_B} \exp \frac{\Delta S_m}{k_B} \right) \frac{1}{T} \exp \frac{-\Delta H_m}{k_B T} = \frac{\sigma_0}{T} \exp \frac{-\Delta H_m}{k_B T} \qquad （15.12）$$

指前因子 σ_i 是一次近似的，与温度无关的（在现实中，本征空位的形成是与温度有关的，所以 c 项不是完全与温度无关）。读者可能注意到式（15.11）与式（15.4）在活化能项中有差别。式（15.4）中可测量的激活能结合迁移能量势垒（E_m 或 ΔH_m）和形成可移动缺陷的能量（E_f 或 ΔH_f）：$E_a = \Delta H_m + 1/2\Delta H_f$。然而在超离子导体中，缺陷形成的焓通常可以忽略不计，可测的激活能是迁移焓的良好近似数（$E_a \approx \Delta H_m$）。

最终，扩散系数 D 和电导率可以通过下面的关系式来表达（被称为 Nernst-Einstein 关系式）：

$$D = \frac{\sigma}{cq^2} k_B T \qquad （15.13）$$

该关系式给出了由 D 导出 σ 的一个解，该解通常由核磁共振（NMR）谱图[30]、示踪扩散实验（尽管缺乏稳定的 Na 同位素使得用这种技术来探测 Na$^+$ 导电材料的扩散率是很困难的）[31, 32]、μ 子自旋光谱学[33]，或者中子散射[34] 等实验解析得来。从计算来讲，扩散系数可以通过 AIMD 模拟得到[35, 36]。

大多数提高离子电导率或设计超离子无机固体电解质的努力都是集中于增加缺陷的浓度，即最大化式（15.12）中的 $c(1-c)$，或者减小迁移焓 ΔH_m 的能量势垒。具体在 ISE 中实现更高的缺陷浓度或更低的 ΔH_m 的解决方案将在下文中描述。

▼ 15.7　超离子导体设计

15.7.1　通过增加缺陷浓度增加离子电导率

设计新的 ISE 晶体结构的一个早期步骤是确保该结构在其工作温度下是热力学稳定的。一旦建立了稳定的结构，就可以通过理论计算和阻抗谱实验测量来评估它的离子电导率。如果新设计的 ISE 的离子电导率不是很低，但是不在室温固态电池的合适范围内（$10^{-3} \sim 10^{-2}$ S·cm^{-1}），一个提升离子电导率的普遍策略是增加结构缺陷浓度，即式（15.12）中 $c(1-c)$ 乘积的最大化。

可移动阳离子空位和间隙浓度的增加可以通过用异价元素取代聚阴离子亚晶格的元素来完成（即具有不同氧化态的元素）。异价取代导致阴离子亚晶格电荷的变化，需要通过阳离子亚晶格来补偿，或者在结构中形成更多可接受 Na$^+$ 的空位。图 15.7 展示了一个异价取代引起更高浓度的 Na$^+$ 离子的例子：在左图中，一个由 (A)$^{n-}$ 聚阴离子部分构成的晶体，处于充满阳离子（例如 Na$^+$ 离子）完全有序的低能量晶体态；在中图中，用 (B)$^{(n+1)-}$ 取代 (A)$^{n-}$（受体取代），导致了电荷不平衡并且需要补偿，如占据高能位点的额外的阳离子（+1 电荷）；在右图中，Na$^+$ 离子位于更高能量位点产生了静电阻碍，并且使 Na$^+$ 从低能量位点变更到高能量位点。

固体电解质 NaSICON 家族可以作为一个证明异价取代如何影响离子电导率和可移动阳离子占位的例子（更多关于 NaSICON 晶体结构的信息参见第 15.14 节）。NaSICON 的 Na^+ 传导存在于化学计量学 $Na_{1+x}Zr_2(SiO_4)_x(PO_4)_{3-x}$ $(0 \leqslant x \leqslant 3)$ 的范围内。这个化学式说明 $(PO_4)^{3-}$ 四面体可以被 $(SiO_4)^{4-}$ 四面体取代，并且通过增加 Na 元素浓度来平衡电荷。如图 15.8a 和 b 所示，离子电导率在 $0 \leqslant x \leqslant 2.4$ 范围内有指数级的增长，在 $2.4 \leqslant x \leqslant 3$ 范围内则发生下降。Ma 等人最近的研究（图 15.8b）聚焦在超离子导电区域（$2 \leqslant x \leqslant 2.6$），揭示了组成为 $Na_{3.4}Zr_2Si_{2.4}P_{0.6}O_{12}$ $(x = 2.4)$ 时有最大的离子电导率，并达到了 $15.4 mS \cdot cm^{-1}$（$25℃$ 体电导率）[9]。

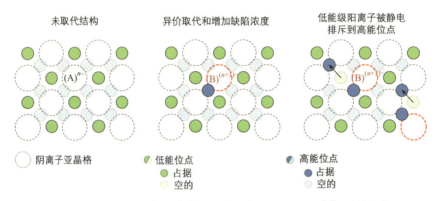

| 未取代结构 | 异价取代和增加缺陷浓度 | 低能级阳离子被静电排斥到高能位点 |

图 15.7　异价元素取代对载流子浓度和位点分布的影响示意图，通过 $(B)^{(n+1)-}$ 异价取代 $(A)^{n-}$ 后利用额外可移动阳离子进行补偿（在该例中通过 +1 价电荷来补偿）。在某些情况下，在高能位点添加可移动阳离子可以产生对临近低能位点的阳离子的静电阻碍；如果阳离子移动到更高能量的位置，这种阻碍就会减少

更仔细地观察在结构中 Na^+ 离子占据部分，可以了解中间体组成部分的超离子导电行为的根本原因。简单来说，虽然是单斜相（空间群：C2/c）也可以在一定的成分和温度范围内稳定，这里只考虑 NaSICON（空间群：$R\bar{3}c$）的菱形相位。菱形相中，如图 15.4 所示，Na^+ 离子可以占据两个位点（Na1 和 Na2）。Na1 位点的能量要低于 Na2。对于两个端元结构（$Na_1Zr_2P_3O_{12}$，$x = 0$ 和 $Na_4Zr_2Si_3O_{12}$，$x = 3$），这些位点不是全被占据就是全空的：对于 $Na_1Zr_2P_3O_{12}$，Na1 位点被完全占据，所有的 Na2 位点都是空的；对于 $Na_4Zr_2Si_3O_{12}$，Na1 和 Na2 位点都被完全占据了。它们离子电导率低的原因可以解释为结构中没有缺陷：在室温下，$Na_1Zr_2P_3O_{12}$ 的离子电导率为 $4.50 \times 10^{-6} S \cdot cm^{-1}$，$Na_4Zr_2Si_3O_{12}$ 为 $8.87 \times 10^{-9} S \cdot cm^{-1}$[38]。在中间 $Na_{1+x}Zr_2Si_xP_{3-x}O_{12}$ 组合物中，Na1 的部分位点和 Na2 部分位点造成结构紊乱：随着 x 的增加，Na^+ 离子开始插入到唯一可用的位点（Na2 位点）。高于一定浓度的 Na2 位的 Na^+ 离子，由于来自 Na2 位的静电斥力使占据 Na1 位在能量上变得不利。Na^+ 离子发生了从 Na1 位转移到空的 Na2 位的部分位移（该种情况在图 15.7 右图中有系统的示意）。可以从图 15.8c 中看到，在超离子区，Na1 位点的占用最少（$2 \leqslant x \leqslant 2.6$）。

在 $x \geqslant 2.6$ 时，随着空 Na 位点浓度的降低，Na^+ 开始再次填充 Na1 位点。可移动阳离子位点上 Na^+ 离子的添加量超过 $x = 2.6$ 时，缺陷的整体浓度减少。如果缺陷浓度变得过低（例如在 $2.6 \leqslant x \leqslant 3$ 的范围内），Na^+ 离子可能没有相邻的空位跃迁或者邻近离子撞击跳跃到另一个位置（参考第 15.6.2 节，假定为联动跃迁）。如果缺陷浓度过低，阳离子基本就锁定在其位置上。

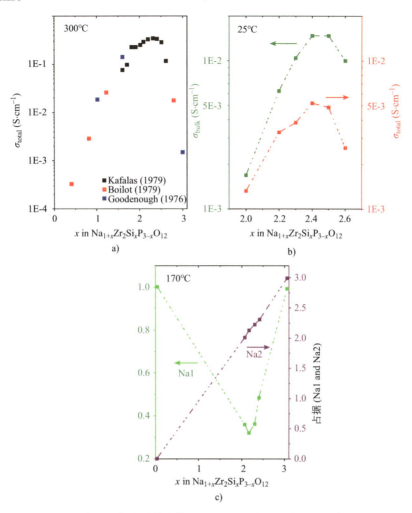

图 15.8　$Na_{1+x}Zr_2Si_xP_{3-x}O_{12}$ 组成空间中的异价取代：（a）300℃ 时的总离子电导率随 NaSICON 成分的变化。通过 P 和 Si 异价取代，电导率可以提高几个数量级；（b）在 25℃ 时体（晶内）电导率和总离子电导率与在超离子成分范围内 $(2 \leqslant x \leqslant 2.6)$NaSICON 成函数关系；（c）在 170℃ 时用 X 射线衍射数据测定 Na 位的部分占据情况（来源：数据来自文献 [37，9]）

　　一个类似的异价取代策略已经应用于增加 Na_3PS_4 的离子电导率。在这种情况下，Na^+ 离子浓度可以通过将 P^{5+} 取代为 Si^{4+} 来增加（受体取代）[39, 40]，或者通过将 S^{2-} 取代为 Cl^- 来增加 Na 的空穴浓度（给体取代）[35, 41]。

15.7.2　悖论：为什么降低迁移的能量屏障并不能总是提高离子电导率

　　通过式（15.5）和式（15.11），我们可以得知减小离子迁移的能量势垒（ΔH_m）可以增加离子跃迁（$v_\pm$）的成功率，从而增加 ISE 的离子电导率（σ），因此设计具有平坦能级图（低 ΔH_m）的 ISE 成为目标。然而，这一策略成为悖论，因为较低的 ΔH_m 同样也会导致

较低的尝试频率 v_0（参见第 15.6.3 节：$v_0 = 1/\alpha_0\sqrt{2\Delta H_m / M}$）。因此，一个处于低能量势垒（$\Delta H_m$）和高尝试频率（$v_0$）的平衡建立了起来。这个问题在软性声子如硫化物的阴离子晶格中得到了很好的研究[25]。与坚硬的氧化阴离子晶格相比，迁移能垒在硫化物晶格中通常较低。这个可以部分归因于以下几点：①与 O^{2-} 相比，S^{2-} 离子半径较大，因此使硫化物中的可移动阳离子位置大于在氧化物中的情况；②硫化物晶格中稍弱的键意味着当阳离子通过迁移瓶颈时，需要较低的应变能量来移动聚阴离子；③S^{2-} 离子的极化率高于 O^{2-} 离子，有利于 Na^+ 离子从阴离子晶格中解离。尽管在硫化物中迁移能垒很低，更低的尝试频率说明了为什么导钠氧化物和硫化物的电导率是类似的（有几个例外，将会在第 15.9.1 节中讨论）。

取代策略也通常用于拓宽 ISE 中离子迁移路径，从而减少 ΔH_m。迁移的能垒实际上受 Na^+ 离子迁移路径上最小瓶颈大小的影响非常大。如果 Na^+ 离子迁移的阴离子晶格排列紧密，则通过一个小的瓶颈可能需要很大的应变能。增加离子迁移的瓶颈尺寸可以通过用其他具有不同离子半径的原子取代阴离子亚晶格中的原子来实现。在一项调查研究中，通过各种取代策略，对超过 100 种不同 NaSICON 成分的迁移能量进行了研究，Guin 等人发现在 NaSICON 结构中迁移激活能与瓶颈的尺寸有关[38]，在研究中提供了具有最小化迁移能的取代元素的最佳离子半径。

15.7.3　关于可移动阳离子阻碍的更普遍概念

增加可移动缺陷浓度和减少迁移能垒的方法的共同点是在某种程度上两者都对可移动阳离子施加了阻碍。更一般地说，所有旨在促使 ISE 具有超离子导电行为的设计策略都依靠阻扰可移动阳离子从而使其不会固定在能量阱中。依靠聚阴离子刚性骨架，阻扰策略可以本质上是静态的也可以是动态的。

静态阻扰可以是结构的、化学的或静电的。例如，前文所述取代策略对移动阳离子施加结构、静电阻扰。如果阳离子在晶体中没有位置偏好，那么就是结构阻扰。如果位置的尺寸超过其离子半径，阳离子也受移动阳离子位点阻扰，因为它将会与配位阴离子不牢固的键合在一起。静电阻扰发生在当两个阳离子不能位于临近的位点时，导致了占据位点的重新分配（见图 15.7）。

当阴离子框架促使阳离子迁移时，就会产生动态阻扰。"可移动"阴离子的想法可能看起来令人惊讶，因为从本章开始就假设在 ISE 中阴离子框架是固定的。阴离子框架确实可以被认为是在大范围内不具备流动性，但是在一些柔软的 ISE 晶格中，聚阴离子是短程可振动和旋转的。这个振动和旋转流动性在硫化物（例如在 Na_3PS_4 和相关电解质中）和环硼化物电解质（例如 $Na_2B_{12}H_{12}$ 和相关化合物）家族中有相关报道。

聚阴离子旋转活动性通常称为"轮椅"或"旋转门"机制。这种术语有助于直观地了解聚阴离子的活动性如何转移到阳离子活动性上。阴离子框架的旋转无序性在环硼电解质中更为突出，从而产生特殊的碳硼盐 $Na_2(CB_{11}H_{12})(CB_9H_{10})$ 的室温离子电导率高达 $70mS \cdot cm^{-1}$[24]。这种化合物的阴离子动力学被证明在室温下 Na^+ 的扩散速率更快[42]。在这样的 ISE 中，阴离子框架在快速阳离子迁移中起着关键的动态作用。在这些 ISE 中离子扩散不能被认为是纯粹的非联动扩散过程，因为阴离子旋转/振动活动性大大提高了离子电导率。因此，Arrhenius 行为的偏离通常在这种 ISE 中观察到：代替在 $\ln(\sigma T)$ 和 $(1/T)$ 之间的线性关系，一个激活能的连续变化在分析的温度范围内被观察到（见图 15.9）[24]。

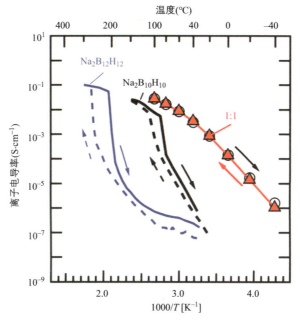

图 15.9　环硼 ISE 的 Arrhenius 行为偏离例子，展示了三种近环硼化合物的离子电导率，对于 $Na_2B_{12}H_{12}$ 和 $Na_2B_{10}H_{10}$，在其相变温度处离子电导率发生快速下降，样品的冷却/加热之间的滞后回路也被观察到了。$Na_4(B_{12}H_{12})(B_{10}H_{10})$ 出现了较为明显的相变（图中显示 1∶1），该相变即便降温到 $-40^\circ C$ 也很稳定，并没显示出迟滞。$Na_4(B_{12}H_{12})(B_{10}H_{10})$ 的电导率由于偏离了完美 Arrhenius 行为，因此无法制成直线。这是因为环硼化物的离子迁移不是单独的激活迁移机制，也受到离子框架活动性的影响。NB：Arrhenius 图的 y 轴有时会表达成 σ 而非 σT（用来提取激活迁移机制所需的激活能）；对于该图片，这个选择是合理的，因为离子迁移不仅仅是激活跃迁过程（来源：文献 [43]，经英国皇家化学学会许可 /CC BY 3.0）

▼ 15.8　微尺度/亚尺度的离子电导率

15.8.1　多晶型无机固体电解质

如前文所述，离子迁移只在原子尺度上考虑，也就是说，是在完美的单晶晶格内。然而 ISE 通常是多晶的，由晶粒（单晶）和晶粒间区（晶界）组成的复合体[44-46]。"晶界"可能是一个有些误导性的术语，ISE 晶粒间区在厚度上可以拓展多个原子层，但由于它们在厚度上仅有几层原子层，也不构成不同的"相"。然而，它们具有不同的机械和化学性质，这就是为什么"复合体"这个词被用来描述它们。在通过高温烧结强化的氧化物 ISE 中，晶粒间区经常显示出不同的化学成分（它们可以作为元素的接收器）[47-49] 和不同的机械性能（通常会更软）。

　　晶界在可移动阳离子迁移路径上构建了化学和结构的异质性。总体而言，对于氧化物 ISE，晶界在宏观样品中显示出了不受欢迎的增加离子迁移阻抗的性质。图 15.10a 展示了一个晶界阻抗本质的例子，$Na_{3.4}Zr_2Si_{2.4}P_{0.6}O_{12}$ 在 25℃ 的全电导率仅为其体电导率的 1/3[9]。电导率的差异与宏观 $Na_{3.4}Zr_2Si_{2.4}P_{0.6}O_{12}$ 样品的晶界阻抗存在有关[14]。如果在 ISE 中的迁移路径不是各向同性的话，晶界的影响会更为突出。例如 Na-β/β″- 氧化铝，Na^+ 离子的迁移发生在 2D 的导面内（见第 15.14 节）。多晶 Na-β/β″- 氧化铝的传导性要明显低于沿着传导面的体电导率，因为 Na^+ 离子必须沿着曲折的路径进行迁移[52]。通常在氧化物 ISE 总观察到的晶界是具有电阻性的，值得注意的是在某些材料中晶界也同样展现了更高的活动性，沿着晶界或者沿着临近晶粒电荷层有快速扩散通道（通常在一些多晶氧化物离子导体中观察到）[53-55]。对于更软的 ISE（硫化物或环硼化物），晶界对总离子电导率的影响在大部分情况下不能忽视[50]。

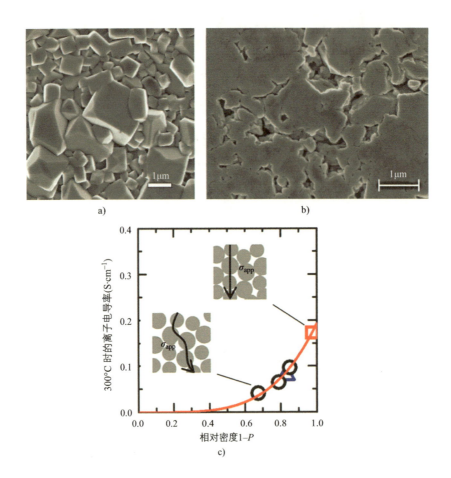

图 15.10　无机固体电解质的微结构：（a）烧结 $Na_{3.4}Zr_2Si_{2.4}P_{0.6}O_{12}$ 样品是致密的，不过有很多小晶粒从而导致了大量的晶界（来源：文献 [14]，经美国化学学会授权）；（b）冷轧的正方晶系 Na_3PS_4 致密化更加困难（在该研究中只有理论密度的 80%）（来源：文献 [50]，经美国化学学会授权）；（c）Na-β/β″- 氧化铝的压实密度和离子电导率之间的关系符合 Archie 定律，$\sigma_{app} = \sigma_0(1-P)^m$，其中 P 是孔隙率，$(1-P)$ 是相对密度（来源：文献 [51]，经美国化学学会授权）

ISE 块体的另一个微观结构特性应该是其密度可以影响离子的快速迁移。宏观样品中的孔隙增加了离子迁移的扭曲度，并且可能对电池的长期运行有害（在充电过程中，Na^+离子可能会在孔内而不是负极界面上沉积，见第 15.11 节）。ISE 样品的密度通常以分数（相对密度）的形式报道，可以通过实验测量得到密度除以同一材料单晶的理论密度得到。通过冷压致密化的软的 ISE，孔的体积分数可能很大。例如，冷压 t-Na_3PS_4 的相对密度在 80% 左右，如图 15.10b 所示，在样品表面可以观察到微观孔隙。对于氧化物 ISE，块体的致密化通常是通过高温加热烧结来实现的。烧结条件的控制是获得高致密、机械强度高、离子传导快的块体的关键[51]。在这些烧结步骤所需的高温条件下，钠从结构中的部分蒸发可能发生，并且需要减小以保持良好的离子电导率性能[51, 56]。这个问题通常通过将块体在铺有 ISE 粉末的母床中烧结来缓解（可以当作烧结时外部 Na 源），或者在合成过程中加入适量的钠，通过薄膜沉积方法也可以抵消 Na/Li-ISE 中 Na/Li 的损失[57, 58]。在氧化物 ISE 中，通常采用液相烧结的方法来实现致密化。在液相烧结中，晶粒间区的软化（或者部分熔融）产生一种凝聚力，把颗粒拉向彼此并帮助他们结合。致密化同样也可以通过烧结辅助的方法进行提升。烧结辅助方法是混合了 ISE 粉末和具有低熔点的材料，在高温下可以激活液相烧结[59]。图 15.10c 说明了通过使用 Na-β/β″- 氧化铝增加宏观陶瓷的致密度可以得到更高离子电导率。

15.8.2　无机固体电解质的阻抗谱

在宏观尺度上，ISE 的离子电导率通常是通过电化学阻抗谱（EIS）来测量，利用了具有阻塞电极的对称电池结构（通常是具有一层薄薄的溅射金的氧化物）。带有电子绝缘层的特殊压具可进行压力相关的原位 EIS 阻抗测试，尤其适用于冷压出来的更软的 ISE[60,61]。在最近的一篇报道中，宏观 ISE 样品的离子传输性质通常可以通过所谓的砖层模型进行描述，从而得到更多数学细节[53]。

无机固体电解质的 Nyquist 图通常以一个或多个分辨率高的半圆为特征。图 15.11 展示了具有代表性的 $Na_{3.4}Zr_2Si_{2.4}P_{0.6}O_{12}$ 和 $Na_2B_{12}H_{12}$ 的 Nyquist 测量图。Nyquist 图中的半圆特征是包含电阻和电容的扩散过程的重要表象。扩散过程对应不同的迁移机制（例如体扩散或晶界扩散）通常会有不同的特征频率 ω（ω 的倒数为弛豫时间 $\tau = 2\pi/\omega$）。如果两个或更多过程的特征频率被分不同数量级，在 Nyquist 图中相应的半圆将会很好地分离开。如果不同扩散过程的特征频率过于接近，那么将会出现半圆的重合。在这种情况下，先进的阻抗数据分析，例如使用弛豫时间的分布分析[63, 64]，可以用来对阻抗谱的不同贡献进行反卷积。

ISE 的离子电导率通常是通过 Nyquist 图中等效电路建模拟合数据中提取的。半圆通常由恒定相位元件（CPE）并联的电阻器构成的 R-CPE 建模而成。不同于电容器，CPE 并没有涉及物理过程，但其在 Nyquist 图中构建非完美半圆模型是一个有用的数学算子。在 ISE 的 Nyquist 图中，半圆确实看起来是凹陷的，这是由于宏观试样是由不同大小和随机排列的晶粒和晶界组成的，不同尺寸和取向的晶粒和晶界将导致特征频率呈现分布现象而不是单一的特征频率。这个分布范围的宽窄程度决定 Nyquist 图中明显半圆的扭曲程度。

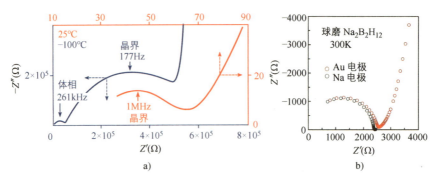

图 15.11　不同无机固体电解质的代表性 Nyquist 图：（a）$Na_{3.4}Zr_2Si_{2.4}P_{0.6}O_{12}$ 在 25℃ 最大激发频率为 3MHz 时的体扩散不能很好分辨，但是在温度降为 −100℃ 时能很好分辨，为样品在 25℃ 测量的轴设置在右上方，而左下方对应的是样品在 −100℃ 时的测量情况（来源：文献 [9]）；（b）$Na_2B_{12}H_{12}$ 基于使用阻塞 Au 电极或使用 Na 金属电极的两个阻抗谱，低频率的电容尾在图中被观察到（高阻抗）（来源：文献 [62]，获得爱思唯尔授权）

由于恒定相位元件 CPE 不是一个典型的物理过程，将拟合结果转换为表示扩散过程的真实电容更为有用。这个真实电容由 CPE 参数（Q 和 n）以及过程电阻（R）通过 Brug 方程算得：

$$C = \frac{(QR)^{1/n}}{R} \tag{15.14}$$

过程的特征频率可以由阻抗数据计算出来：

$$\omega = \frac{1}{RC} = \frac{1}{\rho\varepsilon} \tag{15.15}$$

式中，R 和 C 是通过拟合 Nyquist 图所得到的值；ρ（电阻率）和 ε（介电常数）是标准值，不由样品尺寸决定（厚度和电极面积）。样品的体电导率 σ_{bulk}（$S \cdot cm^{-1}$）的计算公式如下：

$$\sigma_{bulk} = \frac{1}{R_{bulk}}\frac{L}{A} = \frac{1}{\rho_{bulk}} \tag{15.16}$$

式中，R_{bulk} 是 ISE 的体电阻，单位为 Ω（根据体扩散从半圆中算得）；L 是样品厚度，单位为 cm；A 是电极的面积，单位为 cm^2。

宏观颗粒中晶界的相对体积分数通常很小。为获得晶界电导率，式（15.16）需要修改，因为可移动阳离子迁移跨越晶界的距离只有一小部分。距离分数 L_{GB}/L（L_{GB} 是穿过晶界的距离，L 是样品厚度）不能认为是先验的。一个常见的解决方案是使用比率 C_{bulk}/C_{GB}（C_{bulk} 和 C_{GB} 分别是拟合的体电容和晶界电容）作为比率 L_{GB}/L 的代替，并假设体和晶界的介电常数相同。最终得到下列公式

$$\sigma_{GB} = \frac{1}{R_{GB}} \cdot \frac{L}{A} \cdot \frac{C_{bulk}}{C_{GB}} \tag{15.17}$$

总体而言，ISE 扩散过程的特征频率较快，需要具有快速激发频率（对于体扩散过程至少在 MHz 范围内）的频率响应分析仪（阻抗分析仪）。在一些例子中，体扩散过程过快，以至于它们不能在室温下在 MHz 范围内分辨出来。更快的激发频率（在 GHz 范围）可以用来观测室温条件下的体扩散[9]。另一方面，如果在更低温的条件下，扩散过程将会大幅

降速。随着温度的降低，扩散过程的电阻增加，其特征频率也减少。降低温度可以使一个过程的特征频率落入阻抗分析仪的频率分析范围内。例如，在最大激发频率为 3MHz 和 25℃的条件下，$Na_{1+x}Zr_2Si_xP_{3-x}O_{12}$ 只能观测到一个与晶界扩散有关的半圆（图 15.11a）。在 −100℃下同样是 3MHz 的激发频率，体和晶界的半圆都可以在 Nyquist 图中观察到。

ISE 的离子电导率通常是在使用阻塞电极（例如 Au）的对称的电池中获得。因为阻塞电极是不能电荷转移的，在低频时通常观察到电容尾（图 15.11b）。一旦了解了具有阻塞电极的 ISE 的阻抗，就可以集成电荷转移活性电极。这个多步骤过程可以对每个单独对电池有阻抗的过程进行反卷积。跨越 Na 金属 |ISE 和正极 |ISE 界面的离子传输过程，通常都会在 Nyquist 图中引起半圆响应。这个半圆在室温条件下是否能够被观察到取决于这一过程阻抗的量级大小（见图 15.10）。例如，在图 15.11b 中，$Na|Na_2B_{12}H_{12}$ 与 ISE 的阻抗相比，起到了很小的影响。

Ⅲ　电极－无机固体电解质界面

在锂离子或钠离子电池中，大多数 SSB 的衰减机制都位于界面处。在这部分内容中，主要讲述发生在电极－固体电解质界面的衰减机制。这些衰减要么发生在静置条件（电池没有电流流过），要么发生在循环条件下。图 15.12 系统地总结了电极－固体电解质界面涉及的衰减机制。

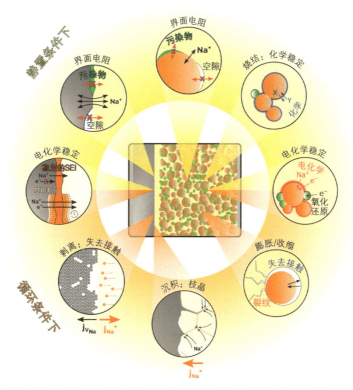

图 15.12　固态电池中影响电极－固体电解质界面的问题总结，影响金属 | 固体电解质和固体电解质 | 正极界面的问题分别列在左、右两侧

▼ 15.9　电极 / 固体电解质界面稳定性

预测、表征和控制发生在电极 | 固体电解质表面的反应是现今固态电池研究的重要内容。这些挑战所获得的关注是值得的，因为如何在长循环过程中保持电池的电化学性能是非常重要的。在负极 |ISE 侧和正极 |ISE 侧形成的新相（中间相）通过热力学平衡损失驱动的，在某些情况下是动力学稳定的。这些界面反应可以划分为两类：①电极与固体电解质之间，只有电子 e^- 和离子转移的电化学反应；②不涉及电子转移的两相（包括但不限于Na）接触后元素相互扩散，形成中间相的化学反应（见第 15.9.2 节）。电化学反应和化学反应都会在电池循环和制造的过程中发生，选择合适的材料形成稳定的界面或修饰稳定的中间相是保证电池性能的关键。未能选择合适的材料就会导致较大的内阻增长（功率密度衰减）、容量衰减（能量密度衰减），以及短路（循环寿命衰减）。

15.9.1　电化学反应

1. 电化学稳定窗口

一个 ISE 的电化学稳定窗口是其能够承受不发生氧化还原降解的电压区间。除了离子电导率之外，ISE 的稳定窗口是重要特征之一。一个具有大的稳定窗口的固体电解质可以用于高电压电池，从而实现电池可期的高能量密度。为了加速材料开发，电化学稳定窗口通常在材料合成和实验测量之前进行理论估算。例如，不同导 Na 的 ISE 的理论电化学稳定窗口（或电压稳定窗口）列在图 15.13 中 [65]。

电压稳定窗口的理论预测依赖基于 DFT（密度泛函理论）的第一性原理计算。特别是，两个方法广泛用于估算 ISE 的电压稳定性 [71]。第一种方法需要事先了解 ISE 在氧化（当 Na 原子开始从 ISE 晶格中抽离出来时）和还原（Na 原子开始插入 ISE 晶格中）时的电势。为了确定 ISE 在给定电压下是否稳定，每个相（ISE 和分解相）的巨势 Φ 在该电压（如何计算 Φ 的信息，参见文献 [71]）条件下都进行了计算。如果 ISE 的巨势处于所谓的巨势凸包上，那么其在该电压条件下就会稳定。这一操作在不同电压的范围内重复操作直到确定氧化和还原限。例如，图 15.13 中的稳定窗口就是用该方法计算得到的，通过该方法预测的电压稳定窗口是最坏的情况，因为 ISE 在其氧化和还原限分解成新相通常需要一个激活能，即超过电压稳定窗口的一个确定的过电位。第二种预测 ISE 稳定窗口的方法是计算 Na 原子从拓扑结构上移除或加入 ISE 结构中的电势。该方法不考虑 ISE 可能分解成为的相，因此只是构建了一个纯粹热力学计算方法（没有动力学影响）。这个方法提供了最宽的电压稳定窗口的估算。

ISE 的高压氧化稳定性是由它在给定电位下给出电子的难易程度决定的。原子给出电子的难易程度由它的电离能决定，具有低电离能的原子不需要很大能量来给出一个电子。通常，ISE 的氧化稳定性由它的阴离子框架决定。氧化稳定性由低到高的趋势如下：$N^{3-} <$ $H^- \ll S^{2-} < O^{2-} < Br^- < Cl^- < F^-$[72]。这个经验规律如图 15.13 所示，例如硫化物（S^{2-} 阴离子）的氧化稳定性比氧化物（O^{2-} 阴离子）和卤化物（F^- 或 Cl^- 阴离子）更差。ISE 的氧化通常在正极 |ISE 界面处进行研究。如果在正极复合材料中使用电子导电添加剂，ISE 的氧化也

可能发生在 ISE 与添加剂接触的界面上[71]。

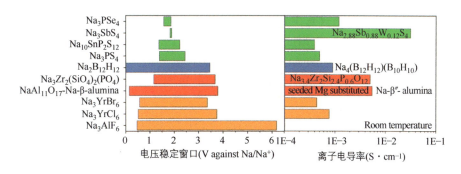

图 15.13　候选 Na^+- 无机固体电解质的电压稳定窗口和离子电导率，电压稳定窗是热力学的理论预测，动力学稳定因素暂不考虑。对于每个相，离子电导率采用的是目前为止最高的实验测试报道值。对于一些无机固体电解质，离子电导率采用了不同的化学计量单位，注意不要选择太不相近的化学计量，因为在左边的面板可能会有一个不同的稳定窗口。例如，尽管 $Na_4(CB_9H_{10})(CB_{11}H_{12})$ 的离子电导率（$70mS \cdot cm^{-1}$）要更高，但 $Na_4(B_{10}H_{10})(B_{12}H_{12})$ 的离子电导率更要优先，因为在撰写环碳硼化物热力学稳定窗口时没有相关数据，在文献[65,66]中电压稳定窗口得到了计算。对于离子电导率，用到了如下文献：Na_3PSe_4[67]、$Na_{2.88}Sb_{0.88}W_{0.12}S_4$[68]、$Na_{10}SnP_2S_{12}$[69]、$Na_3PS_4$[70]、$Na_4(B_{12}H_{12})(B_{10}H_{10})$[43]、$Na_{3.4}Zr_2Si_{2.4}P_{0.6}O_{12}$[9]、晶种 Mg- 取代 Na-β″- 氧化铝[52] 和 Na_3YrCl_6 和 Na_3YrBr_6[66]

在低电压下，ISE 如果易于从负极接收电子则可能会被还原。金属负极有很低的电压并且很少有 ISE 能够对其稳定。ISE 的还原稳定性受不可移动阳离子以及聚阴离子框架的键强影响[22]。在图 15.13 展示的 ISE 中，只有环硼化物 $Na_2B_{12}H_{12}$ 预计在 0V（vs.Na/Na$^+$）的条件下稳定。

图 15.13 说明没有一类 ISE 可以在离子电导率和电压稳定窗口上都超过其他 ISE。例如，具有良好离子电导率的硫化物电解质受限于其较窄的稳定窗口。相反，Na_3AlF_6 的稳定窗口非常大，但 Na_3AlF_6 是一个较差的 Na^+ 离子导体（其室温离子电导率尚未测量，但预计低于 $10^{-10}S \cdot cm^{-1}$）[73]。

在实验上，ISE 的氧化稳定窗口通常通过循环伏安法（CV）在非对称电池 Na|ISE|CC（CC：集流体）上进行测量。这个平面电池单元在检测 ISE 的分解点上有一些缺点，因为发生氧化的表面只是很小的一个区域，所以在仪器上监测的氧化电流将会非常小。ISE 看起来在高电压条件下很稳定，事实上分解正在发生并且可能在长期来看会有更大的影响。为了杜绝这种错误的理解，应该使用高精度电位器以非常慢的扫描速率进行测量，通常 $0.1mV \cdot s^{-1}$ 的扫描速率和 $nA \cdot cm^{-2}$ 范围的检测精度是观测电解质分解电压所需的[24]，或者让发生氧化的表面更大，从而产生更大的氧化电流。这个方法可以通过将 ISE 与电子导电添加剂混合起来，并用一个相似的电池结构：Na|ISE|ISE:C|CC（ISE：C 是一个由 ISE 粉末和碳电子导电添加剂组成的复合物）[71]。

2. 界面 / 中间相类型

电极 |ISE 界面通常分为 3 个类型（图 15.14 为示意图），以界面是否是电化学稳定、形成的中间相是否稳定进行划分。区分术语"界面"是非常重要的，它是指两相接触面，中

间相是指电化学反应形成的界面处产生的新相。

1）本征稳定和动力学稳定界面：本征稳定的界面构建了 ISE 与电极是热力学稳定的，没有反应趋向的理想情况。只有少数金属 |ISE 界面是本征稳定的，如图 15.13 所示。在某些例子中（如 Na|Na-β/β″- 氧化铝或 Li|LLZO 界面），ISE 的理论分解电势非常接近于金属的电势因此界面是动力学稳定的（ISE 分解所需的过电势将其电压窗口拓展到金属电势外）[75]。其中，LLZO-$Li_7La_3Zr_2O_{12}$ 是一个具有高离子电导率（$10^{-3}S \cdot cm^{-1}$）和宽电化学稳定窗口的 Li-ISE。

2）稳定中间相：这个类型的界面是电极和 ISE 反应形成的稳定的具有可忽略电子电导率的固体电解质界面层（SEI），从而阻止反应的进一步发生。一个理想的 SEI 同样具有良好的离子电导率来降低电池的内阻，维持良好的功率性能。

3）混合离子电子导电界面层（MIEC）：这种情况应该要避免。在这种情况下，中间相既导离子又导电子，这就导致了 ISE 的持续分解。这种界面容易在 ISE 包含金属和类金属元素的情况下形成[72]，在该情况下，需要有一个保护层来隔离电极与 ISE。

除了前面提到的计算预测，界面的稳定性可以通过几种直接和 / 或间接的实验技术来评估。电池电阻随着时间的变化说明了界面本征的信息（见图 15.14）：如果界面是稳定的，电阻应该保持不变；如果形成了类型 2 的 SEI 有电阻的界面，电池电阻会在初始的时候增加并在界面稳定后达到一个平台；如果类型 3 界面形成了，电阻将会下降，因此中间相的部分电子电导率将会成为电池总电导率的主要部分。

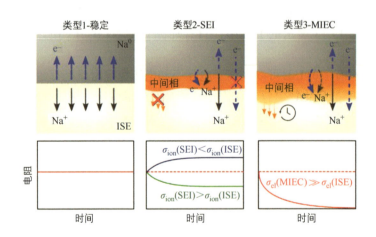

图 15.14　Na 金属和 ISE 之间的界面类型及其预期的电池电阻随时间的演变（来源：改编自文献 [74]）

通过使用直接的实验方法来表征中间相的生长速率和化学组成是一个难题。中间相通常有较低的体积分数，使其在体相表征手段下很难观测到，并且其通常由于表面表征技术的分辨率不高而被隐藏掉。一些巧妙的方法已经发展起来，用来表征固态电池界面。

原位 TEM 研究是一种可以用来评估界面稳定性的直接观察技术。实验因为通常需要在显微镜内使用微观操作器将两个相的薄膜进行接触，因此会很复杂[76, 77]。这些研究提供了在刚接触后中间相生长的动力学过程，并且结合电子能量损失谱（EELS），就可以表征中间相的化学组成。

X 光电子能谱（XPS）同样可以用来研究电极 |ISE 界面的中间相。中间相一般是通过拆解循环后的电池并在真空转移组件中将样品转移至仪器中，进行非原位的研究。尽管在转移至仪器过程中采用了保护的转移方法，但是依旧会影响中间相的组分（例如该相在气体氛围中是高活性的），并引起对准确分解机制的错误理解。原位或者操作中测试设置方法已经建立起来规避该问题，并且保证中间相的化学组成不受暴露空气的影响 [78-81]。基于二次离子质谱法（SIMS）的深度剖析方法已经被用来表征中间相的组成 [82, 83]。

3. 保护 / 缓冲层与合金

对于电池运行来说功能可行的界面只有类型 1 和类型 2 界面。如果 ISE 和电极反应形成类型 3 界面（MIEC），那么就需要一个保护中间层。如果类型 2 界面的反应产物是离子绝缘的，并且界面有很大电阻，那么也同样需要考虑使用界面保护层。用该策略建立起两个新的界面：一个电极 | 中间层界面和一个中间层 |ISE 界面。而中间层形成稳定的界面并不是绝对必要的（类型 1），然而，至关重要的是它们形成具有离子导电中间相的类型 2 界面。

在负极侧，保护层可以阻止电解质的还原。低电子亲和性的 N^{3-} 和 H^- 形成了氮化物和氢化物，并且对碱金属很稳定，是作为保护层的适合选项 [84]。在最近的一项研究中，这一策略被巧妙地用于稳定 Na_3SbS_4，使其减少与 Na 金属的还原 [85]。为了原位形成稳定的中间层，采用了两步的方法：Na_3SbS_4 首先暴露在潮湿空气中并在其表现形成水合物 $Na_3SbS_4 \cdot 8H_2O$；在接触 Na 金属后，水合后的 ISE 反应形成一个电子绝缘但是离子导电界面相，该相包含 NaH 和 Na_2O。尽管初始相的预期还原电势为 1.83V（见图 15.13），但稳定化的 Na_3SbS_4 能与 Na 金属成功循环起来。在另一个研究中，可以对还原稳定的 $Na_{3.4}Zr_2Si_{2.4}P_{0.6}O_{12}$ 是通过在表面原位形成 Na_3PO_4 得到的改善 [14]。这个稳定性来源于 Na_3PO_4 接触 Na 金属时的本征稳定性 [65]。

保护层在阻止 ISE 氧化上也是同等重要的。在正极 |ISE 界面有一个附加的约束，需要从集流体到正极颗粒有充足的电子渗透来维持充放电。涂层中的缺陷可以提供所需足够的电子渗透 [86]。在循环过程中正极颗粒体积的变化是另一个在设计正极 |ISE 界面涂层时需要考虑的约束条件（见第 15.12 节）：涂层应该在颗粒膨胀和收缩的过程中不形变破裂 [87]。一些聚合物由于此特殊目的被考虑用来当作保护涂层 [88]。

当保护层通过拓展电压稳定窗口来增强 ISE 对电极的稳定性时，另一个策略是选择电势已经在 ISE 稳定区内的电极（或者在动力学稳定区域内）。在负极侧，阻止在 0V（vs.Na）时不稳定的 ISE 还原反应可以通过使用 Na-M 合金来实现（M=Sn，Pb，Ge 或 Si）。在 Na-Sn 合金的例子中，电压在 0.7V（放电状态，Sn）和 0.1V（充电状态，$Na_{15}Sn_4$）（vs. Na/Na^+）之间变化 [89]。尽管这一策略降低了负极的容量，但其阻止了硫化物 ISE 的还原分解。

15.9.2　化学反应

在正极 |ISE 界面的反应可能性不限于碱金属离子和电子的交换（电化学反应），还混合包括了其他晶格阳离子（化学反应）。这些在正极 |ISE 界面的化学反应可以在循环

的条件下和 / 或在电池加工制造时发生。特别是需要通过高温共烧结来实现紧密接触的正极 |ISE 界面，ISE 和正极颗粒的晶格阳离子经常会发生混杂。高温共烧结步骤通常用来提高氧化物 ISE 的致密化程度，并且混杂是正极复合物在用到高温烧结时遇到的重要问题。

对于电化学反应，研究人员试图用从头算法来预测支撑化学反应的基本机理。但是准确的分解机制很难预测，因为其依赖于热力学与动力学效应的结合[71]。从头算法可以阐明的是在特定的温度和电压下不同正极和 ISE 间的反应能，以及每个正极 |ISE 组合可能的反应产物[90]。反应能通常以热图的形式进行表示，如图 15.15 所示[65]。

在图 15.15 中，在硫化物 / 硒化物 ISE 和层状氧化物正极之间观察到了最高的化学不稳定性。化学反应的驱动力是 S^{2-}（或 Se^{2-}）被 O^{2-} 离子置换，形成更稳定的 PO_4 基团[91]。例如，对于 Na_3PS_4 接触 $NaCrO_2$ 后的反应：

$$Na_3PS_4 + NaCrO_2 \longrightarrow Na_3PO_4 + NaCrS_2$$

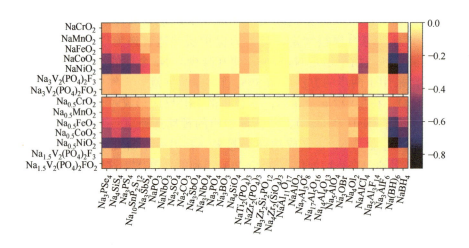

图 15.15　正极和负极之间的化学反应能以热图表示，选定的 ISE 材料列在 x 轴上，正极材料列在 y 轴上。该图区分了正极满充状态（图顶部）和半充满状态（图底部）的化学反应能，比例尺在右侧以 eV/atom 表示（来源：文献 [65]，经 John Wiley & Sons 授权 /CC BY 3.0）

如果中间层用来阻止 ISE 在高电压条件时的氧化，中间层与 ISE 结合的化学反应同样也会被研究。各种与 ISE 和正极对应的二元氧化物保护层的反应能如图 15.16 所示[91]。

实验上，在正极 |ISE 界面的化学反应可以通过多种表征工具进行研究：反应发生的温度以及新形成相的结构可以通过高温 XRD 和量热法进行研究[90, 92]；混合区的厚度和元素分布已经通过 TEM[93, 94]、SIMS[95] 和 EDX[95] 进行了研究；硬 X 射线 XPS（HAXPES）已经用来表征薄膜正极混合区域相的化学组成。

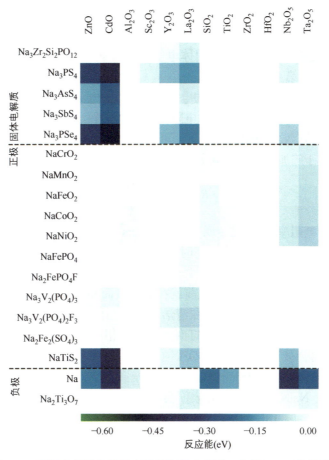

图 15.16　中间层与 ISE/ 正极之间的化学反应能的热图（来源：文献 [91]，取得美国化学学会授权）

▼ 15.10　界面电阻

　　为了最大化电池的充放电速率（功率性能），其内部所有离子电阻的来源都应该最小化。电解质的离子电阻可以通过增加的离子电导率或使电解质更薄来减小（见第 Ⅱ 部分相关内容）。电池电阻的另一个来源是 Na^+ 离子在穿过电极 |ISE 界面时产生的（可能是中间相）。根据电极和 ISE 材料的选择和组装电池所采用的步骤，界面电阻会有数量级的变化。得益于这一领域的深入研究，影响金属负极 |ISE 界面电阻的良好理解就开始显现出来。

　　因为在原电池测试中界面电阻非常大，所以在氧化物 ISE（例如 NaSICON，Na-β/β″-Al_2O_3 或者 $LLZO^2$）和碱金属负极表面的电荷转移很长时间内都被认为是本征缓慢的。但最近的研究表明，在室温下稳定金属 |ISE 界面的电荷转移电阻可低至 $0.1\,\Omega\cdot cm^2$[14, 96]。因此，金属 |ISE 界面电阻是被其他电阻因素所主导的，而不是电荷转移。换句话说，将电荷转移电阻（只与 $Na^0_{anode} \leftrightarrow Na^+_{ISE} + e^-_{anode}$ 转移有关的阻抗）与界面电阻（所有与电阻贡献有关的界面过程的表观总和，电荷转移只是其中之一）区分开非常重要。

　　上文中，LLZO-$Li_7La_3Zr_2O_{12}$ 是一个 Li 的固体电解质，具备高电导率（$10^{-3}\,S\cdot cm^{-1}$）和宽电化学稳定窗口。

电池初始碱金属 |ISE 界面电阻主要影响因素已经得到了充分理解，主要包括：①在电池组装过程中的金属负极和 ISE 不当接触所造成的空隙[97]；②夹在负极和 ISE 之间外源污染物（在电池组装前在空气氛围中固体电解质和金属负极表面反应形成的层）[13, 98-101]；③离子电阻界面相（见第 15.9.1 节）。

在金属 |ISE 界面的空隙会使该区域的电荷转移失效。电荷转移有效区域减少会产生因 Na^+ 离子在界面处迁移路径曲折而导致的接触电阻。在电池堆垛组装时施加外部压力是一个使金属负极和 ISE 紧密接触的有效方法并且已经证明可以减少接触电阻[97]。在没有外源污染物和电阻中间相的情况下，关于施加外力 F 对减小接触电阻 R_{constr} 的关系可以用以下公式来表达：

$$R_{constr} = \frac{\rho}{2}\sqrt{\frac{\pi H_{Na}}{F}} \qquad (15.18)$$

式中，ρ 是 ISE 相的电阻率；H_{Na} 是金属 Na 的 Vickers 硬度（在金属 Na 固态电池的情况下）。例如，Uchida 等人可以通过在电池组装时施加的 30MPa 压力使其电池的 Na|NaSICON 界面电阻从 $660\Omega \cdot cm^2$ 降低至 $14\Omega \cdot cm^{2[102]}$。

第二个电阻的来源是在电池组装之前就在 ISE 表面和 / 或金属 Na 表面存在的污染物。金属 Na 是反应活性极高的物质，即便在清洁的贮存箱内也会在表面形成钝化层[14]。一些 ISE 也会在表面形成钝化层，因为样品打磨后会与气相或溶剂发生反应。$Na\text{-}\beta/\beta''\text{-}Al_2O_3$ 就是一个例子，其表面会被 Na_2CO_3 和 NaOH 钝化[13]。这些表面污染物通常可以通过短时的高温烧结方法分解去除。如果 ISE 在烧结后没有暴露在空气中就进行组装，表面电阻会下降几个数量级（对于 $Na|Na\text{-}\beta/\beta''\text{-}Al_2O_3$ 表面会从 $1.99 \times 10^4\Omega \cdot cm^2$ 下降至 $8\Omega \cdot cm^2$）[13]。

电池循环时影响金属 |ISE 和正极 |ISE 界面的问题是以下各节的主题。

▼ 15.11　在剥离条件下金属负极 |ISE 界面的动力学

金属负极的放电通常被认为是剥离或者电解溶解。这个术语反映了在放电时发生在金属 |ISE 界面上的机制。在负极负载下，在界面处的电荷转移通过金属原子的电离完成：通过 Kroeger-Vink 注释 $Na_{Na}(Na) + V'_{Na+}(SE) \rightarrow Na^x_{Na+}(SE) + V^x_{Na}(Na) + e'(Na)$。在该方程中，Na金属原子 $[Na_{Na}(Na)]$ 到临近 $ISE[V'_{Na+}(SE)]$ 空的可移动阳离子位点的转移在界面 $[V^x_{Na}(Na)]$ 产生了空穴并释放了电子 $e'(Na)$。简单来说，前面的方程假设了一个空位迁移机制，但是联动跃迁也需要考虑（见第 15.6.2 节）。在大电流密度下，如果金属空位没有迅速填充，界面会变得形貌不稳定。例如，在剥离电流密度为 $2.5mA \cdot cm^{-2}$ 的条件下（对应于电池 C/2 的倍率，面容量为 $5mA \cdot h \cdot cm^{-2}$），每秒都有 6nm 厚的金属 Na 从界面上剥离。这些空缺需要快速消除以防止金属 |ISE 界面的分层。必须要强调的是，这个值是一个较低的限值，如果电解在整个界面上不均匀，那么剥离速率可以变得更快（收缩热点）。接下来的章节旨在更详细地描述这个问题并包括一些既定的减轻 / 防止该问题的解决方案。

15.11.1　剥离过程中界面接触损失的实验证据　　///

在负极装载中，缺位在金属 |ISE 界面产生，与电解液不同，固体电解质无法适应电极形貌的变化。缺位的积累会产生界面不稳定性，最终导致不良接触以及电荷转移的停止。

据报道，界面空位的积累是影响剥离条件下许多金属 |ISE 配对的问题（在 Na 固态电池和锂固态电池都要有这种情况）。在实验系统中界面孔的存在通过间接方法（通过使用电化学方法）[97, 103]、直接方法（原位 X 光计算机断层摄影）[104] 和非原位方法 [97, 104, 105] 得到了证明。为通过电化学方法证明空位的积累，Krauskopf 等人在恒流剥离结合同步阻抗谱的条件下分析了对称金属 |ISE| 金属电池的性能 [97]。在图 15.17 所示实验中，密度为 $0.1mA \cdot cm^{-2}$ 的小电流施加给电池，直到在剥离电极界面空位积累至电池过电位突然明显提升。这个临界剥离时间 t_0 发生在图 15.17 中 $t=11h$ 的时候。同时在恒流测量模式下的阻抗谱显示电池过电位的增加是由于电池界面电阻的增加而产生的。两个深入的研究利用参考电极，可以确定电阻增加的界面是剥离电极界面而非沉积电极的界面 [103, 104]。

非原位 SEM 研究提供了剥离界面存在空位的另一证明。图 15.17 展示了一个例子，在剥离后在碱金属箔（此处为 Li 金属）表面可以清晰地观察到微孔 [97]。相比之下，初始的碱金属箔表面很光滑。在另一项研究中，循环过后对称电池的横截面可以通过超声切割机切出，并且无须将金属箔从 ISE 上剥离开就能观察到空位 [104]。

这些实验观察到的现象引导研究者提出可以解释界面空位形成和淬灭的理论模型。其中一些模型在接下来的章节中讨论。

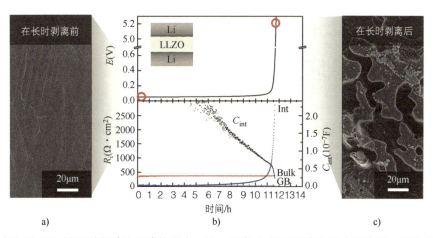

图 15.17　在金属 |ISE 界面剥离诱导空隙的形成，这一现象也在 Li 固态电池中观察到，图片来自 Li 金属与 $Li_7La_3Zr_2O_{12}$（LLZO，Li-ISE）组成的形貌稳定性研究。锂金属电极组装前（a）与在 $0.1mA \cdot cm^{-2}$ 电流密度下剥离 12h 后空隙可清晰观察到（c）的形貌对比。Li|LLZO|Li 对称电池在一个界面经历孔形成的电化学响应情况提供在（b）中。更具体来说，该研究的作者分析了在非直接 Li^0 剥离时电池随时间函数变化的电势的响应情况，并且得益于同步恒流电化学阻抗谱（GEIS），在 12h 剥离后产生的大过电位可以归因于 Li|LLZO 界面电阻增长（来源：来自文献 [97]，取得美国化学学会授权）

15.11.2　剥离的理论模型

1. 空位的自扩散

用于描述金属 |ISE 界面形貌稳定性的模型之一建立了扩散理论。正如 Krauskopf 等人描述的，金属 |ISE 界面稳定性取决于在界面空位产生（注入）的速度以及其淬灭的速度 [97]。

如果空位淬灭的速度低于其注入的速度，空隙将会形成。空位注入的速度由施加的电流决定。另一方面，空位淬灭的速度由两个机制决定：空位扩散以及压力诱导机械形变[105]。在接下来的公式中，通过金属负极机械形变产生的空位淬灭不在考虑范围内。

在一个稳定的状态，Fick 第一定律表明颗粒以浓度梯度最小化在一个介质中扩散。在我们讨论的问题中，金属空位的浓度在整个金属负极上不是恒定的：在注入界面处，金属空位的浓度很高并在远离界面的地方达到一个平台（在金属负极块体中）。因此，假设金属空位沿着 x 方向的通量 j_V 有如下关系：

$$j_V = -D_V \cdot \frac{\partial c_V}{\partial x} \tag{15.19}$$

式中，D_V 是金属空位的扩散系数；c_V 是距离界面距离为 x 的金属空位浓度。如果我们假设体系达到了稳态，梯度将会变为定值并且定义为在界面的空位浓度 $c_V(\xi=0)$ 以及距离界面弛豫距离 δ 的体相空位浓度 c_V^0（图 15.18a 中 ξ_R）。在扩散理论中，δ 一般近似为 $\delta = \sqrt{D_V \tau_V}$，$\tau_V$ 为达到空位浓度平衡的弛豫时间。式（15.19）可以修改为：

$$
\begin{aligned}
j_V &= -D_V \frac{c_V(\xi=0)-c_V^0}{\delta} = \frac{-D_V}{\sqrt{D_V \tau_V}} c_V^0 \left(1 - \frac{c_V(\xi=0)}{c_V^0}\right) \\
&= \sqrt{\frac{D_V}{\tau_V}} c_V^0 \left(1 - \frac{c_V(\xi=0)}{c_V^0}\right)
\end{aligned}
\tag{15.20}
$$

临界电流密度可以通过 j_V 乘以移动阳离子电荷 z（对于 Na^+ 离子 $z=1$）和法拉第常数 F 得到。

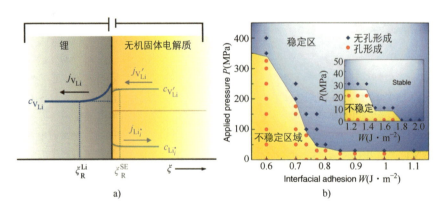

图 15.18 剥脱条件下的形态稳定性的预测条件。（a）一个用来解释 Li|Li-ISE 界面孔形成的空位扩散模型，蓝色曲线代表从体相到界面的空位浓度（$c_{V_{Li}}$），在典型的扩散中，浓度梯度产生了空位扩散的驱动力（来源：文献 [105]，取得了美国化学学会的授权）；（b）Li|Li-ISE 界面在剥离条件下由分子动力学计算得到的预测稳定区域，这一模型包含了锂金属机械性能、界面吸附性以及构建形貌稳定性所施加的外部压力条件，由于 Na 与 Li 相比具有不同的机械性能，对于 Na|Na-ISE 界面的稳定区域将会有不同（来源：文献 [106]，取得 John Wiley & Sons 授权）

$$i_V = zFj_V \qquad (15.21)$$

这个模型提供了可以预测空位聚集在碱金属表面的临界电流的简单方法，并且在该情况下自扩散是空位淬灭的唯一机制[97]。出现错误的一个原因是扩散系数 D_V 很难准确测量，并且根据金属负极微观结构不同该值会在很广的范围内分布（在具有高浓度线性缺陷，如位移或晶界的金属内，金属空位淬灭很快）。

通过电化学测量估算 D_V 需要一个不光在静止态可行的模型（基于 Fick 第二定律）。对于空位的一维扩散，D_V 可以使用 Sand 方程进行计算：

$$\frac{1}{\sqrt{t_0}} = \frac{2}{\sqrt{D_{SD}\pi c_0 F}}i \qquad (15.22)$$

式中，t_0 是用来耗尽界面上活性位点所需的时间（在图 15.17 所示例子中，t_0=12h），i 是电流密度；c_0 是金属原子（非空位）初始浓度；D_{SD} 是 Na 在 Na 金属中的自扩散系数。

D_V 是通过 D_{SD} 与 $D_V = D_{SD}x_V^{-1}$ 计算（式中 $x_V= c_V^0 c_0^{-1}$ 金属负极空位的摩尔分数）。通过在一定电流密度范围测量 t_0 和线性拟合方程 $\frac{1}{\sqrt{t_0}}$ =f(i)，可以得到一个 D_{SD} 的值。根据 Sand 方程预测的线性的离散在高电流密度下被 Krauskopf 等人观察到[96]。表面扩散（通常要比体相扩散要快）据猜测参与了空位淬灭并解释了观测到的离散现象。

总体而言，与实验值比较这些一维扩散模型通常低估了空位合并的 CCD。其他的空位扩散淬灭模型（表面扩散及微观结构的影响）可以部分解释实验观察到的更高的电流密度。除此之外，在这些模型中，ISE 的角色被严格地限制为充当界面金属空位的产生者。尽管空位注入和分离有关的能量效应可以起到重要的作用，ISE 和金属|ISE 界面（例如其吸附的作用）的性质尚未获取。

2. 能量学方法

基于界面空位形成以及空位迁移能量的不同模型近期已经建立起来。这些模型也是在金属|ISE 界面形貌稳定的条件下适用。与扩散模型相比，能量模型的优点在于把金属|ISE 界面的性质考虑在内。

一个简单的断键模型被 Seymour 等人用来了解金属|ISE 界面上注入金属空位时哪些条件是能量不利的[107]。一个在金属|ISE 界面吸附力（W_{ad}）与金属界面能（σ_m）的简单关系被发现可以成为抑制金属空位的条件：$W_{ad} \geq 2\sigma_m$。有趣的是，这个条件与 Young-Dupré 方程一致，该方程通常用于固|液浸润科学：$W_{ad}=\sigma_m$（1+cosθ），条件为 $W_{ad}=2\sigma_m$ 时，则可得到接触角 θ=0°（完全浸润）。这个条件的有效性采用基于 DFT 方法的第一性原理计算进行了研究。对于一些金属|ISE 连续界面，在体相和界面空位之间的能量差值（$\Delta E_{Vm}^{bulk-int}$）在 $W_{ad} \geq 2\sigma_m$ 时被证明是负值，说明在界面注入的空位被诱导迁移至金属体相。对于半连续以及不连续界面，这个模型只提供了较低的界限。为了保证界面空位的淬灭，必须要计算界面最弱键合位置的 $\Delta E_{Vm}^{bulk-int}$（即错位核的中心）。考虑到原子尺度 DFT 模拟的计算成本，这个模型仅限于有少量原子的简单界面的基础理解。对于更大范围的模拟，Yang 等人通过利用分子动力学的方法来研究吸附能与施加压力对界面形貌的稳定性的影响[106]。他们的研究结果总结在图 15.18b 中，并作为材料选择的指导。有趣的是，他们的模拟与

Seymour 的断键模型发现 Li|ISE 界面的稳定性在吸附能在 $0.7J \cdot m^{-2}$（对应于两倍 Li 金属 $\sigma_m = 0.368J \cdot m^{-2}$）以上时极大增加[107]。对于 Na|ISE 的稳定性，需要更多的研究，但是 Na 金属更低的界面能（对于 BCCNa（100）厚层为 $0.230J \cdot m^{-2}$）说明从能量学的角度看，与 Li|ISE 界面相比，界面形貌稳定的 Na|ISE 组合更容易被发现。

15.11.3 阻止空隙形成的方法

1. 中间层

在前面章节中，基于在界面形成空隙所需要的能量的模型已经被讨论，并且得出了结论：存在一个临界的界面附着力，低于这个附着力，在能量上有利于孔隙的形成。如果在金属负极与所选 ISE 之间的界面吸附低于界面吸附的临界值，一个中间层可以用来促进吸附。在大部分情况下，中间层在接触金属负极后不稳定，并反应形成中间相（见第 15.9.1 节）。这个反应因其提供了传播的驱动力，已经被发现。最终，碱金属与中间层的反应形成了紧密的界面接触，该现象被称为反应浸润。

在选择用于界面层的材料时有一个重要考虑因素，即 ISE 对 0V（vs. Na/Na$^+$）还原时是否稳定。如果 ISE 不稳定，那么界面相必须是电子绝缘的，如果 ISE 在 0V 时已经稳定，那么可以导电的中间相是可行的。

2. 压力

在商业电池中是否需要施加外部压力来使金属负极变形并在界面处保持接触，还处于争论之中。在电池装配过程中施加较大压力已经被证明可以有效地降低初始界面电阻[97]并且增加电流密度，这种电池在循环时没有空隙形成的迹象（除非 ISE 不是完全致密的，在这种情况下，压力可能会驱动 Na 金属渗入孔隙）[103, 104]。

防止空隙形成的临界压力在图 15.19a 中进行了评估，该实验通过将施加到对称 Li|LLZO^3|Li 电池上逐渐减小（此时持续剥离同一个 Li 电极）直至观测到一个大的过电位[103]。其中，LLZO-Li$_7$La$_3$Zr$_2$O$_{12}$ 是一个 Li 的固体电解质，具备高电导率（10^{-3} S $\cdot$ cm^{-1}）和宽电化学稳定窗口。

氧化物 ISE 通常具有大的杨氏模量并且可以认为是在压力下非形变的，并且该领域较为通用化。在这种情况下，压力完全以应变的形式传递到金属负极上，负极可发生弹性和塑性形变。经过证明，蠕变对于 Li 金属尤其是 Na 金属在循环体条件下是一个重要的形变机制[108]。对于更软的 ISE（例如硫化物），ISE 并不能近似不形变，因此急需模拟 ISE 和金属负极两者形变的更精细的机械模型。

界面空位的压力诱导淬灭来自蠕变效应以及塑性形变的结合影响[108]。目前，维持 Li 金属固态电池界面形貌稳定性所需的压力，在工业应用中是不可行的。鉴于此，本质上相比 Li 金属更软的 Na 金属更有利于防止在 Na 金属固态电池中的接触失效。这确实是实验观察到的，有几种 Na 金属固态电池在充电速率上要比 Li 金属固态电池高一个数量级[13, 14]。这突出了 Na 金属固态电池高功率应用的确凿潜力。

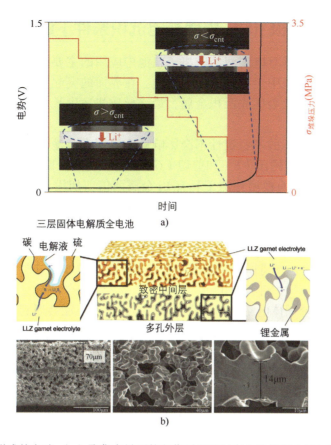

图 15.19 阻止空隙形成的方法:(a)聚集在界面的空位可以通过在电池堆垛上施加压力进行阻止,低于一个临界压力定值,压力的影响不足以消除界面空位,并且观测到了大的过电位(来源:文献 [103],取得 Elsevier 授权);(b)一个三维构造可以用来减小每一个无穷小界面面积的局部电流密度,同时保持较大的表观电流密度(来源:文献 [10],取得 Elsevier 授权)

3. 3D 界面

没有外部压力来维持界面接触,在第 15.11.2 节中描述的空位扩散模型预测空隙将在电流密度 $0.2mA \cdot cm^{-2}$ 时形成,或对于 Li|Li-ISE 界面更低的电流密度情况下形成(由于空位扩散在 Na 金属中的扩散比 Li 金属更快,该值在 Na|Na-ISE 界面处将会更高)[13,97]。该模型表明,在电流密度超过 $2mA \cdot cm^{-2}$ 的剥离,可能不会有平坦的金属|ISE 界面,而该种电流密度情况通常是高功率应用所需的。为了达到表观高电流密度(电池级)同时保持低的局部电流密度(界面级),所谓的"3D 界面"就被设计出来(见图 15.19b)。3D 界面指实际金属|ISE 界面接触面积高于其表观面积的一类结构(如果界面是平的,则是界面的面积)[10]。3D 界面通常通过将碱金属熔融或电沉积到一个 ISE 架构的孔隙中生产出来。这些多孔的 ISE 支架结构可以通过 3D 打印[109]、冻干[110] 或使用可在烧结(超过 $500 \sim 600$℃)时分解的牺牲孔形成剂制造。多孔的 ISE 支架结构提供了通向碱金属区域的离子通道。由于在这种构造中本质上更大的接触面积,可以实现在致密层中具备更高的表观电流密度,而在每个无穷小的界面区域,局部电流密度仍然很小。

▼ 15.12 金属负极 |ISE 界面在电沉积条件下的动力学

阻碍碱金属负极在具有电解液的碱离子电池中应用的主要障碍是电流通量的不均匀分布在电镀（充电）过程中会导致界面变粗糙。在界面的突起物界面会成为电流汇集的热点，并且在这些突起处会优先沉积金属，最终导致快速生长的枝晶，并产生电池短路的风险。

最初人们认为电沉积的不稳定性不会影响碱金属固态电池，是因为固体电解质具有刚性，其机械性能是由其杨氏（E）和剪切（G）弹性模量以及断裂韧性（K_{1c}）来量化的。Monroe 和 Newman 早期的模型预测了具有 Li 金属两倍剪切模量的聚合物电解质将不会被 Li 金属穿刺影响[6]。而这一标准很容易被 ISE 达到，在大充电速率下的短路已被证明对绝大多数碱金属固态电池有影响。固体电解质在发生短路前所能承受的最大电流密度称为临界电流密度（CCD）。ISE 的 CCD 通常在对称金属 |ISE| 金属电池上监测过电位进行评估，同时在每个沉积 / 剥离循环中施加的电流密度依次增加。过电位的急剧下降通常归因于金属细丝穿透电解质，并且导电机制由离子电导变为电子电导。在撰写本书时，一个用来限定金属生长穿透固体电解质的术语尚未确定，读者可能会遇到将它们称为"金属细丝""Li/Na 生长""金属突起"，或更多的是"枝晶"（尽管这个术语是误导性的，因为它与电解液电池中的特定形貌有关）的报道。

金属钠穿透固体电解质的现象首先是在从 20 世纪 70 年代发展起来的 Na-S 和 ZEBRA 电池中发现的[111]。该现象是在 Virkar 和 Viswanathan 的早期研究中发现的，如果温度低于 Na 金属熔点，则其可以穿透 Na-β″- 氧化铝和 $Na_3Zr_2Si_2PO_{12}$[112]。近期，Li 金属穿过 Li 型固体电解质的成核和生长（截面与侧边）已经通过原位和显微镜现场观察研究过了，并利用了一些固体电解质透明的性质（见图 15.20）[115-117]。异位金属生长通过显微镜在 ISE 的不同部位观察到了，具体包括：①连通空隙，在密度不足的 ISE 样品中可能存在[113]；②晶界[114]；③透过 ISE 的块体[117]；④孤立的 ISE 孔中[118, 119]（见图 15.20）。

大多数裂纹形成和发展模型的建立都是为了解释 Na-S 电池中 Na-β″- 氧化铝的劣化这一现象，尽管最初预想是用熔融负极开展的但依旧沿用至今。特别是对碱金属固态电池来说，将 ISE 穿透失效划分为两种模式仍然可行[111]。两种失效模式之间的差异与不良的金属生长开始的位置有关：在模式 1 中金属穿刺在金属 |ISE 界面引发，而在模式 2 中穿刺发生在 ISE 内部的缺陷处。这两种失效模式及其驱动力的示意图展示在图 15.21 中。

1. 模式 1 解析

将 ISE 的短路归因于模式 1 还是模式 2 失效机制需要分析在其短路前金属初始生长的位置，如果只靠后期技术不能解析清楚。对于非透明的 ISE，金属生长的模式不能直接通过显微镜技术观察到，一个基于 ^7LiNMR 光谱的非原位磁共振成像（MRI）技术最近展示成为一个可以在 Li-ISE 样品中空间分辨观察 Li^0 生长的有力工具，并把其归于模式 1 生长。

在模式 1 中，ISE 的穿刺失效由微结构缺陷 / 非均匀性所决定的，因此在加工 ISE 膜和金属 ISE 界面时应该给予特殊关注。金属突起成核的驱动力会使沉积优先在界面电流热点上产生。电流到这些热点的收紧有以下原因：

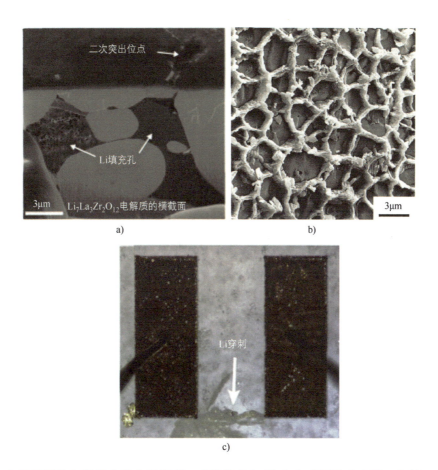

a)　　　　　　　　　　b)

c)

图 15.20　在无机固体电解质中的金属穿刺，成核位点包括：（a）表面孔（来源：文献 [113]，取得 Elsevier 授权）；（b）晶界（来源：文献 [114]，取得 Elsevier 授权）；（c）穿过晶粒（来源：文献 [115]，取得 Elsevier 授权）

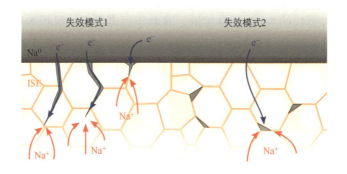

图 15.21　两种穿过无机固体电解质的金属生长模式：在模式 1 中，突出物从界面产生；在模式 2 中，如果无机固体电解质电子电导过高的话，Na 金属在无机固体电解质内的缺陷位点成核

1）形貌原因：在金属 |ISE 界面的空隙（其存在可能是由于在组装电池时产生的接触不足[97]或者在剥离循环过程中的接触失效，见图 15.11[104, 121]）将会减少金属沉积时的有效面积，并将电流汇聚到几个界面承载点上；表面缺陷（裂缝、突出和界面上产生的晶界）已经被证明充当优先成核的位点[117, 122]。

2）化学原因：离子阻断的二次相对界面的部分覆盖（污染物或者电子阻碍的 SEI 相的不均匀分布）会有一个与界面空隙相似的电流转向效应；ISE 晶界区（在烧结时可以充当元素库）不同的化学组成可以使其倾向于充当金属成核位点和生长路径[47, 123]；晶界的机械柔性也同样被建议作为电化学负载下金属 |ISE 界面的压力释放机制，并解释了金属沉积在这些位点的原因[124]。

由于电流汇集机制，在这些热点区域的局部电流有可能非常大。朝向界面的金属空位迁移不能补偿沉积在集中区域的快速动力学过程，Schmalzried 和 Janek 的模型在之前用于阐明在剥离过程中远离界面的空穴，式（15.19）可以用来证明该过程）[105, 125]。这种进入原子的不平衡的局部通量导致了一个电化学压力（$\varepsilon_{电化学}$），其能引发一个开裂。尽管人们可以合理地认为这种应变会以机械方式向较软的固体方向消散（即碱金属方向），碱金属机械性能对体积尺寸（碱金属纳米体积与宏观体积具有不同的属性）和应变速率（电镀速度越快，应力集中越大）的强烈依赖可以解释韧性金属在局部集中在小体积内可以断裂坚硬固体的部分原因[108]。一旦开始，一种模式的裂缝蔓延将会沿着 ISE 的晶界展开。这种蔓延模式已经通过非原位的显微镜技术[114]和二次离子质谱法（SIMS）在 Li|Li-ISE 和 Na|Na-ISE 系统中的研究[47, 82]得到了证明。已经提出了几种电 – 化学 – 力学模型来描述这种传播，并且有兴趣的读者可以在 Cao 等人和 Krauskopf 等人的综述中发现更多的细节[105, 126]。同样重要且值得注意的是晶界并不总是对 ISE 是有害的，其在电子绝缘的情况下也可以抑制金属的成核生长。在最近对于 Li-ISE 电解质的研究中，通过结合 TEM，原子探针摄影（APT）和第一性原理计算[127]也得到了证明。

假如模式 1 失效中的金属成长成核在金属 |ISE 界面缺陷位点引发，决定裂纹是否会形成和蔓延的是碱金属的机械性能。温度是一个可调整来改变机械性能和阻止裂缝形成的实验参数。模式 1 的失效可以通过在更高温度下运行电池来缓和，并已经通过多项研究证实，临界电流密度 CCD 与温度具有强相关性[13, 113, 125]。其中一个研究聚焦 Na|Na-β″- 氧化铝界面，该界面 CCD 在 60℃ 可达 19mA · cm^{-2}，而 25℃ 时只有 12mA · cm^{-2}[13]。这个提升主要归因于在温度上升时更快的 Na 金属自扩散，有利于远离界面的沉积 Na 原子的迁移，并舒缓了应力集中。快速扩散在抑制裂缝形成方面的作用在温度提升超过碱金属熔点（急剧减小黏度）时更加突出。在最近关于熔融 Na|Na-β″- 氧化铝界面的循环性能的研究中，即使在令人惊讶的 2600mA · cm^{-2}（高于固体负极两个数量级）高电流密度条件下也未观察到短路[12]。

剥离和沉积循环过程对金属 |ISE 界面有两种形貌不稳定的因素：在剥离过程中快速的空位形成和空隙形成，以及沉积时大量涌入的原子引起的电化学应力。电池在更高温度运行时增加的 Na 金属自扩散，无论在沉积和剥离的过程中都促成了界面较好的形貌稳定性。这造就了良好的电池循环，众所周知的是在循环过程中阻止界面空隙的形成，可以最大限度地保持活性区域面积并减小电流汇聚引发的枝晶生长的风险（见第 15.11 节）。总之，在所有循环条件下能够稳定界面的综合方案需要被接受，因为剥离和沉积不稳定性是共生的。

2. 模式 2 解析

这个金属成核的模式，在初始考虑到可移动阳离子还原成金属原子需要电子的参与有些令人惊讶。模式 2 成核因此与一些 ISE 不可忽略的电子电导率（$>10^{-12}S \cdot cm^{-1}$）有关联[118]。而模式 2 失效的准确机制还存在争议，ISE 微结构的影响经常被怀疑贡献了它们的部分电子电导率。特别是晶界区域因其不同的化学组成和结构性质，被证明有成为电子通道的可能[47,128]。电子在 ISE 界面（包括内部空隙）的迁移最近也被提出作为模式 2 金属生长的解释[129]。模式 2 金属生长的大量的电 – 化学 – 机械模式总结在最近的一篇综述中[105]。

在 ISE 中金属以模式 2 生长的实验证据最近通过原位 TEM[128] 和中子深度剖析（NDP）实验[118,130] 取得。得益于其在循环过程中非破坏性分析样品的特性和能力，作为一种表征手段的 NDP，最近帮助解决了探测 ISE 中金属域不易察觉的成核过程的问题。更具体地说，Han 等人通过使用 NDP 能够测量在循环过程中 Li-ISE 相体中 Li 浓度的增长，由于在 ISE 中可移动阳离子浓度通常不会在没有电中性条件破坏的条件下发生改变，并且会伴随着 Li-ISE 体相中的 Li 金属成核而增长，结合后期显微镜研究，多种 ISE 中的独立的金属域的存在都被揭示[119]。更加清晰明了的是模式 2 的金属生长可以影响 ISE。与 Li 的情况不同，中子与 Na 的碰撞不会形成可以被 NDP 检测器探测到的物质，因此使该项技术不适合 Na 基固态电池的研究。

▼ 15.13　正极 |ISE 界面机械稳定性

正极材料必须表现有高离子和电子电导率，这种特性通常通过使用高活性材料的复合物来实现并维持循环。ISE 在复合物中的作用是提供良好稳定的离子渗透力，从而使所有正极颗粒可以横跨正极层厚度均匀同步（以及完美的快速）循环。

在固态电池正极侧容量的衰减可以追溯到两个原因[131]：①电荷载体可以被消耗或固定形成正极 – 电解质界面相（CEI），并需要 ISE 和正极材料没有处于热力学平衡（见第 15.9 节）；②如果其复合材料的渗透网络被破坏的原因是 ISE 破裂，正极颗粒就会变为电化学惰性 / 非活性，由电化学诱导的应力积累引起的分层是由于正极颗粒在循环过程中的膨胀 / 收缩[132]。

除了"零应变"正极材料，钠嵌入正极活性材料会引发体积的变化，并且该变化是高度各向异性的。在电池层级，体积变化可能不会很明显，因为正极的膨胀和收缩可以通过金属负极侧体积的变化进行补偿。但是在正极复合物的局部区域，应力的集聚可能会很大。在电解液电池当中，颗粒可以自由膨胀而不会在界面产生应力。ISE 通常是不可形变的，不具有与电解液一样的形貌适应性。因此，确保良好的容量保持率，需要设计机械稳定的正极复合物（除此之外也要化学稳定，见第 15.9 节）。

15.13.1　邻接相的机械性能

目前大部分正极材料是氧化物型或磷酸盐型的，并且是十分刚性的。因此，ISE 的机械性能对正极复合物维持结构完整性具有重要的影响，一个软机械性的 ISE 将会比刚性的 ISE 有更多的适应体积变化的机会。就这一方面而言，部分可形变 ISE（例如硫化物或者环硼化物）与氧化物 ISE 相比具有优势。即使是机械柔软的 ISE 也会出现分层[132,133]。在两个独立的研究中，Koerver 和 Shi 观察到由 Li- 硫化物 ISE 和嵌入型正极组成的正极复合物的

快速容量衰减。非原位的电子显微镜观测表明临界正极 |ISE 分层在仅有 50 次循环的时候发生（见图 15.22）。

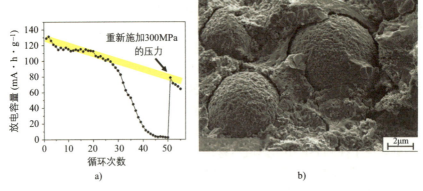

a)   b)

图 15-22　SSB 中阴极复合材料的机械降解。（a）阴极复合材料的放电容量随循环次数的演变。从第 30 个周期开始观察到容量快速衰减。在 50 次循环处施加 300MPa 压力恢复了机械接触，并允许恢复大部分丢失的容量。阴极复合材料由 $75Li_2S-25P_2S_5$ISE 和 NMC532 层状氧化物阴极组成。来源：来自 [133]/ 经英国皇家化学学会许可。（b）阴极 |ISE 界面处的接触损耗在 50 次充放电循环后拍摄的 SEM 显微图中清楚地观察到。用 $\beta-Li_3PS_4SE_4$ 和 NMC811 层状氧化物阴极制备阴极。来源：来自 [131]/ 经美国化学学会许可。

零应变正极材料是另外一种可能增加正极复合物容量保持率的路径，尽管目前为止，大部分报道过的材料比容量相对较低。零应变 Na 正极材料包括 Na_xFeSiO_4[134, 135]，其初始比容量为 106mA·h·g^{-1}，并且放电平台在 1.9V；$Na_3V(PO_3)_3N$[136-138] 的初始比容量接近 80mA·h·g^{-1}，并且放电平台为 4V；如果一些 Na 位点被过渡金属取代从而固定住结构形成层状嵌入正极，例如 $Na_{0.67}Mn_{0.5}Co_{0.5-x}Fe_xO_2$[139] 的初始比容量 ~100mA·h·g^{-1}，并且有两个放电电压平台（3.5V 和 2V）。

为减少压力在正极复合物中的集中，Koerver 等人建议复合物应该通过混合几种具有相反膨胀行为的正极材料制成。这种化学机械平衡策略的优势在 Li-SSB 中得到了证明，其中正极复合物是由 $LiCoO_2$ (LCO)、$LiNi_{0.8}Co_{0.1}Mn_{0.1}O_2$ (NCM811) 和 $\beta-Li_3PS_4$-ISE 混合而成的。得益于 LCO 颗粒在放电时特殊的膨胀行为，通过这样的结构可以将内部压力变化减小。然而大部分正极颗粒在阳离子嵌入其结构都会膨胀，在 LCO 结构内 Co 层间的静电排斥，会使充电结构相对于放电结构更加宽松。随着 NCM 颗粒的膨胀和 LCO 颗粒的同时收缩，内部应力的改变可以在这种结构中得到局部的缓和 [132]。

15.13.2　正极复合物的微结构、加工途径和复合　　///

正极复合物初始和长期的性能需要对其微结构进行仔细的优化。这需要考虑例如正极颗粒形貌（单晶或多晶颗粒）[140, 141]、正极颗粒尺寸 [142, , 143]，或者正极与 ISE 的体积比例 [144]。例如，正极复合物初始的比容量和长期容量保持率在使用单晶正极颗粒的时候，通常会变得更高 [140, 141]。

Duchêne 等人近期证明加工途径同样也有助于正极复合物结构的完整性并且可以改善正极 |ISE 的接触面 [145]。正极复合物通过混合 $NaCrO_2$ 正极颗粒与环硼 $Na_2(B_{12}H_{12})_{0.5}(B_{10}H_{10})_{0.5}$ 制

取（和碳导电添加剂），在混合成复合物前在正极颗粒表面涂覆相同的 ISE 材料（使用溶液方法），会得到一个更高的初始性能和增强的容量保持率。这项研究的一个特点是正极涂层材料与 ISE 材料相同，这样就减小了化学或电化学反应的风险，而使用其他涂层时会出现该种风险（见第 15.9.2 节中的图 15.16）。

聚合物具有良好形变能力使其成为解决正极颗粒膨胀问题的有力选项。不幸的是，聚合物电解质的一个主要缺点是其较低的室温离子电导率，通常 < 10^{-5}S·cm^{-1}，这将使固体电解质的电导率低于预期从而无法与电解液相比。将高电导率的 ISE 与良好可形变的聚合物固体电解质相结合，是复合电解质尝试实现的目标。对于正极复合物，将正极颗粒涂覆聚合物电解质就形成了一类杂合的策略 [78, 88, 146]。一些与复合电解质相关的挑战，例如新界面的降解或增加的界面阻抗，都被总结在最近的综述中 [147]。

Ⅳ　Na-ISE 家族索引

该索引提供了关于迄今为止已知的几种 Na$^+$ 导体的更多信息。读者将会发现更多在前文中引为例子的各种 ISE，每种 ISE 家族的优势和劣势都会被概括总结。

▼ 15.14　氧化物 ISE

关于快离子电导的第一则报道通常被视为深入研究离子导体 ISE 的起点，该报道是由 Yao 和 Kummer 于 1967 年提出的 Na-β/β″-氧化铝相方面的研究 [148]。当时，ISE 的主要应用是当作熔融电极电池的隔膜，例如 Na-S 和 ZEBRA 电池 [149-151]。尽管早期就发现了快速 Na$^+$ 导电氧化物，令人惊讶的是，只有已知的少数晶体结构具有超离子行为。大部分广泛研究的结构是 Na-β/β″-氧化铝和 NASICON（Na 的超离子导体）相 [3]。随着这两个相在合成和致密化方向的进展，几种室温条件下具有超过 1mS·cm^{-1} 离子电导率的组成被发现（见图 15.13）。因为 Na-β/β″-氧化铝和 NASICON 相的晶体结构极为不同，二者将会被分别讨论。

15.14.1　Na-β/β″- 氧化铝　　　///

Na-β/β″- 氧化铝的快离子传输性能是其独特晶体结构所带来的。β 和 β″- 氧化铝的结构例子有很多相似之处：两种情况下，由 Al 和 O 组成的紧密排列区域（成为尖晶石区）通过传导层分隔相互独立，这些区域只有几埃的厚度，比 Na 固定化区域的尖晶石块更松散。连接尖晶石区的通道通过导电层中 O^{2-} 离子形成的 Al–O–Al 键提供 [151]。β 和 β″ 相继承的超离子导电性能源于超过化学计量公式 Na$_2$O·11Al$_2$O$_3$ 的过量 Na。β 和 β″ 相的区别在于电荷补偿机制的不同，通过电荷补偿机制过量的 Na 被引入到结构中。

对于 β- 氧化铝，电荷不平衡通过在导电层嵌入 O^{2-} 离子产生。Na-β- 氧化铝的计量比因此变为 Na$_{1+x}$Al$_{11}$O$_{17+x/2}$（x=0.15 ～ 0.3）。对于 β″- 氧化铝，电荷不平衡通过用单价键或双价键的离子（通常是 Li$^+$ 或 Mg^{2+}）取代一些 Al 位点产生。对于 Mg 取代 Al，产生的计量比为 Na$_{1+x}$Mg$_x$Al$_{11-x}$O$_{17}$（x 通常为 0.67）。

β″相具有更高的离子电导率，因为其导电层通常比 β 相更宽（分别是 3Å 和 2Å）。宏观样品通常是双相的，由 β 和 β″ 相构成，因此术语称为 Na-β/β″- 氧化铝。

单晶 Na-β″- 氧化铝的离子电导率异常的高（室温下 40mS·cm^{-1}）[152]，多晶样品的离子电导率通常要低一个数量级（对于种子 Na-β″- 氧化铝室温下 6mS·cm^{-1}）[52]。这是由于 Na$^+$ 离子的迁移路径曲折和 Na-β″- 氧化铝晶界本征电阻所带来的。Na-β/β″- 氧化铝电解质具有大的电化学稳定窗口，并且通常认为对 Na 金属是稳定的，尽管这个稳定性不是本征的热力学稳定（通过展示在图 15.13 中的 DFT 计算可以得知），而可能只是动力学稳定。Na-β/β″- 氧化铝样品表面是空气敏感的，可以与潮湿空气反应。Na-β/β″- 氧化铝片的表面可以在经过打磨后再次烧结，减小表面污染物对 Na|ISE 表面电阻的影响[13]。该研究中观察到了一个 12mA·cm^{-2} 的大的临界电流密度密度。

15.14.2　NaSICONs　　///

NaSICON 型材料的第一次成功合成是由 Hong 和 Goodenough 完成的[153, 154]。这个材料结构在设计上提供了一个各向同性的 Na$^+$ 导电的刚性骨架结构，而 Na-β/β″- 氧化铝是二维导电的。第一个 NaSICON 相是在 Na$_{1+x}$Zr$_2$Si$_x$P$_{3-x}$O$_{12}$（$0 \leqslant x \leqslant 3$）中发现的。这个相设计为阴离子框架多面体可以共角，从而可以认为这个结构将会为 Na$^+$ 离子提供最大的导电通路。Hong 和 Goodenough 初始为结构选择了（SiO$_4$）和（PO$_4$）基团，因为硅和磷可以与氧形成强键，能够使 O^{2-} 离子的部分电荷离域，并远离 Na$^+$ 离子的迁移路径。锆为结构提供（ZrO$_6$）八面体位点，因为 Zr 不会被 Na 金属还原，选择这种元素形成的结构中的离子迁移晶体位点和瓶颈足够大，可以保证 Na$^+$ 迁移具有低的激活能。

紧接这个前沿性工作之后，又出现了大量的其他 NaSICON 相的发现，这主要归功于这种结构较大的取代潜力。作为一个展示这种结构的多功能性的例子，Guin 等人最近总结了超过 100 种不同化学计量比的 NaSICON 的性能[38]。并且该综述甚至还未将导 Li 离子的 NaSICON 相考虑进来，例如 LATP：Li$_{1.3}$Al$_{0.3}$Ti$_{1.7}$(PO$_4$)$_3$ 或 LAGP：Li$_{1.5}$Al$_{0.5}$Ge$_{1.5}$(PO$_4$)$_3$。

目前为止，最高的室温电导率（总电导率 5mS·cm^{-1}）依旧在初始的组成域 Na$_{1+x}$Zr$_2$Si$_x$P$_{3-x}$O$_{12}$ 内发现，其中 $x=2.4$[9]。NaSICON 相预测在接触金属 Na 之后是热力学不稳定的（图 15.13），但是最近的研究提出 Na$_{3.4}$Zr$_2$Si$_{2.4}$P$_{0.6}$O$_{12}$ 的表面可以通过 Na$_3$PO$_4$ 薄层钝化，并在合成中添加过量的 Na 和 P 就可实现[14]。Na$_3$PO$_4$ 在 0V（vs.Na/Na$^+$）时的本征稳定性使其成为保护 NaSICON 样品的保护层[65]。在该研究中 Na|Na$_{3.4}$Zr$_2$Si$_{2.4}$P$_{0.6}$O$_{12}$ 界面阻抗被证明非常小（<1Ω·cm^2）。这样小的界面阻抗可以带来更加均匀的沉积和剥离，即便在快速充电倍率下也同样如此，对于 Na$_{3.4}$Zr$_2$Si$_{2.4}$P$_{0.6}$O$_{12}$ 已经通过 10mA·cm^{-2} 的临界电流密度证明。

15.14.3　氧化物 ISE 的优势与挑战　　///

氧化物 ISE 的主要优势是其高离子电导率和大的电化学稳定窗口（图 15.13），这两个是高功率和高能量密度电池的先决条件。考虑到安全性，氧化物在较大温度范围内都很

稳定，并且在接触到空气后不会发生分解。尽管如此，还是需要避免在空气中处理氧化物 ISE，其原因是出于在表面接触到空气后会形成污染物相。Na|ISE 电荷转移阻抗在之前被认定为本征很大。然而最近证明，对于 Na-β/β″- 氧化铝和 NaSICON 相，Na|ISE 电荷转移阻抗则小到可忽略。这个低的 Na|ISE 界面阻抗可以使沉积和剥离过程即便在大的电流密度下也能稳定进行，这就使在 Na|ISE 界面的动力学不稳定性（孔隙和枝晶）得到了控制。

关于正极 |ISE 界面重要的问题还有待解决。致密化氧化物所需的高温给氧化物正极复合物带来了工程上的挑战。正极与氧化物 ISE 的共烧结反应保证相互接触足够充分，但是高温会激活两相之间的化学反应，并形成电阻中间相。除此之外，如果正极颗粒有较大的体积变化，氧化物 ISE 缺乏机械形变性是一个问题：颗粒的膨胀可以通过应力集中在 ISE 内引发裂缝，并且颗粒的收缩会引发界面的分层（伴随着快速的容量衰减）。除了这些正极界面的问题，氧化物 ISE 加工制造成致密薄膜也是十分困难的，相关方法正在开发中[10,109]。

▼ 15.15　硫化物与硒化物

框架不是由 O^{2-} 而是由其他氧族元素（S^{2-} 或 Se^{2-}）构成的 ISE，最先是作为 Li^+ 离子导体来研究的。$Li_{10}GeP_2S_{12}$（室温下 $1.2 \times 10^{-2}S \cdot cm^{-1}$）[155] 惊人的离子电导率甚至超过了电解液，这促进了 Na 类似物的研究。然而初期报道的 Na 的硫化物离子电导率有些虚高（在 $10^{-4} \sim 10^{-3}S \cdot cm^{-1}$ 的范围内），最近研究发现超离子相 $Na_3Sb_{0.88}W_{0.12}S_4$ 在室温下离子电导率为 $3.2 \times 10^{-2}S \cdot cm^{-1}$，这说明 Na 的硫化物可以比 Li 的硫化物性能更好[68]。

Na_3PS_4 相是一个有趣的例子，阐明了加工方式是如何影响长程离子电导率的。Na_3PS_4 相的合成中通过高温烧结或通过机械化学（即球磨）途径对最终相的晶体结构和离子电导率有重要影响。高温途径会产出四方晶系的 α-Na_3PS_4 相，并且电导率低（$10^{-5}S \cdot cm^{-1}$），而球磨路径会产生立方晶系的 β-Na_3PS_4 相，离子电导率约为 $10^{-4}S \cdot cm^{-1}$[70]。这个差别近期被证明不是四方相向立方相的转变，而是减小的 Na_3PS_4 颗粒尺寸改善了压片过程中的压实程度，以及在结构中引入可移动 Na 缺陷改善了离子传输[60]。

通过 Sb 取代 P 形成 $Na_3P_{1-x}Sb_xS_4$ 进一步提升了导 Na^+ 硫化物的离子电导率。相关报道称端元 Na_3PS_4 具有 $3.7 \times 10^{-3}S \cdot cm^{-1}$ 的室温离子电导率，在此之前通过 W 取代 Sb 位点得到了前期提到的超离子导体 $Na_3Sb_{0.88}W_{0.12}S_4$（$3.2 \times 10^{-2}S \cdot cm^{-1}$）[68, 156]。这是另一个通过采用异价元素取代策略（见第 15.7.1 节）增加已知的 ISE 结构的电导率的例子。

对材料的大范围计算筛选是指导超离子导体发掘的新兴路线。这个策略被 Wang 等人采用并用来预测化学计量为 $Na_7P_3X_{11}$ (X = O, S, Se) 未知相的离子电导率[157]。这个模拟阐明了 O^{2-} 阴离子被更大的氧组元素取代，会提升离子电导率（$Na_7P_3S_{11}$ 和 $Na_7P_3Se_{11}$ 的预测离子电导率都超过了 $1 \times 10^{-2}S \cdot cm^{-1}$）。这两个相的合成可行性有待于证明，因为研究预测这两个相在 0K 条件下是亚稳态的。

硫化物或硒化物 ISE 通常因其良好的离子电导率而被认知。它们的机械性能也同样非常具有优势，其良好的形变性使二者易于加工，并且使其可以适应电极带来的体积的变化（因此阻止了分层）。

硫化物或硒化物 ISE 的缺点是其有限的电化学稳定性窗口（见图 15.13）。氧化稳定性超过 4V 的实验研究报道并不罕见。考虑到硫化物的理论热力学稳定窗口在 2.5V 附近，这预示着其动力学稳定性非常高[71]。反而这个表面的氧化稳定性通常来自用于 CV 测试的不合理电池设置，在第 15.11.1 节中已经讨论过该问题。硫化物和硒化物也被预测在对 Na 金属时不稳定，并且通过时间分辨阻抗谱和原位 XPS 研究被实验确定[79]。这个有限的电化学稳定性窗口限制了电极的可选项。为了提升负极侧的兼容性，通常应用 Na_2Sn 合金（电位在 0.3Vvs. Na/Na^+ 附近），尽管这会对电池能量密度产生负面影响[158]。另一个巧妙的解决方案通过原位形成 NaH 和 Na_2O 界面相，使 Na_3SbS_4 对 Na 金属时稳定（见第 15.9.1 节）[85]。在正极侧，硫化物对氧化物正极或者保护层时的化学稳定性是一个挑战（见第 15.9.2 节）。

出于安全原因，对于每个新的硫化物的空气稳定性都应可控，因为硫化物具有与潮湿空气反应产生有毒 H_2S 气体的风险[68]。

▼ 15.16 硼氢化物和衍生物

硼氢化物是新兴的 ISE，并且获得了越来越多的关注。一些硼氢化物初始的缺陷（主要是其低室温电导率和成本问题）正在被克服，这就是该类 ISE 可以在离子电导率方面与氧化物和硫化物相匹敌的原因。

具有 $B_nH_n^{2-}$ 阴离子框架的环硼结构的离子电导率十分有趣。大的笼状 $B_nH_n^{2-}$ 阴离子因其可以给结构提供良好的化学和热力学稳定性而被熟知[24]。其中的两个结构是 $Na_2B_{10}H_{10}$ 和 $Na_2B_{12}H_{12}$ 环硼化合物。这两相的高离子电导率区却是在高温条件下（分别超过 100℃ 和 260℃），主要是由于其相变在低温条件下。对于 Na_3PS_4，力化学合成比高温合成更合适，主要是由于产生了高的离子电导率。但是最高的离子电导率处于两个阴离子结构组成的交点：等量 $Na_2B_{10}H_{10}$ 和 $Na_2B_{12}H_{12}$ 混合形成一个新相，组成为 $Na_4(B_{12}H_{12})(B_{10}H_{10})$，该相在很宽的温度范围内不会经历结构对称性的变化，室温离子电导率为 0.9mS·cm^{-1}[43]。环碳硼混合相 $Na_4(CB_{11}H_{12})(CB_9H_{10})$ 具有一个更高的离子电导率，并且室温条件下离子电导率达到了惊人的 70mS·cm^{-1}[159]。如第 15.7.3 节中解释的，给予提升至如此超离子导电行为的离子传输机制是结合了结构、化学和动力学阻碍的。

环硼化合物电解质的另一个显著特征是其与金属 Na 的热力学稳定性（见图 15.13），从而可以抑制其在低电压下被还原[65]。对于硫化物 ISE，环硼化合物电解质良好的形变性在适应电极体积变化和阻止分层/空隙形成方面具有优势。这一假设仍有待验证，因为到目前为止环硼化合物电池还未在快速循环条件下经过测试。

一些挑战性问题还有待于解决，例如其有限的氧化稳定性（最大 3V），以及环硼化合物已被证明在电沉积过程中被 Na 金属枝晶穿透并引发短路（见第 15.11 节）。虽然环硼化合物热稳定窗口很大（通常超过 200℃），但超过这个上限后会发生相分解并且释放 H_2 气体，这就成了商用电池的安全隐患。最后，与其他 ISE 相比生产环硼化合物的成本依旧较高，不过快速的研发进展正在努力解决这一问题。更多有关硼氢化合物及其衍生物的信息可以参考最近的科研综述[24]。

▼ 15.17　卤化物

基于卤化物阴离子的结构（F⁻、Cl⁻、Br⁻和 I⁻）是 ISE 领域的新兴结构。卤化物化学性质提供的组成空间仍然还有大量未探索，并且目前只有一小部分 Na 化合物已被报道。已经合成出来的稳定相包括 Na_3YCl_6[66]、Na_3YCl_6[66]、Na_3YBr_6[66]、Na_2ZrCl_6[160] 和 $Na_{2.4}Er_{0.4}Zr_{0.6}Cl_6$[161]，并且室温离子电导率分别为 $7.7 \times 10^{-4} S \cdot cm^{-1}$、$4.4 \times 10^{-4} S \cdot cm^{-1}$、$1.8 \times 10^{-5} S \cdot cm^{-1}$ 和 $4 \times 10^{-5} S \cdot cm^{-1}$。对于硫化物和环硼化物，卤化物的离子电导率可以通过使用力化学合成代替高温合成从而提升离子电导率[160]。其对 Na 金属的稳定性还需要更多深入的研究，但是热力学研究计算预测 Na_3YCl_6 和 Na_3YBr_6 在 0V（vs.Na/Na⁺）条件下会被还原（见图 15.13）[66]。Na_3ZrCl_6 的氧化稳定性在对 $NaCrO_2$ 正极和 3V 的条件下进行了测试，并且没有发现分解[160]。

卤化物 SSB 相关的功能和挑战仍未得到充分探索，该类材料是否能够提供前文所述问题的解决方案还有待于证明。

▼ 15.18　总结

固态电池是未来电池在能量和功率密度、安全和长期稳定性方面提升的希望。聚焦于具有 ISE 的固态电池、Na 金属负极和过渡金属正极，本章介绍了发展现状并描述了电池商业化路上有待解决的挑战。

本章提供了 ISE 离子传输的基础机制的信息。这些机制目前已经得到了充分理解，并且用于指导具有超离子导体行为的新 ISE 的设计。尽管如此，未来的研究依旧需要寻求具有高离子电导和大的稳定窗口的新型电解质。这种电解质的发现对于高能量与功率密度电池来说，将是一个革命性突破。

在接下来的章节中，内容将集中在固态电池的电极|电解质界面分解的叙述上。对于界面分解的理解迅猛发展，一些复杂的问题也有待阐明。需要一个将所有这些问题考虑在内的整体方法来实现持久和稳定的固态电池性能。

随着技术逐渐成熟，问题将会转移到固态电池加工和制造的成本相比更多的现有技术是否能更有竞争力[57, 162, 163]。固态电池制造技术和制造成本超出了这章的范围，但是相关信息会越来越多，因为更多的电池正在被头部企业所制造出来。并且未来的进展会使固态电池在接下来的几年中性能更好，我们已经处于固态电池优化得足够好并且新兴企业在其规划蓝图上开始大规模生产的转折点。

参 考 文 献

1 Tarascon, J.M. (2020). Na-ion versus Li-ion batteries: complementarity rather than competitiveness. *Joule* 4 (8): 1616–1620.

2 Janek, J. and Zeier, W.G. (2016). A solid future for battery development. *Nat. Energy* 1: 16141.

3 Ma, Q. and Tietz, F. (2020). Solid-state electrolyte materials for sodium batteries: towards practical applications. *ChemElectroChem* 7 (13): 2693–2713.

4 Tarascon, J.-M. and Armand, M. (2001). Issues and challenges facing rechargeable lithium batteries. *Nature* 414 (6861): 359–367.

5 Bieker, G., Winter, M., and Bieker, P. (2015). Electrochemical in situ investigations of SEI and dendrite formation on the lithium metal anode. *Phys. Chem. Chem. Phys.* 17 (14): 8670–8679.

6 Monroe, C. and Newman, J. (2005). The impact of elastic deformation on deposition kinetics at lithium/polymer interfaces. *J. Electrochem. Soc.* 152 (2): A396.

7 Albertus, P., Babinec, S., Litzelman, S., and Newman, A. (2018). Status and challenges in enabling the lithium metal electrode for high-energy and low-cost rechargeable batteries. *Nat. Energy* 3 (1): 16–21.

8 Pender, J.P., Jha, G., Youn, D.H. et al. (2020). Electrode degradation in lithium-ion batteries. *ACS Nano* 14 (2): 1243–1295.

9 Ma, Q., Tsai, C.-L., Wei, X.-K. et al. (2019). Room temperature demonstration of a sodium superionic conductor with grain conductivity in excess of $0.01\,S\,cm^{-1}$ and its primary applications in symmetric battery cells. *J. Mater. Chem. A* 7: 7766–7776.

10 Hitz, G.T., McOwen, D.W., Zhang, L. et al. (2019). High-rate lithium cycling in a scalable trilayer Li-garnet-electrolyte architecture. *Mater. Today* 22: 50–57.

11 Schnell, J., Günther, T., Knoche, T. et al. (2018). All-solid-state lithium-ion and lithium metal batteries – paving the way to large-scale production. *J. Power Sources* 382: 160–175.

12 Landmann, D., Graeber, G., Heinz, M.V.F. et al. (2020). Sodium plating and stripping from Na-β″-alumina ceramics beyond $1000\,mA/cm^2$. *Mater. Today Energy* 18: 100515.

13 Bay, M., Wang, M., Grissa, R. et al. (2019). Sodium plating from Na-β″-alumina ceramics at room temperature, paving the way for fast-charging all-solid-state batteries. *Adv. Energy Mater.* 10 (3): 1902899.

14 Querel, E., Seymour, I., Cavallaro, A., Ma, Q., Tietz, F., and Aguadero, A. (2021) Chemical tuning of NaSICON surfaces for fast-charging Na metal solid-state batteries.

15 Muramatsu, H., Hayashi, A., Ohtomo, T. et al. (2011). Structural change of $Li_2S–P_2S_5$ sulfide solid electrolytes in the atmosphere. *Solid State Ionics* 182 (1): 116–119.

16 Li, J., Ma, C., Chi, M. et al. (2015). Solid electrolyte: the key for high-voltage lithium batteries. *Adv. Energy Mater.* 5 (4): 1401408.

17 Strauss, F., Teo, J.H., Schiele, A. et al. (2020). Gas evolution in lithium-ion batteries: solid versus liquid electrolyte. *ACS Appl. Mater. Interfaces* 12 (18): 20462–20468.

18 Bartsch, T., Strauss, F., Hatsukade, T. et al. (2018). Gas evolution in all-solid-state battery cells. *ACS Energy Lett.* 3 (10): 2539–2543.

19 Kittel, C. (2005). *Introduction to Solid State Physics*. Hoboken, NJ: Wiley.

20 Kofstad, P. and Norby, T. (2007). *Defects and Transport in Crystalline Solids*. University of Oslo https://www.uio.no/studier/emner/matnat/kjemi/KJM5120/h07/undervisningsmateriale/Defects-book-2007.pdf.

21 Goodenough, J.B. (1984). Review lecture: fast ionic conduction in solids. *Proc. R. Soc. London. Ser. A, Math. Phys. Sci.* 393 (1805): 215–234.

22 Famprikis, T., Canepa, P., Dawson, J.A. et al. (2019). Fundamentals of inorganic solid-state electrolytes for batteries. *Nat. Mater.* 18 (12): 1278–1291.

23 Culver, S.P., Koerver, R., Krauskopf, T., and Zeier, W.G. (2018). Designing ionic conductors: the interplay between structural phenomena and interfaces in thiophosphate-based solid-state batteries. *Chem. Mater.* 30 (13): 4179–4192.

24 Duchêne, L., Remhof, A., Hagemann, H., and Battaglia, C. (2020). Status and prospects of hydroborate electrolytes for all-solid-state batteries. *Energy Storage Mater.* 25: 782–794.

25 Krauskopf, T., Pompe, C., Kraft, M.A., and Zeier, W.G. (2017). Influence of lattice dynamics on Na^+ transport in the solid electrolyte $Na_3PS_{4-x}Se_x$. *Chem. Mater.* 29 (20): 8859–8869.

26 He, X., Zhu, Y., and Mo, Y. (2017). Origin of fast ion diffusion in super-ionic conductors. *Nat. Commun.* 8: 15893.

27 Wang, Y., Richards, W.D., Ong, S.P. et al. (2015). Design principles for solid-state lithium superionic conductors. *Nat. Mater.* 14 (10): 1026–1031.

28 Zhang, Z., Zou, Z., Kaup, K. et al. (2019). Correlated migration invokes higher Na^+-ion conductivity in NaSICON-type solid electrolytes. *Adv. Energy Mater.* 9 (42): 1902373.

29 Rice, M.J. and Roth, W.L. (1972). Ionic transport in super ionic conductors: a theoretical model. *J. Solid State Chem.* 4 (2): 294–310.

30 Pecher, O., Carretero-González, J., Griffith, K.J., and Grey, C.P. (2016). Materials' methods: NMR in battery research. *Chem. Mater.* 29 (1): 213–242.

31 Brugge, R.H., Chater, R.J., Kilner, J.A., and Aguadero, A. (2021). Experimental determination of Li diffusivity in LLZO using isotopic exchange and FIB-SIMS. *J. Phys. Energy* 3 (3): 034001.

32 Chater, R.J., Carter, S., Kilner, J.A., and Steele, B.C.H. (1992). Development of a novel SIMS technique for oxygen self-diffusion and surface exchange coefficient measurements in oxides of high diffusivity. *Solid State Ionics* 53–56 (PART 2): 859–867.

33 Sugiyama, J., Mukai, K., Ikedo, Y. et al. (2009). Li diffusion in Li_xCoO_2 probed by muon-spin spectroscopy. *Phys. Rev. Lett.* 103 (14): 147601.

34 Klenk, M.J., Boeberitz, S.E., Dai, J. et al. (2017). Lithium self-diffusion in a model lithium garnet oxide $Li_5La_3Ta_2O_{12}$: a combined quasi-elastic neutron scattering and molecular dynamics study. *Solid State Ionics* 312: 1–7.

35 de Klerk, N.J.J. and Wagemaker, M. (2016). Diffusion mechanism of the sodium-ion solid electrolyte Na_3PS_4 and potential improvements of halogen doping. *Chem. Mater.* 28 (9): 3122–3130.

36 Zhang, Z., Ramos, E., Lalère, F. et al. (2018). $Na_{11}Sn_2PS_{12}$: a new solid state sodium superionic conductor. *Energy Environ. Sci.* 11 (1): 87–93.

37 Boilot, J.P., Collin, G., and Colomban, P. (1988). Relation structure-fast ion conduction in the NASICON solid solution. *J. Solid State Chem.* 73: 160–171.

38 Guin, M. and Tietz, F. (2015). Survey of the transport properties of sodium superionic conductor materials for use in sodium batteries. *J. Power Sources* 273: 1056–1064.

39 Zhu, Z., Chu, I.-H., Deng, Z., and Ong, S.P. (2015). Role of Na^+ interstitials and dopants in enhancing the Na^+ conductivity of the cubic Na_3PS_4 superionic conductor. *Chem. Mater.* 27 (24): 8318–8325.

40 Tanibata, N., Noi, K., Hayashi, A., and Tatsumisago, M. (2014). Preparation and characterization of highly sodium ion conducting Na_3PS_4–Na_4SiS_4 solid

electrolytes. *RSC Adv.* 4 (33): 17120–17123.

41 Chu, I.-H., Kompella, C.S., Nguyen, H. et al. (2016). Room-temperature all-solid-state rechargeable sodium-ion batteries with a Cl-doped Na_3PS_4 superionic conductor. *Sci. Reports* 6 (1): 1–10.

42 Soloninin, A.V., Skoryunov, R.V., Babanova, O.A. et al. (2019). Comparison of anion and cation dynamics in a carbon-substituted closo-hydroborate salt: 1H and 23Na NMR studies of solid-solution $Na_2(CB_9H_{10})(CB_{11}H_{12})$. *J. Alloys Compd.* 800: 247–253.

43 Duchêne, L., Kühnel, R.-S., Rentsch, D. et al. (2017). A highly stable sodium solid-state electrolyte based on a dodeca/deca-borate equimolar mixture. *Chem. Commun.* 53 (30): 4195–4198.

44 Luo, J. (2019). Let thermodynamics do the interfacial engineering of batteries and solid electrolytes. *Energy Storage Mater.* 21: 50–60.

45 Luo, J. (2015). Interfacial engineering of solid electrolytes. *J. Mater.* 1 (1): 22–32.

46 Cantwell, P.R., Tang, M., Dillon, S.J. et al. (2014). Grain boundary complexions. *Acta Mater.* 62 (1): 1–48.

47 Pesci, F.M., Brugge, R.H., Hekselman, A.K.O. et al. (2018). Elucidating the role of dopants in the critical current density for dendrite formation in garnet electrolytes. *J. Mater. Chem. A* 6 (40): 19817–19827.

48 Brugge, R.H., Pesci, F.M., Cavallaro, A. et al. (2020). The origin of chemical inhomogeneity in garnet electrolytes and its impact on the electrochemical performance. *J. Mater. Chem. A* 8 (28): 14265–14276.

49 Samiee, M., Radhakrishnan, B., Rice, Z. et al. (2017). Divalent-doped $Na_3Zr_2Si_2PO_{12}$ natrium superionic conductor: Improving the ionic conductivity via simultaneously optimizing the phase and chemistry of the primary and secondary phases. *J. Power Sources* 347: 229–237.

50 Krauskopf, T., Culver, S.P., and Zeier, W.G. (2018). Local tetragonal structure of the cubic superionic conductor Na_3PS_4. *Inorg. Chem.* 57 (8): 4739–4744.

51 Bay, M.-C., Heinz, M.V.F., Figi, R. et al. (2018). Impact of liquid phase formation on microstructure and conductivity of Li-stabilized Na-β″-alumina ceramics. *ACS Appl. Energy Mater.* 2 (1): 687–693.

52 May, G.J. and Hooper, A. (1978). The effect of microstructure and phase composition on the ionic conductivity of magnesium-doped sodium-beta-alumina. *J. Mater. Sci.* 13 (7): 1480–1486.

53 Gregori, G., Merkle, R., and Maier, J. (2017). Ion conduction and redistribution at grain boundaries in oxide systems. *Prog. Mater. Sci.* 89: 252–305.

54 Atkinson, A. (1988). Surface and interface mass transport in ionic materials. *Solid State Ionics* 28–30 (PART 2): 1377–1387.

55 Merkle, K.L. (1994). Atomic structure of grain boundaries. *J. Phys. Chem. Solids* 55 (10): 991–1005.

56 Naqash, S., Tietz, F., Yazhenskikh, E. et al. (2019). Impact of sodium excess on electrical conductivity of $Na_3Zr_2Si_2PO_{12+x}Na_2O$ ceramics. *Solid State Ionics* 336: 57–66.

57 Balaish, M., Gonzalez-Rosillo, J.C., Kim, K.J. et al. (2021). Processing thin but robust electrolytes for solid-state batteries. *Nat. Energy* 6 (3): 227–239.

58 Sastre, J., Priebe, A., Döbeli, M. et al. (2020). Lithium garnet $Li_7La_3Zr_2O_{12}$ electrolyte for all-solid-state batteries: closing the gap between bulk and thin film Li-ion conductivities. *Adv. Mater. Interfaces* 7 (17): 2000425.

59 Narayanan, S., Reid, S., Butler, S., and Thangadurai, V. (2019). Sintering temperature, excess sodium, and phosphorous dependencies on morphology and ionic conductivity of NASICON $Na_3Zr_2Si_2PO_{12}$. *Solid State Ionics* 331: 22–29.

60 Famprikis, T., Kudu, Ö.U., Dawson, J.A. et al. (2020). Under pressure: mechanochemical effects on structure and ion conduction in the sodium-ion solid electrolyte Na_3PS_4. *J. Am. Chem. Soc.* 142 (43): 18422–18436.

61 Kodama, M., Komiyama, S., Ohashi, A. et al. (2020). High-pressure in situ X-ray computed tomography and numerical simulation of sulfide solid electrolyte. *J. Power Sources* 462: 228160.

62 Tang, W.S., Matsuo, M., Wu, H. et al. (2016). Stabilizing lithium and sodium fast-ion conduction in solid polyhedral-borate salts at device-relevant temperatures. *Energy Storage Mater.* 4: 79–83.

63 Danzer, M.A. (2019). Generalized distribution of relaxation times analysis for the characterization of impedance spectra. *Batteries* 5 (3): 1–16.

64 Hahn, M., Schindler, S., Triebs, L.C., and Danzer, M.A. (2019). Optimized process parameters for a reproducible distribution of relaxation times analysis of electrochemical systems. *Batteries* 5 (2).

65 Lacivita, V., Wang, Y., Bo, S.H., and Ceder, G. (2019). Ab initio investigation of the stability of electrolyte/electrode interfaces in all-solid-state Na batteries. *J. Mater. Chem. A* 7 (14): 8144–8155.

66 Qie, Y., Wang, S., Fu, S. et al. (2020). Yttrium–sodium halides as promising solid-state electrolytes with high ionic conductivity and stability for Na-ion batteries. *J. Phys. Chem. Lett.* 11 (9): 3376–3383.

67 Zhang, L., Yang, K., Mi, J. et al. (2015). Na_3PSe_4: a novel chalcogenide solid electrolyte with high ionic conductivity. *Adv. Energy Mater.* 5 (24): 1501294.

68 Hayashi, A., Masuzawa, N., Yubuchi, S. et al. (2019). A sodium-ion sulfide solid electrolyte with unprecedented conductivity at room temperature. *Nat. Commun.* 10 (1): 1–6.

69 Richards, W.D., Tsujimura, T., Miara, L.J. et al. (2016). Design and synthesis of the superionic conductor $Na_{10}SnP_2S_{12}$. *Nat. Commun.* 7 (1): 1–8.

70 Hayashi, A., Noi, K., Sakuda, A., and Tatsumisago, M. (2012). Superionic glass-ceramic electrolytes for room-temperature rechargeable sodium batteries. *Nat. Commun.* 3: 856.

71 Xiao, Y., Wang, Y., Bo, S.-H. et al. (2019). Understanding interface stability in solid-state batteries. *Nat. Rev. Mater.* 5 (2): 105–126.

72 Richards, W.D., Miara, L.J., Wang, Y. et al. Interface stability in solid-state batteries. *Chem. Mater.* 28 (1): 266–273.

73 Hruschka, H., Lissel, E., and Jansen, M. (1988). Na-Ion conduction in the solid solutions of Na_3PO_4/Na_2SO_4 and Na_3AlF_6/Na_2SO_4. *Solid State Ionics* 28–30 (PART 1): 159–162.

74 Wenzel, S., Weber, D.A., Leichtweiss, T. et al. (2016). Interphase formation and degradation of charge transfer kinetics between a lithium metal anode and highly crystalline $Li_7P_3S_{11}$ solid electrolyte. *Solid State Ionics* 286: 24–33.

75 Connell, J.G., Fuchs, T., Hartmann, H. et al. (2020). Kinetic versus thermodynamic stability of LLZO in contact with lithium metal. *Chem. Mater.* 2020: 46.

76 Hood, Z.D., Chen, X., Sacci, R.L. et al. (2021). Elucidating interfacial stability between lithium metal anode and Li phosphorus oxynitride via in situ electron microscopy. *Nano Lett.* 21: 151–157. acs.nanolett.0c03438.

77 Ma, C., Cheng, Y., Yin, K. et al. (2016). Interfacial stability of Li metal–solid electrolyte elucidated via in situ electron microscopy. *Nano Lett.* 16 (11): 7030–7036.

78 Wenzel, S., Leichtweiss, T., Krüger, D. et al. (2015). Interphase formation on lithium solid electrolytes – an in situ approach to study interfacial reactions by photoelectron spectroscopy. *Solid State Ionics* 278: 98–105.

79 Wenzel, S., Leichtweiss, T., Weber, D.A. et al. (2016). Interfacial reactivity benchmarking of the sodium ion conductors Na_3PS_4 and sodium β-alumina for protected sodium metal anodes and sodium all-solid-state batteries. *ACS Appl. Mater. Interfaces* 8 (41): 28216–28224.

80 Wood, K.N., Steirer, K.X., Hafner, S.E. et al. (2018). Operando X-ray photoelectron spectroscopy of solid electrolyte interphase formation and evolution in $Li_2S–P_2S_5$ solid-state electrolytes. *Nat. Commun.* 9 (1): 1–10.

81 Wu, X., Villevieille, C., Novák, P., and El Kazzi, M. (2018). Monitoring the chemical and electronic properties of electrolyte-electrode interfaces in all-solid-state batteries using: Operando X-ray photoelectron spectroscopy. *Phys. Chem. Chem. Phys.* 20 (16): 11123–11129.

82 Wang, S., Xu, H., Li, W. et al. (2018). Interfacial chemistry in solid-state batteries: formation of interphase and its consequences. *J. Am. Chem. Soc.* 140: 250–257.

83 Gao, H., Xin, S., Xue, L., and Goodenough, J.B. (2018) Stabilizing a high-energy-density rechargeable sodium battery with a solid electrolyte.

84 Zhu, Y., He, X., and Mo, Y. (2017). Strategies based on nitride materials chemistry to stabilize Li metal anode. *Adv. Sci.* 4 (8): 1600517.

85 Tian, Y., Sun, Y., Hannah, D.C. et al. (2019). Reactivity-guided interface design in Na metal solid-state batteries. *Joule* 3 (4): 1037–1050.

86 Xiao, Y., Miara, L.J., Wang, Y., and Ceder, G. (2019). Computational screening of cathode coatings for solid-state batteries. *Joule* 3 (5): 1252–1275.

87 Culver, S.P., Koerver, R., Zeier, W.G., and Janek, J. (2019). On the functionality of coatings for cathode active materials in thiophosphate-based all-solid-state batteries. *Adv. Energy Mater.* 9 (24): 1900626.

88 Wang, L.-P., Zhang, X.-D., Wang, T.-S. et al. (2018). Ameliorating the interfacial problems of cathode and solid-state electrolytes by interface modification of functional polymers. *Adv. Energy Mater.* 8 (24): 1801528.

89 Chevrier, V.L. and Ceder, G. (2011). Challenges for Na-ion negative electrodes. *J. Electrochem. Soc.* 158: A1011.

90 Miara, L., Windmüller, A., Tsai, C.-L. et al. (2016). About the compatibility between high voltage spinel cathode materials and solid oxide electrolytes as a function of temperature. *ACS Appl. Mater. Interfaces* 8 (40): 26842–26850.

91 Tang, H., Deng, Z., Lin, Z. et al. (2018). Probing solid−solid interfacial reactions in all-solid-state sodium- ion batteries with first-principles calculations. *Chem. Mater.* 30 (1): 163–173.

92 Lalère, F., Leriche, J.B., Courty, M. et al. (2014). An all-solid state NASICON sodium battery operating at 200°C. *J. Power Sources* 247: 975–980.

93 Wang, Z., Santhanagopalan, D., Zhang, W. et al. (2016). In situ STEM-EELS observation of nanoscale interfacial phenomena in all-solid-state batteries. *Nano Lett.* 16 (6): 3760–3767.

94 Liu, Y., Sun, Q., Liu, J. et al. (2019). Variable-energy hard X-ray photoemission spectroscopy: a nondestructive tool to analyze the cathode–solid-state electrolyte interface. *ACS Appl. Mater. Interfaces* 12 (2): 2293–2298.

95 Dück, G., Naqash, S., Finsterbusch, M. et al. (2021). Co-sintering study of $Na_{0.67}[Ni_{0.1}Fe_{0.1}Mn_{0.8}]O_2$ and NaSICON electrolyte–paving the way to high energy density all-solid-state batteries. *Front. Energy Res.* 0: 280.

96 Krauskopf, T., Mogwitz, B., Hartmann, H. et al. (2020). The fast charge transfer kinetics of the lithium metal anode on the garnet-type solid electrolyte $Li_{6.25}Al_{0.25}La_3Zr_2O_{12}$. *Adv. Energy Mater.* 2000945.

97 Krauskopf, T., Hartmann, H., Zeier, W.G., and Janek, J. (2019). Toward a fundamental understanding of the lithium metal anode in solid-state batteries – an electrochemo-mechanical study on the garnet-type solid electrolyte $Li_{6.25}Al_{0.25}La_3Zr_2O_{12}$. *ACS Appl. Mater. Interfaces* 11: 14463–14477.

98 Sharafi, A., Kazyak, E., Davis, A.L. et al. (2017). Surface chemistry mechanism of ultra-low interfacial resistance in the solid-state electrolyte $Li_7La_3Zr_2O_{12}$. *Chem. Mater.* 29 (18): 7961–7968.

99 Huo, H., Luo, J., Thangadurai, V. et al. (2020). Li_2CO_3: a critical issue for developing solid garnet batteries. *ACS Energy Lett.* 5: 252–262.

100 Meng, J., Zhang, Y., Zhou, X. et al. (2020). Li_2CO_3-affiliative mechanism for air-accessible interface engineering of garnet electrolyte via facile liquid metal painting. *Nat. Commun.* 11 (1): 3716.

101 Etxebarria, A., Koch, S.L., Bondarchuk, O. et al. (2020). Work function evolution in Li anode processing. *Adv. Energy Mater.* 10 (24): 2000520.

102 Uchida, Y., Hasegawa, G., Shima, K. et al. (2019). Insights into sodium ion transfer at the Na/NASICON interface improved by uniaxial compression. *ACS Appl. Energy Mater.* 2: 2913–2920.

103 Wang, M.J., Choudhury, R., and Sakamoto, J. (2019). Characterizing the Li-solid-electrolyte interface dynamics as a function of stack pressure and current density. *Joule* 3 (9): 2165–2178.

104 Kasemchainan, J., Zekoll, S., Spencer Jolly, D. et al. (2019). Critical stripping current leads to dendrite formation on plating in lithium anode solid electrolyte cells. *Nat. Mater.* 18 (10): 1105–1111.

105 Krauskopf, T., Richter, F.H., Zeier, W.G., and Janek, J. (2020). Physicochemical concepts of the lithium metal anode in solid-state batteries. *Chem. Rev.* 120 (15): 7745–7794.

106 Yang, M., Liu, Y., Nolan, A.M., and Mo, Y. (2021). Interfacial atomistic mechanisms of lithium metal stripping and plating in solid-state batteries. *Adv. Mater.* 33 (11): 2008081.

107 Seymour, I.D. and Aguadero, A. (2021). Suppressing void formation in all-solid-state batteries: the role of interfacial adhesion on alkali metal vacancy transport †. *J. Mater. Chem. A* 9 (35): 19901–19913.

108 Fincher, C.D., Zhang, Y., Pharr, G.M., and Pharr, M. (2020). Elastic and plastic characteristics of sodium metal. *ACS Appl. Energy Mater.* 3 (2): 1759–1767.

109 McOwen, D.W., Xu, S., Gong, Y. et al. (2018). 3D-printing electrolytes for solid-state batteries. *Adv. Mater.* 1707132: 1707132.

110 Shen, H., Yi, E., Heywood, S. et al. (2019). Scalable freeze-tape-casting fabrication and pore structure analysis of 3D LLZO solid-state electrolytes. *ACS Appl.*

Mater. Interfaces 12 (3): 3494–3501.

111 Ansell, R.0. (1986). The chemical and electrochemical stability of beta-alumina. *J. Mater. Sci.* 21 (2): 365–379.

112 Virkar, A.V. and Viswanathan, L. (1979). Sodium penetration in rapid ion conductors. *J. Am. Ceram. Soc.* 62 (9–10): 528–529.

113 Kinzer, B., Davis, A.L., Krauskopf, T. et al. (2021). Operando analysis of the molten Li|LLZO interface: Understanding how the physical properties of Li affect the critical current density. *Matter* 4 (6): 1947–1961.

114 Cheng, E.J., Sharafi, A., and Sakamoto, J. (2017). Intergranular Li metal propagation through polycrystalline $Li_{6.25}Al_{0.25}La_3Zr_2O_{12}$ ceramic electrolyte. *Electrochim. Acta* 223: 85–91.

115 Kazyak, E., Garcia-Mendez, R., LePage, W.S. et al. (2020). Li penetration in ceramic solid electrolytes: operando microscopy analysis of morphology, propagation, and reversibility. *Matter* 2 (4): 1025–1048.

116 Manalastas, W., Rikarte, J., Chater, R.J. et al. (2019). Mechanical failure of garnet electrolytes during Li electrodeposition observed by in-operando microscopy. *J. Power Sources* 412: 287–293.

117 Porz, L., Swamy, T., Sheldon, B.W. et al. (2017). Mechanism of lithium metal penetration through inorganic solid electrolytes. *Adv. Energy Mater.* 1701003: 1–12.

118 Han, F., Westover, A.S., Yue, J. et al. (2019). High electronic conductivity as the origin of lithium dendrite formation within solid electrolytes. *Nat. Energy* 4 (3): 187–196.

119 Song, Y., Yang, L., Zhao, W. et al. (2019). Revealing the short-circuiting mechanism of garnet-based solid-state electrolyte. *Adv. Energy Mater.* 9 (21): 1900671.

120 Marbella, L.E., Zekoll, S., Kasemchainan, J. et al. (2019). 7Li NMR chemical shift imaging to detect microstructural growth of lithium in all-solid-state batteries. *Chem. Mater.* 31 (8): 2762–2769.

121 Spencer Jolly, D., Ning, Z., Darnbrough, J.E. et al. (2020). Sodium/Na β″ alumina interface: effect of pressure on voids. *ACS Appl. Mater. Interfaces* 12 (1): 678–685.

122 Krauskopf, T., Dippel, R., Hartmann, H. et al. (2019). Lithium-metal growth kinetics on LLZO garnet-type solid electrolytes. *Joule* 3 (8): 2030–2049.

123 Brugge, R.H., Kilner, J.A., and Aguadero, A. (2019). Germanium as a donor dopant in garnet electrolytes. *Solid State Ionics* 337: 154–160.

124 Barai, P., Higa, K., Ngo, A.T. et al. (2019). Mechanical stress induced current focusing and fracture in grain boundaries. *J. Electrochem. Soc.* 166 (10): A1752.

125 Wang, M., Wolfenstine, J.B., and Sakamoto, J. (2019). Temperature dependent flux balance of the $Li/Li_7La_3Zr_2O_{12}$ interface. *Electrochim. Acta* 296: 842–847.

126 Cao, D., Sun, X., Li, Q. et al. (2020). Lithium dendrite in all-solid-state batteries: growth mechanisms, suppression strategies, and characterizations. *Matter* 3 (1): 57–94.

127 Stegmaier, S., Schierholz, R., Povstugar, I. et al. (2021). Nano-scale complexions facilitate Li dendrite-free operation in LATP solid-state electrolyte. *Adv. Energy Mater.* 11 (26): 2100707.

128 Liu, X., Garcia-Mendez, R., Lupini, A.R. et al. (2021). Local electronic structure variation resulting in Li "filament" formation within solid electrolytes. *Nat. Mater.* 20 (11): 1485–1490.

129 Tian, H.-K., Liu, Z., Ji, Y. et al. (2019). Interfacial electronic properties dictate Li dendrite growth in solid electrolytes. *Chem. Mater.* 31 (18): 7351–7359.

130 Li, Q., Yi, T., Wang, X. et al. (2019). In-situ visualization of lithium plating in all-solid-state lithium-metal battery. *Nano Energy* 63: 103895.

131 Koerver, R., Aygün, I., Leichtweiß, T. et al. (2017). Capacity fade in solid-state batteries: interphase formation and chemomechanical processes in nickel-rich layered oxide cathodes and lithium thiophosphate solid electrolytes. *Chem. Mater.* 29 (13): 5574–5582.

132 Koerver, R., Zhang, W., De Biasi, L. et al. (2018). Chemo-mechanical expansion of lithium electrode materials – on the route to mechanically optimized all-solid-state batteries. *Energy Environ. Sci.* 11 (8): 2142–2158.

133 Shi, T., Zhang, Y.-Q., Tu, Q. et al. (2020). Characterization of mechanical degradation in an all-solid-state battery cathode. *J. Mater. Chem. A* 8 (34): 17399–17404.

134 Li, S., Guo, J., Ye, Z. et al. (2016). Zero-strain Na_2FeSiO_4 as novel cathode material for sodium-ion batteries. *ACS Appl. Mater. Interfaces* 8 (27): 17233–17238.

135 Ye, Z., Zhao, X., Li, S. et al. (2016). Robust diamond-like Fe-Si network in the zero-strain NaxFeSiO4 cathode. *Electrochim. Acta* 212: 934–940.

136 Zhang, H., Buchholz, D., and Passerini, S. (2017). Synthesis, structure, and sodium mobility of sodium vanadium nitridophosphate: a zero-strain and safe high voltage cathode material for sodium-ion batteries. *Energies* 10 (7): 889.

137 Kim, J., Yoon, G., Lee, M.H. et al. (2017). New 4V-class and zero-strain cathode material for Na-ion batteries. *Chem. Mater.* 29 (18): 7826–7832.

138 Chen, M., Hua, W., Xiao, J. et al. (2020). Development and investigation of a NASICON-type high-voltage cathode material for high-power sodium-ion batteries. *Angew. Chem.* 132 (6): 2470–2477.

139 Chu, S., Zhang, C., Xu, H. et al. (2021). Pinning effect enhanced structural stability toward a zero-strain layered cathode for sodium-ion batteries. *Angew. Chem.* 133 (24): 13478–13483.

140 Han, Y., Jung, S.H., Kwak, H. et al. (2021). Single- or poly-crystalline Ni-rich layered cathode, sulfide or halide solid electrolyte: which will be the winners for all-solid-state batteries? *Adv. Energy Mater.* 11 (21): 2100126.

141 Liu, X., Zheng, B., Zhao, J. et al. (2021). Electrochemo-mechanical effects on structural integrity of Ni-rich cathodes with different microstructures in all solid-state batteries. *Adv. Energy Mater.* 11 (8): 2003583.

142 Strauss, F., Bartsch, T., de Biasi, L. et al. (2018). Impact of cathode material particle size on the capacity of bulk-type all-solid-state batteries. *ACS Energy Lett.* 3 (4): 992–996.

143 Yu, H.C., Taha, D., Thompson, T. et al. (2019). Deformation and stresses in solid-state composite battery cathodes. *J. Power Sources* 440: 227116.

144 Bielefeld, A., Weber, D.A., and Janek, J. (2020). Modeling effective ionic conductivity and binder influence in composite cathodes for all-solid-state batteries. *ACS Appl. Mater. Interfaces* 12 (11): 12821–12833.

145 Duchêne, L., Kühnel, R.-S., Stilp, E. et al. (2017). A stable 3 V all-solid-state sodium–ion battery based on a closo-borate electrolyte. *Energy Environ. Sci.* 10 (12): 2609–2615.

146 Wu, F., Zhang, K., Liu, Y. et al. (2020). Polymer electrolytes and interfaces toward solid-state batteries: Recent advances and prospects. *Energy Storage Mater.* 33: 26–54.

147 Weiss, M., Simon, F.J., Busche, M.R. et al. (2020). From liquid- to solid-state batteries: ion transfer kinetics of heteroionic interfaces. *Electrochem. Energy Rev.* 3 (2): 221–238.

148 Yao, Y.-F.Y. and Kummer, J.T. (1967). Ion exchange properties of and rates of ionic diffusion in beta-alumina. *J. Inorg. Nucl. Chem.* 29 (9): 2453–2475.

149 Dunn, B., Kamath, H., and Tarascon, J.-M. (2011). Electrical energy storage for the grid: a battery of choices. *Science* 334 (6058): 928–935.

150 Sudworth, J.L. (1984). The sodium/sulphur battery. *J. Power Sources* 11 (1–2): 143–154.

151 Sudworth, J.L., Barrow, P., Dong, W. et al. (2000). Toward commercialization of the beta-alumina family of ionic conductors. *MRS Bull.* 25 (3): 22–26.

152 Baffier, N., Badot, J.C., and Colomban, P. (1981). Conductivity of ion rich β and β″ alumina: sodium and potassiuim compounds. *Mater. Res. Bull.* 16 (3): 259–265.

153 Goodenough, J.B., Hong, H.Y.-P., and Kafalas, J.A. (1976). Fast Na^+ ion transport in skeleton structures. *Mater. Res. Bull.* 11: 203–220.

154 Hong, H.-P. (1976). Crystal structures and crystal chemistry in the system $Na_{1+x}Zr_2Si_xP_{3-x}O_{12}$. *Mater. Res. Bull.* 11 (2): 173–182.

155 Kamaya, N., Homma, K., Yamakawa, Y. et al. (2011). A lithium superionic conductor. *Nat. Mater.* 10 (9): 682–686.

156 Wang, N., Yang, K., Zhang, L. et al. (2017). Improvement in ion transport in Na_3PSe_4–Na_3SbSe_4 by Sb substitution. *J. Mater. Sci.* 53 (3): 1987–1994.

157 Wang, Y., Richards, W.D., Bo, S.-H., Miara, L.J., and Ceder, G. Computational prediction and evaluation of solid-state sodium superionic conductors $Na_7P_3X_{11}$ (X = O, S, Se).

158 Tian, Y., Shi, T., Richards, W.D. et al. (2017). Compatibility issues between electrodes and electrolytes in solid-state batteries. *Energy Environ. Sci.* 10: 1150.

159 Tang, W.S., Yoshida, K., Soloninin, A.V. et al. (2016). Stabilizing superionic-conducting structures via mixed-anion solid solutions of monocarba-closo-borate Salts. *ACS Energy Lett.* 1 (4): 659–664.

160 Kwak, H., Lyoo, J., Park, J. et al. (2021). Na_2ZrCl_6 enabling highly stable 3 V all-solid-state Na-ion batteries. *Energy Storage Mater.* 37: 47–54.

161 Schlem, R., Banik, A., Eckardt, M. et al. (2020). $Na_{3-x}Er_{1-x}Zr_xCl_6$ – a halide-based fast sodium-ion conductor with vacancy-driven ionic transport. *ACS Appl. Energy Mater.* 3 (10): 10164–10173.

162 Schnell, J., Tietz, F., Singer, C. et al. (2019). Prospects of production technologies and manufacturing costs of oxide-based all-solid-state lithium batteries. *Energy Environ. Sci.* 12 (6): 1818–1833.

163 Huang, K.J., Ceder, G., and Olivetti, E.A. (2021). Manufacturing scalability implications of materials choice in inorganic solid-state batteries. *Joule* 5 (3): 564–580.

第 16 章
钠离子电池的老化、退化、失效机制与安全

作者 : *Julia Weaving, James Robinson, Daniela Ledwoch, Guanjie He, Emma Kendrick, Paul Shearing, and Daniel Brett*

译者：何冠杰、杜子娟、张新语

▼ 16.1　概述

　　本章将探讨钠离子电池体系中所涉及的各种过程，这些过程与电池性能下降有关，因为随着时间和 / 或循环的推移，电池组件会老化、退化或失效。电池的老化或故障可能会牵涉到一个或多个过程，具体取决于电池的温度、荷电状态（State of charge，SoC）或健康状态（State of health，SoH）。与锂离子电池类似，钠离子电池也包含多种化学成分。电池退化的确切程度取决于电池中的阳极、阴极和电解质材料。阳极材料通常是硬碳，阴极则是过渡金属氧化物、磷酸钒或磷酸氟化物或普鲁士蓝类似物。本章主要讨论与硬碳阳极和层状氧化物阴极方面有关的退化问题。在本章中，将详细讨论以下几个方面：①老化（周期寿命和日历寿命）；②组件保存期和稳定性；③电池性能和寿命；④安全性。

　　图 16.1 概述了钠离子电池体系中发生的不同老化和退化机制，设定阳极为硬碳，电解质为有机碳酸盐，隔板为聚烯烃，阴极为金属氧化物。

▼ 16.2　老化（循环寿命和日历寿命）

　　在电池使用或储存过程中，退化和老化与电池性能的普遍下降存在两个方面的关系：①循环寿命，即在循环过程中材料被耗尽、被副反应消耗或者结构重排为活性较低的物质或受到机械损坏（例如，反复的膨胀和收缩）；②日历老化，即电池或组件随着时间的推移或在储存过程中发生退化。

　　这些过程表现为在循环过程中可用容量的下降，以及随着时间的推移或存储后内阻的增加。电池的连续充电和放电（循环）会不可避免地导致其性能的下降，通常表现为可用

容量或能量的减少。当锂离子电池的容量达到其初始容量的 80% 时，以前通常会被认为是锂离子电池第一次使用寿命的结束。然而，二次寿命的应用变得越来越重要，新材料能以较低的初始容量百分比提供更好的性能。需要注意的是，如果电池的平均电压随着循环而降低，则可能出现能量下降而容量不下降的情况。因此，监测循环寿命期间的容量并不总是电池退化的准确指标。如果隔膜变干，电解质因副反应而耗尽，或者电极因机械损坏而失去接触，有时会导致容量很快下降。如图 16.1 所示，造成机械损坏的原因有很多，如电极开裂或剥落，以及由于气体产生造成的层分离。

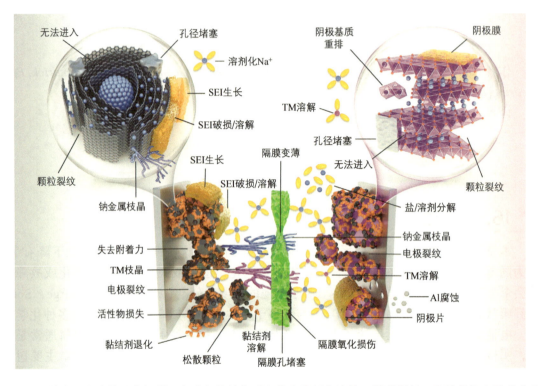

图 16.1　钠离子电池的退化机制，电池组件从左到右依次为铝集流体、硬碳阳极、含钠盐的有机碳酸盐电解质、聚烯烃隔板、含钠盐的有机碳酸盐电解质、钠层氧化物阴极、铝集流体，其中 TM（Transition Metals）是指过渡金属，SEI（solid-electrolyte interphase）是指固体 – 电解质中间相

　　日历老化与储存条件尤其相关。电池在储存期间可能会发生自放电，这可能发生在使用前存放的新电池中（保存期），也可能与使用过（循环使用）的电池有关，然后将其存放在特定的 SOC 下，在这种情况下，SOC 将决定电池的衰减速度。从储藏室取出的电池可通过立即放电（保留容量）来表征，放电量将小于电池的额定容量。然后，可以对电池再次充电和放电，以评估电池容量的损失是否可以恢复（恢复容量），或者是永久性损失。

　　经过大量循环的电池也可能会出现时间老化（取决于每次循环的时间），因此时间老化和循环往往会同时发生。即使电池只经历了几个周期，它也可能随着内部组件的老化而退化[1, 2]。

▼ 16.3　组件保存期和稳定性

本节将讨论材料在贮存和长期使用过程中的稳定性，以及加工过程可能受到的影响。如下文所述，阴极和电解质尤其容易受到影响。

16.3.1　阴极成分

钠电池阴极材料往往比锂电池阴极材料更具有碱性和湿度敏感性。阴极表面会与空气发生反应，形成碳酸盐和氢氧化物。此外，层状氧化物材料中较大的层间距允许水进入结构中[3]。水加入产生的体积和表面退化相结合，会对氧化物的"保存期"及其在加工过程中的稳定性产生重大影响。

由于钠电池阴极材料（粉末和电极）对湿度敏感，因此即使在干燥的环境中，在长期储存过程中也会加速退化[3]。对于锂离子电极材料，建议在制造/干燥后进行真空密封，随后仅在使用的同一周内打开[4]，对于钠电池阴极材料，采用类似的方法可能会有益处。

钠离子电池通常被称为锂离子电池的"直接替代"技术方案。从本质上看，这是指电池制造商可以很容易地将锂离子电池生产线改造，并应用在钠离子电池技术中。锂离子电池和钠离子电池体系在许多方面相似，但也有一些本质区别，可能会影响加工和制造[3]。由于钠离子材料的碱性较强，因此在加工过程中必须小心控制温度和湿度。尤其是与锂层状氧化物相比，钠层状氧化物对湿度的敏感性更高，这将影响浆料加工的难易程度和电池性能[3]。在用于油墨制造的黏结剂 – 溶剂系统中，由于聚合物黏结剂的凝胶化，可能会出现化学不稳定性。碱度的增加会导致含氟聚合物交联，从而导致油墨凝固。

16.3.2　电解质

有机碳酸盐混合物是目前钠离子电池中最广泛采用的电解质。对于使用有机碳酸盐电解质的钠离子电池体系，目前考虑的常见盐类有六氟磷酸钠（sodium hexafluorophosphate，$NaPF_6$）、高氯酸钠（sodium perchlorate，$NaClO_4$）和双（三氟甲烷磺酰）亚胺钠（sodium bis(trifluoromethanesulfonyl)imide，NaTFSI）。常用溶剂包括碳酸乙烯酯（ethylene carbonate，EC）、碳酸丙烯酯（propylene carbonate，PC）、碳酸二甲酯（dimethyl carbonate，DMC）、碳酸二乙酯（diethyl carbonate，DEC）、碳酸甲基乙酯（ethyl methyl carbonate，EMC）以及这些溶剂的混合物[5-11]。

随着时间的推移，盐会退化，这意味着这些电解质的保存期有限。有机碳酸盐电解质具有吸湿性。与锂离子电解质一样，微量的水会与盐（$NaPF_6$）反应生成氟化氢（hydrogen fluoride，HF），这对电池性能和使用寿命极为不利。

在接下来的章节中，我们将进一步讨论电解质稳定性。

▼ 16.4　电池性能和寿命

本节将讨论影响电池性能、循环寿命和日历寿命的老化和退化过程。

16.4.1 界面稳定性（阳极和阴极）

当电极与电解质接触时，尤其是电流流动时，电极表面会形成钝化层。本节将讨论在钠离子电池的硬碳阳极上形成的固体电解质中间相（solidelectrolyte interphase，SEI）以及与之相对应的阴极电解质中间相（cathode-electrolyte interphase，CEI）。此外，还讨论了如何使用添加剂来帮助在两个电极上形成稳定的界面。

1. 硬碳钠离子电池体系中的固体电解质中间相（SEI）

SEI 最早出现在锂离子电池体系中，指的是在初始（形成）充电期间（在全电池中），由原始碳表面上电解质中的有机碳酸盐分解和盐反应在碳阳极上形成的保护层[12]。稳定SEI 的形成可以防止电解质进一步分解，因此稳定的 SEI 有利于循环寿命和安全性。

在采用硬碳阳极的钠离子电池体系中，SEI 在最初的钠化过程中于 0.8V（vs. Na/Na$^+$）左右开始在碳表面形成[13]。SEI 是不同分解产物的复杂混合物，它是由电解质分解和分解物的进一步钠化形成的。表面界面成分的重新排列可能发生在一个调节步骤中，也可能发生在较低硬碳电压下（vs. Na/Na$^+$）分解电解质的进一步形成和钠化过程中。

尽管对锂离子电池体系中的 SEI 已经有了相对深入的了解，但还需要进一步开展工作，以了解和提高钠离子电池体系中 SEI 的稳定性，从而帮助提升钠电池的循环寿命和安全性[12, 14]。与锂离子电池的 SEI 相比，钠离子电池的 SEI 更不稳定、更易溶、更粗糙、更不均匀。它包括 NaF、Na_2CO_3 和 $NaRCO_3$；内层 SEI（邻近硬碳表面）主要是无机物，而外层 SEI 主要是有机物[16-18]。利用 X 射线光电子能谱（XPS）观察到，在 SEI 形成过程中，盐分解产生 NaF[11, 19, 20]。NaF 可通过电解质与电极中的水和含钠化合物分解而形成 HF。NaF 不如锂的氟化物稳定，长期来看，它的存在可能会影响循环寿命。与锂盐相比，无机钠盐（如 NaF、Na_2CO_3）的溶解度更高，这无疑会影响 SEI 的成分。可溶性 SEI 需要不断补充，这一点可以从循环效率低下中观察到。这一过程会耗尽盐和电解质溶剂，使电池中的电解质枯竭、变干，并降低电池容量、倍率性能和循环寿命。此外，电解质的耗竭还会导致气体逸出，造成进一步的性能下降和严重的安全问题（具体请参考第 16.5.1 节）。

如果 SEI 被破坏（例如伴随着较大的颗粒或电极明显膨胀），碳表面就会裸露出来，更多的电解质就到达裸露的表面，电解质也会在此分解，形成更多的 SEI。在反复循环的过程中，这会使 SEI 变厚，导致电池内阻增加。电阻增加和电解质耗竭都会导致容量降低、循环寿命缩短和倍率性能降低（在第 16.5.1 节中将具体讨论 SEI 的热稳定性及其与电解质的反应活性）。

SEI 在第一周期内的初始形成会导致电池效率低下，例如放电（阳极脱钠）容量显著低于充电（阳极钠化）容量，这被称为首次循环损失（First Cycle Loss，FCL）。观察到的FCL 取决于阳极材料的颗粒大小（表面积）和电极配方。虽然小颗粒有利于提高倍率性能，但其高表面积会形成更多的 SEI，从而导致更高的 FCL。高 FCL 不利于电池容量，因为它会消耗钠储量，需要过量的阴极来提供钠以适应 SEI 的容量，这会降低电池的能量密度。

在锂离子电池体系中，阳极的 FCL 通常为 10%，阴极为 1%[21-23]，而在钠离子电池体系中，硬碳阳极的 FCL 通常为 20%[3]。然而，在使用特定阴极材料的情况下，阴极侧也会出现类似的不可逆损耗，从阴极不可逆损失的钠离子可以通过阳极的不可逆容量得到有效利用。因此，在电池循环过程中，确保阳极和阴极的精确平衡以及控制电压窗口极为重要，以确保每个电极都保持在其首选范围内，从而实现良好的循环性能，并避免枝晶形成和电池老化加速。如果在较高电压下化成电池以最大限度地提高 FCL，随后在较低电压下进行循环，则可延长电池的使用寿命 [3, 24, 25]。

2. 钠离子电池体系中的阴极电解质中间相（CEI）

在钠离子电池体系中，最常用的层状氧化物材料的氧化还原电位，位于电解质的电化学稳定性窗口上限之外。因此，电解质会在阴极表面氧化和分解。CEI 是在阴极上形成的一层保护层，可防止电解质在这些高电位下进一步氧化。与 SEI 相比，我们对于 CEI 在锂离子和钠离子电池体系中的作用均知之甚少。

与 SEI 相似，锂离子电池体系中的 CEI 被认为由无机物和有机物组成，如无机 LiF 和有机聚合物及碳酸盐。CEI 在很大程度上取决于阴极材料。在锂离子电池体系中，过渡金属离子（如钴酸锂中的钴）在与电解质接触时会发生不可逆的还原，导致循环性能下降 [26, 27]。相反，$LiFePO_4$ 具有很强的 P-O 键，在与电解质接触时会产生稳定的表面 [27]。钠离子电池体系材料也可能呈现类似的趋势。

CEI 的组成可能会受到阳极 SEI 稳定性的影响，这也许是通过电解质的连续反应，也可能是源于 SEI 组分迁移到阴极 [28]。在钠离子电池体系中也可能出现这种情况，SEI 的稳定性较差、溶解度较高，因此可能会对 CEI 的组成产生较大的影响。这可能表现为阴极表面的 NaF 以及阴极内阳离子的重新分布，可能会导致过渡金属在层状阴极材料中迁移而形成绝缘岩盐。还需要考虑阴极的表面化合物，因为碳酸盐和氢氧化物也可能与电解质的成分发生反应。

人们已经在钠离子电池体系中研究了例如 ZnO[29] 和 Al_2O_3[30] 等氧化物涂层以及人造 CEI 层 [31]，以通过减少电解质分解、防止过渡金属溶解和抑制结构退化来保护阴极。一些研究结果报道了对阴极基质采用元素替代，可以改善循环性能，例如钛，因为钛可以增强过渡金属和氧之间的键合，从而减少过渡金属的溶解 [32]。此外，在溶剂混合物中，例如 1,3- 二氧戊环（1,3-dioxolane，DOL）和 1,2- 二甲氧基乙烷（1,2-dimethoxyethane，DME），加入"预钝化"阴极颗粒，可以作为稳定 CEI 的方法 [32, 33]。

总之，稳定的 CEI 与稳定的 SEI 相结合对于分别限制或减缓阴极和阳极的老化过程非常重要。

3. 使用添加剂辅助 SEI 和 CEI 形成

SEI 和 CEI 的性质和稳定性对电池的寿命至关重要，这取决于盐、溶剂和添加剂的组合 [11, 34]。氟代碳酸乙烯酯（Fluoroethylene carbonate，FEC）已被证明对钠离子电池中的阳极 SEI 和阴极 CEI 均有益处 [11, 20, 34-37]，它的加入可以帮助形成更薄、更光滑的钝化层 [19]。混合蒙特卡罗（Monte Carlo）/ 分子动力学反应方法证实，在含有 $NaPF_6$ 盐的 PC 基电解质中添加 FEC 可以减少 SEI 的厚度 [38]，从而降低电池的内阻。FEC 的数量也被证明发挥着重要作用；使用少量（例如最多 3%）可以提高 SEI 稳定性；然而，较大的剂量（例如 >10%）可能是有害的 [34-36]。研究还表明，SEI 随着时间的推移不稳定，尽管表面上最初存在由 FEC 添加剂形成的 NaF，但它会随着时间的推移慢慢溶解，具体取决于存储温度和循环过程中达到的温度。沸石添加剂可捕获水和 HF，在全电池研究中，添加沸石可能会减弱硬碳的界面生长[19]。

尽管已经进行了一些全电池研究，但大多数研究都是在钠金属半电池配置中进行的，这可能会产生误导，添加剂的任何有益作用可能是由于它们对钠金属阳极的影响。此外，在全电池中，对在一个电极处形成的电极/界面有利的添加剂可能对另一电极并无益处，甚至可能是有害的。

迄今为止的研究结果强调了全电池研究对于了解 CEI 和 SEI 形成基础的重要性。因此，钠离子全电池的电极界面优化仍有大量工作值得研究。

16.4.2 电解质稳定性

电解质的正确选择对于电池性能非常重要，因为电解质会与电极发生反应，如上节所述。在本节中，稳定性最高的两个常见液体电解质为有机碳酸酯和离子液体（ionic liquid，IL）电解质。

锂离子和钠离子电池体系最广泛使用的是有机碳酸酯电解质体系，但其在 4.3 ~ 4.5V 会变得不稳定[39-41]。气态分解产物导致各层不再紧密接触，从而降低性能和循环寿命。此外，随着时间的推移或循环，固体分解产物会使 SEI 变厚，导致电解质/盐消耗、电池内部电阻增加，从而让电池性能下降。

最常见的退化效应是由系统中的水引起的。水与盐反应形成 HF 是造成循环寿命问题的主要原因。与六氟磷酸锂（$LiPF_6$）一样，在电解质中存在微量水分的情况下，$NaPF_6$ 会发生反应形成剧毒的 HF。HF 可以与钠材料反应，在材料表面形成 NaF，并溶解阴极中存在的过渡金属，导致容量损失。这些溶解的金属也可能迁移到阳极，导致枝晶生长以及软或硬短路的可能性。使用沸石添加剂来去除水并防止其与 PF_6^- 发生反应，有望延长电池的使用寿命[19]。

正如预期的那样，高温会加速电池的老化过程，因为有害副反应和分解过程的动力学得到提高（根据阿伦尼乌斯方程）。这些过程往往是放热的，导致电池温度螺旋式上升，增加热失控的可能性。研究还表明，钠离子电池中的典型 SEI 在相对较低的温度（~30℃）下不稳定，这一点已通过加速量热法（accelerating rate calorimetry，ARC）得到证实[42]。

离子液体是另外一种受到研究者关注的钠离子电池电解质[43, 44]。离子液体在温度和高电压方面更稳定，因此不存在相同的 SEI 稳定性问题，这有望提供更好的循环寿命。然而，离子液体可能需要更高的工作温度，电导率更低，并且它可能比有机电解质更昂贵[45]。

16.4.3 电极材料的退化

1. 阳极材料

钠离子电池体系的阳极材料主要分为四类：碳（硬碳）、嵌入型材料（氧化物和聚阴离子材料）、转化类材料（氧化物和硫化物）和合金类化合物（金属）[46]。其中，硬碳是钠离子阳极的热门选择，因为它成本低廉、可持续且稳定，并且可以按照与锂离子阳极类似的加工方式进行处理 [3, 39, 47]。

在钠化时，活性材料由于钠嵌入而膨胀，而在脱钠期间该过程相反。这会导致循环过程中出现"呼吸"节奏，从而，在粒子水平上对复合电极和活性材料产生机械应力。就硬碳阳极而言，膨胀略小于锂离子电池体系中使用的石墨（~9% 与石墨的 ~10% 相比）。此外，硬碳以三维而非二维方式膨胀，因此复合电极的多孔结构可以帮助缓冲机械应力。

转化类材料和合金类材料在钠化过程中会出现明显的膨胀。合金类材料的情况最为严重，膨胀率高达百分之几。反复的机械应力通常会导致颗粒开裂，从而缩短循环寿命并不断形成 SEI。一些缓解策略，例如嵌入碳或黏结剂基质或表面涂层等，会降低电池的总体容量 [48, 49]。

2. 阴极材料

钠离子电池体系的阴极可以是嵌入型材料（氧化物和聚阴离子材料）或转化型材料（例如氯化物和氟化物）。

嵌入型材料具有最佳的循环寿命，并且也是被研究最多的钠离子阴极材料。嵌入型材料在钠嵌入时受到的膨胀较小，但容量低于转换型材料 [5, 39]。在插层化合物中，层状金属氧化物通常比聚阴离子类化合物具有更高的可逆容量 [3]。然而，由于大的钠离子反复嵌入和脱出，晶格应变引起的结构崩溃和非晶化，它们也往往会出现较差的循环性能。用不活泼的金属离子取代阳离子以稳定结构，可能是改善循环性能的有效策略。然而，这会不可避免地造成容量的损失 [50]。这些层状氧化物在高电压下会发生不可逆的结构变化，这可能涉及作为氧氧化还原或混合氧化还原的氧物质。在几种钠离子电池体系中，已经观察到类似的情况。发生这种情况的电压可以通过掺杂剂进行调整，并且在某些情况下，在电压低于 4.1V（vs.Na/Na$^+$）时可以得到完全缓解。在较低电压下循环的这一策略，会减少观察到的容量，但会延长循环寿命。一般来说，层状钠氧化的平均体积膨胀与锂类材料的平均体积膨胀相似或稍大，膨胀的程度取决于形态和材料。

3. 颗粒和电极破裂和分层——活性材料的损失

充电和放电会导致颗粒和电极水平的膨胀和收缩。这会导致机械应力的产生，并导致颗粒破裂以及复合电极在循环过程中发生破裂和分层。

颗粒 / 电极破裂将新鲜表面暴露于电解质中，导致 SEI 和 CEI 的进一步生长 [51, 52]。虽然均匀和稳定的 SEI/CEI 对于良好的循环寿命是必要的，但持续生长的薄膜会导致电极孔堵塞，从而增加内部电池电阻，这会对容量、循环寿命和倍率性能产生不利影响。

活性颗粒和集流体之间也可能失去电子接触，这会导致循环过程中容量的损失。此外，与电极失去接触的颗粒可能会穿过电池并损坏隔膜，可能会导致短路或者隔膜孔的堵塞。因此，电流分布的不均匀和电流密度的局部增加可能发生，造成材料的局部过度充电或过度放电，这可能会导致或促进局部枝晶的生长。

4. 黏结剂的退化

黏结剂是电极的关键成分，将活性材料粘合在一起（内聚力），并将它们黏附到集流体上（附着力）。黏结剂还需要适应电极材料的膨胀和收缩。无效的黏结剂会导致电极破裂并失去与集流体的接触，导致容量损失、循环寿命缩短和倍率性能变差。随着长时间的循环，黏结剂可能会变脆或损坏。黏结剂会在电解质中膨胀，发生发泡并失去对集流体的附着力。

聚偏二氟乙烯（Polyvinylidene fluoride，PVDF）是锂离子阴极的首选黏结剂。然而，目前商业锂离子阳极优选水性黏结剂。在钠离子电池研究中，通常使用 PVDF 作为阴极和阳极的黏结剂。然而，已经研究了用于钠离子电池硬碳阳极的替代黏结剂，这些黏结剂的稳定性尚未完全了解。在某些情况下，NaF 已被证明是由 PVDF 随着时间的推移退化而形成的。在硬碳半电池体系中，其电解质为加入了 1mol 的 $NaPF_6$ 的 PC 电解质，与 PVDF 相比，钠羧甲基纤维素（carboxymethyl cellulose，CMC）具有更高的库仑效率和更好的循环寿命 [13, 53]。有趣的是，FEC 添加剂改善了 PVDF 黏结剂的循环性能但未改善 CMC 黏结剂的循环性能。而当使用 PVDF 黏结剂时，需要 FEC 的加入以助形成硬碳颗粒的均匀覆盖层，而 CMC 黏结剂不需要 FEC 即可形成有效、均匀的钝化层（事实上，在这种情况下添加 FEC 会增加电阻）[13, 53]。这说明了黏结剂、电解质和添加剂之间复杂的相互作用。因此，为了优化电池性能，需要对钠离子电池的电极成分和电解质配方进行进一步的研究。

16.4.4　隔膜退化

隔膜的退化或损坏可能会导致薄弱点，从而可能造成软短路，如果隔膜破裂，甚至会导致灾难性的硬短路。机械应力会导致隔膜变薄，降低其电阻并导致电流密度不均匀以及局部枝晶的增长 [54]。此外，较薄的区域可能更容易被损坏。隔膜的制造方法可以赋予一个方向的弱点（单向和双向拉伸）[55]。

另一个退化效应是重复循环时隔膜可能会变干，这会增加电池的电阻。这可能是由于电池承受过大的压力（在软包电池的情况下）或电极膨胀，这两种情况都会导致电解质从隔膜孔中排出。由于 SEI 的不稳定性，隔膜变干也可能是电解质持续耗尽的副作用，如第16.4.1 节中所述。总体而言，隔膜干燥会降低电池容量、倍率性能和循环寿命。

进一步的退化效应是阴极的高氧化电位，与其对聚丙烯（polypropylene，PP）隔膜的伤害相比，对聚乙烯（polyethylene，PE）隔膜的损伤更大。PP 在较高温度下可以提供更高的机械强度，从而减少隔膜收缩的概率，因为隔膜收缩可能导致硬短路的发生。

▼ 16.5　安全性

本节重点关注具有硬碳阳极、插层阴极和有机碳酸盐电解质的钠离子电池，该体系电池在未来具有较高的商业前景。

16.5.1　电池退化对其安全性和耐滥用性的影响

退化和老化属于电池体系正常日常运行的一部分。然而，造成电池容量或能量降低的因素也会削减电池对滥用条件的适应能力。图 16.2 举例说明了电池中退化和老化的各种原因以及其对电池安全性的影响。

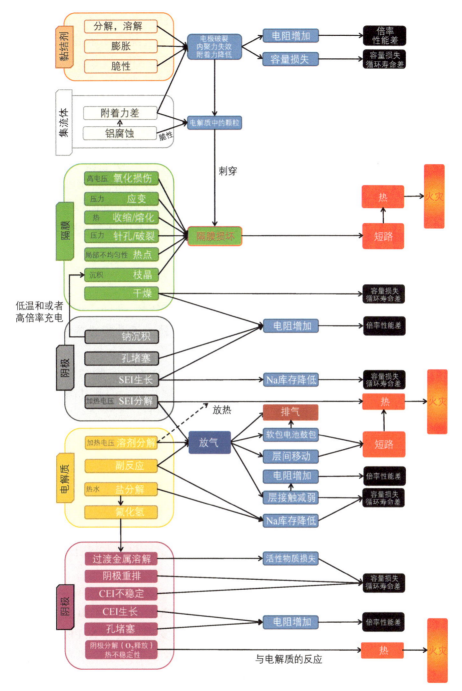

图 16.2　钠离子电池退化和老化的原因及其对安全性的影响，该图基于一个由硬碳阳极、钠层氧化物阴极、含钠盐的有机碳酸盐电解质、聚烯烃隔板以及阳极 / 阴极两用铝集流体组成的钠离子电池体系

1. 电极与电解质界面的分解

如第 16.4.1 节所述，由于电解质分解，电极表面会形成钝化膜（SEI 和 CEI）。这些薄膜可以保护电极，例如防止溶剂分子插入，并防止电解质进一步分解。稳定、坚固、分布

均匀的 SEI 和 CEI，不仅对延长循环寿命至关重要，而且还会影响体系的安全性。薄弱或受损的保护膜会使电极面临进一步放热的电解质分解反应。随之而来的热量升高和气体形成会促进这些过程，最终可能导致热失控。加热会导致 SEI、CEI 和电解质分解进一步放热，从而进一步产生热量和气体。气体的形成可能会导致电池堆中排列整齐的电极层分开，从而导致电极层之间失去接触（容量损失和循环寿命降低），并且电极层相互移动也会造成危险，从而可能导致硬短路（并可能引发火灾）。

为研究和了解电解质层的形成和稳定性的基本原理，研究者们已经开展了大量工作。在研究和了解 SEI 的形成和稳定性的基本原理方面所做的工作明显多于 CEI。较低的钠电池中的 SEI[16] 与锂电池中的 SEI 相比，稳定性更低、溶解度更高、不均匀性更强，这可能会对电池安全产生不利影响，因为钠电池中的 SEI 可能会在更早的阶段开始放热分解。事实上，在钠离子电池体系中，已观察到 SEI 早期分解阶段的温度低至 $30 \sim 50^\circ\text{C}$[42]，而锂离子电池体系的温度约为 80°C[56]。

2. 电解质的热稳定性

相关文献中有大量关于不同盐和溶剂组合稳定性的研究。然而，由于这些研究采用了不同的电极和电解质体积，并对不同的电解质进行了比较，因此很难确定一个特定的首选配方。

差示扫描量热法（Differential scanning calorimetry，DSC）实验结果表明，$NaClO_4$ 的温度稳定性最高，其次是 $NaPF_6$[8]。然而，$NaClO_4$ 具有爆炸性，因此其商业应用受到限制。钠电解质盐 $NaPF_6$ 的优点是比 $LiPF_6$ 具有更高的热稳定性[7]。

（1）电解质与钠化硬碳的反应活性

在一项研究中，比较了不同的钠盐、$NaPF_6$、$NaClO_4$ 和 NaTFSI，以及溶剂 EC、PC、DMC、DEC、DME、四氢呋喃（tetrahydrofuran，THF）和三甘醇，以及 EC/DEC、EC/DMC、EC/DME、EC/PC 和 EC/triglyme 混合物、PC、DMC、DEC、DME、THF 和三甘醇，以及 EC/DEC、EC/DMC、EC/DME、EC/PC 和 EC/三甘醇混合物[8]。EC/PC 是热稳定性最好的二元溶剂。在该研究中，$NaPF_6$/EC/PC 产生了热稳定性更高的 SEI，并且在与完全钠化的硬碳一起加热时，放热起始温度最高[5, 8]。

关于钠化硬碳在各种电解质中加热时的反应性，各个文献的说法不一。对锂化硬碳和钠化硬碳反应活性的 DSC 研究表明，钠化硬碳在 EC/EMC 和 PC 型电解质中的热稳定性至少与锂化硬碳相似，甚至更高[9]。然而，另一项研究发现，虽然 $NaPF_6$ 的热稳定性高于 $LiPF_6$[7]，但是在 EC/DEC 和 EC/DMC 纯溶剂混合物以及以 EC/DEC 和 EC/DMC 为基础的电解质（即溶剂 + 盐）中，锂化硬碳的热稳定性均优于钠化硬碳[6]。另一项研究也发现了相似的结果，该研究使用 ARC 比较了钠化硬碳与锂化中间相碳微珠（mesocarbon microbeads，MCMB）石墨在有机溶剂混合物（EC、DEC 和 EC/DEC）和基于 EC/DEC 的电解质中的反应活性[7]。

这些研究还表明，钠化硬碳对电解质的反应活性比纯溶剂混合物（即不存在盐）的反应活性更高，而锂化石墨或锂化硬碳对电解质的反应活性比纯溶剂混合物的反应活性低。这归因于钠盐具有较高的热稳定性，导致 SEI 中含有较少或不含 NaF。据推测，锂 SEI 中

LiF 的存在会产生更稳定的钝化膜,从而保护硬碳免于发生反应。此外,据推测 $NaPF_6$ 优先被 EC 溶剂化,留下更具反应活性的 DEC 与钠化硬碳反应[6,7]。

已有一些关于在硬碳 SEI 中观察到 NaF 的研究报道[19, 20, 57, 58],其论点认为钠 SEI 中不存在 NaF 是导致电解质中钠化硬碳反应活性较高的原因,这可能反映了钠 SEI 的较高溶解度和较低稳定性。虽然,NaF 明显形成于钠化硬碳的 SEI 中,但它在加热时可能更易被破坏,并可能不易被取代。由于与锂离子电池体系相比,$NaPF_6$ 需要更长的时间才能分解,而锂离子电池体系中稳定的 SEI 和更容易分解的 $LiPF_6$ 可能会导致钝化层中含有更多的 LiF,这可以防止锂化电极与电解质发生反应。

迄今为止,很难从文献中报道的热稳定性测试中得出结论,因为这些测试使用了不同的碳、不同的钠化(或锂化)程度、不同量的电解质,以及不同的电解质溶剂/盐组合。此外,如果在进行 DSC 或 ARC 测试之前清洗了电极,则 SEI 很可能已被损坏或去除,这将对阳极的稳定性产生重大影响,因此任何结论都可能是错误的[10]。对未清洗的钠化和锂化硬碳电极热稳定性的调查结果显示,钠化阳极的热稳定性低于锂化阳极,这归因于锂离子电池体系中更稳定的 SEI[10]。

(2)电解质与脱钠阴极的反应性

与钠化阳极一样,脱钠化阴极在纯溶剂混合物或电解质(溶剂 + 盐)中表现出不同的热稳定性。在关于脱钠 $NaCrO_2$ 在 EC/DEC 溶剂和 $NaPF_6$/EC/DEC 电解质中的热稳定性的 ARC 研究中,$Na_{0.5}CrO_2$ 在 EC/DEC 溶剂中在 350℃ 下没有表现出反应活性,在相同溶剂中优于 $Li_{0.5}FePO_4$。此外,$Na_{0.5}CrO_2$ 在电解质中表现出比 $Li_{0.5}CoO_2$ 和 $Li_xNi_{1/3}Mn_{1/3}Co_{1/3}O_2$ 更好的热稳定性[59]。缺乏放热行为归因于 $Na_{0.5}CrO_2$ 的优异稳定性,它分解为 $NaCrO_2$ 和 P3-$CrO_{2-\delta}$,几乎不释放氧气。

同样,ARC 对脱钠 $NaNi_{0.5}Mn_{0.5}O_2$ 的研究表明,它在纯溶剂混合物或电解质中的分解情况不同。在 EC/DEC 溶剂中分解生成镍金属和镍锰氧化物,与溶剂发生反应释放出 O_2。然而,在 $NaPF_6$/EC/DEC 电解质中,$Na_{0.5}Ni_{0.5}Mn_{0.5}O_2$ 分解为 $Na_3(Ni,Mn)F_6$ 和 $Na(Ni,Mn)F_3$[60]。

显然,要了解钠离子体系中阴极与电解质的反应活性,还需要进行更多的研究。

16.5.2 电池失效和耐滥用性

图 16.3 总结了可能导致电池故障的过程。随着电压和温度的升高,钠离子电池和锂离子电池中发生的过程如图 16.4 所示。滥用条件或制造缺陷可能会导致突然的灾难性故障,如短路或热失控,从而对电池造成不可逆转的损坏,并可能导致排气和/或火灾。

1. 枝晶生长

枝晶生长会导致内部短路,这对电池退化和安全性都有巨大的影响:①枝晶会导致软短路,导致电极之间出现电流泄漏,导致电池自放电,充电容量将显著高于放电容量(即电池将表现出低效率),容量(循环寿命)和倍率性能均会变差;②枝晶会导致硬短路的发生,造成灾难性故障并可能引发火灾。

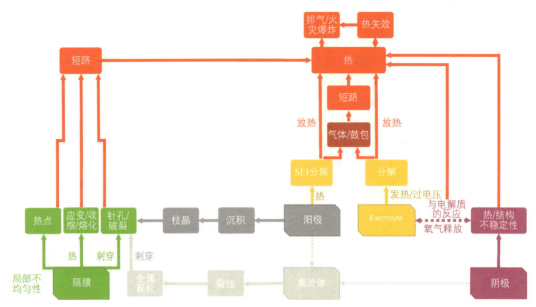

图 16.3　钠离子电池不同组件中发生的一些事件相互作用，导致排气、起火和可能爆炸的示例，该图基于一个钠离子电池体系，包括硬碳阳极、钠层状氧化物阴极、含钠盐的有机碳酸盐电解质、聚烯烃隔板以及阳极/阴极两用铝集流体

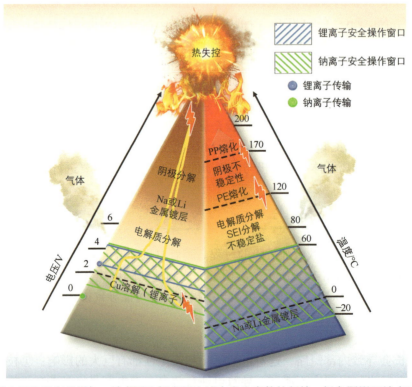

图 16.4　随着电压和温度的增加，钠离子和锂离子电池中发生事件的起始。绿色阴影区域表示包含硬碳阳极、插层阴极、聚烯烃隔膜（PE 和 PP）和 NaPF₆有机碳酸酯电解质的钠离子电池的安全操作窗口；蓝色阴影区域表示包含石墨阳极、插层阴极、聚烯烃隔膜和 LiPF₆有机碳酸酯电解质的锂离子电池的安全操作窗口；钠离子和锂离子化学物质可以安全传输的电压分别用绿点和蓝点表示；橙色曲线为电池的过充电压曲线示例；闪电符号指示可能发生短路的点

（1）金属钠的沉积

在硬碳中，位于钠金属池平台区的 60% ~ 90% 的 SOC（用于钠化）之间的扩散系数非常低。电极结构的变化或表面电阻的增加很容易导致钠沉积。因此，在充电和放电期间，电极需要具有非常均匀的电流密度分布以防止沉积，并且还需要仔细控制 SEI 以阻止电阻增加。电阻的增加促进了硬碳表面的枝晶生长。还有其他导致枝晶形成的机制，如电池设计和滥用条件，又如过度充电。当电池被过度充电时，多余的离子会从阴极中迁移出，而阳极没有剩余容量容纳钠离子。因此，它们在硬碳表面以钠金属的形式沉积出来，并有可能发生枝晶生长。特别是如果电池在几次循环中反复过度充电，这会促进枝晶生长。在后文中将更详细地阐述过度充电的影响。

为了优化电池寿命和性能，必须平衡电极容量和面积，并仔细对齐电极，以获得良好的容量并防止枝晶的形成 [3, 61-63]。

1）阳极容量与可用阴极容量相匹配，阳极容量有少量过剩（如 10%），以适应因电极不均匀（可能导致局部镀钠）而造成的局部较高电流密度区域。还必须考虑 SEI 和 CEI 损失。

2）阳极面积略大于阴极面积，以减少不均匀的电流流动和钠沉积的可能性。这也有助于减少电极滑动时发生硬短路的机会。

（2）集流体溶解

锂离子电池体系采用铜作为石墨阳极的集流体。铜会在电池电压低于 ~1.5 ~ 2V 时溶解，例如电池过放电时（阴极完全锂化，阳极完全脱锂）[3]。在随后的充电过程中，阳极上会出现镀铜，这可能导致枝晶，然后枝晶可以在随后的过放电 – 充电循环中生长 [22, 64]。

与锂离子电池体系相比，钠离子电池体系具有关键的优势，即可以使用铝作为阳极的集流体。这是因为与锂合金化的铝不会与钠合金化。使用铜集流体时，在低电池电压下，观察到的铜上的电压较高，这会导致集流体氧化。由于铝在低电池电压下不会溶解或氧化，所以不存在来自集流体的枝晶形成的威胁。这也意味着钠离子电池的运输要安全得多，因为电池可以在零伏和极耳短接的情况下运输（另见第 16.5.3 节）。

（3）阴极中金属的溶解

在大多数钠离子和锂离子电池中，阴极中常见的过渡金属会溶解到电解质中，从而导致电解质循环时电容量大幅下降。含氟盐（如 $NaPF_6$）电解质中的微量水分会导致盐分解形成 HF，从而溶解阴极中的金属。

此外，电池过度充电（阴极脱钠）可能会导致过渡金属脱出而破坏活性材料。在层状氧化物体系中，锰特别容易溶解，并且可以迁移到阳极和极板上，类似于锂离子电池中观察到的情况。这种沉积还有加速阳极上枝晶形成的可能性。

2. 电解质的电压稳定性

锂离子和钠离子电池体系中最广泛使用的有机碳酸酯电解质通常在 4.3 ~ 4.5V 变得不稳定，具体取决于溶剂 / 盐的组合 [39-41]。

电解质的分解是放热并形成气体的过程，这可能导致层分离、层间接触丧失和容量损失。层分离（以及软包电池中的膨胀 / 鼓起）也会导致电极相互移位，从而增加硬短路和随后起火的可能性。此外，如果电池袋密封不严，气胀／鼓包可能会导致电池破裂。

3. 电池过充

钠离子电池和锂离子电池在过度充电方面有许多相似之处，但也有一些差异。过度充电时，多种机制会发挥作用，导致电池发生灾难性故障和热失控。

1）过充电：阴极过充电会导致电解质分解和过渡金属溶解到电解质中，而阳极过充电则会导致钠电镀和枝晶生长[65]。

2）电解质分解：目前的电解质只在 4.3～4.5V 稳定[39-41]，当电池电压超过此值时，电解质开始分解，形成气体，这一过程是放热的，因此造成电池发热。

3）SEI 分解：当电池温度高于 SEI 的分解温度时，SEI 将开始分解。与锂离子电池中的 SEI 相比，锂离子电池中的 SEI 稳定性较差，溶解度更高，因此开始分解的温度更低，为 30℃ [42, 66]，而锂离子电池体系中 SEI 的分解温度为 80℃ [56]。SEI 的分解会放热，导致电池中的温度进一步升高和故障。

4）气体形成：电解质和 SEI 分解形成气体会导致软包电池膨胀（鼓包），以及电池堆变形或层间移动。如果隔膜的重叠受到影响，这可能会导致硬短路。鉴于电池已经处于过度充电、不稳定和加热的状态，此时严重的短路通常会导致火灾。

5）隔膜破裂：如果电池温度上升超过了聚烯烃隔膜的熔点，隔膜就会熔化并可能收缩，从而导致短路。

6）阴极不稳定性：虽然钠离子电池中的阴极材料比锂离子电池中的材料具有更高的热稳定性，但如果钠从其结构中脱去过多，在过充电时仍会变得结构不稳定。不稳定的电极与电解质的反应是热失控的主要原因（请参见下文内容）。

7）阳极上的金属钠沉积：阳极容量无法容纳从阴极脱去的过量钠离子，因此它们会以金属钠的形式沉积出来，从而导致枝晶和短路。

与锂离子电池体系相比，有关钠离子电池体系中过充保护添加剂的研究工作非常有限。据报道，在包含 $Na_{0.44}MnO_2$ 阴极和 1mol 的 $NaPF_6$/EC/DEC+3% 联苯电解质的钠金属半电池中，研究使用了联苯（锂离子电池体系中使用的添加剂）[67]，结果表明，联苯在～4.3V 下发生电聚合，保护电池免于进一步过充电和分解[68]。由于这项工作是在钠金属半电池中进行的，因此需要进一步的工作来确认其在全电池中的有效性。

三氨基环丙烯高氯酸盐被证明是一种氧化还原梭，可在具有 $Na_3V_2(PO_4)_3$ 阴极的钠离子电池体系中提供过充电保护[69]。$Na_3V_2(PO_4)_3$/ 硬碳全电池在 100% 过充情况下，在 C/2 下实现了 176 次循环，在 1C 下实现了 54 次循环。在 DSC 研究中，由于存在氧化还原梭，过度充电的阴极产生的热量也减少了 20%。

4. 阴极的热稳定性

与锂离子电池一样，电池受热或过度充电时阴极的击穿及其与电解质的反应是钠离子电池热失控和火灾的主要原因。因此，阴极的热稳定性是钠离子电池体系整体安全性的重要影响因素。

至关重要的是，钠离子电池阴极比锂离子电池阴极具有更高的热稳定性和更低的能量，因此与锂离子电池化学相比，钠离子电池具有显著的优势[42, 70, 71]。

Faradion 是非水钠离子电池的市场领导者，其商用阴极具有高起始温度和低自加热速率。在完全充电的约 10A·h 软包电池的测试中，Faradion 阴极的自加热起始温度为 160℃，而 LiFePO$_4$ 为 100℃，LiCoO$_2$ 为 90℃。Faradion 阴极的最大自加热速率为 ~50℃·min^{-1}，而 LiFePO$_4$ 的最大自加热速率为 ~160℃·min^{-1}，LiCoO$_2$ 的最大自加热速率为 ~4000℃·min^{-1} [70]。

5. 热失控：钠离子电池和锂离子电池体系之间的比较

当电池的自加热速率超过其散热能力时，就会发生热失控。它可能是由电池中的多种加热机制引起的，例如短路、过度充电、放热副反应或外部加热。不稳定、脱钠的阴极（例如过度充电时）和电解质之间的反应是热失控的主要原因，特别是在层状氧化物材料的情况下，它在分解时释放氧气 [59, 72]。

具有强 P-O 键的多阴离子材料（如 LiFePO$_4$）具有更高的热稳定性。然而，层状氧化物 Na$_{0.5}$CrO$_2$ 在 EC/DEC 溶剂中的热稳定性甚至高于 Li$_{0.5}$FePO$_4$ [59]，这是因为它在与溶剂反应过程中转化为 NaCrO$_2$ 和 P3-CrO$_{2-\delta}$，几乎不释放氧气。虽然，它在电解质（NaPF$_6$/EC/DEC）中表现出更高的反应活性，但其热稳定性仍高于 Li$_{0.5}$CoO$_2$ 或 Li$_x$Ni$_{1/3}$Mn$_{1/3}$Co$_{1/3}$O$_2$ [59]。

结合 ARC 和事后材料表征 [42, 66]，研究对比了含有钠离子电池和市场上销售的锂离子电池的热失效特性，其中，钠离子电池由混合金属层状氧化物阴极（NaNi$_{1/3}$Fe$_{1/6}$Mn$_{1/3}$Mg$_{1/12}$Sn$_{1/12}$O$_2$）和硬碳阳极、PP 隔离层和 NaPF$_6$/EC/DEC 电解质组成 [66, 73]，锂离子电池含有层状氧化物层阴极（钴酸锂）、石墨阳极、三层（PP/PE/PP）隔膜和 LiPF$_6$/EC/DMC 电解质 [42]。锂离子电池的热失控率要高得多。这对于模块中热事件的传播具有重要的安全影响，锂离子电池体系的散热时间要短得多，并且加热/故障更有可能传播到模块中的其他电池 [42]。

钠离子电池的两个电极上的铝集流体基本保持完整，这表明热失控期间达到的最高温度仍然低于铝的熔点（660℃）。然而，锂离子电池中的铝集流体（阴极）已经熔化，而铜集流体（阳极）却没有熔化，这表明锂离子电池体系的最高温度介于铝和铜的熔点之间，即 660℃ $< T_{max} <$ 1085℃ [42]。

两种电池热失控后，均对其进行了扫描电子显微镜（Scanning electron microscopy, SEM）和能量色散 X 射线谱（energy dispersive X-ray, EDX）分析，结果表明锂离子电池的两个电极以及钠离子电池阴极的微观结构发生了明显变化。阴极几乎完全被破坏，并且 EDX 氧峰随之降低，表明阴极中的金属氧化物成分可能还原为基本金属。相比之下，钠离子电池中阳极的微观结构与原始电池中观察到的相似。这说明钠离子电池和锂离子电池的热失控过程相似，并且阴极和分解电解质之间的相互作用是热失控的主要原因 [42]。

6. 短路

外部短路是由低电阻外部介质（例如金属扳手或金属棒）接触电池端子引起的，导致电流过大和过热，并可能对电池造成永久性损坏。

内部短路可能由多种因素引起，如前文所述，包括枝晶形成、隔膜收缩或破裂、层间移动或活性物质粒子迁移。内部"软短路"表现为电流泄漏，这会导致性能不佳，但电池不一定会失效。两个电极接触的内部"硬短路"会导致电流过大和过热，并对电池造成永久性损坏，并可能引起火灾和/或爆炸。

产生的热量由电池化学性质、SOC 以及短路的严重程度（电阻）和持续时间等因素决定。电池的尺寸（其热质量和所含能量）、形状因子和组成材料的热性能决定了整个电池的温度上升和随后的热传播，以及电池散热的有效性。与发热率相比，电池在短路事件后发生热失控的可能性取决于散热率[74]。

电解质的易燃性也是决定电池反应的关键因素，高易燃性电解质会增加起火的概率。温度升高会导致电解质开始分解，形成气体。这可能导致电池排气，使电池内部暴露在氧气中，从而引发火灾。

7. 电解质的可燃性：阻燃添加剂

尽管从安全角度来看，不可燃离子液体 ILs 有吸引力，但是考虑到其低电导率和高成本，短期内难以被实际应用[75]。

与锂离子电池一样，钠离子电池中最广泛使用的有机溶剂也是高度易燃的。虽然，在锂离子电池体系的阻燃添加剂方面已经开展了大量的研究，但有关使用添加剂以降低钠离子电解质的易燃性的研究却较少。

研究人员将磷酸三甲酯（Trimethyl phosphate，TMP）、三（2,2,2- 三氟乙基）亚磷酸酯（tri(2,2,2-trifluoroethyl) phosphite，TFEP）、甲基膦酸二甲酯（dimethyl methylphosphonate，DMMP）和甲基全氟丁基醚（methyl nonafluorobutyl ether，MFE）作为钠电池中的不易燃溶剂[75]。在室温下，MFE 对半电池中的金属钠最为稳定。然而，该电解质的离子传导性较低。在另一项研究中，在 $NaPF_6$/EC/DEC 电解质中添加 5% 的乙氧基（五氟）环三磷唑（ethoxy（pentafluoro）cyclotriphosphazene，EFPN）可使电解质不易燃，并提高 $Na_{0.44}MnO_2$ 阴极和碳纳米管阳极半电池的循环能力[76]。

这些研究均基于钠金属半电池，需要进一步的工作来筛选用于钠离子电池的合适添加剂，并且在钠离子电池体系中实现合适的添加剂之前，需要在全电池研究中进一步优化电解质。

16.5.3 安全运输 ///

与锂离子技术相比，钠离子技术在运输方面具有极其重要的优势，即能够在两个电极上使用铝作为集流体。

锂离子电池的运输本质上是危险的，运输法规要求运输锂离子电池时保留不超过 30% 的 SOC。这意味着电池中存在一定能量，如果电池损坏，就会增加火灾的风险。最好不要运输或存储较低 SOC 的锂离子电池，因为如果电池电压降至制造商的安全电压下限以下（例如在少量自放电的情况下），电池化学成分可能会被损坏。

尽管铝可用作阴极集流体，但它不能用作锂离子电池的阳极，因为在阳极的低电压下，锂会与铝形成合金。锂离子电池需要铜作为阳极的集流体。当电池电压低于 1.5 ~ 2V 时，阳极的铜集流体开始溶解[3]；电解质中的铜会在后续充电时重新沉积[22,64]并形成枝晶，枝晶会刺穿隔膜，导致硬短路并可能引发火灾。

由于钠不会与铝形成合金，因此它可以用作钠离子电池阳极和阴极的集流体。由于铝在低电池电压下不会溶解，因此钠离子电池可以完全放电至 0V，以便运输和储存，这具有巨大的安全优势。ARC 测试表明，0V 下的钠离子电池的活性非常低[70]。

16.6　总结

由于钠离子电池体系和锂离子电池体系相似，因此它们具有许多共同的老化和退化机制。然而，两者会存在一些明显的差异，钠离子电池体系既有优点也有缺点 [3]。表 16.1 列举了这些差异。影响电池稳定性和寿命的因素的作用通常很微妙。例如，尽管在热稳定性方面，钠离子电池的阴极往往比锂离子电池的阴极高，但是，钠离子电池的 SEI 似乎在较早阶段就开始分解。

表 16.1　钠离子和锂离子电池的化学特性对比

	钠离子电池与锂离子电池的比较	影响	参考文献
阴极放热	较少的	热失控更安全、可能性更小或时间更长	[42, 70]
阴极分解开始	较晚		
SEI 稳定性	稳定性较差	安全性较差，SEI 击穿会较早发生，导致气体形成和温度升高，热失控速度更快	[15]
SEI 溶解度	更易溶解		
电解质盐	热稳定性更高	更安全和循环寿命更长	[7]
铜溶解 - 枝晶形成	不会发生（使用铝）	运输更安全	[70]
湿度敏感性	更差	循环寿命差，加工问题更多	[3]

钠离子电池体系的老化、退化和安全方面的要点概述如下：

1）深入了解钠离子电池体系的退化和老化，还需要对其进行大量的研究。与锂离子电池一样，在钠离子电池体系中，不同的组分会以不同的方式老化。目前，硬碳是最稳定的阳极。

2）钠离子阳极和阴极上的界面层仍然不清楚。不过，这些界面层的稳定性似乎低于锂离子电池体系，而且可溶性更高的钠盐会在比锂离子体系更低的温度下溶解，从而导致在高于室温的温度下，库仑效率较低，并且热失控速率更快。

3）电解质添加剂可以稳定 SEI 的形成。FEC 是首选的添加剂，然而，即使使用了 FEC，硬碳上的界面也会在循环过程中生长，并堵塞硬碳电极的孔隙，导致容量随循环衰减、电阻随时间增加。前期的研究工作表明，在电极中使用沸石添加剂（可捕捉水和 HF），有望减少界面生长并减少硬碳上的钠镀层。

4）在含硬碳阳极的钠离子电池中，钠电镀作为一个主要的化学问题。与锂离子电池体系相比，电镀更易发生，并且，会导致额外的 SEI 产生、电解质分解和界面电阻的增加。

5）钠离子电池的嵌入阴极往往比锂离子电池的阴极具有更高的热稳定性。然而，钠离子电池阳极上的 SEI 不如锂离子的稳定，因此，钠离子电池在较低温度下更有可能出现故障。

6）在运输方面，钠离子电池比锂离子电池具有显著的优势。因为铝可以用作其阳极的集流器，所以钠离子电池可以安全地放电到 0V，基本上可以作为"化学品袋"运输而不是电池运输。

总之，如果要将钠离子电池视为一种可持续的储能解决方案，它必须比当前的储能方案具有更高的性能和成本效益。虽然钠离子电池在能量密度上无法与锂离子电池抗衡，但它可能会在成本、低含量的关键元素和可持续性方面，更具有竞争优势。

由于钠离子电池可作为锂离子电池的"直接替代"技术方案，如果在同一条生产线上生产，材料成本将有助于降低总体成本。在这种情况下，该技术的关键点在于循环寿命和安全性，而这两方面均需要改进。

常用缩写词

序号	缩写词	中文名称	英文名称
1	SOC	荷电状态	State of charge
2	SoH	健康状态	State of health
3	TM	过渡金属	Transition Metals
4	SEI	固体－电解质中间相	solid-electrolyte interphase
5	$NaPF_6$	六氟磷酸钠	sodium hexafluorophosphate
6	$NaClO_4$	高氯酸钠	sodium perchlorate
7	NaTFSI	双（三氟甲烷磺酰）亚胺钠	sodium bis (trifluoromethanesulfonyl) imide
8	EC	碳酸乙烯酯	ethylene carbonate
9	PC	碳酸丙烯酯	propylene carbonate
10	DMC	碳酸二甲酯	dimethyl carbonate
11	DEC	碳酸二乙酯	diethyl carbonate
12	EMC	碳酸甲基乙酯	ethyl methyl carbonate
13	HF	氢氟酸	hydrogen fluoride
14	CEI	阴极－电解质中间相	cathode-electrolyte interphase
15	XPS	X射线光电子能谱	X-ray photoelectron spectroscopy
16	FCL	首次循环损失	First Cycle Loss
17	DOL	1,3- 二氧戊环	1,3-dioxolane
18	DME	1,2- 二甲氧基乙烷	1,2-dimethoxyethane
19	FEC	氟代碳酸乙烯酯	Fluoroethylene carbonate
20	IL	离子液体	ionic liquid
21	$LiPF_6$	六氟磷酸锂	lithium hexafluorophosphate
22	ARC	加速量热法	accelerating rate calorimetry
23	PVDF	聚偏二氟乙烯	Polyvinylidene fluoride
24	CMC	羧甲基纤维素	carboxymethyl cellulose
25	PE	聚乙烯	Polyethylene
26	PP	聚丙烯	Polypropylene
27	DSC	差示扫描量热法	Differential scanning calorimetry
28	THF	四氢呋喃	Tetrahydrofuran
29	MCMB	中间相碳微珠	mesocarbon microbeads
30	SEM	扫描电子显微镜	scanning electron microscopy
31	EDX	能量色散X射线谱	energy dispersive X-ray
32	TMP	磷酸三甲酯	Trimethyl phosphate
33	TFEP	三（2,2,2- 三氟乙基）亚磷酸酯	tri (2,2,2-trifluoroethyl) phosphite
34	DMMP	甲基膦酸二甲酯	Dimethylmethylphosphonate
35	MFE	甲基全氟丁基醚	methyl nonafluorobutyl ether
36	EFPN	乙氧基（五氟）环三磷唑	ethoxy (pentafluoro) cyclotriphosphazene

参 考 文 献

1 Birkl, C.R., Roberts, M.R., McTurk, E. et al. (2017). Degradation diagnostics for lithium ion cells. *Journal of Power Sources* 341: 373–386. https://doi.org/10.1016/j.jpowsour.2016.12.011.

2 Raj, T., Wang, A.A., Monroe, C.W., and Howey, D.A. (2020). Investigation of path-dependent degradation in lithium-ion batteries. *Batteries & Supercaps* 3 (12): 1377–1385. https://doi.org/10.1002/batt.202000160.

3 Roberts, S. and Kendrick, E. (2018). The re-emergence of sodium ion batteries: testing, processing, and manufacturability. *Nanotechnology, Science and Applications* 11: 23–33. https://doi.org/10.2147/NSA.S146365.

4 Gorman, S.F., Pathan, T.S., and Kendrick, E. (2019). The 'use-by date' for lithium-ion battery components. *Philosophical Transactions of the Royal Society A Mathematical Physical and Engineering Sciences* 377 (2152): 20180299. https://doi.org/10.1098/rsta.2018.0299.

5 Sawicki, M. and Shaw, L.L. (2015). Advances and challenges of sodium ion batteries as post lithium ion batteries. *RSC Advances* 5 (65): 53129–53154. https://doi.org/10.1039/c5ra08321d.

6 Xia, X. and Dahn, J.R. (2012). Study of the reactivity of Na/hard carbon with different solvents and electrolytes. *Journal of The Electrochemical Society* 159 (5): A515–A519. https://doi.org/10.1149/2.jes111637.

7 Xia, X., Obrovac, M.N., and Dahn, J.R. (2011). Comparison of the reactivity of Na_xC_6 and Li_xC_6 with non-aqueous solvents and electrolytes. *Electrochemical and Solid-State Letters* 14 (9): A130–A133. https://doi.org/10.1149/1.3606364.

8 Ponrouch, A., Marchante, E., Courty, M. et al. (2012). In search of an optimized electrolyte for Na-ion batteries. *Energy & Environmental Science* 5 (9): 8572–8573. https://doi.org/10.1039/c2ee22258b.

9 Zhao, J., Zhao, L., Chihara, K. et al. (2013). Electrochemical and thermal properties of hard carbon-type anodes for Na-ion batteries. *Journal of Power Sources* 244: 752–757. https://doi.org/10.1016/j.jpowsour.2013.06.109.

10 Mukai, K. and Inoue, T. (2018). Distinguishing the thermal behavior of Na- and Li-intercalated hard carbons via differential scanning calorimetry. *Electrochemistry Communications* 88: 101–104. https://doi.org/10.1016/j.elecom.2018.02.006.

11 Eshetu, G.G., Elia, G.A., Armand, M. et al. (2020). Electrolytes and interphases in sodium-based rechargeable batteries. Recent advances and perspectives. *Advanced Energy Materials* 10 (20): 2000093. https://doi.org/10.1002/aenm.202000093.

12 Peled, E. (1979). The electrochemical behavior of alkali and alkaline earth metals in nonaqueous battery systems – the solid electrolyte interphase model. *Journal of The Electrochemical Society* 126 (12): 2047–2051. https://doi.org/10.1149/1.2128859.

13 Dahbi, M., Yabuuchi, N., Kubota, K. et al. (2014). Negative electrodes for Na-ion batteries. *Physical Chemistry Chemical Physics* 16 (29): 15007–15028. https://doi.org/10.1039/c4cp00826j.

14 Eshetu, G.G., Grugeon, S., Kim, H. et al. (2016). Comprehensive insights into the reactivity of electrolytes based on sodium ions. *ChemSusChem* 9 (5): 462–471. https://doi.org/10.1002/cssc.201501605.

15 Mogensen, R., Brandell, D., and Younesi, R. (2016). Solubility of the solid electrolyte interphase (SEI) in sodium ion batteries. *ACS Energy Letters* 1 (6): 1173–1178. https://doi.org/10.1021/acsenergylett.6b00491.

16 Komaba, S., Murata, W., Ishikawa, T. et al. (2011). Electrochemical Na insertion and solid electrolyte interphase for hard-carbon electrodes and application to Na-ion batteries. *Advanced Functional Materials* 21 (20): 3859–3867. https://doi.org/10.1002/adfm.201100854.

17 Oltean, V.A., Philippe, B., Renault, S. et al. (2016). Investigating the interfacial chemistry of organic electrodes in Li- and Na-ion batteries. *Chemistry of Materials* 28 (23): 8742–8751. https://doi.org/10.1021/acs.chemmater.6b04086.

18 Eshetu, G.G., Diemant, T., Hekmatfar, M. et al. (2019). Impact of the electrolyte salt anion on the solid electrolyte interphase formation in sodium ion batteries. *Nano Energy* 55: 327–340. https://doi.org/10.1016/j.nanoen.2018.10.040.

19 Chen, L., Kishore, B., Walker, M. et al. (2020). Nanozeolite ZSM-5 electrolyte additive for long life sodium-ion batteries. *Chemical Communications (Camb)* 56 (78): 11609–11612. https://doi.org/10.1039/d0cc03976d.

20 Fondard, J., Irisarri, E., Courrèges, C. et al. (2020). SEI composition on hard carbon in Na-ion batteries after long cycling: influence of salts ($NaPF_6$, NaTFSI) and additives (FEC, DMCF). *Journal of The Electrochemical Society* 167 (7): 070526. https://doi.org/10.1149/1945-7111/ab75fd.

21 Ohzuku, T., Ueda, A., Yamamoto, N., and Iwakoshi, Y. (1995). Factor affecting the capacity retention of lithium-ion cells. *Journal of Power Sources* 54: 99–102. https://doi.org/10.1016/0378-7753(94)02047-7.

22 Arora, P., White, R.E., and Doyle, M. (1998). Capacity fade mechanisms and side reactions in lithium-ion batteries. *Journal of the Electrochemical Society* 145 (10): 3647–3667. https://doi.org/10.1149/1.1838857.

23 Sharova, V., Moretti, A., Giffin, G.A. et al. (2017). Evaluation of carbon-coated graphite as a negative electrode material for Li-ion batteries. *C Journal of Carbon Research* 3 (4): https://doi.org/10.3390/c3030022.

24 Kishore, B., Chen, L., Dancer, C.E.J., and Kendrick, E. (2020). Electrochemical formation protocols for maximising the life-time of a sodium ion battery. *Chemical Communications (Camb)* 56 (85): 12925–12928. https://doi.org/10.1039/d0cc05673a.

25 Kendrick, E., Smith, K.L., and Treacher, J.C. (2017). Formation method for sodium ion cell or battery. International Patent Number WO2017073066.

26 Minato, T., Kawaura, H., Hirayama, M. et al. (2016). Dynamic behavior at the interface between lithium cobalt oxide and an organic electrolyte monitored by neutron reflectivity measurements. *The Journal of Physical Chemistry C* 120 (36): 20082–20088. https://doi.org/10.1021/acs.jpcc.6b02523.

27 Yamamoto, K., Minato, T., Mori, S. et al. (2014). Improved cyclic performance of lithium-ion batteries: an investigation of cathode/electrolyte interface via in situ total-reflection fluorescence X-ray absorption spectroscopy. *The Journal of Physical Chemistry C* 118 (18): 9538–9543. https://doi.org/10.1021/jp5011132.

28 Zhang, J.-N., Li, Q., Wang, Y. et al. (2018). Dynamic evolution of cathode electrolyte interphase (CEI) on high voltage $LiCoO_2$ cathode and its interaction with Li anode. *Energy Storage Materials* 14: 1–7. https://doi.org/10.1016/j.ensm.2018.02.016.

29 Yang, Y., Dang, R., Wu, K. et al. (2020). Semiconductor material ZnO-coated P2-type $Na_{2/3}Ni_{1/3}Mn_{2/3}O_2$ cathode materials for sodium-ion batteries with superior electrochemical performance. *The Journal of Physical Chemistry C* 124 (3): 1780–1787. https://doi.org/10.1021/acs.jpcc.9b08220.

30 Liu, Y., Fang, X., Zhang, A. et al. (2016). Layered P2-$Na_{2/3}[Ni_{1/3}Mn_{2/3}]O_2$ as high-voltage cathode for sodium-ion batteries: the capacity decay mechanism and Al_2O_3 surface modification. *Nano Energy* 27: 27–34. https://doi.org/10.1016/j.nanoen.2016.06.026.

31 Moeez, I., Susanto, D., Ali, G. et al. (2020). Effect of the interfacial protective layer on the $NaFe_{0.5}Ni_{0.5}O_2$ cathode for rechargeable sodium-ion batteries. *Journal of Materials Chemistry A* 8 (28): 13964–13970. https://doi.org/10.1039/d0ta02837a.

32 Mu, L., Feng, X., Kou, R. et al. (2018). Deciphering the cathode–electrolyte interfacial chemistry in sodium layered cathode materials. *Advanced Energy Materials* 8 (34): 1801975. https://doi.org/10.1002/aenm.201801975.

33 Mu, L., Rahman, M.M., Zhang, Y. et al. (2018). Surface transformation by a "cocktail" solvent enables stable cathode materials for sodium ion batteries. *Journal of Materials Chemistry A* 6 (6): 2758–2766. https://doi.org/10.1039/c7ta08410b.

34 Dahbi, M., Nakano, T., Yabuuchi, N. et al. (2016). Effect of hexafluorophosphate and fluoroethylene carbonate on electrochemical performance and the surface layer of hard carbon for sodium-ion batteries. *ChemElectroChem* 3 (11): 1856–1867. https://doi.org/10.1002/celc.201600365.

35 Bouibes, A., Takenaka, N., Fujie, T. et al. (2018). Concentration effect of fluoroethylene carbonate on the formation of solid electrolyte interphase layer in sodium-ion batteries. *ACS Applied Materials & Interfaces* 10 (34): 28525–28532. https://doi.org/10.1021/acsami.8b07530.

36 Komaba, S., Ishikawa, T., Yabuuchi, N. et al. (2011). Fluorinated ethylene carbonate as electrolyte additive for rechargeable Na batteries. *ACS Applied Materials & Interfaces* 3 (11): 4165–4168. https://doi.org/10.1021/am200973k.

37 Hasa, I., Passerini, S., and Hassoun, J. (2015). A rechargeable sodium-ion battery using a nanostructured Sb–C anode and P2-type layered $Na_{0.6}Ni_{0.22}Fe_{0.11}Mn_{0.66}O_2$ cathode. *RSC Advances* 5 (60): 48928–48934. https://doi.org/10.1039/c5ra06336a.

38 Takenaka, N., Sakai, H., Suzuki, Y. et al. (2015). A computational chemical insight into microscopic additive effect on solid electrolyte interphase film formation in sodium-ion batteries: suppression of unstable film growth by intact fluoroethylene carbonate. *The Journal of Physical Chemistry C* 119 (32): 18046–18055. https://doi.org/10.1021/acs.jpcc.5b04206.

39 Mukherjee, S., Bin Mujib, S., Soares, D., and Singh, G. (2019). Electrode materials for high-performance sodium-ion batteries. *Materials* 12 (12): 1952. https://doi.org/10.3390/ma12121952.

40 Yan, G., Alves-Dalla-Corte, D., Yin, W. et al. (2018). Assessment of the electrochemical stability of carbonate-based electrolytes in Na-ion batteries. *Journal of The Electrochemical Society* 165 (7): A1222–A1230. https://doi.org/10.1149/2.0311807jes.

41 Bhide, A., Hofmann, J., Dürr, A.K. et al. (2014). Electrochemical stability of non-aqueous electrolytes for sodium-ion batteries and their compatibility with $Na_{0.7}CoO_2$. *Physical Chemistry Chemical Physics* 16 (5): 1987–1998. https://doi.org/10.1039/c3cp53077a.

42 Robinson, J.B., Finegan, D.P., Heenan, T.M.M. et al. (2018). Microstructural analysis of the effects of thermal runaway on Li-ion and Na-ion battery electrodes. *Journal of Electrochemical Energy Conversion and Storage* 15 (1): 011010. https://doi.org/10.1115/1.4038518.

43 Chagas, L.G., Jeong, S., Hasa, I., and Passerini, S. (2019). Ionic liquid-based electrolytes for sodium-ion batteries: tuning properties to enhance the electrochemical performance of manganese-based layered oxide cathode. *ACS Applied Materials & Interfaces* 11 (25): 22278–22289. https://doi.org/10.1021/acsami.9b03813.

44 Hasa, I., Passerini, S., and Hassoun, J. (2016). Characteristics of an ionic liquid electrolyte for sodium-ion batteries. *Journal of Power Sources* 303: 203–207. https://doi.org/10.1016/j.jpowsour.2015.10.100.

45 Bommier, C. and Ji, X. (2018). Electrolytes, SEI formation, and binders: a review of nonelectrode factors for sodium-ion battery anodes. *Small* 14 (16): 1703576. https://doi.org/10.1002/smll.201703576.

46 Yabuuchi, N., Kubota, K., Dahbi, M., and Komaba, S. (2014). Research development on sodium-ion batteries. *Chemical Reviews* 114 (23): 11636–11682. https://doi.org/10.1021/cr500192f.

47 Xie, F., Xu, Z., Guo, Z., and Titirici, M.-M. (2020). Hard carbons for sodium-ion batteries and beyond. *Progress in Energy* 2 (4): 042002. https://doi.org/10.1088/2516-1083/aba5f5.

48 Yang, G., Ilango, P.R., Wang, S. et al. (2019). Carbon-based alloy-type composite anode materials toward sodium-ion batteries. *Small* 15 (22): 1900628. https://doi.org/10.1002/smll.201900628.

49 Dai, K., Zhao, H., Wang, Z. et al. (2014). Toward high specific capacity and high cycling stability of pure tin nanoparticles with conductive polymer binder for sodium ion batteries. *Journal of Power Sources* 263: 276–279. https://doi.org/10.1016/j.jpowsour.2014.04.012.

50 Xiang, X., Zhang, K., and Chen, J. (2015). Recent advances and prospects of cathode materials for sodium-ion batteries. *Advanced Materials* 27 (36): 5343–5364. https://doi.org/10.1002/adma.201501527.

51 Li, Y., Yan, K., Lee, H.-W. et al. (2016). Growth of conformal graphene cages on micrometre-sized silicon particles as stable battery anodes. *Nature Energy* 1 (2): 15029. https://doi.org/10.1038/nenergy.2015.29.

52 Jin, Y., Li, S., Kushima, A. et al. (2017). Self-healing SEI enables full-cell cycling of a silicon-majority anode with a coulombic efficiency exceeding 99.9%. *Energy & Environmental Science* 10 (2): 580–592. https://doi.org/10.1039/c6ee02685k.

53 Dahbi, M., Nakano, T., Yabuuchi, N. et al. (2014). Sodium carboxymethyl cellulose as a potential binder for hard-carbon negative electrodes in sodium-ion batteries. *Electrochemistry Communications* 44: 66–69. https://doi.org/10.1016/j.elecom.2014.04.014.

54 Zhang, X., Sahraei, E., and Wang, K. (2016). Li-ion battery separators, mechanical integrity and failure mechanisms leading to soft and hard internal shorts. *Scientific Reports* 6: 32578. https://doi.org/10.1038/srep32578.

55 Zhang, S.S. (2007). A review on the separators of liquid electrolyte Li-ion batteries. *Journal of Power Sources* 164 (1): 351–364. https://doi.org/10.1016/j.jpowsour.2006.10.065.

56 Dahn, J.R. and Ehrlich, G.M. (2011). Lithium-ion batteries. In: *Linden's Handbook of Batteries*, 4e (ed. T.B. Reddy). USA: McGraw-Hill.

57 Takada, K., Yamada, Y., Watanabe, E. et al. (2017). Unusual passivation ability of superconcentrated electrolytes toward hard carbon negative electrodes in sodium-ion batteries. *ACS Applied Materials & Interfaces* 9 (39): 33802–33809. https://doi.org/10.1021/acsami.7b08414.

58 Zhang, J., Wang, D.-W., Lv, W. et al. (2017). Achieving superb sodium storage performance on carbon anodes through an ether-derived solid electrolyte interphase. *Energy & Environmental Science* 10 (1): 370–376. https://doi.org/10.1039/c6ee03367a.

59 Xia, X. and Dahn, J.R. (2012). $NaCrO_2$ is a fundamentally safe positive electrode material for sodium-ion batteries with liquid electrolytes. *Electrochemical and Solid-State Letters* 15 (1): A1–A4. https://doi.org/10.1149/2.002201esl.

60 Xia, X. and Dahn, J.R. (2012). A study of the reactivity of de-intercalated $NaNi_{0.5}Mn_{0.5}O_2$ with non-aqueous solvent and electrolyte by accelerating rate calorimetry. *Journal of The Electrochemical Society* 159 (7): A1048–A1051. https://doi.org/10.1149/2.060207jes.

61 Klink, S., Madej, E., Ventosa, E. et al. (2012). The importance of cell geometry for electrochemical impedance spectroscopy in three-electrode lithium ion battery test cells. *Electrochemistry Communications* 22: 120–123. https://doi.org/10.1016/j.elecom.2012.06.010.

62 Bhattacharyya, R., Key, B., Chen, H. et al. (2010). In situ NMR observation of the formation of metallic lithium microstructures in lithium batteries. *Nature Materials* 9 (6): 504–510. https://doi.org/10.1038/nmat2764.

63 Tarascon, J.M. and Armand, M. (2001). Issues and challenges facing rechargeable lithium batteries. *Nature* 414: 359–367.

64 Marshall, J., Gastol, D., Sommerville, R. et al. (2020). Disassembly of Li ion cells – characterization and safety considerations of a recycling scheme. *Metals* 10 (6): 773. https://doi.org/10.3390/met10060773.

65 Cannarella, J. and Arnold, C.B. (2015). The effects of defects on localized plating in lithium-ion batteries. *Journal of The Electrochemical Society* 162 (7): A1365–A1373. https://doi.org/10.1149/2.1051507jes.

66 Robinson, J.B., Heenan, T.M.M., Jervis, J.R. et al. (2018). Multiscale tomographic analysis of the thermal failure of Na-ion batteries. *Journal of Power Sources* 400: 360–368. https://doi.org/10.1016/j.jpowsour.2018.07.098.

67 Xiao, L., Ai, X., Cao, Y., and Yang, H. (2004). Electrochemical behavior of biphenyl as polymerizable additive for overcharge protection of lithium ion batteries. *Electrochimica Acta* 49 (24): 4189–4196. https://doi.org/10.1016/j.electacta.2004.04.013.

68 Feng, J., Ci, L., and Xiong, S. (2015). Biphenyl as overcharge protection additive for nonaqueous sodium batteries. *RSC Advances* 5 (117): 96649–96652. https://doi.org/10.1039/c5ra19988c.

69 Ji, W., Huang, H., Zhang, X. et al. (2020). A redox-active organic salt for safer Na-ion batteries. *Nano Energy* 72: 104705. https://doi.org/10.1016/j.nanoen.2020.104705.

70 Barker, J. (2017).Progress in the commercialization of Faradion's Na-Ion Battery Technology Faradion-Limited. *4th-International-Meeting-on-Sodium-Batteries*, Shinjuku, Tokyo, Japan (28–30 November 2017).

71 Yang, C., Xin, S., Mai, L., and You, Y. (2020). Materials design for high-safety sodium-ion battery. *Advanced Energy Materials* 11 (2): 2000974. https://doi.org/10.1002/aenm.202000974.

72 Maleki, H., Deng, G., Anani, A., and Howard, J. (1999). Thermal stability studies of Li-ion cells and components. *Journal of The Electrochemical Society* 146 (9): 3224–3229. https://doi.org/10.1149/1.1392458.

73 Smith, K., Treacher, J., Ledwoch, D. et al. (2017). Novel high energy density sodium layered oxide cathode materials: from material to cells. *ECS Transactions* 75 (22): 13–24. https://doi.org/10.1149/07522.0013ecst.

74 Abaza, A., Ferrari, S., Wong, H.K. et al. (2018). Experimental study of internal and external short circuits of commercial automotive pouch lithium-ion cells. *Journal of Energy Storage* 16: 211–217. https://doi.org/10.1016/j.est.2018.01.015.

75 Feng, J., Zhang, Z., Li, L. et al. (2015). Ether-based nonflammable electrolyte for room temperature sodium battery. *Journal of Power Sources* 284: 222–226. https://doi.org/10.1016/j.jpowsour.2015.03.038.

76 Feng, J., An, Y., Ci, L., and Xiong, S. (2015). Nonflammable electrolyte for safer non-aqueous sodium batteries. *Journal of Materials Chemistry A* 3 (28): 14539–14544. https://doi.org/10.1039/c5ta03548a.

第 17 章
钠离子电池的环境适应性
与生命周期评估发展现状

作者：*Jens Peters, Manuel Baumann, Marcel Weil, Stefano Passerini*
译者：郭臻宇

▼ 17.1 概述

17.1.1 背景介绍

化石燃料向可再生能源的过渡导致了经济电气化，电能成为所有活动的主要能量来源。这与可再生能源（如风能和太阳能）的波动性相结合，导致对电力储存的需求激增，尤其是在电网（缓冲可再生能源所带来的波动性发电）和载运领域（能源仍主要以化石燃料形式存储）[1]。锂离子电池因其通用性强、效率高和寿命长而成为最适合这个目的的技术。不断的研发实现了锂离子电池的价格大幅度降低，同时寿命和能量密度显著提高[2]。因此，锂离子电池已成为主流电池技术，并被视为未来低碳经济的战略领域[3]。尽管锂离子电池有诸多优点，但也存在值得注意的问题，这些问题对其前景和技术主导地位构成风险。主要问题涉及对环境的影响以及对钴、锂和天然石墨等关键和稀缺资源的使用[4, 5]。事实上，许多对载运和大规模电力储能领域的全球电池需求的研究发现，预期的需求超过了许多金属（如钴、锂、镍和铜以及天然石墨）的目前已知储量[6, 7]。此外，近年来不同应用中的安全问题也引起了更多的关注[8]。

为了克服当前锂离子电池的局限性，人们正在研究替代的电池化学技术。这些技术包括各种不同的负极 - 正极的组合，包括钠离子、镁、锂硫、锂空气和锌空气电池，以及氧化还原液流电池等多种技术[9, 10]。然而，要想取代锂离子电池在汽车和固定设备领域（及其他应用领域的），"后锂离子电池"需要具备与锂离子电池类似的特性。目前，从后锂离子电池的研发中来观察，钠离子电池是公认最成熟的，并且已有几家初创公司正在努力将其商业化[1]。钠离子电池的原理与锂离子电池基本相同，电化学的主要部分也相同。它是一种"即插即用"技术，在转换生产线或者制造电池组时几乎不需要技术调整[11-13]。

钠离子电池的优势主要在于安全性高（发生泄漏和火灾风险大大降低），使用的材料更低成本且更丰富（最重要的是集流体使用铝而不是铜，正极活性材料和电解质盐使用钠代替锂，以及使用不含钴的正极材料）[1, 13]。在电池技术革新的研究和发展过程中，经济与环境因素构成了重要的推动力量，钠离子电池因此成为颇具前景的未来电池技术之一。然而，值得注意的是，使用丰富材料并不一定能够（自动地）改善环境性能，因此需要对新技术的潜在环境影响进行全面的评估。这种前瞻性评估通常借助生命周期评估（LCA）对新技术的潜在环境影响进行量化并识别潜在的关键问题，从而使我们在技术发展的早期阶段就能够考虑生态友好的标准。

本章基于先前发表的研究报告，通过生命周期评估的方法，全面回顾了锂离子电池和钠离子电池的现状，并深入探讨了钠离子电池与目前市场主流的锂离子电池的潜在竞争性。此外，本章重新汇编并重新计算了三种主要钠离子电池化学物质的潜在环境影响，与两类锂离子电池，即磷酸铁锂电池 $LiFePO_4$ / 石墨 (LFP) 和三元镍钴锰电池 $Li(Ni_{1-x-y}Mn_xCo_y)O_2$/ 石墨 (NMC) 进行了对比，为潜在环境影响类别提供了广泛的视角。这可以帮助我们更全面了解钠离子电池的环境竞争力、改进潜力和优势。

17.1.2　生命周期评估

生命周期评估是一种标准化方法，用于量化产品（系统）、流程或服务在其完整生命周期内的潜在环境影响[14, 15]。该方法可以评估原材料的开采、生产、使用阶段直到寿命末期。在此，寿命末期是指产品的处置或回收（即"从摇篮到坟墓"），或根据循环经济的理念在制造过程中重新使用回收材料（即"从摇篮到摇篮"）。使用阶段指的是产品实际提供服务的阶段（电池是电能的储存和提供者），这个阶段的影响在很大程度上取决于应用情况、具体的负载情况，以及充电和避免用电的来源。因此，生命周期评估可以分析和比较传统产品与新兴产品，为开发者、制造商或决策者提供新产品系统的特定环境影响或热点信息。生命周期评估具有四个阶段：①目标和范围定义；②生命周期清单分析；③生命周期影响评估；④结果解释。任何生命周期评估都需要对范围和比较单位（目标和范围定义）进行详尽的定义以提供有意义的比较，并对评估对象的产品系统进行详细建模。产品系统的建模（也称为生命周期清单阶段）可能非常耗时，需要对所有子过程进行分别建模，以确定资源、能源、辅助设备的需求，以及相关的产物、副产品、排放物和废物流。将所有单个单元过程与产品系统联系起来，可以计算所有累积流量（产品系统的输入和输出），包括所有上游过程。接下来的阶段是生命周期影响评估，所有环境流进行归类（归入一个或多个影响类别），并对每个影响类别的潜在环境影响进行量化。生命周期影响评估有多种方法，不同的方法来量化个别环境流所引起的环境影响（以及可能的损害）[17]。最常用的方法叫做中点法，此法量化对影响类别的潜在贡献，但不包括潜在的环境损害。通常使用的影响类别包括全球变暖潜力（GWP）（即温室气体 GHG 排放）、非生物资源枯竭潜力（ADP）（金属和矿物资源）、臭氧层破坏潜力（臭氧层破坏）、人体毒性、酸化（酸雨）、富营养化（养分排放到水体）、土地利用等。在大多数情况下，有限的可用影响类别会被利用和讨论，以减少复杂性和方便解释，尤其是对技术开发者和其他利益相关者之间的互动。

选择最相关的影响类别和 LCIA 方法取决于生命周期评估从业者的专业知识。国际参考生命周期数据系统（ILCD）手册提供了关于应该使用哪些 LCI 方法的建议[17]。

欧洲委员会在其"绿色产品单一市场"倡议中创建的"产品环境足迹"（PEF）[18] 为评估不同产品群的环境性能提供了详细指导和默认清单数据，其中包括可充电电池。这在根本上基于现有的生命周期评估方法和知识。PEF 倡议旨在促进统一的评估方法，从而增加研究之间的可比性，以及更便于政策支持。可充电电池的典型生命周期（"从摇篮到坟墓"）如图 17.1 中所示。

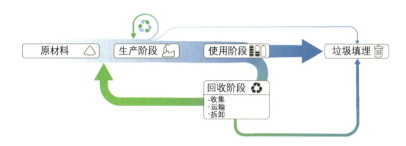

图 17.1 电池生命周期流程图示例，包括所有使用阶段

▼ 17.2 锂离子电池和钠离子电池的环境影响现状

本节将简要介绍锂离子电池和钠离子电池的环境影响现状，并讨论钠离子电池环境性能的最相关的参数。

17.2.1 当前与锂离子电池有关的环境问题和生命周期评估研究

越来越多的研究分析了不同锂离子电池化学工艺在不同的应用和使用指标中的对环境影响。Peters 等人[4] 概括了不同的锂离子电池化学工艺的环境影响。最近，其他的研究通过使用来自中国制造商的数据，包括电池制造过程的能源和排放强度的更新，提供了更详细的关于锂离子电池生产的见解[19-21]。尽管这些研究使用不同的生命周期清单，因此很难对其进行比较，但是其一致认为电池生产的环境影响主要是由活性正极材料的制造和锂离子电池的生产过程的能源消耗造成的。

一般来说，目前人们主要关注的是锂离子电池生产过程中的温室气体排放，因为这个过程会产生大量的前期排放。和生产光伏面板的能源消耗类似，锂离子电池生产是能量密集型，并且释放出大量需要在电池使用过程中去弥补的温室气体。这也是瑞典电池制造商 Northvolt 或特斯拉（Tesla）等公司在工厂附近安装光伏板的原因，其目的是在电池生产时使用低碳足迹的电能。尽管锂离子电池生产的实际能源需求和温室气体排放仍存在很大的不确定性，最新的研究结果表明，最初的研究高估了其温室气体强度[19]。然而，与材料生产相关的排放（例如钴和镍的采矿，以及铝的精炼等），考虑到整个生命周期，电池生产依然是电池系统（例如电动汽车）的重要温室气体排放源。此外，使用部分关键且常出现问题的材料（尤其是钴）被反复提及为当前锂离子电池的主要缺点就是其稀缺性，主要由于钴矿开采对的环境和社会的影响[6]。因此，电池制造商致力于减少钴的含量，并引入新的低钴正极材料，用镍代替钴，例如从 NMC111，即 Li（Ni$_{0.33}$Mn$_{0.33}$Co$_{0.33}$）O$_2$，到 NMC811，即 Li（Ni$_{0.8}$Mn$_{0.1}$Co$_{0.1}$）O$_2$。然而，钴仍然是实现高性能和能量密度的关键因素，同样镍的开采也会对环境造成重大负担[22]。此外，全球全面向"碳中和经济"的过渡所需的大量电池引发了绝对资源可用性的问题。已经有几项研究报告指出，以当前锂离子电池技术和持续增长率，全球资源的储量可能不足以支持全球能源经济的过渡。这不仅限于常讨论的钴和锂，还包括了镍、铜和天然石墨[6]。

在安全方面，经过几次锂电池爆炸或燃烧的问题后，锂离子电池的安全性已经取得了重大进展，尽管此技术本身存在风险[8, 23]。锂离子在负极材料上生长锂金属枝晶的趋势依然存在，这种趋势甚至会导致电池短路（引发不可阻挡的链式反应：热失控），再加上极易燃的电解质，构成了显著的安全风险。外部损坏（在处理或报废过程中，或由于事故造成）也可能产生类似的影响，内部短路与高度易燃的有机电解质会引发火灾。与电解质相关的第二个问题是其含氟量，这是由于电解质中含氟盐和添加剂的使用而导致的。一方面，这些含氟化合物对于当前锂离子电池的高性能是必不可少的，尚未找到类似的替代品；另一方面，因电池受损或燃烧时释放有毒氢氟酸（HF）和其他化合物而构成严重危险。氢氟酸除了是一种剧毒物质外，还具有极强的腐蚀性，给电池的寿命末期（EOL）处理带来了困难，需要耐腐蚀的昂贵材料和复杂的气体清洗系统[24, 25]。含氟量也是与当前锂离子电池相关的环境问题之一，如果处理不当（例如在发生损坏的情况下）和电池回收方式不当（例如在非正规的回收设施中回收）的情况下，氟化氢可能会释放到自然环境中[26]。

这些问题已将锂离子电池的废弃处理置于公众讨论的焦点[27]。在锂离子电池热潮兴起之初，人们对其重视程度并不高，但随着人们对即将到来的废旧电池泛滥、潜在的环境影响以及与资源可用性相关的战略考量等问题的关注，电池回收领域的研究和创新成果不断涌现。人们正在研究新的改进技术，并扩大其规模，使其能够投入商业运营。但高度集成的锂离子电池的整体可回收性很低，电池中所含的材料实际上只有一部分被回收用于新电池的再利用[24]。有几项研究分析了与不同静态存储应用（例如 PV 自用、频率和电压调节）相关的锂离子电池的环境影响[10, 28-31]或汽车应用[32]。这些研究的一个主要缺点是没有包括生命末期阶段[33]。Mohr 等人最近发表的一篇论文解决了这个问题，他们表明电池生产的潜在环境影响存在显著减少，这取决于所考虑的电极化学性质。另一方面，作者指出，材料回收的最大化并不一定会产生最多的环境效益。相反，要实现最大环境效益，需要一个最佳回收深度。超过这个深度（即如果目标是更高的材料回收率），回收过程的能源和材料消耗就会不成比例地增加，净环境效益就会下降。

所有对从生产到使用阶段和报废期的整个生命周期进行评估的研究都表明，必须将所有这些阶段都包括在内，才能为技术开发提出目的明确的建议。

17.2.2　钠离子电池的环境绩效现状

虽然锂离子电池的环境影响已经广泛研究，但钠离子电池的相关信息相对较少。事实上，迄今为止发表的关于钠离子电池的全面生命周期评估或者提供了现有或更新清单数据的研究论文只有三篇[35–37]，将会在下面简要总结。图 17.2 总结了这些研究中关于电池电芯生产的温室气体排放量 GHG 与锂离子电池的当前范围的比较。

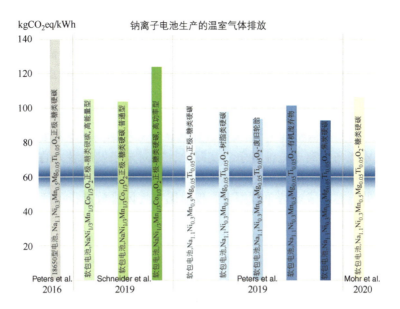

图 17.2　现有研究中钠离子电池的温室气体排放（kgCO₂eq/kW·h，电芯级）。橙色区域显示了锂离子电池，主要是三元镍钴锰和 Li(Ni₁₋ₓ₋ᵧCoₓAlᵧ)O₂ (NCA) 型汽车电池的知识现状[20, 38]。所有研究中的温室气体排放量均按电芯重新计算

　　2017 年 Peters 等人[35] 发表了第一篇关于钠离子电池的全面生命周期评估的论文，他们评估了六个环境影响类别。研究发现，钠离子电池具有良好的环境性能，已达到现有锂离子电池的较低水平。所使用的活性材料是层状氧化物正极材料（$Na_{1.1}Ni_{0.3}Mn_{0.5}Mg_{0.05}Ti_{0.05}O_2$ 或 NMMT）与糖类作为前驱体的硬碳。当达到类似的循环寿命和效率时（虽然尚未实现），钠离子电池有望成为当前锂离子电池的环保型替代品。与当前的锂离子电池相比，钠离子电池的主要优势在于用铝箔替代铜箔作为负极的集流体，使用无钴正极材料，并在较低程度上用钠去替代锂，以及使用有机废料或石油焦炭作为硬碳的前驱体，具有显著的提升空间。

　　Peters 等人在 2019 年[37] 的后续研究中通过评估不同类型的硬碳证实了这一发现。他们的研究重心是负极材料，并使用了对能量密度做了乐观假设的一个简单电池模型，在电芯层面上获得了非常有利的结果（Na-NMT 正极与 Peters 等人在 2017 年的研究中相同的）。该研究再次证实，有机废弃物和焦炭前驱体表现出最佳结果，将影响减少了高达 29%（从每千克电池单体的 12.73 降至 9.04）。假定不同硬碳的性能相同，前者由于原料生产过程的最小影响（废弃物），后者由于碳化过程中的高产率和低能耗需求。基于糖或树脂的硬碳的结果并不理想，因为其能耗较高，且低产率（每单位硬碳产量需要的大量原材料）。尽管从理论上来说，硬碳很容易从碳前驱体材料合成，但这个过程需要高温和相对较长的停留时间，因此能耗较高，且排放较多温室气体。高的硬碳产率和环保的前驱体材料，尤其是来自有机废弃物材料，对于降低钠离子电池相关的环境影响至关重要。这也涉及经济因素，因为硬碳材料是钠离子电池材料方面的主要成本驱动因素之一。

在该领域最新的研究来自 Schneider 等人在 2019 年 [36] 发表的论文，他们使用了详细的、基于物理和可参数化的电池电芯模型来生成自己的清单数据的方法，比较了 NaNi$_{1/3}$Mn$_{1/3}$Co$_{1/3}$O$_2$（Na-NMC）正极 | 硬碳负极钠离子电池电芯与 LiNi$_{1/3}$Mn$_{1/3}$Co$_{1/3}$O$_2$（NMC）正极 | 石墨负极锂离子电池电芯。作者得出的温室气体排放量显著低于 Peters 等人发现的排放量，这主要归因于电池制造技术的进步、更完善的电池建模和更高能量密度。实际上，Schneider 等人所使用的锂离子电池排放量基准比 Peters 等人使用的锂离子电池排放量更低，而钠离子电池也显示出比锂离子电池高 45%～78% 的温室气体排放量。因此，作者发现与 Peters 等人研究 [35] 的差异可能源于更有前景的早期研究中锂离子电池和钠离子电池的电池性能假设不一致（例如能量密度）。结果是，作者认为只有钠离子电池实现类似的能量密度时，钠离子电池才能与锂离子电池竞争。实际上，在对未来发展潜力的前瞻性评估中，他们发现钠离子电池在能量密度和温室气体排放方面具有超越锂离子电池的潜力。然而作者并没有透露确切的电芯组成或清单数据表，仅对温室气体排放进行了评估，没有评估其他环境影响类别，这使结果难以比较。

其他研究使用以上研究提到的钠离子电池数据为基础，例如评估住宅用户规模的能源系统，包括锂离子电池、氧化还原液流电池和锂硫电池，但没有生成新的生命周期评估结果 [40]。

所有研究都表明，钠离子电池在环境影响方面的显著优势是避免了使用铜箔作为负极集流体，铜在许多方面具有严重影响，例如采矿过程的高材料和排放强度 [35]。图 17.2 显示了之前讨论的就温室气体排放量方面的研究成果总结。在背景中阴影区域表示的是当前锂离子电池的温室气体排放量，这是根据现有资料以及最新的锂离子电池的生命周期评估研究估算得出的 [20, 38]。这些数据是通过电池组的排放量，按照能量密度相应比例调整将其缩减至电芯水平。

尽管已经取得一些进展，但钠离子电池的排放量仍然高于图 17.2 中所标示出的当前锂离子电池的排放量区域。然而，同样适用于锂离子电池的最近研究表示，电池制造的能量需求和排放显著低于预期，锂离子电池生产的温室气体排放量也是如此 [4, 38]。此外，需要明确的是不同研究在电池模型中使用不同的布局和不同的假设，从而大大降低了可比性。

尽管如此，钠离子电池在先前的生命周期评估中显示出有望的结果，尽管它们没有能够实现与当前商业化、高度优化和性能卓越的锂离子电池相同的表现。相比之下，钠离子电池是一种新兴技术，仍处于早期开发阶段。关于其潜在环境影响的少数现有评估都是高度前瞻性的，仅提供了未来环境方面的指示性结果 / 指南。此外，这些研究主要关注温室气体排放量，而忽视了其他环境影响。

▼ 17.3 钠离子电池的生命周期评估现状更新

如前文所述，基于良好建模的钠离子电池清单数据，全面但难以比较的生命周期评估研究很少。因此，本节新对最前沿钠离子电池现有生命周期评估的相关结论提供了可比性和可靠性。迄今为止讨论的三种钠离子电池化学性质的环境影响是通过使用根据最新数据制定的均一钠离子电池模型进行重新计算的。然后，将其与两种代表性的锂离子电池化学性质进行比较。

17.3.1　评估框架

在此，我们对钠离子电池进行了生命周期评估，将最广泛引用的生命周期评估研究[35]中考虑的 NMMT 化学工艺纳入其中，并利用电池成分和电池制造能耗方面的最新数据对其进行了更新。除了这种"基线"钠离子电池外，我们还注意到另外两种钠离子电池的化学，即之前讨论过的 Na-NMC[36] 和氧化锰钠 (NMO) 正极。后者由于不需要稀缺材料、适合使用水性黏结剂、良好的稳定性和性能而备受关注[41]。

然后，以三元锂和磷酸铁锂这两种常见的锂离子电池化学为参照，将这些钠离子电池与它们进行比较。这些电池的布局和清单数据来自文献 [42-44]，但制造能耗需求是根据最新数值[20, 38] 更新的，假设每单位钠离子电池和锂离子电池的制造能耗需求相同，这可能是一个重大简化，但考虑到布局和材料特性的可比性，似乎可以合理地假设它们确实相似。

评估采用"从摇篮到大门"的方法，考虑电池从制造（包括所有上游过程，如原材料提取和加工、能源生产等）到出厂的整个生命周期。最常用的比较单位，即 1kW·h 的电池存储容量，被用作功能单位。环境评估在 Open LCA 1.10.2 软件中进行，采用 ILCD 影响评估方法。所考虑的影响类别是温室气体排放 (Global Warming Potential, GWP) 和非生物资源消耗潜值（Abiotic Depletion Potential, ADP）[17]，这两个类别是锂离子电池生命周期评估领域讨论最多的方面。除此之外，还量化了毒性影响（人类和生态毒性）、酸化潜势（AP）和土地利用（LU）。

17.3.2　电池模型

清单数据和布局主要来自以前的研究工作[35-37]。然而，一些重要的更新已经实现。电池电芯的布局和构成尽可能均匀，假设相同的电池外壳和电池组件，即相同类型的电池包[43]，负极使用水性黏结剂[35] 和正极使用聚偏二氟乙烯黏结剂[36]，相同的隔膜材料和相似的电解质（即只更换钠和锂盐）用于所有锂离子电池和钠离子电池[43]。为提供前瞻性评估，基于每个电池电芯内的活性物质含量及其比容量计算了所有电池实现的比能量密度。这给出了当前最先进技术水平的能量密度值（现实中，实际能量密度略低于这些最佳值）。钠离子电池和锂离子电池都可以设定在类似的假设技术成熟水平上。同样，钠离子电池的硬碳活性物质来自有机废物材料，比经常假设的糖基硬碳有着更好的环境性能[35, 37]。表 17.1 提供了不同电池电芯的质量平衡和用于评估的计算能量密度。各个电池组件来自之前的评估报告[35, 42-44]，见表 17.1。新型正极材料，特别是 NMO 和 Na-NMC，是通过假设与其锂对应的正极相同的生产工艺来建模的，只是通过化学计量法替换反应物。对于钠离子电池，假设所有三种正极化学都具有相同的布局，根据其比容量调整正极和负极的质量份额。对于锂离子电池总体环境影响必不可少的制造能量需求，根据该领域的当前状态进行了更新，假设制造 1kg 电池电芯消耗 1.64kW·h（欧盟混合电网）电和 27.6MJ 热能（天然气）[20, 24, 38]。

表 17.1　被评估电池的组成和主要参数

组成		NMMT [35]	NMO [35]	Na-NMC [35]	LFP [44]	NMC [42]
负极	活性物质	24.60%	20.40%	25.50%	12.50%	15.60%
	集流体	4.20%	3.50%	4.40%	13.60%	21.50%
	黏结剂	1.10%	0.90%	1.10%	0.70%	0.60%
	导电碳	0.80%	0.70%	0.80%	0.00%	0.00%
	容量 /(mA·h·g^{-1})*	240 [39]	240 [39]	240 [39]	300 [45]	300 [45]
正极	活性物质	39.30%	44.50%	38.70%	35.40%	34.80%
	集流体	4.20%	4.70%	3.80%	4.50%	4.60%
	黏结剂	1.70%	1.90%	1.50%	3.30%	1.50%
	导电碳	0.80%	0.90%	0.80%	2.00%	0.70%
	克容量 /(mA·h·g^{-1})*	150 [46]	110 [41]	158 [47]	170 [47]	170 [47]
隔膜		2.60%	2.50%	2.60%	5.40%	2.10%
电解液		17.80%	17.20%	17.80%	19.70%	15.50%
电池外壳		3.00%	2.90%	3.00%	3.00%	3.00%
电压 /V		3.2	3.2	3.2	3.7	3.7
能量密度 /(Wh·kg^{-1})*		198	172	204	181	220

注：标 * 的数值指的是与能源性能相关的指标，而其他数值指的是组成成分。

17.3.3　生命周期评估的结果　///

图 17.3 提供了温室气体排放量和资源枯竭影响分别是全球变暖潜势（GWP）和非生物资源消耗潜值（ADP）。在温室气体排放量方面（前提是实现了所假设的能量密度），钠离子电池和锂离子电池之间的差异几乎可以忽略不计，这些差异主要是由负极活性材料、正极的成分以及实际能量密度决定。由于其高能量密度，三元锂离子电池仍然表现出最佳结果。尽管生产能源需求已更新至最新知识水平，但值得注意的是，它低于早期研究 [43] 的假设，这表明所有电池化学工艺都对生产能源需求做出了重大贡献。从非生物资源消耗潜值方面来看，钠离子电池确实显示出显著更低的影响，除了 Na-NMC，铜负极收集器（锂电池）和含钴活性材料（镍钴锰正极）的贡献很高。综合考虑，这为 NMO-SIB 和 NMMT-SIB 提供了非常有利的结果，避免了使用铜箔集流体、含钴正极以及正极中的锂。六氟磷酸盐前驱体的生产主导了电解液的影响，因为用钠替代锂对电解液没有显著影响。

当查看其他影响类别时（图 17.4），我们得到了不同的情况。在毒性方面（包括人体毒性和生态毒性，显示出非常相似的特征），两者在锂离子电池的结果明显比钠离子电池差。毒性影响的主要原因是铜的采矿过程，这是负极所需的集流体材料。钠离子电池通过使用铝集流体，在这些类别中显示出明显改善的结果。镍和含钴正极材料在这一类别中表现出显著影响（这就是为什么 NMMT 和 Na-NMC 电池化学成分的正极贡献更高），但显著低于铜。没有相关电解液的报道，尽管这经常被指出是当前锂离子电池的问题，可能在加工或损坏时释放有害的氢氟酸。然而，这些评估仅考虑制造过程的影响，因此以上提及的方面未被覆盖到。此外，必须进一步考虑生命周期评估模型的不确定性，包括从 Ecoinvent 数据库[48]中所获取的存在多数简化的上游过程的排放（如冶炼）。酸化影响明显受硫化矿物采矿的影响，尤其是钴、镍和铜的采矿，正因如此，NMC 和 NMMT 型电池的得分相应更差。最后，尽管差异微不足道，土地利用也受采矿活动的驱动。有趣的是，似乎土地利用并不是电池制造的关键问题。该观点可能会改变如果假设钠离子电池的硬碳负极材料采用种植的有机前驱体材料（例如糖），这将导致更高的土地需求和相应的影响。

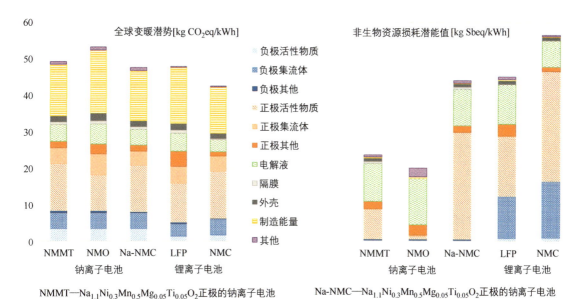

图 17.3 1kW·h 电池的全球变暖潜势和非生物资源损耗潜能值影响

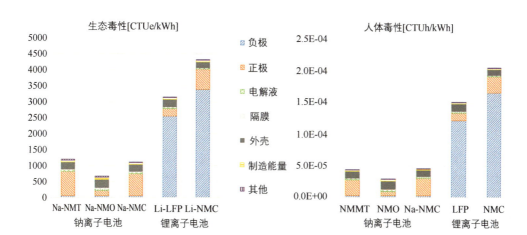

图 17.4 评估电池化学成分的毒性影响（淡水生态毒性和人体毒性）、酸化潜能值和土地利用影响（1kW·h 电芯）

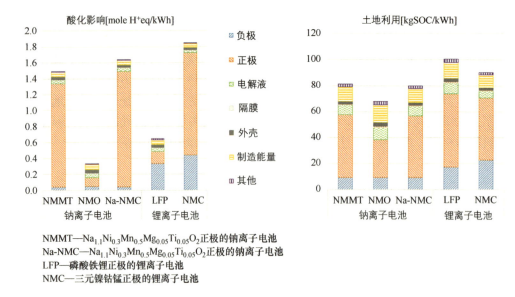

NMMT—Na$_{1.1}$Ni$_{0.3}$Mn$_{0.5}$Mg$_{0.05}$Ti$_{0.05}$O$_2$正极的钠离子电池
Na-NMC—Na$_{1.1}$Ni$_{0.3}$Mn$_{0.5}$Mg$_{0.05}$Ti$_{0.05}$O$_2$正极的钠离子电池
LFP—磷酸铁锂正极的锂离子电池
NMC—三元镍钴锰正极的锂离子电池

图 17.4　评估电池化学成分的毒性影响（淡水生态毒性和人体毒性）、酸化潜能值和土地利用影响
（1kW·h电芯）（续）

▼ 17.4　讨论

　　通过目前更新的钠离子电池的环境评估，与以前的研究相比，预计会有一些改进，尽管目前尚不清楚这些改进是否在未来商业规模上可行。可以预期到的是硬碳负极材料领域的改进，之前的研究假设糖基材料可能高估了能量密度和正极材料方面的相关环境影响。我们假设钠离子电池可以接近其在理论上可能的能量密度，从而在温室气体排放量、资源枯竭和毒性等方面具有相等的表现。

　　然而，目前的评估中忽略了电池的使用和寿命末期阶段，尽管这两者对于电池系统的整体性能都很重要 [49, 50]。因此，这些结果仅在实现了类似的效率和寿命性能的情况下才会成立，而这一问题尚未得到确认。尽管真正的生态设计必须考虑所有必要的参数及其可能的相互作用（具有最小环境影响的材料可能会危及能量密度和 / 或寿命，在某些情况下，这甚至可能会恶化总体环境性能），但目前对其的更新，强调了进一步的改进潜力和生态设计钠离子电池的相关关键参数。

1. 材料

　　显然，电池的环保程度与其组成材料一样。在这方面，钠离子电池具有潜在优势，主要依赖于丰富且易获得的材料（如钠或锰）、废物利用得来的硬碳材料 [51] 以及避免铜集流体，减少对潜在稀缺资源的影响 [22]。通过在正极端也使用水性黏结剂以及含有少量或无稀有金属（如钴或镍）的正极活性材料，还可以实现进一步的改进。然而，作为来自锂离子电池的"衍生"技术，它们共享了技术的一大部分，相应的改进可能同样适用于锂离子电池，因此两者保持了差距。此外，必须注意不危害其他同样重要的性能参数，如能量密度或寿命，否则减少个别材料的影响可能会成为零和游戏。例如，通过降低能量密度，需要更大的电池（因此需要更多的材料）来提供相同的服务（相同的存储容量）。一个很好的例子是水性电解液，它避免了锂离子电池和钠离子电池的一个关键问题，即易燃、有毒和吸湿的电解液。然而，由于电压较低和相应的能量密度较低，需要更多的电池来提供一定容量，可能导致更高的影响[50]。

2. 能量密度

能量密度是良好环境性能的关键指标之一，尽管通常只将能量密度与电动汽车的动力电池（由于明显原因，高质量和高体积能量密度是主要性能标准之一）以及与静止或大型移动应用不那么有关的电池联系在一起。它对可持续性也有根本性影响，电池的能量密度越高，提供一定存储容量所需的材料强度越低，因此材料采购以及电池生产的环境影响也相应降低。

在这方面，与锂离子电池相比，钠离子电池具有一些固有的劣势。钠作为穿梭离子，具有较大的摩尔质量，这增加了每单位电荷可用的重量，无论是在正极材料中还是在电解液中。此外，与高性能的镍/钴基锂离子电池（例如 NMC 或 NCA）相比，钠离子电池的电池电压较低，钠离子电池的最高电压为 3.2V，与当前的锂离子电池（磷酸铁锂）相似[36]。另一方面，使用铝箔作为集流体（包括负极端）与依赖较重的铜箔的锂离子电池相比，可以减轻重量。特别是对于具有较厚电流收集器和较薄活性材料涂层的高功率电池来说，这可能会导致重量明显减少。虽然距离这一点还很远，但钠离子电池可能会达到接近锂离子电池的能量密度。

3. 效率

锂离子电池的优势之一是其高（充电-放电）能量效率。除了因发热而产生问题外，低效率还会通过以下两种方式恶化环境性能：①由于充电和放电过程中的欧姆损耗导致的电能损失，它以废热的形式损失电能，从而导致消耗电量增加，为提供相同数量的放电电量（电池提供的所需服务）而相应增加影响；②需要加大电池尺寸来补偿损失，从而导致能量密度实际上下降，对于给定的实际净容量（放电和提供的电量），由于放电过程中损失的电力必须预先存储，因此总容量必须相应更大[4, 10]。

此外，钠离子电池的循环效率还不是特别明确[52]。钠离子电池的循环效率被假定为比较高，约为 90%，因此与锂离子电池相比，不太可能在这方面看到实质性的优势或劣势。

4. 寿命

虽然寿命一直是电池开发人员关注的焦点，但电池寿命的相关性往往被低估。电池通常在环境影响方面具有重要的前期成本，即它们的生产与需要在使用期间偿还（摊销）的重要影响相关联。因此，寿命（日历寿命和循环寿命）以及循环效率对使用阶段[4]以及电池的相应环境具有很大的影响。寿命越长，回报就越高，因此每提供一定存储服务的数量的相对影响就越低。当电池成本占产品总价值的很大份额时，电池寿命甚至可能对整个产品的寿命产生决定性影响（例如，当智能手机因电池损坏而被丢弃时，旧电动汽车由于购买新电池的花销相对于车辆剩余价值过高而被报废等），突显了寿命的重要性。

不幸的是，目前没有关于钠离子电池的循环效率和日历寿命的可靠数据。一些报告指出，在放电深度为 80% 的情况下，钠离子电池（NMMT 型）以"18650"格式可以实现 500 ~ 2000 次完整循环 [53]。如果钠离子电池在未来能够达到与当前锂离子电池类似的技术成熟度，那么钠离子电池估计可能也只能达到同等数量级的性能。

5. 回收性

回收是钠离子电池的重大未知因素之一。即使对于锂离子电池来说，作为一个已建立的技术并且有一个蓬勃发展的行业，回收仍处于早期阶段。另一方面，已经有多项研究调查了回收对未来电池经济的重要性，并得出结论：回收将在未来可持续电池使用中起到重要作用 [24, 54]。然而，由于几乎所有高度集成的系统，锂离子电池和钠离子电池难以分离和完全回收。当前的锂离子电池可以达到高达 50% 的回收效率，损失所有电解液、塑料部件以及负极活性材料（石墨 / 硬碳）被当作原材料（在最佳情况下，它们被焚烧以进行热回收，或用作混凝土或道路铺设的填充材料）。当前主要的火法冶金工艺不回收铝和锂，而是关注钴、镍和铜等主要有价值材料 [24]。然而，通过先进的回收过程取得了进展，能够回收比当前的简单过程更多部分和附加材料，这些过程被优化用于高通量和对供料成分的变化有容忍性 [27]。通过更好的分类和预处理以及越来越多的废旧电池，更多的电池化学过程会变得经济可行。这可以允许为特定电池化学过程进行优化，从而提高回收效率和回收能力。

有关钠离子电池回收的定量数据仅来自一项单一研究 [34]。作者在他们的锂离子电池回收过程评估中包括了钠离子电池（NMMT 型），从而为应用于钠离子电池的现有回收过程的潜在好处提供了第一手信息。研究得出结论，对于含有稀缺金属（如钴和镍）的锂离子电池，回收效益要高得多，而对于钠离子电池，通过现有工艺进行深度回收（回收所有活性材料）不一定与净环境效益相关联。对于钠离子电池，金属部分（外壳和集流体）可以直接回收的机械回收获得了最大的收益。相比之下，黑色物料的处理（包括负极和正极活性材料的粉末），尽管包含一定比例的镍，但在某些环境影响类别的情况下，带来了少量好处和增加的负担 [34]。然而，作者假定了相同的湿法冶金工艺用于任何黑色物料的组成，而优化用于给定（并已知）黑色物料组成的更具体过程可能会带来更大的好处。

▼ 17.5　结论

在本章中，我们回顾了关于钠离子电池与当前的锂离子电池所潜在的环境影响的现有研究。钠离子电池未能达到与锂离子电池相同的环境性能，这归因于较低的能量密度和通常被认为是从糖类前驱体中获取的硬碳材料。然而，少数几项可用的研究之一还估计了能量密度的可能未来改进，并发现这些改进可以使钠离子电池在电池制造的温室气体排放强度方面达到与锂离子电池相同的水平。为了全面了解钠离子电池的未来潜力，我们随后更新了现有的评估，并根据电化学计算估算了最突出的钠离子电池化学成分（Na-NMC、NMMT 和 NMO）的环境影响（假设钠离子电池，在电化学性能方面取得了与当前锂离子电池类似的进展）。此外，我们假定硬碳是从有机废弃物材料中获取的，相对于以前的工作中的基于糖的硬碳而言，这被发现是一项重大改进。这提供了这些特定钠离子电池在达到与锂离子电池类似的技术成熟度时的潜在性能的第一个展望。此外，这为生态优化未来钠离子电池提供了一般指导，为环保友好的替代方案铺平了道路。

我们的分析显示，如果可以实现类似于当前锂离子电池的寿命和效率，钠离子电池将是有前途的候选方案，特别是在资源枯竭和毒性方面找到了优势。然而，这些结果仅指示了从摇篮到大门的影响，即忽略了与电池的使用和终端生命周期处理相关的影响。为简单起见，使用阶段被排除在外，因为其影响强烈依赖于应用、特定负载配置文件和充电和避免电力的来源，这需要一个整体应用模型，超出了本章的范围。此外，由于缺乏有关钠离子电池回收的数据，寿命末期被忽略。实际上，唯一可用的评估钠离子电池回收潜在益处的研究得出结论：对于钠离子电池，其可回收性难以评估，因为现有的回收工艺是针对目前含有钴和镍的锂离子电池而优化的，而不是针对主要由丰富材料制成的钠离子电池。从机械回收（分离外壳和其他金属部件）中可以预期获得显著好处，而目前已知的（湿法冶金）工艺在处理钠离子电池活性材料时似乎不会获得显著好处。

最后，本章所显示的结果具有高度前瞻性，旨在为未来的发展和生态设计方面的优化提供一条道路，但并不代表任何特定的电池类型。这需要进行特定的评估，考虑受评估电池类型的个体性能参数，尤其是其效率、寿命和能量密度。

致谢

感谢欧盟的 Horizon 2020 研究与创新计划的资助 [项目协议号 875126（StoRIES ）]；感谢欧盟的 Horizon 2020 研究与创新计划的资助 (项目协议号 754382)。尽管如此，本章中所表达的信息和观点完全属于作者，并不代表欧洲联盟的官方意见。本章的工作有助于德国研究基金会（DFG ）所资助的乌尔姆 – 卡尔斯鲁厄电化学能源储存中心（CELES ）的研究，项目编号 390874152（POLiS 卓越集群，EXC 2154 ）。

参 考 文 献

1 Vaalma, C., Buchholz, D., Weil, M., and Passerini, S. (2018). A cost and resource analysis of sodium-ion batteries. *Nat. Rev. Mater.* https://doi.org/10.1038/natrevmats.2018.13.

2 Weil, M., Peters, J.F., Baumann, M.J. et al. (2015). Elektrochemische Energiespeicher für mobile Anwendungen im Fokus der Systemanalyse. *Tech. – Theor. Prax.* 24 (3): 20–29.

3 Weil, M. and Tübke, J. (2015). Energiespeicher für Energiewende und Elektromobilität. Entwicklungen, Herausforderungen und systemische Analysen. *Tech. – Theor. Prax.* 24 (3): 4–9.

4 Peters, J.F., Baumann, M.J., Zimmermann, B. et al. (2017). The environmental impact of Li-Ion batteries and the role of key parameters – a review. *Renew. Sustain. Energy Rev.* 67: 491–506.

5 EC (2020). Critical raw materials resilience: Charting a path towards greater security and sustainability, European Commission, Brussels, Belgium: European Commission, COMMUNICATION FROM THE COMMISSION TO THE EUROPEAN PARLIAMENT, THE COUNCIL, THE EUROPEAN ECONOMIC AND SOCIAL COMMITTEE AND THE COMMITTEE OF THE REGIONS COM(2020) 474 final.

6 Weil, M., Peters, J., and Baumann, M. (2020). Chapter 5 - stationary battery systems: future challenges regarding resources, recycling, and sustainability. In: *The Material Basis of Energy Transitions* (ed. A. Bleicher and A. Pehlken), 71–89. Academic Press.

7 Weil, M., Ziemann, S., and Peters, J.F. (2018). The issue of metal resources in Li-ion batteries for electric vehicles. In: *Behaviour of Lithium-Ion Batteries in Electric Vehicles* (ed. G. Pistoia and B. Liaw), 59–74. Cham: Springer International Publishing.

8 Stephens, D., Shawcross, P., Stout, G. et al. (2017). Lithium-ion Battery Safety Issues for Electric and Plug-in Hybrid Vehicles. Report No. DOT HS 812 418. National Highway Traffic Safety Administration., Washington DC, US.

9 Sripad, S. and Viswanathan, V. (2017). Evaluation of current, future, and beyond Li-ion batteries for the electrification of light commercial vehicles: challenges and opportunities. *J. Electrochem. Soc.* 164 (11): E3635–E3646. https://doi.org/10.1149/2.0671711jes.

10 Baumann, M.J., Peters, J.F., Weil, M., and Grunwald, A. (2017). CO_2 footprint and life cycle costs of electrochemical energy storage for stationary grid applications. *Energy Technol.* 5: 1071–1083. https://doi.org/10.1002/ente.201600622.

11 Roberts, S. and Kendrick, E. (2018). The re-emergence of sodium ion batteries: testing, processing, and manufacturability. *Nanotechnol. Sci. Appl.* 11: 23–33. https://doi.org/10.2147/NSA.S146365.

12 Nayak, P.K., Yang, L., Brehm, W., and Adelhelm, P. (2018). From lithium-ion to sodium-ion batteries: advantages, challenges, and surprises. *Angew. Chem. Int. Ed.* 57 (1): 102–120. https://doi.org/10.1002/anie.201703772.

13 Hwang, J.-Y., Myung, S.-T., and Sun, Y.-K. (2017). Sodium-ion batteries: present and future. *Chem. Soc. Rev.* 46 (12): 3529–3614. https://doi.org/10.1039/C6CS00776G.

14 ISO (2006). *ISO 14040 – Environmental Management – Life Cycle Assessment – Principles and framework*. Geneva, Switzerland: International Organization for Standardization.

15 ISO (2006). *ISO 14044 – Environmental Management – Life Cycle Assessment – Requirements and guidelines*. Geneva, Switzerland: International Organization for Standardization.

16 European Commission (2010). *Analysis of Existing Environmental Impact Assessment Methodologies for Use in Life Cycle Assessment*. Ispra: Joint Research Center & Institute for Environment and Sustainability.

17 EC-JRC (2011). ILCD Handbook: Recommendations for Life Cycle Impact Assessment in the European context, European Commission - Joint Research Centre (EC-JRC). Institute for Environment and Sustainability, Ispra, Italy: EC-JRC - Institute for Environment and Sustainability, Ispra, Italy.

18 EC (2019). The development of the PEF and OEF methods, European Commission. https://ec.europa.eu/environment/eussd/smgp/dev_methods.htm.

19 Yin, R., Hu, S., and Yang, Y. (2019). Life cycle inventories of the commonly used materials for lithium-ion batteries in China. *J. Clean. Prod.* 227: 960–971. https://doi.org/10.1016/j.jclepro.2019.04.186.

20 Dai, Q., Kelly, J.C., Gaines, L., and Wang, M. (2019). Life cycle analysis of lithium-ion batteries for automotive applications. *Batteries* 5 (2): https://doi.org/10.3390/batteries5020048.

21 Kallitsis, E., Korre, A., Kelsall, G. et al. (2020). Environmental life cycle assessment of the production in China of lithium-ion batteries with nickel-cobalt-manganese cathodes utilising novel electrode chemistries. *J. Clean. Prod.* 254: 120067. https://doi.org/10.1016/j.jclepro.2020.120067.

22 Peters, J.F. and Weil, M. (2016). A critical assessment of the resource depletion potential of current and future lithium-ion batteries. *Resources* 5 (4): 46. https://doi.org/10.3390/resources5040046.

23 Williard, N., He, W., Hendricks, C., and Pecht, M. (2013). Lessons learned from the 787 dreamliner issue on lithium-ion battery reliability. *Energies* 6 (9): https://doi.org/10.3390/en6094682.

24 Mohr, M., Weil, M., Peters, J., and Wang, Z. (2020). Recycling of lithium-ion batteries. In: *Encyclopedia of Electrochemistry*. Wiley-VCH. doi: 10.1002/9783527610426.bard110009.

25 Peters, J.F., Baumann, M., and Weil, M. (2018). *Recycling aktueller und zukünftiger Batteriespeicher: Technische, ökonomische und ökologische Implikationen : Ergebnisse des Expertenforums am 6. Juni 2018 in Karlsruhe*. Karlsruhe, Germany: Karlsruhe Institute of Technology (KIT) doi: 10.5445/IR/1000085778.

26 Weil, M. P. Adelmann, G. Rodriguez-Garcia et al. (2018). Environmental evaluation of waste management options for secondary batteries in developing countries. *12th Society and Materials International Conference (SAM 2018)*, Metz, France. https://publikationen.bibliothek.kit.edu/1000086378

27 Huang, B., Pan, Z., Su, X., and An, L. (2018). Recycling of lithium-ion batteries: recent advances and perspectives. *J. Power Sources* 399: 274–286. https://doi.org/10.1016/j.jpowsour.2018.07.116.

28 Ryan, N.A., Lin, Y., Mitchell-Ward, N. et al. (2018). Use-phase drives lithium-ion battery life cycle environmental impacts when used for frequency regulation. *Environ. Sci. Technol.* 52 (17): 10163–10174. https://doi.org/10.1021/acs.est.8b02171.

29 Vandepaer, L., Cloutier, J., and Amor, B. (2017). Environmental impacts of lithium metal polymer and lithium-ion stationary batteries. *Renew. Sustain. Energy Rev.* 78: 46–60. https://doi.org/10.1016/j.rser.2017.04.057.

30 Baumann, M., Peters, J., and Weil, M. (2019). Exploratory multicriteria decision aAnalysis of utility-scale battery storage technologies for multiple grid services based on life-cycle approaches. *Energy Technol.* 1901019. https://doi.org/10.1002/ente.201901019.

31 Schmidt, T.S. et al. (2019). Additional emissions and cost from storing electricity in stationary battery systems. *Environ. Sci. Technol.* 53 (7): 3379–3390. https://doi.org/10.1021/acs.est.8b05313.

32 Marques, P., Garcia, R., Kulay, L., and Freire, F. (2019). Comparative life cycle assessment of lithium-ion batteries for electric vehicles addressing capacity fade. *J. Clean. Prod.* 229: 787–794. https://doi.org/10.1016/j.jclepro.2019.05.026.

33 Pellow, M.A., Ambrose, H., Mulvaney, D. et al. (2019). Research gaps in environmental life cycle assessments of lithium ion batteries for grid-scale stationary energy storage systems: end-of-life options and other issues. *Sustain. Mater. Technol.* e00120. https://doi.org/10.1016/j.susmat.2019.e00120.

34 Mohr, M., Peters, J.F., Baumann, M., and Weil, M. (2020). Toward a cell-chemistry specific life cycle assessment of lithium-ion battery recycling processes. *J. Ind. Ecol.* https://doi.org/10.1111/jiec.13021.

35 Peters, J., Buchholz, D., Passerini, S., and Weil, M. (2016). Life cycle assessment of sodium-ion batteries. *Energy Environ. Sci.* 9 (5): 1744–1751. https://doi.org/10.1039/C6EE00640J.

36 Schneider, S.F., Bauer, C., Novák, P., and Berg, E.J. (2019). A modeling framework to assess specific energy, costs and environmental impacts of Li-ion and Na-ion batteries. *Sustain. Energy Fuels* 3 (11): 3061–3070. https://doi.org/10.1039/C9SE00427K.

37 Peters, J.F., Abdelbaky, M., Baumann, M., and Weil, M. (2019). A review of hard carbon anode materials for sodium-ion batteries and their environmental assessment. *Matér. Tech.* 107 (5): https://doi.org/10.1051/mattech/2019029.

38 Emilsson, E. and Dahllöf, L. (2019). Lithium-ion vehicle battery production. Status 2019 on energy use. In: *CO2 Emissions, Use of Metals, Products Environmental Footprint, and Recycling*. Stockholm, Sweden, C444: IVL Swedish Environmental Research Institute.

39 J. F. Peters, A.Peña Cruz, y M.Weil, Exploring the economic potential of sodium-ion batteries, *Batteries*, vol. 5, 1, p. 10, 2019, https://doi.org/10.3390/batteries5010010.

40 Rossi, F., Parisi, M.L., Greven, S. et al. (2020). Life cycle assessment of classic and innovative batteries for solar home systems in Europe. *Energies* 13 (13): 3454. https://doi.org/10.3390/en13133454.

41 Dall'Asta, V. et al. (2017). Aqueous processing of Na0.44MnO2 cathode material for the development of greener Na-ion batteries. *ACS Appl. Mater. Interfaces* 9 (40): 34891–34899. https://doi.org/10.1021/acsami.7b09464.

42 Ellingsen, L.A.-W., Majeau-Bettez, G., Singh, B. et al. (2014). Life cycle assessment of a lithium-ion battery vehicle pack. *J. Ind. Ecol.* 18 (1): 113–124. https://doi.org/10.1111/jiec.12072.

43 Peters, J.F. and Weil, M. (2018). Providing a common base for life cycle assessments of Li-Ion batteries. *J. Clean. Prod.* 171: 704–713.

44 Majeau-Bettez, G., Hawkins, T.R., and Strømman, A.H. (2011). Life cycle environmental assessment of lithium-ion and nickel metal hydride batteries for plug-in hybrid and battery electric vehicles. *Environ. Sci. Technol.* 45 (10): 4548–4554. https://doi.org/10.1021/es103607c.

45 Nitta, N., Wu, F., Lee, J.T., and Yushin, G. (2015). Li-ion battery materials: present and future. *Mater. Today* 18 (5): 252–264. https://doi.org/10.1016/j.mattod.2014.10.040.

46 Barker, J., Heap, R., Roche, N., et al. (2014)Low cost Na-ion battery technology, Presented at 224th ECS Meeting, San Francisco, USA. https://ecs.confex.com/ecs/224/webprogram/Abstract/Paper22229/B2-0367.pdf.

47 Berg, E.J., Villevieille, C., Streich, D. et al. (2015). Rechargeable batteries: grasping for the limits of chemistry. *J. Electrochem. Soc.* 162 (14): A2468. https://doi.org/10.1149/2.0081514jes.

48 Moreno Ruiz, E., Lévová, T., Bourgault, G., andWernet, G. (2015). Documentation of changes implemented in ecoinvent database 3.2, Ecoinvent Centre, Zürich, Switzerland.

49 Weber, S., Peters, J., Baumann, M.J., and Weil, M. (2018). Life cycle assessment of a vanadium-redox-flow battery. *Environ. Sci. Technol.* 52 (18): 10864–10873.

50 Peters, J.F. and Weil, M. (2017). Aqueous hybrid ion batteries- an environmentally friendly alternative for stationary energy storage? *J. Power Sources* 364: 258–265.

51 Wu, L., Buchholz, D., Vaalma, C. et al. (2015). Apple-Biowaste-derived hard carbon as a powerful anode material for Na-ion batteries. *ChemElectroChem* 292–298. https://doi.org/10.1002/celc.201500437.

52 Jana, A., Paul, R., and Roy, A.K. (2019). Architectural design and promises of carbon materials for energy conversion and storage: in laboratory and industry. In: *Carbon Based Nanomaterials for Advanced Thermal and Electrochemical Energy Storage and Conversion* (ed. R. Paul, V. Etacheri, Y. Wang and C.-T. Lin), 25–61. Elsevier.

53 Bauer, A., Song, J., Vail, S. et al. (2018). The scale-up and commercialization of nonaqueous Na-ion battery technologies. *Adv. Energy Mater.* 8 (17): 1702869. https://doi.org/10.1002/aenm.201702869.

54 Gaines, L. (2018). Lithium-ion battery recycling processes: Research towards a sustainable course. *Sustain. Mater. Technol.* 17: e00068. https://doi.org/10.1016/j.susmat.2018.e00068.

第18章
室温钠离子电池的应用

作者：*Kun Tang and Yu Ren*
译者：党荣彬

▼ 18.1　钠离子电池技术研究的里程碑

　　在 1980—1981 年间，Delmas 等人第一次研究了层状 Na_xCoO_2 正极材料中钠离子的电化学嵌入和脱出[1]。随后，J.B.Goodenough 研究了 Li_xCoO_2 作为可充电锂离子电池的正极材料。因为锂离子比钠离子脱嵌更快，所以当时更多的精力都放在了可充电锂离子嵌入正极材料。2006 年，Okada 研究了钠离子电池 $\alpha\text{-}NaFeO_2$ 的电化学性能[2]。其平均工作电压为 3.3V（vs.Na^+/Na）且充放电曲线有一个具有较好可逆性的长平台，可通过控制充电截止电压为 3.8V 来调节钠脱出量，有效降低充放电极化并提高了循环寿命[3]。2007 年，Nazar 课题组报告了一种多功能的 3.5V 铁基氟磷酸盐 Na_2FePO_4F 作为可充电钠离子电池正极材料[4]。胡勇胜课题组自 2011 年开始研究和发展钠离子电池，并且在 2014 年第一次在正极材料 $P2\text{-}Na_{0.68}Cu_{0.34}Mn_{0.66}O_2$[5] 和更高容量的 $O3\text{-}Na_{0.9}[Cu_{0.22}Fe_{0.30}Mn_{0.48}]O_2$ 中发现了 Cu^{2+}/Cu^{3+} 的电化学活性[6]（图 18.1）。

　　同时，作为正极对应侧，钠离子电池负极最近取得的发展是使用选定的碳质材料、过渡金属氧化物（或硫化物）、合金和有机化合物的合成物作为负极。商用的锂离子电池负极材料是石墨负极，其工作电压约为 0.1V（vs.Li^+/Li）并且可逆比容量达 350～360mA·h·g^{-1}。它具有优异的循环和倍率性能，广泛应用于能量型和功率型等各类电池。然而，由于 Na^+ 和 Li^+ 之间的化学性质的差异，石墨在碳酸脂电解质基钠离子电池中的电化学活性较差。无定形碳是最有前景的、可实际应用的钠离子电池负极材料。2000 年，Dahn 等人提出具有高嵌钠容量的硬碳负极材料[8]。2011 年，Komaba 等人发现钠离子全电池（$NaNi_{0.5}Mn_{0.5}O_2$| 硬碳）可以通过电解液的设计实现较少次数的循环，从而实现真正的可充电钠离子电池[9]。胡勇胜课题组也设计了一系列碳负极材料，包括低成本的无烟煤负极[10]（图 18.2）。

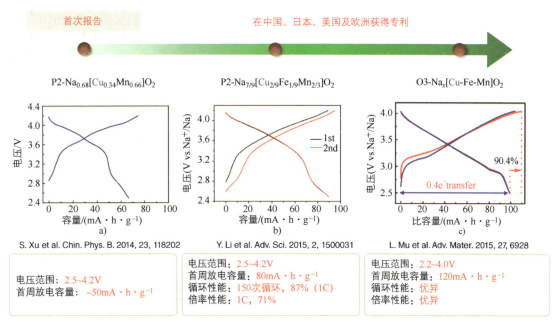

S. Xu et al. Chin. Phys. B. 2014, 23, 118202
Y. Li et al. Adv. Sci. 2015, 2, 1500031
L. Mu et al. Adv. Mater. 2015, 27, 6928

电压范围：2.5~4.2V
首周放电容量：~50mA·h·g⁻¹

电压范围：2.5~4.2V
首周放电容量：80mA·h·g⁻¹
循环性能：150次循环，87%（1C）
倍率性能：1C，71%

电压范围：2.2~4.0V
首周放电容量：120mA·h·g⁻¹
循环性能：优异
倍率性能：优异

图 18.1　中国科学院物理研究所胡勇胜课题组的正极研发情况（资料来源：（a）来自文献 [5]，经 IOP 出版公司许可；（b）来自文献 [7]，经 John Wiley & Sons 许可；（c）来自文献 [6]，经 John Wiley & Sons 许可）

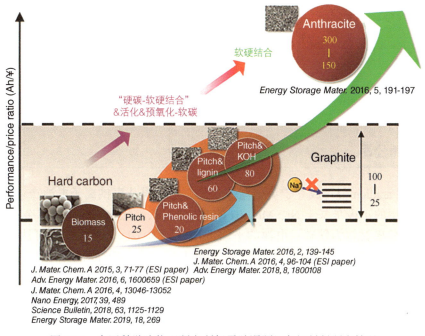

Energy Storage Mater. 2016, 5, 191-197
Energy Storage Mater. 2016, 2, 139-145
J. Mater. Chem. A 2016, 4, 96-104 (ESI paper)
Adv. Energy Mater. 2018, 8, 1800108
J. Mater. Chem. A 2015, 3, 71-77 (ESI paper)
Adv. Energy Mater. 2016, 6, 1600659 (ESI paper)
J. Mater. Chem. A 2016, 4, 13046-13052
Nano Energy, 2017, 39, 489
Science Bulletin, 2018, 63, 1125-1129
Energy Storage Mater. 2019, 18, 269

图 18.2　中国科学院物理研究所胡勇胜课题组负极材料研发情况

▼ 18.2　钠离子电池研发公司的发展状态

　　钠离子电池的产业化研究和发展主要集中在欧盟、中国、日本和美国。自 2010 年以来，钠离子电池已被全球学术界和行业广泛研究。目前，钠离子电池已逐渐从实验室研究发展到实际应用阶段。超过 20 多家企业正在开展钠离子电池的相关商业化研究，并取得了重要进展，主要有英国的 Faradion 公司，法国的 NAIADES 集团和 Tiamat 公司，美国的 Natron Energy，日本的岸田、丰田、松下和三菱化工，以及中国的中科海钠科技有限公司、钠创新能源和星空钠电（图 18.3）。不同的公司使用不同的正极材料，主要包括层状氧化物（如铜铁锰和镍铁锰三元材料）、聚阴离子化合物（如氟磷酸钒钠）和普鲁士蓝（白）。以上所有这些公司都使用非晶态碳作为负极材料。

图 18.3　钠离子电池的全球公司发展状态

18.2.1　欧洲公司

　　2011 年，Faradion 公司成立于英国谢菲尔德，是最早从事钠离子电池产业化探索的公司之一。它使用的正极是基于 Ni、Mn、Ti 的 O3 型层状氧化物材料，可掺杂一定量的 Mg 以稳定结构；负极材料为硬碳；电池的平均工作电压为 3.2V，能量密度可达 140W·h/kg 甚至更高，循环 1000 次容量保持率为 80%。Faradion 一直在增加对钠离子电池的投资，已经组装了 10A·h 的软包电池。2018 年，Faradion 在第 34 届国际电池研讨会和展览会上宣布，已经成功组装了一个电池组（82W·h/kg，486W·h）并在装备软包电池的电动自行车（2015）上进行了演示。Faradion 公司的 CEO 近期宣布正在开发铅酸电池的替代品，用于低成本的电动运输，如自行车、摩托车和人力车，以及车辆启动器、照明和点火（SLI）等用途。2021 年，Faradion 被印度信实工业集团收购。

来自法国国家科学研究中心的 Tiamat 公司，它使用更高电压的 $Na_3V_2(PO_4)_2F_3/C$ 聚阴离子材料，其电压可达 3.7V。然而，由于磷酸盐的电子电导率较低，纳米化和碳包覆对这些正极材料是至关重要的，因此材料的压实密度较低。Tiamat 的电池能量密度相对较低（~90W·h/kg），其主要聚焦于具有相当优势的高功率应用。其电池循环寿命可达 4000 次，容量保持率 80%。目前，该公司已经展示了由数个 18650 电池带动的电动摩托车。

Altris AB 是一家由瑞典 Uppsala 大学团队创立的钠离子电池正极材料公司。他们开发了一种生产普鲁士白（$Na_xFe[Fe(CN)_6]$，$x > 1.9$）的方法，用作钠离子电池正极材料。铁作为电荷转移的来源，完全嵌钠的理论容量为 180mA·h/g，平均电压输出为 3.2V。该公司计划在 2022 年将普鲁士白的生产扩大到工业水平（2000t/ 年）。

18.2.2　美国公司

到目前为止，只有一种钠离子电池被较大商业化规模生产。这是 Aquion Energy 公司生产的太阳能集成的盐水电池，正极使用依赖于嵌入反应的氧化锰，负极是磷酸钛钠（$NaTi_2(PO_4)_3$），电解质是小于 5mol/L 的高氯酸钠。这种电池技术是从卡内基·梅隆大学（Carnegie Mellon University）的 Jay Whitacre 实验室中产生的。该公司在 2014 年上市，直到 2018 年破产，生产了许多兆瓦时级储能系统。目前，中国企业已经收购了破产后的 Aquion Energy 资产。

和锂离子电池一样，层状氧化物正极是钠离子电池行业中最受欢迎的正极材料。普鲁士蓝可能是最具竞争力的替代正极技术路线。美国的 Natron Energy（其前身为 Alveo Energy）也使用普鲁士蓝作为正极材料，另一种普鲁士蓝作为负极，并使用水系电解液。由于独特的化学作用，Natron Energy 提供了更高功率密度、更快充放电和更长循环寿命的产品（2C 循环寿命大于 10000 次）。它的体积能量密度约为 50W·h·L^{-1}。

2020 年 4 月，Natron Energy 为其位于凤凰城数据中心校区的 H5 数据中心高性能计算（HPC）套件提供强制物理数据中心技术的备份电源电池。Natron 的电池提供了 –48V 直流桥接和峰值功率容量，以确保强制物理 OCP 机架平台平稳地转移到 H5 数据中心。这个数据中心的备份发电机可以在 15s 内满载。

18.2.3　中国公司

中国的钠离子电池公司处于世界的前沿，一些公司正在进行试生产，并接近商业生产。领先的公司是中科海钠科技有限公司、钠创新能源和宁德时代（CATL），宁德时代最近宣布了钠离子电池技术和用于电动汽车（EV）的钠离子电池和锂离子电池混合动力组的应用。

钠创新能源于 2018 年在中国浙江省成立，其钠离子电池技术来自上海交通大学马紫峰教授的研究小组。电池的化学体系使用共沉淀前驱体合成的镍铁锰基层状氧化物（$NaNi_{1/3}Fe_{1/3}Mn_{1/3}O_2$）为正极，商业硬碳为负极材料。通过正极的试点开发和电解质设计的优化，目前钠创新能源组装的钠离子电池的能量密度达到 100 ~ 120W·h·kg^{-1}，经过 1000 次循环后，容量保持率为 92%，并进行了电动自行车的示范。这种技术路线的主要缺点可能是镍基氧化物对空气中的水分很敏感，就像锂离子电池中的高镍正极一样。钠创新能源已经建造了一个年产 10t 正极试验线，包括镍铁锰氢氧化物沉淀和高温固态煅烧。

中科海钠科技有限公司的核心技术是由中国科学院物理研究所胡勇胜课题组开发的。2014—2015 年，胡勇胜团队开发了铜 – 铁 – 锰氧化物（Na-Cu-Fe-Mn 氧化物）基正极材料，该材料不含贵金属，在空气中稳定。中科海钠的电池由上述层状的 Na-Cu-Fe-Mn 氧化物正极、热解的无烟煤负极和 $NaPF_6$ 溶于碳酸脂电解液组成。中科海钠已经建立了正极和负极材料的生产线，并且于 2018 年建立一个电芯工厂用于生产钠离子电池。2018 年，该公司的电动自行车示范产品被展示；同年还展示了一款微型电动汽车和一款家庭储能系统。

2019 年 3 月，中科海钠发布了世界上第一个钠离子电池储能系统（ESS）（30kW、100kW·h），用于溧阳市长三角物理研究中心的电网应用（图 18.4）。ESS 在较便宜的非高峰电力时段从电网充电，然后在高峰时段向研究中心提供电力。系统有 7 个集群，每个集群有 9 个模块（9S7P）。每个模块有 96 个 6A·h 电池（6P18S）组成。整个系统由 6000 多个连接在一起的钠离子电池单元组成。同样的电池也可以用于可再生能源的存储。该公司开发的煤基负极材料在所有商业硬碳中性价比最高，独立的知识产权和高成本效益的负极和正极材料组成了最具成本效益的钠离子电池。

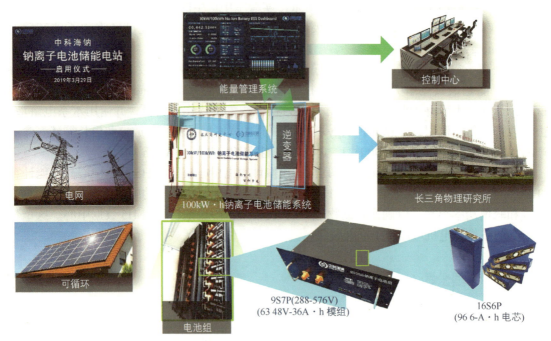

图 18.4　2019 年中科海钠为长三角物理研究中心（中国溧阳）建立的钠离子电池储能系统（30kW、100kW·h）

2021 年，世界首个 0.5MW（1MW·h）钠离子电池 ESS 在中国山西省太原市正式投放，标志着中国在钠离子电池技术和工业化方面处于世界前沿的地位。

该系统以钠离子电池作为储能主体，与市政电力、光伏、充电设施相结合，形成与公共电网智能交互的微电网互通机制。该系统为集装箱 ESS，采用分厢布局方案，包括电气室和电池室。电气室与储能转换器、配电柜、控制柜、消防主机、能源管理系统（EMS）

集成。储能逆变器采用两级拓扑模块 PCs，18 个 30kW 模块分为 2 个机柜，每柜 8 个模块，形成 480kW 储能转换器。电池室的主电池系统采用钠离子电池，并由 18 个电池组组成。每个电池组由 8 个 HNES-72V-120A·h 电池插件盒和 1 个高压盒组成，总配置容量约为 1MW·h（表 18.1）。该兆瓦时级钠离子电池 ESS 的能源效率高达 86.8%，与商业锂离子电池 ESS 相当（图 18.5）。

2021 年，全球 EV 锂离子电池巨头 CATL 发布了第一代钠离子电池和 AB 电池组解决方案，它能够将钠离子电池和锂离子电池整合到一个电池包中，并计划在 2023 年建立一个基本的产业链。在发布时，这家中国电池制造商表示，其第一代钠离子电池可以达到 180W·h/kg 的能量密度，目前其发展目标是超过 200W·h/kg。

表 18.2 列出了 CATL 钠离子电池的关键信息。CATL 只发布了有限的产品信息，没有提到关键的电池产品信息，如电池类型、电池体积能量密度、周期寿命等。据说，其钠离子电池产业链将于 2023 年上市。

表 18.1 0.5MW（1MW·h）钠离子蓄电池储能系统配置

电池类型	钠离子电池
电池化学体系	Na-Cu-Fe-Mn/ 硬碳
电池模块	18P24S
模块尺寸	612mm × 885mm × 155mm
模块能量	8.6kW·h
模块数量	128
集群数量	18
每个集群的能量	69.1kW·h
串行并行总数	192S18P
储能系统的总能量	1MW·h
直流电压范围	AC380V
充电电压范围	288 ~ 748.8 V
工作温度范围	−30 ~ 60℃
保护程度	IP54
消防系统	烟雾报警器 七氟丙烷火灾熄灭系统
冷却模式	空调
布局模式	中间没有走廊，门两侧打开
容器尺寸	9500mm × 3001mm × 2591mm

表 18.2 宁德时代钠离子电池技术的关键信息

电池化学体系	正极：层状氧化物和普鲁士白，180mA·h·g^{-1}	负极：硬碳，350mA·h·g^{-1}
能量密度	第一代：180W·h·kg^{-1}	第二代：200W·h·kg^{-1}
快充	15min 80% 容量	
低温性能	−10℃ 容量保持率超过室温容量的 90%	

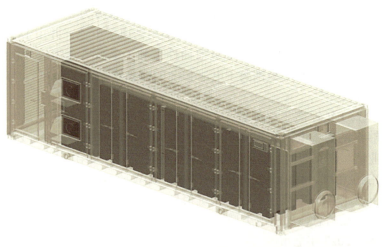

图 18.5　中国山西太原市中科海钠 0.5MW（1MW·h）钠离子电池储能系统的系统外观和结构

18.2.4　日本公司

　　2000—2010 年，一些日本公司已经致力于研发规模的钠离子电池主要材料的开发。岸田公司开发了钠离子电池电解质盐，丰田公司开发了钠离子电池层状金属氧化物正极材料（2015 年 5 月在日本电化学学会电池技术委员会宣布），住友化工公司开发了铁基或镍基层状氧化物正极材料，松下公司开发了用于钠离子电池的负极材料。

18.3　钠离子电池和其他可充电电池的对比及其潜在市场

锂离子电池和铅酸电池是市场上主流的二次电池技术。根据中国储能联盟（CNESA）发布的数据，截至 2019 年底，全球储能项目总装机容量已达到 184.6GW。抽水蓄能仍然是最大的储能技术，技术规模 181GW（占比 92.6%）；电化学储能紧跟其后，累计装机容量为 9.5GW。在存储技术分布方面，锂离子电池累计装机容量最大，截至 2019 年底占 8453.9MW 总装机容量的 88.8%；钠硫电池和铅酸电池排名第二和第三，分别占 5.4% 和 4.5%。

在中国，截至 2019 年累计装机的电化学储能技术中，锂离子电池占 80.6%，铅酸电池占 18.8%，其余部分为液流电池、超级电容器等。

表 18.3 列出了锂离子电池、铅酸电池、钠离子电池的技术指标，所涉及的值是基于单个电池。

表 18.3　钠离子电池、铅酸电池和锂离子电池（磷酸铁锂 / 石墨）的比较

属性	能量密度 /（W·h/kg）*	体积能量密度 /（W·h/L）*	原材料成本 /（元 /W·h）**	循环寿命 *	平均工作电压 /V*	-20℃容量保持率（%）	过放性能	安全性	环境影响
铅酸电池	30 ~ 50	60 ~ 100	0.40	300 ~ 500	2.0	<60%	差	好	差
锂离子电池（磷酸铁锂 / 石墨）	120 ~ 180	200 ~ 350	0.58	>3000	3.2	<70%	差	好	好
钠离子电池（Na-Cu-Fe-Mn-O/ 硬碳）	100 ~ 180	180 ~ 280	0.34	>3000	3.1	>88%	可放电到 0V	好	好

注：1. 标 * 的参数是单个电芯的相应值。
　　2. 标 ** 的参数只考虑原材料的成本，包括正极、负极、电解质、分离器等组装部件，是根据 2021 年 7 月的材料价格计算；如果考虑回收，铅酸电池的原材料成本约为 0.2 元 /W·h。

铅酸电池发明于 19 世纪，是一种十分成熟的二次电池技术。它广泛应用于电动自行车电源、汽车启动电源或启停应用、备用电源、电信基站应急电源等多个领域。经过 100 多年的技术改造，其能量密度、使用寿命、成本等都达到了瓶颈。与锂离子电池相比，铅酸电池在能量密度、循环寿命和环境影响方面存在明显的缺点，但其低价格和回收价值使铅酸电池仍有相当大的市场份额。

锂离子电池有许多化学体系，根据正极材料的不同，可分为钴酸锂、镍钴锰酸锂、磷酸铁锂、锰酸锂尖晶石等体系；根据负极材料的不同，它们可以分为石墨、钛酸锂等。磷酸铁锂 / 石墨体系具有成本低、能量密度高、安全性好、循环寿命长等优点。它在能量密度高、安全性高、成本相对低等方面与钠离子电池相似，因此选择该体系进行比较。

从表 18.3 可以看出，虽然铜基钠离子电池和磷酸铁锂电池两者在能量密度方面有很小的差距，但在低温性能、安全性和环境影响方面相当于甚至优于磷酸铁锂电池。在原材料成本方面，铜基钠离子电池（0.34 元 /W·h）与磷酸铁锂电池（0.58 元 /W·h）相比具有明显的优势，大约要低 1/3。请注意，这个计算是基于 2021 年 7 月的材料价格，当时碳酸锂的价格约为 20 万元 /t。虽然铅酸电池的价格便宜，如果不考虑回收利用，单位能量成本（0.40 元 /W·h）类似于铜基钠离子电池，这主要是由于其能量密度较低。

钠离子电池和锂离子电池的工作原理和生产过程非常相似，成本上的差异主要体现在

原材料之间的差异上。钠离子电池原材料成本降低的主要原因如下：

1）铜铁锰氧化物原料的成本约为磷酸铁锂的 1/2。

2）煤基碳负极的原材料成本低于石墨原材料成本的 1/10。

3）钠离子电池可用低浓度电解液，可降低电解液的成本。

4）钠离子电池相同容量的铝集流体成本为锂离子电池中铝和铜的 1/3。

显然，钠离子电池的能量密度弥合了铅酸电池和锂离子电池之间的差距（表 18.3）。与铅酸电池相比，相同容量的钠离子电池体积更小，重量更轻，能量密度是其 2 倍以上，循环寿命更长。未来，它很有可能取代铅酸电池，并逐步实现无铅的电动自行车、低速电动汽车（如高尔夫球车和电动叉车）和不同规模的储能，如 4G/5G 电信基站备份电源、数据中心、家用 ESS、大规模储能等。

在中国目前有约 2 亿辆电动自行车，其中多数仍在使用铅酸电池，只有大约 10% 被锂离子电池取代。每年新生产的电动自行车销量超过 3000 万辆。一般的电池包规格大小为 0.576kW·h 和 48V12A·h。每年的电池总需求为 3000 万 × 0.576kW·h = 18.28GW·h。假设电池价格为 0.5 元 /W·h，其潜在市值为 86.4 亿元。在农村地区，用户对电池的成本非常敏感，铅酸电池仍然是首选。这是具有成本竞争力的钠离子电池取代铅酸电池的非常好的潜在市场。

在《中国能源展望 2030》报告中，预计储能电池需求将达到 8.5 亿 kW·h，储能市场空间预计将达到 1 万亿元。如果钠离子电池拥有 20% 的市场份额，那么市场规模将是 2000 亿元。

▼ 18.4 对不同应用的潜在钠离子电池产品的特定要求

通过铅酸电池、磷酸铁锂电池和钠离子电池（Na-Cu-Fe-Mn/C）三大电池技术的详细性能比较，可以明显发现钠离子电池具有最好的性能和成本优势。钠离子电池不仅是电池市场的有利竞争对手，也是一种战略储备技术。它将主导潜在的可充电电池市场，可广泛应用于电动自行车、家用 ESS、4G/5G 电信站备用电源、低速电动汽车和电网规模的 ESS。

自 2018 年以来，中科海钠成功展示了电动自行车和家用 ESS（2018 年）、低速电动汽车（2018 年）、100kW·h 大规模 ESS（2019 年）、MW·h 级 ESS（2021 年）。表 18.4 展示了使用中科海钠钠离子电池的产品与市场上锂离子电池产品的详细比较。很明显，Na-Cu-Fe-Mn-O/ 碳化学体系的性能已经可以与 LiFePO/ 石墨相竞争，特别是在小电池包上的应用。

表 18.4 一般电池产品市场要求（以 LiFePO4/ 石墨为例，中科海钠演示产品规格在括号内）

应用	电动自行车	户用储能系统	4G/5G 通信站备用电源系统	低速电动车	ESS 单元（一个集装箱）
电池容量	10~20A·h 方形（2.8A·h 圆柱）	5~10A·h 软包或方形（10A·h 软包）	100~200A·h 方形（—）	20~60A·h（10A·h 软包）	60~280A·h（200A·h 方形）
循环寿命（容量保持率 >80%）	>500（>1000）	>2000（>2000）	>500（—）	>2000（>2000）	>5000（>5000）
电池包能量	0.5~1.5kW·h（0.6kW·h）	5~10kW·h（5.0kW·h）	15~20kW·h（—）	5.0kW·h（5.0kW·h）	1~2MW·h（1MW·h）
电池包电压范围	48~64V（48V）	50~100V（48V）	33~55V（—）	100~300V（72V）	100~500V（432V）

▼ 18.5 有限且分布不均的锂资源

虽然在世界各地都发现了锂资源，但主要的可回收锂资源包括盐湖中的盐水、伟晶石和锂云母。根据美国地质勘探局（USGS）报告，截至 2019 年，全球已确定的锂储量约为 8000 万 t。锂是电池和其他电子产品的关键组成部分，并在世界各地越来越普遍存在——尤其是在电动汽车制造中使用的可充电锂离子电池，以及更大规模的电池储能中。美国地质勘探局还提供了该金属最大"矿储量"的数据，按降序排列为智利、澳大利亚、阿根廷、中国、美国和津巴布韦（图 18.6）。

澳大利亚的产量为 51000t，是 2018 年最重要的锂供应国，领先于智利（18000t）、中国（8000t）和阿根廷（6200t）。澳大利亚的锂来自矿石开采，而在智利和阿根廷，锂来自盐沙漠。

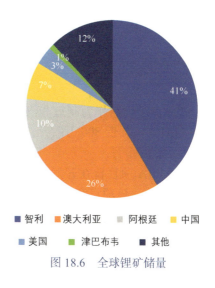

图 18.6　全球锂矿储量

中国的锂总储量排名第四，估计为 450 万 t，然而，受其消费电子产品和电动汽车电池的制造业规模的推动，也是世界上最大的锂消费国。就锂离子电池供应链而言，彭博社的数据显示，中国控制着全球 80% 的原材料精炼、77% 的全球电池容量和 60% 的全球零部件制造。

虽然锂的消费因市场位置而异，但其主要应用基本相同。根据 2018 年美国地质学会的数据调查显示，全球应用市场估计锂离子电池占 56%，陶瓷和玻璃占 23%，润滑剂占 6%，聚合物生产占 4%，连铸粉末模具占 3%，空气处理占 2%，其他应用占 6%（图 18.7）。近年来，随着锂离子电池在电动汽车中甚至是在电网储能技术的大规模应用，锂电池消耗的比例显著增加。大宗商品市场已经说明了锂的预期的供应紧缩情况。电池级碳酸锂价格在一年内上涨十多次，达到 50 多万元 /t。锂资源的短缺问题不容忽视，这是开发成本更低、资源更多的钠离子电池作为锂离子电池的替代技术的主要原因。

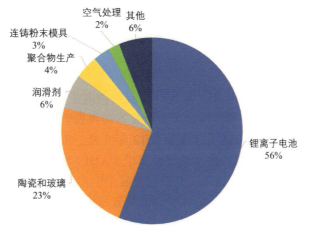

图 18.7　2018 年全球锂资源应用情况

▼ 18.6 各国政府对钠离子电池商业化的支持

在本节中，我们将总结各国对钠离子电池开发和商业化的主要支持和政策。

18.6.1 欧洲

"钠离子材料作为制造非汽车应用的电池必要成分"是一个地平线 2020 研究和创新项目（NAIMA），近 800 万欧元。该项目由法国 Tiamat 公司主导，于 2019 年 12 月 1 日开始，并将持续 36 个月。

NAIMA 项目旨在开发新一代的高竞争力和安全的钠离子电池，用于当前和未来的能源存储技术。该项目开发和测试的两个新一代具有高度竞争力和安全的钠离子电池用于取代当前和未来的锂基技术，是其最强大和经济性的替代品，且该技术目前由亚洲工业控制。钠离子突破性技术已经得到了固态欧洲电池价值链（财团的行业合作伙伴）的支持，他们承诺在电池所有组件的制造上进行大量投资，保持欧洲国家的所有权和行业实力。

NAIMA 汇集了一个强大和互补的团队，包括 15 个合作伙伴，其中有来自 8 个欧洲国家（法国、德国、瑞典、保加利亚、西班牙、荷兰、斯洛文尼亚和比利时）的 5 个研发机构（CNRS、CEA、NIC、IHE 和 VITO）、6 家中小企业（TIAMAT、BIOKOL、IEIT、GOLDLINE、ACC 和 ZABALA IC）和 4 家大公司（EDF、GESTAMP、SOLVAY 和 UMI-CORE）。合作伙伴的平衡性和跨学科涵盖了整个电池价值链，以及项目所需的各种研发领域的基础。

在该项目的框架内，6 个钠离子电池原型将在三种多规模的业务场景中进行测试，以提供关于该技术在三个真实环境中（可再生能源发电是在 EDF/法国，工业是在 GESTAMP/西班牙，私人家庭是在 GOLDLINE/保加利亚）竞争力的可靠证据。

为此，最终用户（EDF、GESTAMP 和 GOLDLINE）的参与将作为严格的"技术审计师"发挥关键作用，以评估在其业务生态系统中成为钠离子电池的"潜在买家"的可行性。

德国卡尔斯鲁厄理工学院的研究员最近被德国政府授予为期三年 115 万欧元的学术合作，将实验室大小的钠离子电池扩大到商业上可行的电池。Faradion 和 Deregella 都是由英国政府的 Faradion 电池挑战基金资助的。

18.6.2 美国

美国能源部（DOE）在 2010 年之前就开始资助钠离子电池。2008 年经济危机后，美国能源部赞助了 Aquion 能源公司。通过《美国复苏和再投资法案》（ARRA），通过能源存储计划获得的项目总资金为 1036 万美元。2012 年 6 月，Aquion 能源公司以低成本、大规模、室温完成了美国能源部项目的水系混合离子（AHI）储能装置的测试和演示要求。

在这个为期三年的项目中，Aquion 制造了数百个电池，并将它们组装成高压、大规模的电池系统。该项目帮助他们将水系电化学储能装置从中试规模测试转移到中试规模制造。

2020 年，美国能源部高级研究计划局 – 能源公司（ARPA-E）宣布为 Natron 能源公司名为"国内钠离子电池制造"的项目提供 2000 万美元的资金，进一步推进 Natron 在钠离子电池开发方面的商业化。

近年来，与锂离子电池较低成本相比，美国能源部汽车技术办公室也赞助了不少高能量密度的钠离子电池用于汽车应用。这些项目包括创新化学、新型负极、电解质和界面、热分析和高能量体系。

18.6.3　中国

2021 年，工业和信息化部（MIIT）表示，将及时组织相关标准研究机构，制定钠离子电池标准，为钠离子电池标准项目的建立和钠离子电池标准审批过程提供支持。同时，MIIT 将根据国家政策和行业趋势，指导该行业的健康有序发展。

2021—2025 年"十四五"规划政策文件中指出，将加强布局，从推进前沿技术研究、完善配套政策、扩大高质量钠离子电池的市场应用开始。

科技部将在"十四五"期间实施重点专项"储能与智能电网技术"，并将钠离子电池技术列为进一步推进生产规模、降低成本、提高钠离子电池综合性能的子任务。

▼ 18.7　总结和展望

虽然钠离子电池的能量密度低于锂离子电池，但钠离子电池的原料储备较丰富，成本较低，在不同的应用场景（如 EES）具有明显的优势。

由于与锂离子电池相同的制造工艺，钠离子电池将受益于过去十年的生产进步，使用类似的材料和组件，包括隔膜或铝集流体，意味着这种新兴技术也将受益于供应链中现有的规模经济。因此，一旦钠离子电池技术准备好了，钠离子电池的扩大生产就不会成为一个问题。由于更好的性能和潜在的环境影响，钠离子电池是铅酸电池的替代技术。钠离子电池的第一个大规模商业应用可能是电动自行车。中国市场几乎已经准备好迎接新的电池技术。钠离子电池很有可能将是锂离子电池的补充技术，而不是一种竞争性的技术。

未来，有必要通过增加能量密度、扩大生产能力、建立工业供应链、提高周期寿命（特别是大规模储能），进一步降低钠离子电池成本。综合评价钠离子电池的电化学性能和安全性能，对钠离子电池的广泛应用也具有重要意义。

参 考 文 献

1 Delmas, C., Braconnier, J.J., Fouassier, C., and Hagenmuller, P. (1981). Electrochemical intercalation of sodium in NaxCoO2 bronzes. *Solid State Ion.* 3–4: 165–169.

2 Okada, S., Takahashi, Y., Kiyabu, T. et al. (2006). Layered transition metal oxides as cathodes for sodium secondary battery. *ECS Meeting Abstract* MA2006-02: 201.

3 Zhao, J., Zhao, L.W., Dimov, N. et al. (2013). Electrochemical and thermal properties of α-NaFeO2 cathode for Na-ion batteries. *J. Electrochem. Soc.* 160: A3077–A3081.

4 Ellis, B.L., Makahnouk, W.R., Makimura, Y. et al. (2007). A multifunctional 3.5 V iron-based phosphate cathode for rechargeable batteries. *Nat. Mater.* 6: 749–753.

5 Xu, S.Y., Wu, X.Y., Li, Y.M. et al. (2014). Novel copper redox-based cathode materials for room-temperature sodium-ion batteries. *Chin. Phys. B* 23: 118202.

6 Mu, L., Xu, S., Li, Y. et al. (2015). Prototype sodium-ion batteries using an air-stable and Co/Ni-free O3-layered metal oxide cathode. *Adv. Mater.* 27: 6928–6933.

7 Li, Y., Yang, Z., Xu, S. et al. (2015). Air-stable copper-based P2-$Na_{7/9}Cu_{2/9}Fe_{1/9}Mn_{2/3}O_2$ as a new positive electrode material for sodium-ion batteries. *Adv. Sci.* 2 (6): 1500031.

8 Stevens, D.A. and Dahn, J.R. (2000). High capacity anode materials for rechargeable sodium-ion batteries. *J. Electrochem. Soc.* 47: 1271–1273.

9 Komaba, S., Murata, W., Ishikawa, T. et al. (2011). Electrochemical Na insertion and solid electrolyte interphase for hard-carbon electrodes and application to Na-ion batteries. *Adv. Funct. Mater.* 21: 3859–3867.

10 Li, Y., Xu, S., Wu, X. et al. (2015). Amorphous monodispersed hard carbon micro-spherules derived from biomass as a high performance negative electrode material for sodium-ion batteries. *J. Mater. Chem. A* 3: 71–77.

第 19 章
高功率钠离子电池与钠离子电容器

作者：*Binson Babu and Andrea Balducci*
译者：徐斌、孙宁

▼ 19.1 钠离子电池及其高功率应用

　　钠是地球上最丰富的元素之一，价格远比锂低廉，并且具有许多使其在储能设备中非常具有应用优势的特性（图 19.1a）。因此，在过去 20 年中，越来越多的研究致力于开发钠基电池。其中，钠离子电池（NIBs）目前被认为是锂离子电池（LIBs）最理想的新兴替代技术，引起了越来越多的关注（图 19.1b）[1-4]。由于金属钠和金属锂具有相似的还原电位（ $E_{Na+/Na} = -2.71V$ vs.SHE， $E_{Li+/Li} = -3.04V$ vs.SHE），因此钠离子电池与锂离子电池的工作电压非常相近。然而，由于缺少合适的高电压正极材料，钠离子电池的能量密度通常低于锂离子电池。另一方面，由于钠在较低电位下不易与铝形成合金，因此钠离子电池的正负极均可以使用铝箔作为集流体，与锂离子电池相比降低了非活性组分的成本（和重量）。

　　在过去的几年里，一些研究致力于提高钠离子电池的能量密度和循环稳定性[1, 5-7]。然而，高功率性能在一些应用场景中也至关重要（例如汽车），但这方面至今还没有得到有效解决。因此，分析目前钠离子电池所用的正负极材料的高功率行为，对于了解这些新兴储能体系的现状非常重要[8-11]。本章将详细分析钠离子电池用到的几种正极和负极材料的高功率性能，并与锂离子电池进行对比。此外，本章还将讨论这些材料在钠离子电容器（NICs）中的应用及其对这些高功率器件性能的影响。

19.1.1 钠离子电池负极材料

　　碳材料因其原料丰富、成本低廉和良好的结构可调性等特点被广泛用于各种储能设备中[12, 13]。石墨作为最先进的锂离子电池负极材料之一，成功实现了商业化应用，因此石墨在钠离子电池中的应用也得到了广泛关注。然而，研究表明，由于锂离子和钠离子在石墨层间的嵌入过程不同，将石墨材料用于钠离子电池更具挑战性。当匹配含有碳酸酯类（线性和环状）的混合钠基电解液体系（锂离子电池的常用电解液）时，石墨的容量远低于其在锂离子电池电解液中的容量（35mA·h·g^{-1} vs. 372mA·h·g^{-1}）（图 19.2a）[17, 19]。理论研究表明，由于钠-石墨层间化合物（b-GICs）的热力学稳定性有限，影响了钠离子在石墨中的含量，从而阻碍了钠离子嵌入到石墨层间的过程[15, 19, 20]。

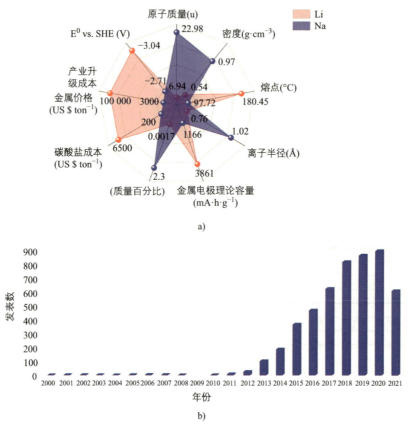

图 19.1 （a）锂和钠在电池应用中常见性质的比较；（b）关于钠离子电池（NIB）的出版物数量，数据来自 Web of Science（2000 年—2021 年 8 月），搜索标题为"钠离子电池"

与其他碱金属（AM = Li、K、Rb、Cs）相比，Na-GIC 的不稳定性主要归因于 Na-石墨烯间不利的相互作用（0.5eV），如图 19.2b 所示。用溶剂分子筛分 Na 离子是削弱钠离子和石墨烯层间的局部相互作用并提高石墨电极在钠基电解液中容量的有效策略[15]。在各种溶剂中，醚基溶剂更有发展前景。研究表明，石墨电极在含有聚乙二醇和三氟甲烷磺酸钠（NaOTf）的电解质中，可以提供大约 100mA·h·g^{-1} 的稳定容量（图 19.2c）[14]。在 1mol NaPF$_6$ 的二乙二醇二甲醚（DEGDME）体系中，天然石墨电极在 5A·g^{-1} 的电流密度下可提供 100mA·h·g^{-1} 的比容量，并且在 2500 次循环过程中表现出优异的循环稳定性（图 19.2d）。有趣的是，Na$^+$ 在石墨中的共插层过程涉及赝电容过程，对电极的容量贡献较大，特别是在具有高供体数（DN）的醚基电解液体系中[16]。

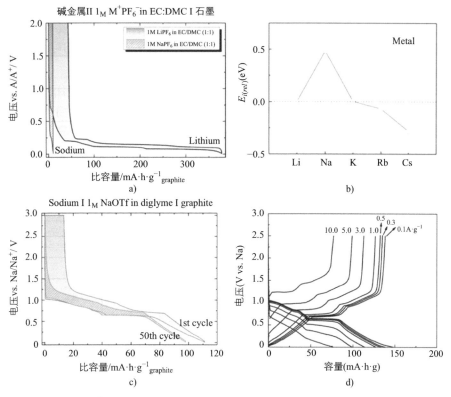

图 19.2 （a）在 37.2mA·g^{-1} 电流密度下，石墨在 1mol M$^+$(PF$_6$)$^-$EC/DMC(M$^+$ = Li$^+$/Na$^+$) 电解液中的电压曲线对比 [14]；（b）AM 与单层石墨烯之间的相互作用能（E_i）[15]；（c）石墨在三氟甲烷磺酸钠（NaOTf）二甘醇电解液中的电压曲线（第 1 次和第 50 次循环）[14]；（d）天然石墨在 NaPF$_6$/DEGDME 电解液中在 0.1 ~ 10A·g^{-1} 电流密度下的倍率性能 [16]

为了能将石墨电极应用于钠离子电池，研究者们提出了对该材料进行改性处理的方法。膨胀石墨（EG）是通过石墨的氧化和部分还原过程制备的，具有长程有序的层状结构，层间晶格间距增加至 4.3Å，适合于高功率应用。研究表明，膨胀石墨电极能够在 100mA·g^{-1} 的电流密度下提供约 195mA·h·g^{-1} 的可逆稳定容量 [21]。

非石墨化碳材料的使用，例如硬碳（HC），在过去几年中也得到了广泛的研究。研究人员关注硬碳材料的原因主要是其作为钠离子电池负极时能够实现较高的比容量（约 300mA·h·g^{-1}），尽管其在首次循环中也显示出了较高的不可逆容量 [9]。与具有规整有序的层状结构的石墨相比，硬碳的结构无序，这导致钠离子存储过程中存在三种不同的化学环境：①湍层纳米畴（TNs）内的层间结构；②弯曲的湍层纳米畴形成的封闭空穴；③孔表面上的边缘 / 缺陷位置，例如卡宾、空位以及边缘的悬键 [22-24]。根据 Dahn 课题组首次提出的"纸牌屋模型"，硬碳的化学环境导致 Na 离子在这些材料中存在两种不同的储存机制：①Na 离子在湍层纳米畴中石墨层间的嵌入过程，对应于 1.0V 以下的斜线区域；②Na 离子 / 原子在孔隙中的填充，对应于电压曲线上的平台区域（图 19.3a）[24, 27, 28]。在过去的几年里，一些团队对这一机制进行了讨论和修改。Bommier 等人 [24] 利用非原位 X 射线衍射（XRD）和 Na 沉积实验，提出硬碳的储钠机制应分为三部分：Na 离子在缺陷位点的存储、层间的嵌入以及 Na 离子在孔表面的吸附。最近的一些实验结果否定了 Na 离子在硬碳中的嵌入。相反，基于结合能的不同，他们提出了硬碳材料的"吸附－填孔"机制[25, 29]：Na 离子在缺陷位点或杂原子上的吸附，这些吸附位点具有不同的结合能，从而形成高电压处的斜线区域；然后 Na 离子填充到结合能较弱的微/纳米孔中，类似于 Na 金属的沉积过程，从而产生低电压处的平台区域，如图 19.3a 所示。

尽管硬碳材料的储钠动力学仍处于争议中，但这种材料无疑是使用最广泛的钠离子电池负极材料[30-32]。He 等人[26]证实硬碳负极与醚基电解液的兼容性优于酯基电解液。在 1mol NaPF$_6$ 的乙二醇二甲醚（DME）电解液中，硬碳负极表现出优异的倍率性能（在 10A·g^{-1} 的高倍率下保持 139mA·h·g^{-1} 的比容量）和长的循环寿命（2000 次循环后容量保持率为 90%）（图 19.3b）。值得注意的是，尽管首次不可逆容量高的确是硬碳的一个问题，但生产钠离子电池的初创公司目前正在使用硬碳作为他们开发的钠离子电池器件的负极。

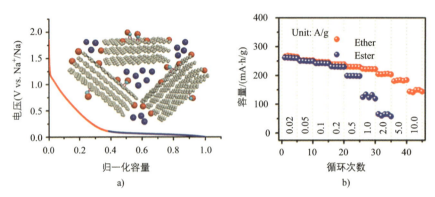

图 19.3 （a）硬碳材料两阶段吸附－孔填充储钠机制示意图[25]；（b）硬碳负极在醚基和酯基电解液中的性能比较[26]

除了硬碳，软碳也被研究用作钠离子电池的负极材料[33-35]。研究表明，这些电极在高电流密度下也表现出了优异的电化学性能（1.0A·g^{-1} 时比容量为 103mA·h·g^{-1}）[36, 37]。

钛基化合物在钠离子电池中的应用也得到了广泛的研究[38, 39]。对该类材料研究的兴趣主要与其高理论容量（335mA·h·g^{-1}）、高安全性和高稳定性的优势有关[40-42]。目前，多种不同晶型结构的钛基化合物已经被考虑用于钠离子电池，包括锐钛矿、金红石、板钛矿、青铜矿和无定形 TiO$_2$[43-47]。研究表明，当这些材料用作钠离子电池负极时，织构和微观结构特性以及固体－电解质界面（SEI）稳定性等因素会影响其电化学性能。通常，通过纳米晶化缩短钠离子的扩散路径，通过包覆和掺杂等提高电子导电性和机械稳定性，可以有效提高这些材料的电化学性能[48-52]。

锐钛矿型 TiO$_2$ 被认为是热力学最稳定的钠离子电池负极，研究表明，中孔锐钛矿型 TiO$_2$ 纳米晶体电极表现出约 150mA·h·g^{-1}（@50mA·g^{-1}）的高度稳定的可逆容量以及良好的倍率性能（超过 50mA·h·g^{-1}@2A·g^{-1}，~ 13C）。值得注意的是，与 Li 离子的纯两相嵌入反应不同，在锐钛矿型 TiO$_2$ 插入 Na 离子涉及钛酸钠中间相的形成，每个 TiO$_2$ 可以可逆地脱出约 0.41 个钠，提供约 140mA·h·g^{-1} 的可逆比容量（图 19.4a）[54]。在迄今为止研究的各种纳米结构的 TiO$_2$ 锐钛矿中，Chen 等人[55]报道的黑色锐钛矿型 TiO$_2$（图 19.4b）和 Babu 等人[52, 56]报道的半结晶和结晶棕色 TiO$_2$（图 19.4c，d）最有希望实现在高功率钠离子电池中的应用[52, 55, 57]。

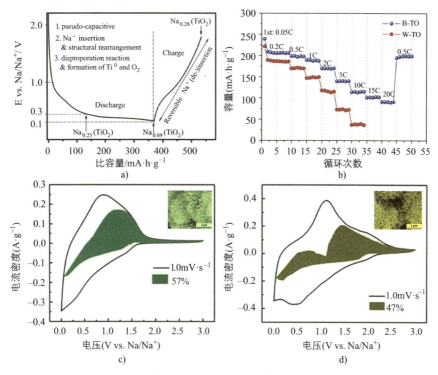

图 19.4　锐钛矿型 TiO_2 电极在 0.01C 下的首次充放电曲线（截止电位：0.1V 和 2.0V），包括（a）所提出的反应机制和新形成的钛酸盐相在 0.3V、0.1V 和 2.0V 下的钠化程度 [54]；（b）黑色 TiO_2（B-TO）和白色 TiO_2（W-TO）的倍率性能，以高倍率下钠脱出容量 – 循环次数呈现 [55]；（c）半结晶和（d）结晶棕色 TiO_2 的电容贡献（阴影区域）比较 [52]

金红石型 TiO_2 结构稳定牢固，通常表现出良好的稳定性，但其电子导电性较低，制约了其性能，尤其是在使用高电流密度时。目前已经提出了几种策略，如掺杂和包覆，以提高金红石型 TiO_2 的电化学性能 [57-61]。制备氮掺杂的 TiO_2（B）纳米棒是提高这类材料倍率性能的有效策略，可以使电极在 0.2C 倍率下表现出 223mA·h·g^{-1} 的高比容量，并在 20C 下具有 110mA·h·g^{-1} 的比容量 [61]。

钛酸钠是具有开放性结构的宿主基体，可以很容易地容纳较大的碱金属离子而不会发生任何结构破坏 [62-65]。层状结构的 $Na_2Ti_3O_7$ 在平均电势 0.3V（vs.Na 金属）左右可以可逆地存储 2 个 Na^+ 离子，并提供 200mA·h·g^{-1} 的比容量（图 19.5a）[66]。但低的电子电导率看来是阻碍这些材料应用于钠离子电池的主要障碍，尤其是在高电流密度下。

因此，为克服这一困难，研究者们探讨了不同的改性策略，如掺杂、碳包覆和形貌工程等。Dunn 团队的研究表明，二维纳米尺度剥离的 $Na_2Ti_3O_7$NP-NS 在高倍率下显示出 100 ~ 150mA·h·g^{-1} 的高容量，在 10.0mV·s^{-1} 的扫速下具有 84% 的电容贡献占比 [67]。Rudola 等人提出使用 $Na_2Ti_6O_{13}$ 纳米棒，并表明该材料可以在高达 30C（相当于 2min 充电）的倍率下有效工作，具有非常好的循环稳定性（>5000 次循环）[68, 69]。Li 等人将 $Na_2Ti_7O_{15}$ 纳米管原位生长在 Ti 网基底上，直接用作钠离子电池的无黏结剂负极，显示出高的可逆容量（50mA·g^{-1} 下 258mA·h·g^{-1}），并在 1.0A·g^{-1} 电流密度下循环 200 次后表现出 96% 的容量保持率 [70]。除了前面提到的材料外，多种具有不同晶体结构和分子组成的材料也作为高功率钠离子存储的潜在负极候选材料被报道[71-75]。

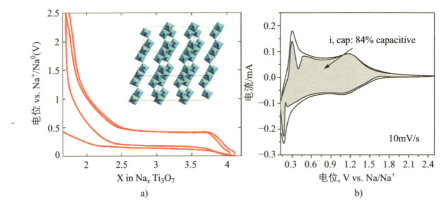

图 19.5　（a）Na 在层状结构 $Na_2Ti_3O_7$ 中嵌入 / 脱出的电压曲线（插图为钠化后 $Na_2Ti_3O_7$ 结构变化的示意图）[66]；（b）$Na_2Ti_3O_7$ 混合纳米板和纳米片在 $10mV \cdot s^{-1}$ 下的循环伏安曲线，显示 84% 的电容贡献[67]

图 19.6 对比了材料在不同电流密度下的比容量变化。如图 19.6b 所示，钠离子电池负极材料能够在高达 $10A \cdot g^{-1}$ 的电流密度下提供高比容量，但超过该数值后，这些材料的性能开始下降。

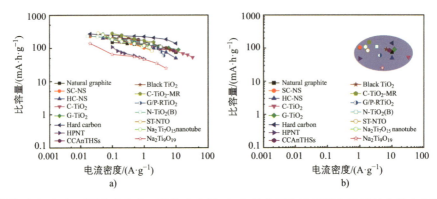

图 19.6　性能对比：（a）不同电流密度下的倍率容量；（b）钠离子电池不同负极材料在最大电流密度下达到的比容量[16, 26, 36, 52, 55, 59-61, 70, 75-80]

考虑到这些结果，硬碳被认为是目前最有前途的高功率负极材料。石墨电极在这类场景中的使用还有许多问题亟待解决，并且还需要选择电解液。软碳表现出一些有趣的特性，但它在大功率系统中的应用还有待进一步研究。钛基负极也具有不俗的性能，但其结构必须仔细设计，从而最大限度地提高其离子和电子电导率。

19.1.2　钠离子电池正极材料　　　///

过渡金属氧化物、聚阴离子化合物和普鲁士蓝类似物（PBAs）是研究最多的三类钠离子电池正极材料[81, 82]。这些正极材料的特性会影响钠离子电池的电压窗口和输出功率。

过渡金属氧化物可分为无钠金属氧化物 MO_x（M = V、Mn、Mo）和嵌钠的金属氧化物（Na$_x$MO$_2$，$0 < x \leq 1$；M = Fe、Mn、Ni、Co、Cr、Ti、V 等）。这些材料通常易于合成，并且具有高容量和优异的稳定性，因此它们也被视为商业化器件的候选材料[82, 83]。

过渡金属氧化物，例如氧化钒（VO$_2$）和五氧化二钒（V$_2$O$_5$），具有结构可调和成本低廉的优势，是很有吸引力的钠离子电池正极材料。基于单离子反应过程，VO$_2$ 的理论容量为 323mA·h·g^{-1}，而 V$_2$O$_5$ 的理论容量为 236mA·h·g^{-1}，其中每个晶胞可容纳约 2 个钠离子[84-88]。

Chao 等人[89]证明了石墨烯量子点包覆的 VO$_2$ 纳米阵列（GVG）在高功率应用中的潜力，该材料可在 120 C 下提供 93mA·h·g^{-1} 的比容量，并在高倍率下显示出稳定的放电容量，在 60C 下循环 1500 次后比容量为 111mA·h·g^{-1}（图 19.7a）。Raju 等人[90]发现纳米多孔碳封装正交相 V$_2$O$_5$ 纳米颗粒（V$_2$O$_5$-RFC）在 640mA·g^{-1} 的电流密度下可提供 92mA·h·g^{-1} 的比容量（图 19.7b）。

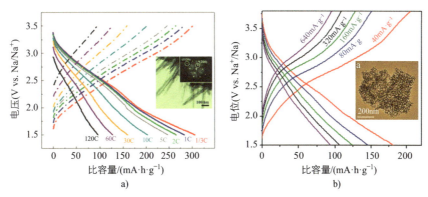

图 19.7　（a）石墨烯量子点包覆的 VO$_2$ 纳米阵列（GVG）[89]和（b）纳米多孔碳封装正交相 V$_2$O$_5$ 纳米粒子（V$_2$O$_5$-RFC）[90]在不同电流密度下的恒电流充放电曲线（插图为对应材料的 TEM 图像）

嵌钠金属氧化物（Na$_x$MO$_2$，$0 < x \leq 1$；M = Fe、Mn、Ni、Co、Cr、Ti、V 及其合金）基于其结构分可为两种主要类型：隧道结构和层状结构。隧道结构中钠离子的传输沿着一维（1D）方向，而层状结构为二维（2D）Na 离子传输[83, 91]。Na$_{0.44}$MnO$_2$ 是迄今为止研究最多的隧道结构正极材料，理论容量为 121mA·h·g^{-1}，在充放电过程中会经历几个中间阶段（图 19.8a），这影响了其高功率性能。因此，人们提出了一些策略来改善 Na$_{0.44}$MnO$_2$ 在大电流下的电化学性能。其中，纳米纤维结构的 Na$_{0.44}$MnO$_2$ 似乎很有前景，因为它能够在 10C 下表现出 70mA·h·g^{-1} 的比容量[92, 94, 95]。另一方面，P2-Na$_{0.7}$CoO$_2$ 微球（s-NCO）也是很有吸引力的面向高功率应用的层状结构材料，基于该材料的电极在 5mA·g^{-1} 下表现出 125mA·h·g^{-1} 的比容量，即使在 16 C 的大电流下，也能够提供 65mA·h·g^{-1} 的比容量和良好的循环稳定性（图 19.8b）[93]。

普鲁士蓝类化合物，例如 PBAs（Na$_x$M[Fe(CN)$_6$]$_y$·zH$_2$O，M = Fe、Co、Mn、Ni、Cu 等；$0 < x < 2$；$0 < y < 1$），被认为是很有吸引力的钠离子电池正极材料。这些材料显示出（刚性）开放的框架结构、优异的结构稳定性、丰富的氧化还原活性位点和高理论容量（Na$_2$Fe[Fe(CN)$_6$] 为 170mA·h·g^{-1}）。然而，它们的热稳定性很有限[81, 96-102]。目前，一类最受关注的普鲁士蓝类化合物是 Na$_{0.61}$Fe[Fe(CN)$_6$]$_{0.94}$（HQ-NaFe）纳米立方体，具有 170mA·h·g^{-1} 的比容量（两电子反应）、高循环稳定性（150 次循环无容量损失）和

高可逆性（图 19.9a）[97]。另一种有前景的正极材料是富钠的 $Na_xFe[Fe(CN)_6]$ 纳米立方体（NEF-2），在 $200mA \cdot g^{-1}$ 和 $1200mA \cdot g^{-1}$ 的电流密度下分别能够提供 $120mA \cdot h \cdot g^{-1}$ 和 $74mA \cdot h \cdot g^{-1}$ 的比容量（图 19.9b）[110]。

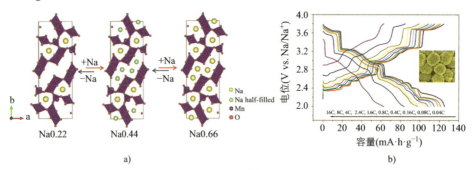

图 19.8 （a）充放电过程中 $Na_{0.44}MnO_2$ 的相变示意图 [92] 和（b）s-NCO 电极在不同电流下的充放电曲线（插图为 $P2-Na_{0.7}CoO_2$ 微球的 FESEM 图像）[93]

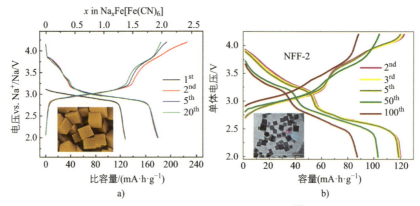

图 19.9 （a）HQ-NaFe 的恒电流充放电曲线（插图：SEM 图像）[97]；（b）$Na_xFe[Fe(CN)_6]$ 纳米立方体（NEF-2）的恒电流充放电曲线（插图：TEM 图像）[110]

聚阴离子化合物具有由一系列强共价键聚阴离子单元（XO_4）$^{n-}$（X = S、P、Si 等）组成的稳定的 3D 框架，表现出高结构稳定性、高安全性、合适的高工作电压、高热滥用耐受性和循环充放电过程中小的体积变化。由于这些性质，聚阴离子化合物被认为是很有吸引力的钠离子电池正极材料 [104, 105]。橄榄石型结构的 $NaMPO_4$(M = Fe，Mn) 和 NASICON 结构的 $Na_xM_2(PO_4)_3$（M = V，Ti）是迄今为止研究最多的聚阴离子型化合物 [96, 97]。Triphylite-$NaFePO_4$（$NaFePO_4$ 的两种结构之一）表现出一维的 Na^+ 传输通道和低离子电导率。研究表明，通过碳包覆可以提高 Triphylite-Na_xFePO_4 的固有低钠离子扩散系数，从而显著改善该材料的性能 [106]。由于具有 3D 离子传输通道，NASICON（Na 超离子导体）结构 $Na_xM_2(PO_4)_3$（M = V，Ti；x = 1，2，3）显示出高的离子扩散速率，似乎是面向高功率应用的理想候选材料 [107, 108]。Ghost 等 [109] 对 NASICON-$Na_{3+y}V_{2-y}Mn_y(PO_4)_3$（$0 \leq y \leq 1$）的结构和电化学性能进行了全面研究，结果表明 $Na_{3.75}V_{1.25}Mn_{0.75}(PO_4)_3$ 具有高容量（1C 下 $100mA \cdot h \cdot g^{-1}$）和高倍率下良好的容量保持能力（5C 下 $89mA \cdot h \cdot g^{-1}$）。

图 19.10 对比了上述材料在不同电流密度下的比容量变化。如图 19.10b 所示，钠离子电池正极材料能够在大电流密度下（可高达 $50A \cdot g^{-1}$）提供高的储钠容量。

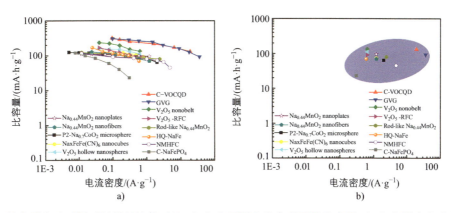

图 19.10　钠离子电池不同正极材料性能对比：（a）在不同电流密度下的比容量；（b）在最大电流密度下达到的比容量 [85, 86, 88-90, 92, 93, 95, 97, 106, 110, 111]

　　综合上述分析，过渡金属氧化物正极材料是目前高功率钠离子电池最有前景的选择，钠化金属氧化物和聚阴离子型化合物虽然表现出较好的特性，但其性能仍需进一步改进。

　　图 19.11 对比了挑选的一些锂离子电池和钠离子电池的负极和正极材料在几种电流密度下的比容量。通过对比钠离子电池和锂离子电池的电极材料，可以看出，目前在高功率应用中，锂离子电池负极材料的性能优于钠离子电池负极材料，而正极材料的情况似乎不同。如图 19.11b 所示，钠离子电池和锂离子电池正极材料的高功率性能似乎相当，并且在高达 $50 A \cdot g^{-1}$ 的大电流下仍可以有效使用。

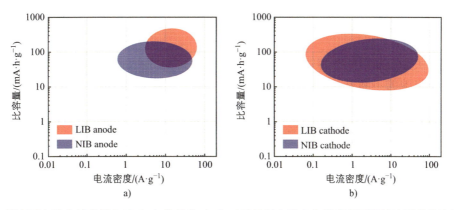

图 19.11　锂离子电池和钠离子电池（a）负极和（b）正极材料在最大电流密度下能够达到的比容量对比 [4]

▼ 19.2　钠离子电容器（NICs）

　　金属离子电容器是一种新兴的高功率器件，是由电池的一个电极和超级电容器的一个电极组合在一个器件中而成的。将钠离子电池中的电极（和电解质）应用到这种混合体系时，我们称之为钠离子电容器（NICs）。根据电池构造，可以将钠离子电容器分为两种类型：类型 Ⅰ，钠离子电池负极和电容型正极结合；类型 Ⅱ，电容型负极和钠离子电池正极结合（图 19.12）。

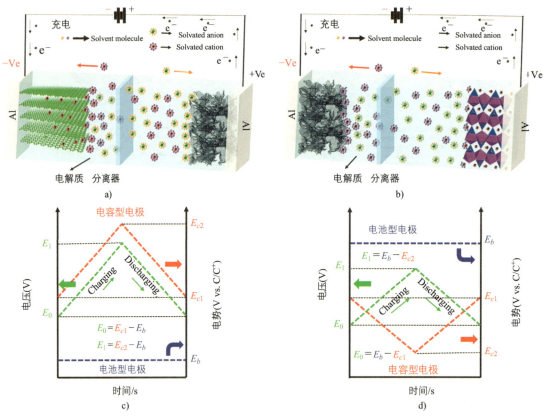

图 19.12 （a）类型 I 和（b）类型 II 混合离子电容器的示意图；（c）类型 I 和（d）类型 II 混合离子电容器的恒电流充放电示意图[4]

目前，关于金属离子电容器（MICs）的工作大都集中在锂离子电容器。然而，随着人们对钠离子电池的不断关注，在过去几年中，钠离子电容器的研究工作也在不断增多，如图 19.13 所示。如今，研究钠离子电容器的论文数量几乎与锂离子电容器的数量相当。

图 19.13 过去十年研究锂和钠离子电容器的出版物数量比较

第一个实用型 I 型钠离子电容器是由 Yin 等人报道的[112]。他们将钛酸钠纳米管电池电极与电容型多孔碳电极结合，构筑的混合电容器装置在 0 ~ 3.0V 的电位范围内工作，最大能量密度和最大功率密度分别可以达到 34W·h·kg^{-1} 和 889W·kg^{-1}。后来，Kuratani 等人[113]报道了另一种钠离子电容器，由预钠化的硬碳（HC）作为负极，活性炭（AC）作为正极，研究表明，与基于相同电极组装的锂离子电容器类似，该器件表现出良好的倍率性能和循环稳定性（1000 次循环后容量保持率为 91%）（图 19.14）。

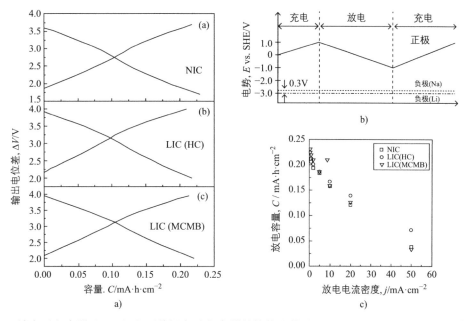

图 19.14　钠离子电容器（NIC）和两种锂离子电容器的性能比较（HC 和 MCMB）：（a）三个混合电容器的充放电曲线；（b）Na-IC 和 Li-IC 的电位变化示意图；（c）NIC 和 LIC 的放电容量与电流密度的关系[113]

随后，又有几项工作研究了将硬碳作为电池电极的 Ⅰ 型钠离子电容器。Ding 等人[114]组装的钠离子电容器在 1.5 ~ 4.2V 的工作电位范围内显示出非常高的能量密度（在功率密度为 285W·kg^{-1} 时可达到 201W·h·kg^{-1}）。Ajuria 等人[115]研究了由橄榄壳生物废料合成的硬碳和活性炭组装的钠离子电容器，表明其能量密度可以超过 100W·h·kg^{-1}（实验室规模），最大功率密度达 7kW·kg^{-1}。Han 等人[116]提出了一种由石墨化中间相炭微球（负极）和 AC（正极）与二甘醇二甲醚基电解液组装的钠离子电容器，该体系在 1 ~ 4V 的电压范围内，在 573W·kg^{-1}(4C) 和 2832W·kg^{-1}(50C) 的功率密度下，分别表现出 93.5W·h·kg^{-1} 和 86.5W·h·kg^{-1} 的能量密度。Wang 等人[103]报道的准固态钠离子电容器由无定形碳作为负极，大孔石墨烯作为正极，凝胶聚合物为电解质，能量密度达到 168W·h·kg^{-1}，最大工作电压为 4.2V。

在过去的几年里，非碳基材料也被用于 Ⅰ 型钠离子电容器。Liu 等人[117]构筑了一种基于氮掺杂 TiO$_2$（N-TiO$_2$）和活性炭的钠离子电容器，最大能量密度和功率密度可以达到 ~80.3W·h·kg^{-1} 和 ~12.5kW·kg^{-1}，并表现出优异的长循环稳定性，可达 6500 次。Le 等人[119]提出了一种利用铆钉在石墨烯上的类单晶 TiO$_2$ 与 AC 匹配构筑的钠离子电容器，具有 64W·h·kg^{-1} 的能量密度和 1357W·kg^{-1} 的功率密度，10000 次循环后比电容保持率为 90%。

Ⅱ 型钠离子电容器由 Wasinski 等人首次提出[119]，他们将电池型正极材料 Na$_{0.4}$MnO$_2$ 与电容器型活性炭（AC）作为负极材料结合，组装的钠离子电容器在功率密度为 $67W \cdot kg^{-1}$ 时显示出 $19W \cdot h \cdot kg^{-1}$ 的能量密度。同年，Kaliyappan 等人提出了一种由 Al_2O_3 涂层的 NMNC(NMNC-Al) 与商用活性炭（AC）相结合的钠离子电容器。该器件的最大能量密度为 $75W \cdot h \cdot kg^{-1}$，功率密度为 $2kW \cdot kg^{-1}$，在 10000 次循环后，容量保持率为 98%[120]。Gu 等人[121] 将 P2-$Na_{0.67}Co_{0.5}Mn_{0.5}O_2$(P2-NCM) 与沸石咪唑盐框架 -8(ZIF-8) 衍生碳（ZDC）匹配组装了 II 型钠离子电容器，在 $13kW \cdot kg^{-1}$ 的高功率密度下可输出的能量密度为 $19W \cdot h \cdot kg^{-1}$。

图 19.15 所示的 Ragone 图对比了 LIB 与 NIB、LIC 和 NIC（I 型和 II 型）以及 EDLC 的能量和功率密度。与电池相比，锂离子电容器和钠离子电容器的功率密度更高；与双电层电容器 EDLC 相比，其能量密度更高。值得注意的是，尽管与锂离子电池相比，钠离子电池的能量密度较低，但钠离子电容器和锂离子电容器的能量和功率密度非常接近。这一结果表明，钠离子电容器（尤其是 I 型）在未来大功率设备应用中很有前景。然而，未来这些储能器件的性能需要进一步提高。为了提高 I 型钠离子电容器的性能，需要在这两个主要方向上开展工作：①引入能够取代 AC 的高容量正极；②引入能够将最大工作电压提高至 4.5V 的新型电解质，同时可以确保 AC（和 / 或赝电容材料）在高电势下具有高稳定性。与 I 型电容器相比，II 型钠离子电容器的性能受限于其相对较低的工作电压。未来，开发新的电极组合也十分重要，例如赝电容材料 MXenes 与具有高功率、高电压的电池电极结合，可能有助于克服这一限制。

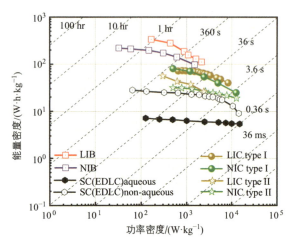

图 19.15　不同储能装置电化学性能的 Ragone 图对比[115, 117, 121-126]

19.3　高功率体系电解液

设计具有良好传输特性、能够保证在大电流下所需的快速离子迁移率的电解液，对于开发高功率器件是非常必要的。此外，电解质还需要具有较好的电化学稳定性以及热稳定性和化学稳定性，这些特性可以保证器件具有高工作电压、高循环稳定性和宽的使用温度范围。与电解质相关的另一个重要方面是其应能够形成稳定的界面，例如 SEI 和正极 – 电解质界面（CEI），这对于实现高度可逆和延长的存储过程至关重要。

目前，钠离子电池中使用的大多数电解质都是基于碳酸酯和钠盐的混合物，可以认为是从锂离子电池电解质移植过来的技术。这些电解质具有良好的传输特性，但与在锂离子电池中类似，它们的热稳定性和安全性有限、易燃。因此，钠离子电池电解质的性能也需要进一步改善[127, 123]。

正如前文提到，石墨是最先进的锂离子电池负极材料，而将钠离子嵌入石墨中比将锂离子嵌入石墨更具挑战性。因此，为了能在钠离子电池中更好地应用石墨材料，研究新型电解质配方是必要的。Yoon 等人[15]研究了溶剂性质对石墨中钠离子共嵌入行为的影响（图 19.16a），结果表明线性醚基溶剂是一种理想的溶剂，因为 Na 的高溶剂化能（E_s）以及在石墨内部形成的 Na-溶剂 [Na-线性醚]$^+$络合物的高化学稳定性。他们证实了对于平滑可逆的共插层反应，所形成的络合物应该是十分稳定的；否则，化学分解形成的气体逸出会导致石墨层的剥落。Seh 等人进行的一项研究[133]表明，$NaPF_6$ 与醚类溶剂（单甘醇、二甘醇和四甘醇）混合使用可以在 Na 金属表面形成均匀的薄 SEI 膜，从而抑制枝晶生长，使其具有良好的长循环稳定性和高的库仑效率。

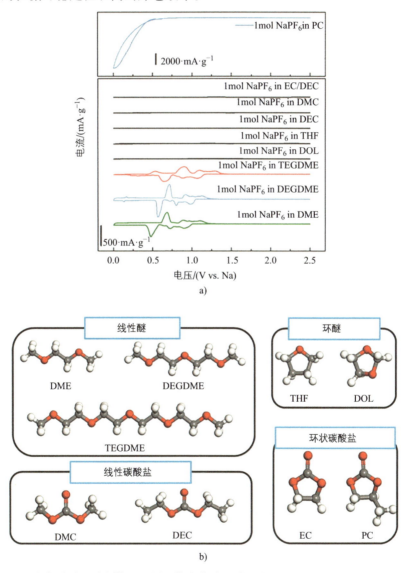

图 19.16 （a）石墨在各种钠-溶剂体系的循环伏安曲线（钠盐均为 1mol $NaPF_6$）；（b）用于研究共插层现象对溶剂依赖性的溶剂种类（DME—乙二醇二甲醚，DEGDME—二甘醇二甲醚，TEGDME—四乙二醇二乙醚，THF—四氢呋喃，DOL—二氧戊环，DMC—碳酸二甲酯，DEC—碳酸二乙酯，EC—碳酸亚乙酯，PC—碳酸亚丙酯）[15]

与锂离子电池和其他储能器件类似，人们对离子液体（ILs）基电解质在钠离子电池中的应用也进行了研究，试图利用这些熔融盐的一些优势来提高电池的安全性能[134, 135]。图 19.17 所示为一些最常用的钠离子电池离子液体电解质的结构。

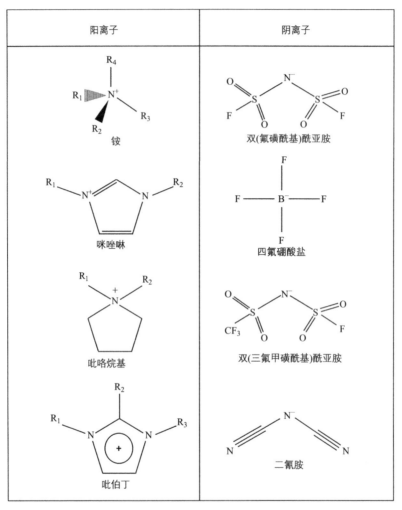

图 19.17　钠离子电池中常用离子液体的结构

最常用的电解质之一是乙基 -3- 甲基咪唑四氟硼酸盐（EMIBF$_4$）离子液体和 NaBF$_4$ 钠盐的组合[130]。研究表明，与传统的碳酸酯基电解质相比，这种电解质可改善钠离子电池的高温性能[136]。此外，吡咯烷镓基离子液体在过去几年中也被广泛使用。Fukunaga 等人[137]发现，硬碳电极在基于（N- 甲基 -N- 丙基吡咯烷镓）C$_1$C$_3$pyrFSA 和 NaFSA（双（氟磺酰基）酰胺钠）的电解质中显示出约 250mA·h·g^{-1} 的可逆容量，在 50 次循环后容量保持率在 95.5% 左右。最近，Arnaiz 等人[138]报道了将非质子离子液体电解质 1- 丁基 -1- 甲基吡咯烷镓双（三氟甲磺酰基）酰亚胺（Pyr$_{14}$TFSI）与橄榄壳衍生硬碳电极匹配用于钠离子电池（图 19.18）。

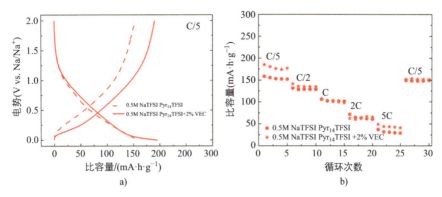

图 19.18　硬碳电极在含 / 不含 VEC 添加剂的 $Pyr_{14}TFSI$ 基离子液体电解质中的电化学性能对比 :（a）恒流充放电曲线 ;（b）倍率性能[138]

▼ 19.4　结论

　　在过去几年中，人们对钠离子电池的兴趣大大增加，目前钠离子电池是储能领域中研究最多的器件之一。人们不断致力于提高钠离子电池的能量密度，同时也在考虑开发高功率的钠离子电池和钠离子电容器。硬碳和过渡金属氧化物是目前高功率钠离子电池最适合的负极和正极材料。利用这些材料组装的器件具有高功率性能和良好的循环寿命。同时，硬碳也非常适用于具有高能量、高功率和良好循环寿命的高电压钠离子电容器。这种器件的电化学性能与锂离子电容器相当，因此有望成功应用在未来的高功率设备中。然而，它们的性能还需要进一步提高。为了实现这一目标，引入能够取代活性炭的高容量正极材料，如 MXenes，和能够将工作电压提高至 4.5V 并保证高稳定性的新型电解质是至关重要的。

参 考 文 献

1 Yabuuchi, N., Kubota, K., Dahbi, M., and Komaba, S. (2014). Research development on sodium-ion batteries. *Chem. Rev.* 114 (23): 11636–11682.

2 Slater, M.D., Kim, D., Lee, E., and Johnson, C.S. (2013). Sodium-ion batteries. *Adv. Funct. Mater.* 23 (8): 947–958.

3 Eftekhari, A. and Kim, D.-W. (2018). Sodium-ion batteries: new opportunities beyond energy storage by lithium. *J. Power Sources* 395: 336–348.

4 Babu, B., Simon, P., and Balducci, A. (2020). Fast charging materials for high power applications. *Adv. Energy Mater.* 10 (29): 2001128.

5 Li, L., Zheng, Y., Zhang, S. et al. (2018). Recent progress on sodium ion batteries: potential high-performance anodes. *Energy Environ. Sci.* 11 (9): 2310–2340.

6 Perveen, T., Siddiq, M., Shahzad, N. et al. (2020). Prospects in anode materials for sodium ion batteries – a review. *Renew. Sust. Energ. Rev.* 119: 109549.

7 Thangavelu, P., Babu, B., Balducci, A. et al. (2021). Tin containing graphite for sodium-ion batteries and hybrid capacitors. *Batteries & Supercaps.* 4: 173.

8 Bauer, A., Song, J., Vail, S. et al. (2018). The scale-up and commercialization of nonaqueous Na-ion battery technologies. *Adv. Energy Mater.* 8 (17): 1702869.

9 Huang, Y., Zheng, Y., Li, X. et al. (2018). Electrode materials of sodium-ion batteries toward practical application. *ACS Energy Lett.* 3 (7): 1604–1612.

10 Kim, H., Kim, H., Ding, Z. et al. (2016). Recent progress in electrode materials for sodium-ion batteries. *Adv. Energy Mater.* 6 (19): 1600943.

11 Zhao, Y., Adair, K.R., and Sun, X. (2018). Recent developments and insights into the understanding of Na metal anodes for Na-metal batteries. *Energy Environ. Sci.* 11 (10): 2673–2695.

12 Park, M.-S., Woo, H.-S., Heo, J.-M. et al. (2019). Thermoplastic polyurethane elastomer-based gel polymer electrolytes for sodium-metal cells with enhanced cycling performance. *ChemSusChem* 12 (20): 4645–4654.

13 Nishi, Y. (2001). The development of lithium ion secondary batteries. *Chem. Rec.* 1 (5): 406–413.

14 Jache, B. and Adelhelm, P. (2014). Use of graphite as a highly reversible electrode with superior cycle life for sodium-ion batteries by making use of co-intercalation phenomena. *Angew. Chem. Int. Ed.* 53 (38): 10169–10173.

15 Yoon, G., Kim, H., Park, I., and Kang, K. (2017). Conditions for reversible Na intercalation in graphite: theoretical studies on the interplay among guest ions, solvent, and graphite host. *Adv. Energy Mater.* 7 (2): 1601519.

16 Kim, H., Hong, J., Park, Y.-U. et al. (2015). Sodium storage behavior in natural graphite using ether-based electrolyte systems. *Adv. Funct. Mater.* 25 (4): 534–541.

17 Ge, P. and Fouletier, M. (1988). Electrochemical intercalation of sodium in graphite. *Solid State Ion.* 28-30: 1172–1175.

18 Stevens, D.A. and Dahn, J.R. (2001). The mechanisms of lithium and sodium insertion in carbon materials. *J. Electrochem. Soc.* 148 (8): A803–A811.

19 DiVincenzo, D.P. and Mele, E.J. (1985). Cohesion and structure in stage-1 graphite intercalation compounds. *Phys. Rev. B* 32 (4): 2538–2553.

20 Nobuhara, K., Nakayama, H., Nose, M. et al. (2013). First-principles study of alkali metal-graphite intercalation compounds. *J. Power Sources* 243: 585–587.

21 Wen, Y., He, K., Zhu, Y. et al. (2014). Expanded graphite as superior anode for sodium-ion batteries. *Nat Commun* 5 (1): 4033.

22 Simone, V., Boulineau, A., de Geyer, A. et al. (2016). Hard carbon derived from cellulose as anode for sodium ion batteries: dependence of electrochemical properties on structure. *J. Energy Chem.* 25 (5): 761–768.

23 Beda, A., Taberna, P.-L., Simon, P., and Matei Ghimbeu, C. (2018). Hard carbons derived from green phenolic resins for Na-ion batteries. *Carbon* 139: 248–257.

24 Bommier, C., Surta, T.W., Dolgos, M., and Ji, X. (2015). New mechanistic insights on Na-ion storage in nongraphitizable carbon. *Nano Lett.* 15 (9): 5888–5892.

25 Bai, P., He, Y., Zou, X. et al. (2018). Elucidation of the sodium-storage mechanism in hard carbons. *Adv. Energy Mater.* 8 (15): 1703217.

26 He, Y., Bai, P., Gao, S., and Xu, Y. (2018). Marriage of an ether-based electrolyte with hard carbon anodes creates superior sodium-ion batteries with high mass loading. *ACS Appl. Mater. Interfaces* 10 (48): 41380–41388.

27 Doeff, M.M., Ma, Y., Visco, S.J., and De Jonghe, L.C. (1993). Electrochemical insertion of sodium into carbon. *J. Electrochem. Soc.* 140 (12): L169–L170.

28 Zhang, B., Ghimbeu, C.M., Laberty, C. et al. (2016). Correlation between microstructure and Na storage behavior in hard carbon. *Adv. Energy Mater.* 6 (1): 1501588.

29 Bin, D.-S., Li, Y., Sun, Y.-G. et al. (2018). Structural engineering of multishelled hollow carbon nanostructures for high-performance Na-ion battery anode. *Adv. Energy Mater.* 8 (26): 1800855.

30 Xiao, B., Rojo, T., and Li, X. (2019). Hard carbon as sodium-ion battery anodes: progress and challenges. *ChemSusChem* 12 (1): 133–144.

31 Ponrouch, A., Goñi, A.R., and Palacín, M.R. (2013). High capacity hard carbon anodes for sodium ion batteries in additive free electrolyte. *Electrochem. commun.* 27: 85–88.

32 Alvin, S., Cahyadi, H.S., Hwang, J. et al. (2020). Revealing the intercalation mechanisms of lithium, sodium, and potassium in hard carbon. *Adv. Energy Mater.* 10 (20): 2000283.

33 Luo, W., Jian, Z., Xing, Z. et al. (2015). Electrochemically expandable soft carbon as anodes for Na-ion batteries. *ACS Cent. Sci.* 1 (9): 516–522.

34 Cao, B., Liu, H., Xu, B. et al. (2016). Mesoporous soft carbon as an anode material for sodium ion batteries with superior rate and cycling performance. *J. Mater. Chem. A* 4 (17): 6472–6478.

35 Jian, Z., Bommier, C., Luo, L. et al. (2017). Insights on the mechanism of Na-ion storage in soft carbon anode. *Chem. Mater.* 29 (5): 2314–2320.

36 Yao, X., Ke, Y., Ren, W. et al. (2019). Defect-rich soft carbon porous nanosheets for fast and high-capacity sodium-ion storage. *Adv. Energy Mater.* 9 (6): 1803260.

37 Zhang, W., Zhang, F., Ming, F., and Alshareef, H.N. (2019). Sodium-ion battery anodes: Status and future trends. *EnergyChem* 1 (2): 100012.

38 Zhai, H., Xia, B.Y., and Park, H.S. (2019). Ti-based electrode materials for electrochemical sodium ion storage and removal. *J. Mater. Chem. A* 7 (39): 22163–22188.

39 Mei, Y., Huang, Y., and Hu, X. (2016). Nanostructured Ti-based anode materials for Na-ion batteries. *J. Mater. Chem. A* 4 (31): 12001–12013.

40 Wang, Q., Zhao, C., Lu, Y. et al. (2017). Advanced nanostructured anode materials for sodium-ion batteries. *Small* 13 (42): 1701835.

41 Wang, Y., Zhu, W., Guerfi, A. et al. (2019). Roles of Ti in electrode materials for sodium-ion batteries. *Front. Energy Res.* 7 (28).

42 Guo, S., Yi, J., Sun, Y., and Zhou, H. (2016). Recent advances in titanium-based electrode materials for stationary sodium-ion batteries. *Energy Environ. Sci.* 9 (10): 2978–3006.

43 Li, J., Liu, J., Sun, Q. et al. (2017). Tracking the effect of sodium insertion/extraction in amorphous and anatase TiO_2 nanotubes. *J. Phys. Chem. C* 121 (21): 11773–11782.

44 He, H., Gan, Q., Wang, H. et al. (2018). Structure-dependent performance of TiO_2/C as anode material for Na-ion batteries. *Nano Energy* 44: 217–227.

45 Lan, T., Wang, T., Zhang, W. et al. (2017). Rutile TiO_2 mesocrystals with tunable subunits as a long-term cycling performance anode for sodium-ion batteries. *J. Alloys Compd.* 699: 455–462.

46 Wu, L., Bresser, D., Buchholz, D., and Passerini, S. (2015). Nanocrystalline TiO_2(B) as anode material for sodium-ion batteries. *J. Electrochem. Soc.* 162 (2): A3052–A3058.

47 Xiong, H., Slater, M.D., Balasubramanian, M. et al. (2011). Amorphous TiO_2 nanotube anode for rechargeable sodium ion batteries. *J. Phys. Chem. Lett.* 2 (20): 2560–2565.

48 Mogensen, R., Brandell, D., and Younesi, R. (2016). Solubility of the solid electrolyte interphase (SEI) in sodium ion batteries. *ACS Energy Lett.* 1 (6): 1173–1178.

49 Zhao, F., Wang, B., Tang, Y. et al. (2015). Niobium doped anatase TiO2 as an effective anode material for sodium-ion batteries. *J. Mater. Chem. A* 3 (45): 22969–22974.

50 Vazquez-Santos, M.B., Tartaj, P., Morales, E., and Amarilla, J.M. (2018). TiO2 nanostructures as anode materials for Li/Na-ion batteries. *Chem. Rec.* 18 (7-8): 1178–1191.

51 Tahir, M.N., Oschmann, B., Buchholz, D. et al. (2016). Extraordinary performance of carbon-coated anatase TiO_2 as sodium-ion anode. *Adv. Energy Mater.* 6 (4): 1501489.

52 Babu, B., Ullattil, S.G., Prasannachandran, R. et al. (2018). Ti^{3+} induced brown TiO_2 nanotubes for high performance sodium-ion hybrid capacitors. *ACS Sustainable Chem. Eng.* 6 (4): 5401–5412.

53 Xu, Y., Memarzadeh Lotfabad, E., Wang, H. et al. (2013). Nanocrystalline anatase TiO_2: a new anode material for rechargeable sodium ion batteries. *Chem. Commun.* 49 (79): 8973–8975.

54 Wu, L., Bresser, D., Buchholz, D. et al. (2015). Unfolding the mechanism of sodium insertion in anatase TiO_2 nanoparticles. *Adv. Energy Mater.* 5 (2): 1401142.

55 Chen, J., Ding, Z., Wang, C. et al. (2016). Black anatase titania with ultrafast sodium-storage performances stimulated by oxygen vacancies. *ACS Appl. Mater. Interfaces* 8 (14): 9142–9151.

56 Babu, B. and Shaijumon, M.M. (2021). Understanding how degree of crystallinity affects electrochemical kinetics of sodium-ion in brown TiO_2 nanotubes. *ChemElectroChem* 8 (12): 2180–2185.

57 Chen, J., Song, W., Hou, H. et al. (2015). Ti^{3+} self-doped dark rutile TiO_2 ultrafine nanorods with durable high-rate capability for lithium-ion batteries. *Adv. Funct. Mater.* 25 (43): 6793–6801.

58 Paolella, A., Faure, C., Timoshevskii, V. et al. (2017). A review on hexacyanoferrate-based materials for energy storage and smart windows: challenges and perspectives. *J. Mater. Chem. A* 5 (36): 18919–18932.

59 Zhang, Y., Foster, C.W., Banks, C.E. et al. (2016). Graphene-rich wrapped petal-like rutile TiO_2 tuned by carbon dots for high-performance sodium storage. *Adv. Mater.* 28 (42): 9391–9399.

60 Hong, Z., Zhou, K., Zhang, J. et al. (2015). Facile synthesis of rutile TiO_2 mesocrystals with enhanced sodium storage properties. *J. Mater. Chem. A* 3 (33): 17412–17416.

61 Yang, Y., Liao, S., Shi, W. et al. (2017). Nitrogen-doped TiO_2(B) nanorods as high-performance anode materials for rechargeable sodium-ion batteries. *RSC Adv.* 7 (18): 10885–10890.

62 Watanabe, M., Bando, Y., and Tsutsumi, M. (1979). A new member of sodium titanates, $Na_2Ti_9O_{19}$. *J. Solid State Chem.* 28 (3): 397–399.

63 Nava-Avendaño, J., Morales-García, A., Ponrouch, A. et al. (2015). Taking steps forward in understanding the electrochemical behavior of $Na_2Ti_3O_7$. *J. Mater. Chem. A* 3 (44): 22280–22286.

64 Rousse, G., Arroyo-de Dompablo, M.E., Senguttuvan, P. et al. (2013). Rationalization of intercalation potential and redox mechanism for $A_2Ti_3O_7$ (A = Li, Na). *Chem. Mater.* 25 (24): 4946–4956.

65 Xu, J., Ma, C., Balasubramanian, M., and Meng, Y.S. (2014). Understanding $Na_2Ti_3O_7$ as an ultra-low voltage anode material for a Na-ion battery. *Chem. Commun.* 50 (83): 12564–12567.

66 Senguttuvan, P., Rousse, G., Seznec, V. et al. (2011). $Na_2Ti_3O_7$: lowest voltage ever reported oxide insertion electrode for sodium ion batteries. *Chem. Mater.* 23 (18): 4109–4111.

67 Ko, J.S., Doan-Nguyen, V.V.T., Kim, H.-S. et al. (2017). $Na_2Ti_3O_7$ nanoplatelets and nanosheets derived from a modified exfoliation process for use as a high-capacity sodium-ion negative electrode. *ACS Appl. Mater. Interfaces* 9 (2): 1416–1425.

68 Rudola, A., Saravanan, K., Devaraj, S. et al. (2013). $Na_2Ti_6O_{13}$: a potential anode for grid-storage sodium-ion batteries. *Chem. Commun.* 49 (67): 7451–7453.

69 Cao, K., Jiao, L., Pang, W.K. et al. (2016). $Na_2Ti_6O_{13}$ nanorods with dominant large interlayer spacing exposed facet for high-performance Na-ion batteries. *Small* 12 (22): 2991–2997.

70 Li, H., Fei, H., Liu, X. et al. (2015). In situ synthesis of $Na_2Ti_7O_{15}$ nanotubes on a Ti net substrate as a high performance anode for Na-ion batteries. *Chem. Commun.* 51 (45): 9298–9300.

71 Zhou, Q., Liu, L., Tan, J. et al. (2015). Synthesis of lithium titanate nanorods as anode materials for lithium and sodium ion batteries with superior electrochemical performance. *J. Power Sources* 283: 243–250.

72 Gangaja, B., Nair, S., and Santhanagopalan, D. (2019). Solvent-controlled solid-electrolyte interphase layer composition of a high performance $Li_4Ti_5O_{12}$ anode for Na-ion battery applications. *Sustainable Energy Fuels* 3 (9): 2490–2498.

73 Huang, Y., Li, X., Luo, J. et al. (2017). Enhancing sodium-ion storage behaviors in $TiNb_2O_7$ by mechanical ball milling. *ACS Appl. Mater. Interfaces* 9 (10): 8696–8703.

74 Li, H., Zhu, Y., Dong, S. et al. (2016). Self-assembled Nb_2O_5 nanosheets for high energy–high power sodium ion capacitors. *Chem. Mater.* 28 (16): 5753–5760.

75 Bhat, S.S.M., Babu, B., Feygenson, M. et al. (2018). Nanostructured $Na_2Ti_9O_{19}$ for hybrid sodium-ion capacitors with excellent rate capability. *ACS Appl. Mater. Interfaces* 10 (1): 437–447.

76 Chen, C., Wen, Y., Hu, X. et al. (2015). Na^+ intercalation pseudocapacitance in graphene-coupled titanium oxide enabling ultra-fast sodium storage and long-term cycling. *Nature Communications* 6: 6929.

77 Tang, K., Fu, L., White, R.J. et al. (2012). Hollow carbon nanospheres with superior rate capability for sodium-based batteries. *Adv. Energy Mater.* 2 (7): 873–877.

78 Kim, K.-T., Ali, G., Chung, K.Y. et al. (2014). Anatase titania nanorods as an intercalation anode material for rechargeable sodium batteries. *Nano Letters* 14 (2): 416–422.

79 Zhang, Y., Yang, Y., Hou, H. et al. (2015). Enhanced sodium storage behavior of carbon coated anatase TiO2 hollow spheres. *J. Mater. Chem. A* 3 (37): 18944–18952.

80 Ni, J., Fu, S., Wu, C. et al. (2016). Superior sodium storage in $Na_2Ti_3O_7$ nanotube arrays through surface engineering. *Adv. Energy Mater.* 6 (11): 1502568.

81 Dai, Z., Mani, U., Tan, H.T., and Yan, Q. (2017). Advanced cathode materials for sodium-ion batteries: what determines our choices? *Small Methods* 1 (5): 1700098.

82 Pu, X., Wang, H., Zhao, D. et al. (2019). Recent progress in rechargeable sodium-ion batteries: toward high-power applications. *Small* 15 (32): 1805427.

83 Liu, Q., Hu, Z., Chen, M. et al. (2019). Recent progress of layered transition metal oxide cathodes for sodium-ion batteries. *Small* 15 (32): 1805381.

84 Wang, W., Jiang, B., Hu, L. et al. (2014). Single crystalline VO_2 nanosheets: a cathode material for sodium-ion batteries with high rate cycling performance. *J. Power Sources* 250: 181–187.

85 Su, D. and Wang, G. (2013). Single-crystalline bilayered V_2O_5 nanobelts for high-capacity sodium-ion batteries. *ACS Nano* 7 (12): 11218–11226.

86 Balogun, M.-S., Luo, Y., Lyu, F. et al. (2016). Carbon quantum dot surface-engineered VO_2 interwoven nanowires: a flexible cathode material for lithium and sodium ion batteries. *ACS Appl. Mater. Interfaces* 8 (15): 9733–9744.

87 Tepavcevic, S., Xiong, H., Stamenkovic, V.R. et al. (2012). Nanostructured bilayered vanadium oxide electrodes for rechargeable sodium-ion batteries. *ACS Nano* 6 (1): 530–538.

88 Su, D.W., Dou, S.X., and Wang, G.X. (2014). Hierarchical orthorhombic V_2O_5 hollow nanospheres as high performance cathode materials for sodium-ion batteries. *J. Mater. Chem. A* 2 (29): 11185–11194.

89 Chao, D., Zhu, C., Xia, X. et al. (2015). Graphene quantum dots coated VO_2 arrays for highly durable electrodes for Li and Na ion batteries. *Nano Lett.* 15 (1): 565–573.

90 Raju, V., Rains, J., Gates, C. et al. (2014). Superior cathode of sodium-ion batteries: orthorhombic V_2O_5 nanoparticles generated in nanoporous carbon by ambient hydrolysis deposition. *Nano Lett.* 14 (7): 4119–4124.

91 Mugnaioli, E., Gemmi, M., Merlini, M., and Gregorkiewitz, M. (2016). (Na,□)(5)[MnO(2)](13) nanorods: a new tunnel structure for electrode materials determined ab initio and refined through a combination of electron and synchrotron diffraction data. *Acta Crystallogr B Struct Sci Cryst Eng Mater* 72 (Pt 6): 893–903.

92 Zhang, D., Shi, W.-J., Yan, Y.-W. et al. (2017). Fast and scalable synthesis of durable $Na_{0.44}MnO_2$ cathode material via an oxalate precursor method for Na-ion batteries. *Electrochim. Acta* 258: 1035–1043.

93 Fang, Y., Yu, X.-Y., and Lou, X.W. (2017). A practical high-energy cathode for sodium-ion batteries based on uniform P2-$Na_{0.7}CoO_2$ microspheres. *Angew. Chem. Int. Ed.* 56 (21): 5801–5805.

94 Kim, H., Kim, D.J., Seo, D.-H. et al. (2012). Ab initio study of the sodium intercalation and intermediate phases in $Na_{0.44}MnO_2$ for sodium-ion battery. *Chem. Mater.* 24 (6): 1205–1211.

95 Fu, B., Zhou, X., and Wang, Y. (2016). High-rate performance electrospun $Na_{0.44}MnO_2$ nanofibers as cathode material for sodium-ion batteries. *J. Power Sources* 310: 102–108.

96 Lu, Y., Wang, L., Cheng, J., and Goodenough, J.B. (2012). Prussian blue: a new framework of electrode materials for sodium batteries. *Chem. Commun.* 48 (52): 6544–6546.

97 You, Y., Wu, X.-L., Yin, Y.-X., and Guo, Y.-G. (2014). High-quality Prussian blue crystals as superior cathode materials for room-temperature sodium-ion batteries. *Energy Environ. Sci.* 7 (5): 1643–1647.

98 Wang, B., Han, Y., Wang, X. et al. (2018). Prussian blue analogs for rechargeable batteries. *iScience* 3: 110–133.

99 Qian, J., Wu, C., Cao, Y. et al. (2018). Prussian blue cathode materials for sodium-ion batteries and other ion batteries. *Adv. Energy Mater.* 8 (17): 1702619.

100 Wu, X., Wu, C., Wei, C. et al. (2016). Highly crystallized $Na_2CoFe(CN)_6$ with suppressed lattice defects as superior cathode material for sodium-ion batteries. *ACS Appl. Mater. Interfaces* 8 (8): 5393–5399.

101 Shibata, T. and Moritomo, Y. (2014). Ultrafast cation intercalation in nanoporous nickel hexacyanoferrate. *Chem. Commun.* 50 (85): 12941–12943.

102 You, Y., Wu, X.-L., Yin, Y.-X., and Guo, Y.-G. (2013). A zero-strain insertion cathode material of nickel ferricyanide for sodium-ion batteries. *J. Mater. Chem. A* 1 (45): 14061–14065.

103 Wang, F., Wang, X., Chang, Z. et al. (2015). A quasi-solid-state sodium-ion capacitor with high energy density. *Adv. Mater.* 27 (43): 6962–6968.

104 You, Y. and Manthiram, A. (2018). Progress in high-voltage cathode materials for rechargeable sodium-ion batteries. *Adv. Energy Mater.* 8 (2): 1701785.

105 Ni, Q., Bai, Y., Wu, F., and Wu, C. (2017). Polyanion-type electrode materials for sodium-ion batteries. *Adv. Sci.* 4 (3): 1600275.

106 Zhu, Y., Xu, Y., Liu, Y. et al. (2013). Comparison of electrochemical performances of olivine $NaFePO_4$ in sodium-ion batteries and olivine $LiFePO_4$ in lithium-ion batteries. *Nanoscale* 5 (2): 780–787.

107 Padhi, A.K., Manivannan, V., and Goodenough, J.B. (1998). Tuning the position of the redox couples in materials with NASICON structure by anionic substitution. *J. Electrochem. Soc.* 145 (5): 1518–1520.

108 Goodenough, J.B., Hong, H.Y.P., and Kafalas, J.A. (1976). Fast Na^+-ion transport in skeleton structures. *Mater. Res. Bull.* 11 (2): 203–220.

109 Ghosh, S., Barman, N., Mazumder, M. et al. (2020). High capacity and high-rate NASICON-$Na_{3.75}V_{1.25}Mn_{0.75}(PO_4)_3$ cathode for na-ion batteries via modulating electronic and crystal structures. *Adv. Energy Mater.* 10 (6): 1902918.

110 Liu, Y., Qiao, Y., Zhang, W. et al. (2015). Sodium storage in Na-rich $Na_xFeFe(CN)_6$ nanocubes. *Nano Energy* 12: 386–393.

111 Wang, L., Lu, Y., Liu, J. et al. (2013). A superior low-cost cathode for a Na-ion battery. *Angew. Chem., Int. Ed.* 52 (7): 1964–1967.

112 Yin, J., Qi, L., and Wang, H. (2012). Sodium titanate nanotubes as negative electrode materials for sodium-ion capacitors. *ACS Appl. Mater. Interfaces* 4 (5): 2762–2768.

113 Kuratani, K., Yao, M., Senoh, H. et al. (2012). Na-ion capacitor using sodium pre-doped hard carbon and activated carbon. *Electrochim. Acta* 76: 320–325.

114 Ding, J., Wang, H., Li, Z. et al. (2015). Peanut shell hybrid sodium ion capacitor with extreme energy–power rivals lithium ion capacitors. *Energy Environ. Sci.* 8 (3): 941–955.

115 Ajuria, J., Redondo, E., Arnaiz, M. et al. (2017). Lithium and sodium ion capacitors with high energy and power densities based on carbons from recycled olive pits. *J. Power Sources* 359: 17–26.

116 Han, P., Han, X., Yao, J. et al. (2015). High energy density sodium-ion capacitors through co-intercalation mechanism in diglyme-based electrolyte system. *J. Power Sources* 297: 457–463.

117 Liu, S., Cai, Z., Zhou, J. et al. (2016). Nitrogen-doped TiO_2 nanospheres for advanced sodium-ion battery and sodium-ion capacitor applications. *J. Mater. Chem. A* 4 (47): 18278–18283.

118 Le, Z., Liu, F., Nie, P. et al. (2017). Pseudocapacitive sodium storage in mesoporous single-crystal-like TiO2–graphene nanocomposite enables high-performance sodium-ion capacitors. *ACS Nano* 11 (3): 2952–2960.

119 Wasiński, K., Półrolniczak, P., and Walkowiak, M. (2018). Proof-of-concept study of a new type sodium-ion hybrid electrochemical capacitor with organic electrolyte. *Electrochim. Acta* 259: 850–854.

120 Kaliyappan, K. and Chen, Z. (2018). Atomic-scale manipulation of electrode surface to construct extremely stable high-performance sodium ion capacitor. *Nano Energy* 48: 107–116.

121 Gu, H., Kong, L., Cui, H. et al. (2019). Fabricating high-performance sodium ion capacitors with P2-$Na_{0.67}Co_{0.5}Mn_{0.5}O_2$ and MOF-derived carbon. *J. Energy Chem.* 28: 79–84.

122 Chen, L.-F., Zhang, X.-D., Liang, H.-W. et al. (2012). Synthesis of nitrogen-doped porous carbon nanofibers as an efficient electrode material for supercapacitors. *ACS Nano* 6 (8): 7092–7102.

123 Jayaraman, S., Madhavi, S., and Aravindan, V. (2018). High energy Li-ion capacitor and battery using graphitic carbon spheres as an insertion host from cooking oil. *J. Mater. Chem. A* 6 (7): 3242–3248.

124 Ye, L., Liang, Q., Lei, Y. et al. (2015). A high performance Li-ion capacitor constructed with $Li_4Ti_5O_{12}$/C hybrid and porous graphene macroform. *J. Power Sources* 282: 174–178.

125 Li, H., Peng, L., Zhu, Y. et al. (2016). An advanced high-energy sodium ion full battery based on nanostructured $Na_2Ti_3O_7$/$VOPO_4$ layered materials. *Energy Environ. Sci.* 9 (11): 3399–3405.

126 Ma, S.-B., Nam, K.-W., Yoon, W.-S. et al. (2007). A novel concept of hybrid capacitor based on manganese oxide materials. *Electrochem. Commun.* 9 (12): 2807–2811.

127 Ponrouch, A., Monti, D., Boschin, A. et al. (2015). Non-aqueous electrolytes for sodium-ion batteries. *J. Mater. Chem. A* 3 (1): 22–42.

128 Eshetu, G.G., Martinez-Ibañez, M., Sánchez-Diez, E. et al. (2018). Electrolyte additives for room-temperature, sodium-based rechargeable batteries. *Chem. Asian J* 13 (19): 2770–2780.

129 Yu, Y., Che, H., Yang, X. et al. (2020). Non-flammable organic electrolyte for sodium-ion batteries. *Electrochem. Commun.* 110: 106635.

130 Che, H., Chen, S., Xie, Y. et al. (2017). Electrolyte design strategies and research progress for room-temperature sodium-ion batteries. *Energy Environ. Sci.* 10 (5): 1075–1101.

131 Ponrouch, A., Marchante, E., Courty, M. et al. (2012). In search of an optimized electrolyte for Na-ion batteries. *Energy Environ. Sci.* 5 (9): 8572–8583.

132 Hong, S.Y., Kim, Y., Park, Y. et al. (2013). Charge carriers in rechargeable batteries: Na ions vs. *Li ions. Energy Environ. Sci.* 6 (7): 2067–2081.

133 Seh, Z.W., Sun, J., Sun, Y., and Cui, Y. (2015). A highly reversible room-temperature sodium metal anode. *ACS Cent. Sci.* 1 (8): 449–455.

134 Yim, T., Kwon, M.-S., Mun, J., and Lee, K.T. (2015). Room temperature ionic liquid-based electrolytes as an alternative to carbonate-based electrolytes. *Isr. J. Chem.* 55 (5): 586–598.

135 MacFarlane, D.R., Tachikawa, N., Forsyth, M. et al. (2014). Energy applications of ionic liquids. *Energy Environ. Sci.* 7 (1): 232–250.

136 Plashnitsa, L. S.; Kobayashi, E.; Noguchi, Y.; Okada, S.; Yamaki, J.-i., Performance of NASICON symmetric cell with ionic liquid electrolyte. *J. Electrochem. Soc.* 2010, 157 (4), A536.

137 Fukunaga, A., Nohira, T., Hagiwara, R. et al. (2014). A safe and high-rate negative electrode for sodium-ion batteries: hard carbon in NaFSA-C1C3pyrFSA ionic liquid at 363 K. *J. Power Sources* 246: 387–391.

138 Arnaiz, M., Huang, P., Ajuria, J. et al. (2018). Protic and aprotic ionic liquids in combination with hard carbon for lithium-ion and sodium-ion batteries. *Batteries & Supercaps* 1 (6): 204–208.

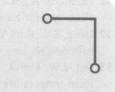

第 20 章
可充电海水电池

作者：*Wang-geun Lee*，*Youngsik Kim*
译者：王倡、何平

▼ 20.1　概述

　　从能源材料工程的角度看，海水有两方面的特点。其一，海水是一种天然可再生的、近乎取之不尽的资源。地球上有 70% 的面积被海水覆盖，全球 13.6 亿 km^3 的水资源中海水占据了 97%。溶解在海水中的主要阳离子是钠离子，这就使得钠离子的价格低廉且极易获取。其二，由于海水复杂的生物化学环境对金属等材料来说过于恶劣，包括电池在内的各种电子设备都容易受到侵蚀。因此，对海洋环境下供电产品的研究与开发是一个具有挑战性的课题。

　　以海水作为组成部分的电池被称为海水电池（SWB）。人们开发出的第一代海水电池是一次电池，主要应用于海洋军事领域。之后，人们开发出了从海水中获取 Na^+ 的可充电海水电池。可充电海水电池以海水作为活性物质来源，能够进一步降低钠离子电池的成本，扩大其价格竞争优势。

　　可充电海水电池有两个独特的优点：①它从海水中获取活性物质，成本低廉；②它可以在海洋环境中运行。因此，海水电池系统能够应用在海洋环境中，来利用那近乎取之不尽的海水资源。

　　在本章中，我们将讨论可充电海水电池的充放电反应，重点关注与其他钠电池相比最具特征的正极部分，然后将介绍每个部件的材料和技术发展过程。在第 20.2 节中，我们将回顾海水电池的历史，解释可充电海水电池的工作原理和结构以及海水正极发生的反应；第 20.3 节则是关于海水电池的组成材料，包括正极、固态电解质以及负极和有机电解液；第 20.4 节介绍电池的结构，并简要介绍了海水电池的商业化案例；在最后的第 20.5 节，我们指出了海水电池当下的一些问题，展望了海水电池未来的研究与发展进程。

20.2　可充电海水电池的基本信息

20.2.1　海水电池的历史

　　海水电池，顾名思义，就是指以海水作为组成部分的电池。早在 20 世纪 40 年代，人们就已经在设计制造一款适用于海洋军事领域的电池。图 20.1 展示了海水电池的发展历史，包括从 20 世纪 40 年代开发和使用的镁基海水一次电池，到目前正在研究的二次电池系统 [1]。

　　如图 20.1 所示，我们根据海水电池的工作原理，把它们分为三代。第一代海水电池是一种镁基原电池，使用海水作为电解液。由于其自放电速率相对较低，可以被归类为"后备电池"。在 1943 年，这种 Mg（负极）-AgCl（正极）电池被商业化并大规模生产，以应用于军事领域 [2]。电池中的 Mg 负极和 AgCl 正极被分开储存，使用时则将其浸泡于海水等电解液中即可。之后，民众也开始使用这种电池。1949 年，人们开发出了 Mg-CuCl 电池，用以取代价格昂贵的银。但 CuCl 具有强吸湿性，之后被氯化铅（$PbCl_2$）、氯化汞（Hg_2Cl_2）或氧化亚铜（Cu_2O）取代，以更低的成本获得了更高的化学稳定性 [3-5]。以上这些第一代海水电池均是基于镁的不可逆反应的一次电池。

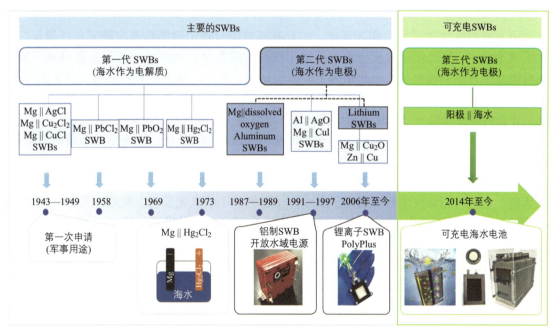

图 20.1　从一次海水电池到可充电海水电池的发展时间表（资料来源：引自文献 [1]，经英国皇家化学学会许可）

　　20 世纪 90 年代，人们开发出了以海水作为正极的电池，用于深海作业或长期水下活动 [6, 7]。这些 M（负极）- 海水（正极）电池被归类为第二代海水电池，其中 M 指代 Mg、Al、Zn 等金属 [8, 9]。相比第一代海水电池，这些电池具有更高的能量密度。在这些电池中，正极反应可以解释为氧还原反应（ORR）或析氢反应（HER）。然而，由于自身的性能衰退，第二代海水电池的自放电速率高，输出功率低。例如，其中 Mg、Al 和 Zn 负极的工作电压在 1.0 ~ 1.8V。为了提高工作电压，2006 年，PolyPlus 电池公司研发了一种具有稳定锂基电极的 Li-海水电池。使用这种电池，ORR 过程的电池电压可以达到 3.0V，HER 则为 2.3V。不过，尽管有这些鼓舞人心的尝试，第一代和第二代海水电池依旧有着低电压问题和一次电池所固有的限制。而这些限制正是其在大功率 / 多功能海洋设备中应用的主要障碍。

可充电海水电池（第三代海水电池）研发于 2014 年，与第二代海水电池相似，也以海水作为正极。不同的是，这一代用钠基负极替代了金属或锂基负极[10]。第三代海水电池以海水作为正极，以海水中的 Na^+ 作为电荷载体，以此来储存电能。这一技术的要点包括电极反应的控制、负极和固态电解质的稳定性，以及电池系统的设计。在传统的一次海水电池已经投入使用的各个领域，可充电海水电池都具备应用的前景，例如一些军事和民用领域，以及未来沿海城市附近的与太阳能和风力发电装置相连接的能源存储系统（ESS）。本章的主要目的是介绍钠基第三代海水电池的概念及其背后的化学原理，并重点关注其正极的特性，因此下文中提到的"海水电池"或"可充电海水电池"均指代第三代海水电池。

20.2.2　工作原理及电池部件

可充电海水电池以海水作为正极，因此在充放电过程中可能涉及多种氧化还原反应。除了典型的水 / 氧氧化还原反应外，根据正极材料的类型、物理性质和环境条件的不同，还可能发生其他如氯离子反应和钠离子的插层反应。不过，基于目前对一般条件下的可充电海水电池的研究，人们已经证实了氧的氧化还原反应在其充放电过程中起主要作用。因此，正极的主要反应——氧化还原反应，将作为电池工作原理的重点来进行研究。

海水电池是一种以钠为基础的可充电电池，通过以钠为负极，以海水为正极的氧化还原反应来存储和释放电能（见图 20.2a）。一般来说，海水电池的正极是一个开放系统，与暴露在大气中的海水环境相接触。充电过程中，海水中的 Na^+ 通过隔膜移动至负极区域。在这时，正极可能会发生氢氧根离子、水分子或氯离子的氧化反应。放电过程中，负极中积蓄的 Na 通过隔膜释放到海水中，同时在正极上释放电子引发还原反应。氧、水或质子在正极被还原。当使用标准温度下的海水（pH = 8）进行正常的充放电循环时，海水电池正极的主要反应是氢氧根离子和溶解氧的氧化还原。充放电过程中的半电池反应如下：

正极（在 pH = 8 的海水中）：

$$4OH^- \longleftrightarrow O_2 + 2H_2O + 4e^- \quad E^0 = 0.74V \text{ vs.NHE} \tag{20.1}$$

负极（在有机电解液中）：

$$4Na^+ + 4e^- \longleftrightarrow 4Na \quad E^0 = -2.73V \text{ vs.NHE} \tag{20.2}$$

总反应：

$$4Na + O_2 + 2H_2O \longleftrightarrow 4NaOH \quad E_{cell} = 3.48V \tag{20.3}$$

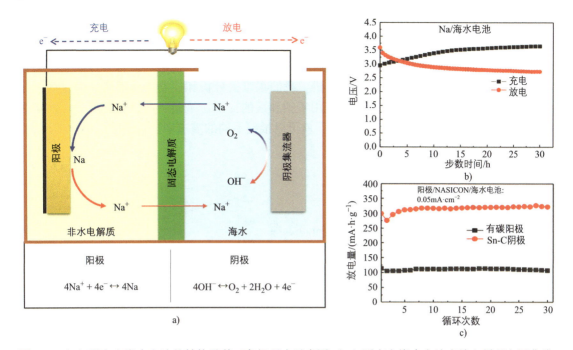

图 20.2　（a）可充电海水电池的结构及其正负极反应示意图；（b）可充电海水电池充放电循环电压曲线；（c）放电容量与循环次数的关系图（资料来源：引自文献 [10]，经 Spriger Nature 许可 CC BY 4.0）

根据总反应方程式，在标准海水条件下，海水电池的热力学电压约为 3.48V。图 20.2b 和 c 分别为海水电池在充放电过程中的电压曲线及其循环性能。

可充电海水电池由钠负极、与海水接触的正极和位于两个电极之间的固态电解质组成。负极由有机电解液和浸泡于其中的负极材料组成，正极由海水、集流体和催化剂组成，固态电解质就位于海水和有机电解液之间。海水电池的负极利用从海水中提取的钠来储存能量，这是决定电池容量的一个重要因素。独特的正极是海水电池有别于其他电池的地方，并且其对电池的电压效率和充放电周期有很大影响。固态电解质分隔开海水和有机电解液，只选择性地让 Na^+ 通过，从而可以影响电池的充放电效率。在海水电池的充放电过程中，氧化还原反应所需的 Na^+ 和氧则由海水提供。

隔膜可以选择性地让钠离子通过，并防止电池短路。一种用于海水电池的固态电解质叫做 NA-SICON。这种固态电解质必须具有高钠离子电导率和高物理稳定性，以及与正极的低反应活性。除此之外，由于它工作时必须直接接触海水环境，它必须在潮湿和有氧环境下保持稳定。

海水电池的负极室与钠离子电池类似，其决定了电池的容量。负极部分由有机电解液和负极材料组成，对这一部分的研究应关注如何提高其容量和稳定性。

20.2.3　正极反应

与钠离子电池相比，海水电池最大的不同就在于正极反应。后者直接从海水中获取 Na^+。如图 20.3a 所示，海水的含盐量为 3.5%，包括阳离子（Na^+，Mg^{2+}，Ca^{2+}）和阴离子

（Cl^-，SO_4^{2-}）。在电化学电池中，这些离子会经历各种反应，这可能会引发一些问题。因此，研究海水电池的充放电过程时，也应关注 Na^+ 以外的离子反应。

充放电过程可能会涉及海水中的多种氧化还原反应，需要根据正极材料仔细分析其特性和条件（见图 20.3b）。尽管从技术上讲，我们很难去分析和控制这些反应，但这些氧化还原反应也具有应用的潜力。它们可以用于钠和镁的提取、杀菌、产氯、制氢等。换句话说，如果通过适当的催化剂来进行控制，就可以根据不同的需求来进行不同的电化学反应。

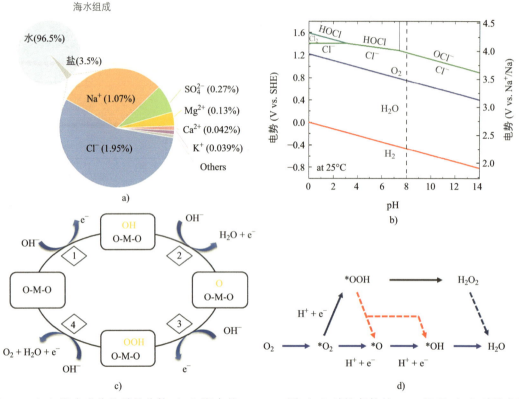

图 20.3 （a）海水成分的质量分数；（b）海水的 Pourbaix 图；（c）碱性条件的 OER 机理；（d）碱性条件的 ORR 机理（资料来源：（b）引自文献 [1]，经英国皇家化学学会许可；（c）引自文献 [11]，经 Springer Nature 许可；（d）引自文献 [12]，经英国皇家化学学会许可）

可充电海水电池中的主要反应包括水、氧和氢氧根离子的氧化还原反应。这类涉及氧的氧化还原反应也出现在燃料电池、水的电解、金属 - 氧电池反应和各种水溶液反应中。不仅是在传统的内燃机中，即使是在整个能源工业中，氧在电化学反应中的作用都至关重要。已知在水电解装置、燃料电池和金属 - 氧电池中，氧的电化学氧化还原反应与总反应的速率控制步骤密切相关 [13-20]。这类反应的主要难题是氧在氧化还原过程中可能有多种反应途径，也可能发生各种副反应。这使得研究者们难以分析和控制其反应机理。同时，它还导致了高反应过电压和低反应速率，造成了大量的能量损失。因此，在能源生产和转换领域，如何提高氧的电化学氧化还原效率是一个热门的研究方向。

在 pH = 8 的海水环境中，氧的氧化还原反应如下：

$$4OH^- \longleftrightarrow O_2 + 2H_2O + 4e^- \quad E^0 = 0.74V \text{ vs.NHE} \tag{20.4}$$

在海水电池充放电过程中，尽管正极的主要反应是氧的氧化还原反应，但其中可能发生的副反应也需要进行检测。这项工作对于工作透彻海水电池系统而言非常重要，对其材料开发、分析和技术进步有所裨益。

1. 析氧反应（OER）

正极在海水环境中的主要氧化反应是氢氧根离子变成氧气的析氧反应。析氧反应因其反应速率缓慢而备受诟病如图 20.3c 所示，在碱性条件下人们普遍认同的 OER 机制如下[11]：

$$^* + OH^- \longrightarrow {}^*OH + e^- \tag{20.5}$$

$$^*OH + OH^- \longrightarrow {}^*O + H_2O + e^- \tag{20.6}$$

$$^*O + OH^- \longrightarrow {}^*OOH + e^- \tag{20.7}$$

$$^*OOH + OH^- \longrightarrow {}^* + O_2 + H_2O + e^-, \tag{20.8}$$

（*：活性位点）

根据式（20.5）~ 式（20.8），析氧反应由多步氧化还原反应组成。氢氧键在反应位点上断裂生成一个活性氧，之后在 –OOH 中形成一个氧 – 氧双键（O = O），生成氧气。这组多步反应将氢氧根离子的电子转移到集流体上，过程中涉及几个中间体的形成。氧中间体之间可能会发生逆反应或其他副反应，这也是析氧反应速率缓慢的主要原因。这些多步中间体的形成增加了设计高效催化剂的难度[11, 21]。在研究碱性条件下的金属氧化物催化剂时，研究人员也探究了晶格中的氧参与反应的机理。这一过程可以降低析氧反应的过电压。氧化层中的氧能够参与反应，这为开发具有高氧扩散速率和表面交换动力学的钙钛矿催化剂奠定了基础[22-25]。

速率控制步骤会影响反应总体的速率和效率，了解和掌控这一步骤至关重要。根据催化剂或反应环境的不同，析氧反应速控步的机制也大不相同，因此人们研究其速控步时需要考虑具体的反应体系。对于金属和金属氧化物，研究人员通过研究 M–OOH 和 M–OH 的结合能之间的关联，确定了析氧反应的主要描述子[26-28]。结果证实，如果 Pd/Au 表面与氧的结合能过高，则速率控制步骤为 –OOH 中间体的反应；如果结合能过低，则速率控制步骤为 –OH 中间体的反应。此外，研究人员从 –O、–OH 和 –OOH 中间体的熵的差值中也得到了有意义的结果。从那时起，许多研究团队对描述子进行了细致的研究，并在此基础上设计了多种催化剂。不过，如何研究透彻 OER 的动力学仍然是一个复杂的问题。

氧的生成需要借助上述的多步反应。这是因为它是一个四电子反应，其过程必然伴随着自旋态的变化[29]。水中的氢氧根离子和氧的自旋态是单线态，而生成的氧的自旋态则为三线态。也就是说，这一过程必然伴有单线态到三线态的自旋态转变，但从化学原理上讲，这种转变不可能发生。这些要素影响了表面的吸附、电子转移以及反应效率和电导率。因此，研究 OER 时不仅要考虑电子转移，也要考虑电子自旋态。

由于 OER 具有多种化学途径且十分复杂，研究者们正在努力研发可以应对这一难题的催化剂。目前对这类催化剂的研究包括铂、铱、钌、过渡金属、过渡金属氧化物、贵金属、过渡金属合金和有机金属催化剂等。目前，氧化钌和氧化铱是最有效的析氧反应催化剂，但由于其价格昂贵，人们也在努力研发镍等过渡金属催化剂。特别是碱性溶液中的析氧反应，在基于过渡金属氧化物或碳纳米材料的催化剂的研究中，其取得了相当大的进展 [30]。

2. 氧还原反应（ORR）

在海水电池的放电过程中，通常会发生氧还原反应。人们认为 ORR 具备四电子或二电子过程。众所周知，在碱性条件下的 ORR 中，电极表面的氢氧根离子不仅阻碍了氧的吸附，也促进了二电子过氧化氢中间体的形成。四电子反应如下：

$$O_2 + 2H_2O + 4e^- \longrightarrow 4OH^- \tag{20.9}$$

二电子反应如下：

$$O_2 + H_2O + 2e^- \longrightarrow HO_2^- + OH^- \tag{20.10}$$

$$HO_2^- + H_2O + 2e^- \longrightarrow 3OH^- \tag{20.11}$$

二电子反应以过氧化氢作为反应中间体，这会导致过电压较高，且相对反应速率低于四电子反应。因此，对电化学 ORR 来说，人们更推崇四电子反应。众所周知，四电子和二电子氧还原反应具有非常复杂的逐步机理。以具有代表性的铂催化剂为例，已知它遵循四电子反应途径。对铂催化剂来说，碱性溶液中四电子反应的逐步机理如下 [31]：

$$^* + O_2 \longrightarrow {}^*O_2 \tag{20.12}$$

$$^*O_2 + H_2O + e^- \longrightarrow {}^*OOH + OH^- \tag{20.13}$$

$$^*OOH + e^- \longrightarrow {}^*O + OH^- \tag{20.14}$$

$$^*O + H_2O + e^- \longrightarrow {}^*OH + OH^- \tag{20.15}$$

$$^*OH + e^- \longrightarrow {}^* + OH^-, \tag{20.16}$$

（*：活性位点）

在四电子反应过程中，氧分子被化学吸附到催化活性位点后，中间体直到最后四个电子参与反应，氧被还原，才从活性位点上脱附。此时，在逐步反应过程中，氧气的分解和吸附过程可表示为：

$$^*O_2 \longrightarrow 2^*O \tag{20.17}$$

在二电子反应过程中，由第一个二电子反应 [式（20.10）] 生成的 HO_2^- 将进一步被水还原，或者发生分解反应，机理如下（见图 20.3d）：

$$HO_2^- + H_2O + 2e^- \longrightarrow 3OH^- \tag{20.18}$$

$$HO_2^- \longrightarrow OH^- + 1/2O_2 \tag{20.19}$$

研究人员还没有充分概念性地研究二电子反应在 H_2O_2（碱性条件下为 HO_2^-）的生成、逐步机理和速率控制步骤。即使已经证实 H_2O_2 是反应中间体的一种，由于涉及许多 O/O^* 物种的副反应，人们很难清楚地观察到 H_2O_2。不论是四电子还是二电子反应途径，人们都认为 ORR 的速率控制步骤是氧的吸附步骤，并且第一个电子转移步骤是其速率控制步骤。然而，其他步骤在动力学上也没有绝对的优势，导致速率控制步骤因反应条件和催化剂的不同而改变[32]。

在碱性溶液中，除了贵金属 Pt 外，镍、钴、铁等各种催化剂都可以催化 ORR。但这种催化是通过二电子途径而不是四电子途径实现的。外层电子转移机制可以解释这一现象。反应的催化发生在外层区域（外亥姆霍兹层 OHP），而不是在内层区域（内亥姆霍兹层 IHP）。对于前者，反应物与电极或催化剂之间可以直接进行电子转移[33]，因而有数种金属可以用作催化剂的材料。从这一层面来说，外层电子转移机制导致的非特异性是一种优势。但另一方面，它也促进了二电子反应，导致反应速率较慢。为了提高 ORR 的效率和速率，需要研发在海水环境中遵循四电子途径的催化剂。

3. 寄生反应：氯相关反应

我们研究了海水环境中氧的氧化还原反应。氧反应是海水电池正极的主要充放电机制。不过，人们同样需要关注作为海水主要成分之一的氯离子。尽管在热力学上，氧的氧化还原比氯离子的次氯酸化优先级更高，但由于之前提到的氧反应的动力学问题，在 pH = 8 的海水环境中，氯离子反应仍会与之产生竞争。次氯酸（在 pH = 8 时为次氯酸根）生成反应（HCFR）如下[34]：

$$ClO^- + H_2O + 2e^- \longleftrightarrow Cl^- + 2OH^- \quad E^0 = 1.24V \text{ vs.NHE} \qquad （20.20）$$

在热力学上，当 pH = 8 时，HCFR 的还原电位比析氧反应高约 0.47V。然而，HCFR 在动力学上比慢且复杂的 OER 更有优势。换句话说，随着充电电流的增加，OER 和 HCFR 都会进行并相互竞争。次氯酸（HClO）是一种 pK_a = 7.53 的弱酸，在海水环境（pH = 8）中主要以 ClO^- 形式存在，部分以共轭酸形式存在，即 HClO。

▼ 20.3 可充电海水电池的材料

20.3.1 正极

与钠离子电池不同，可充电海水电池的正极反应，即 OER/ORR，一般在海水中进行。其使用的材料在设计时必须考虑到海洋环境的影响（图 20.4a）。可充电海水电池的正极部分由集流体、催化材料和海水组成。涂有催化材料的正极集流体直接浸泡在海水中以进行电子交换，并且正极会直接影响 OER/ORR 的过电压。因此，正极材料不仅需要在海水环境中保持物理和化学稳定性，还需要高效地催化 OER/ORR 过程，以保证整个电池的电压效率。人们有时会把集流体和催化剂作为一个整体看待，但本节将分别讨论它们各自的作用和材料。之后，我们将讨论其他可用于正极的反应类型，如图 20.4b 所示。

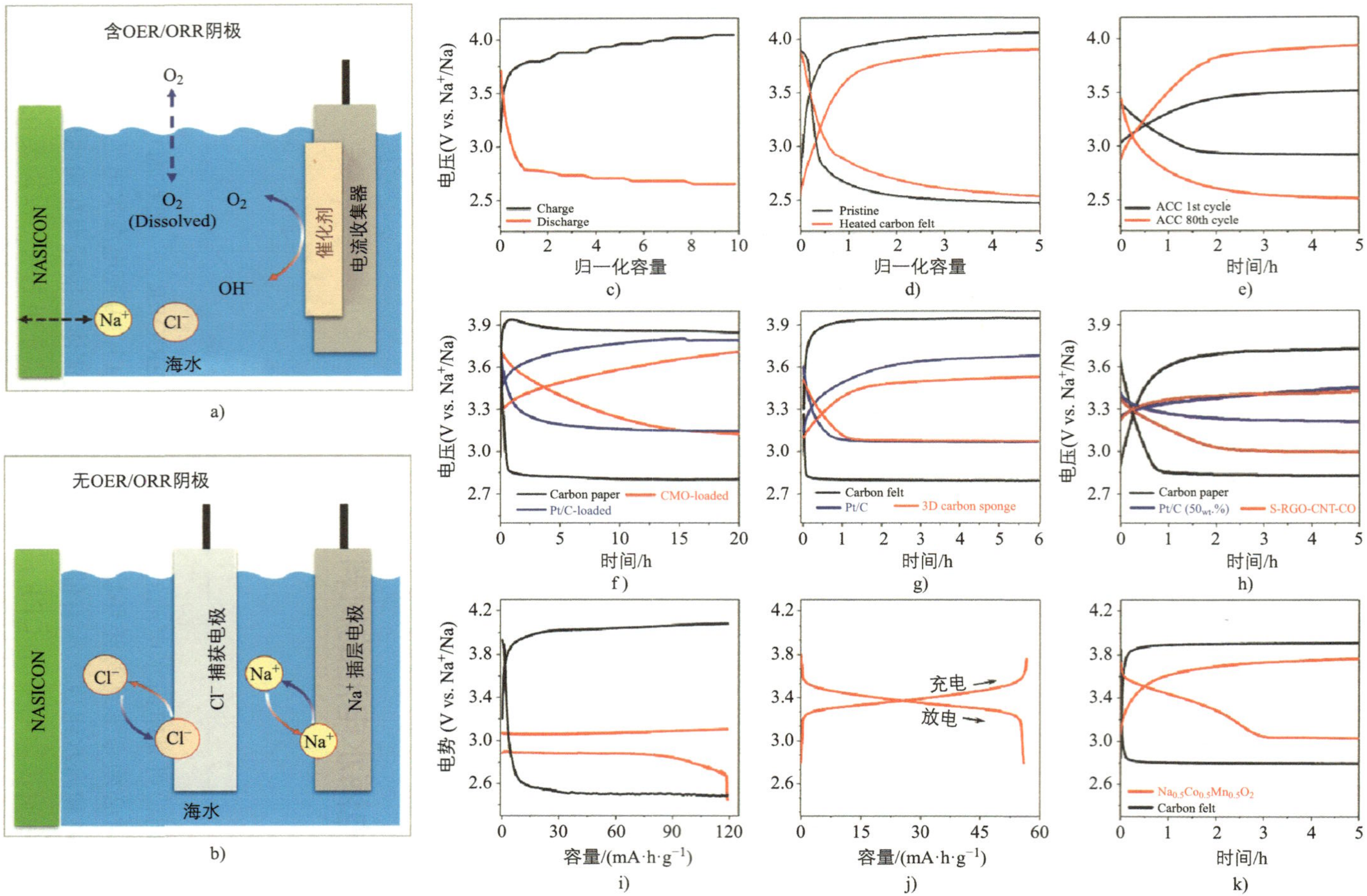

图 20.4 （a）基于 OER/ORR 反应的正极反应示意图；（b）基于非 OER/ORR 反应的正极反应示意图；（c～e）碳纸、碳毡和活性炭布分别作为集流体时的充放电循环电压曲线；（f～h）3D 海绵和 rGO-CNT-Co 分别作为 OER/ORR 催化剂时的充放电循环电压曲线；（i～k）Ag 电极、六氰铁酸镍（NiHCF）和 p2 型 Na$_{0.5}$Co$_{0.5}$Mn$_{0.5}$O$_2$ 分别作为非 OER/ORR 电极时的充放电循环电压曲线（资料来源：（c）引自文献 [35]，经约翰·威利父子公司许可；（d）引自文献 [36]，经 Elsevier 许可；（e）引自文献 [37]，经英国皇家化学学会许可；（f）引自文献 [38]，经美国化学学会许可；（g）引自文献 [39]，经 Elsevier 许可；（h）引自文献 [40]，经 Elsevier 许可；（i）引自文献 [41]，经 Elsevier 许可；（j）引自文献 [42]，经 Elsevier 许可；（k）引自文献 [43]，经英国皇家化学学会许可）

278

1. 集流体

作为电池的组成部分之一，同时也是连接导线和反应物的媒介，集流体是化学能和电能通过法拉第反应或非法拉第反应相互转换的途径。因此，诸如高电导率、大的比表面积和均匀性、化学稳定性和物理稳定性等可能是选择集流体的重要因素。对于工业应用，还应考虑重量比、价格和可行性。

金属或合金材质的集流体因其高导电性、均匀性和物理稳定性而被应用于多种电池系统。然而，常用的金属集流体（如铝、铜）在海水环境中不稳定，容易腐蚀，因此不适合在海水中使用。钛（Ti）及其合金制成的集流体在海水环境中则表现稳定，但由于其冶炼困难、加工成本高，若想进行工业应用，需要改进或寻找其他方案。

金属正极催化剂会发生腐蚀，导致其结构不稳定。这是金属组成和催化剂研究所面临的主要困难之一。金属在含氧和潮湿的环境中会形成氧化物或氢氧化物，并且金属自身的物理性质会在电化学氧化过程中丧失。在这种不可逆反应的作用下，金属会形成可溶的金属离子或沉淀，如氧化物或氢氧化物。而对以海水作为正极的海水电池来说，这种腐蚀可能会被海水中的氯离子进一步加速。

金属腐蚀的过程中，会在表面形成几纳米厚的氧化层，即钝化层，其可以防止金属进一步腐蚀。然而，在海水环境中，氯离子会破坏金属表面的钝化层，从而加速金属腐蚀[44]。因此，在为海水电池选择材料时，为了让电池能够长时间运行，需要选择像 Ti 这样耐腐蚀的金属导体。大多数金属的腐蚀反应方程如下：

$$M_M + 2 Ox_{aq} \longrightarrow M_{aq}^{2+} + 2\, Red(e^-)_{aq} \tag{20.21}$$

（M_M：金属相中的金属粒子，M_{aq}^{2+}：水溶液中的金属离子，Ox_{aq}：氧化剂，Red：还原剂）

碳基集流体被广泛应用于各种环境中，这要归功于它们的大比表面积、高化学稳定性、低密度和相对低廉的价格。它们曾被用作海水一次电池的正极集流体，其耐腐蚀性高于其他材料，即便在海水中也是如此[45, 46]。如图 20.4c 所示，最初用于可充电海水电池的集流体也是以碳为基底制成的，称为碳纸[35]。然而，其由于过于脆弱而被柔性碳毡所取代[47]。碳毡具有高导电性和较好的机械稳定性，但疏水的表面却导致其难以浸湿。因此，需要通过热处理对表面进行修饰使之亲水[36]。处理之后，OER/ORR 的过电压有所降低，充放电效率得到了提高（见图 20.4d）。通过这种热处理，电压差从 1.6V 降低到了 1.4V。随后，Park 等人使用了活性炭布（ACC）作为集流体，发现电池充放电效率显著提高，初始电压差降低到了 0.49V（电流密度为 0.13mA·cm^{-2}）[48]。这得益于双电层电容（EDLC）效应、较大的比表面积和氧氧化还原电极效率的提高。然而，如图 20.4e 所示，Lee 等人发现，由于 ACC 的腐蚀问题，在 80 次循环后，电压差从 0.6V 增加到了约 1.4V（电流密度为 0.13mA·cm^{-2}）[37]。

碳基材料和非金属材料都可能会发生腐蚀。当碳基集流体和催化材料应用于正极时，可能因氧气而发生腐蚀。即使是在以氧化还原反应为基础的燃料电池中，也会发生这种碳腐蚀[49-53]。海水电池充电时，正极集流体上具有局部高氧化值的碳原子会直接与水或氢氧根离子反应，生成一氧化碳或二氧化碳。这种碳腐蚀会导致过电压上升，并降低电压效率[37]。可能发生的碳腐蚀方程如下：

$$C + H_2O \longleftrightarrow CO_2 + 4H^+ + 4e^- \quad E^0 = 0.207V \text{ vs.NHE} \quad （20.22）$$

$$C + H_2O \longleftrightarrow CO + 2H^+ + 2e^- \quad E^0 = 0.518V \text{ vs.NHE} \quad （20.23）$$

$$CO + H_2O \longleftrightarrow CO_2 + 2H^+ + 2e^- \quad E^0 = -0.103V \text{ vs.NHE} \quad （20.24）$$

2. OER/ORR 催化剂

正极上氧的氧化还原反应是海水电池充放电的基础。在其中催化剂扮演着至关重要的角色。正如上文所述，由于充放电间隙的存在，仅使用了集流体的海水电池电压效率均偏低。海水电池正极在充放电过程中分别进行 OER 和 ORR，因此有必要开发一种可以催化这两种反应的双功能催化剂。海水电池催化剂的开发旨在通过降低过电压和控制缓慢而复杂的氧反应过程，来提高电压效率和电流密度。为了达成这一目标，必须在开发和应用催化剂材料的同时，尽量满足以下要求：①低 OER 起始电位和高 ORR 起始电位，这可以使初始电压差更低；②大比表面积和高密度活性位点；③热、物理和化学稳定性，以适应海水环境；④原料和合成工艺的价格竞争力。

不仅是在海水电池中，在燃料电池、水的电解和金属–氧电池中，OER/ORR 催化剂也发挥着重要作用。其中最著名的高效催化剂是用于加速 OER 的 IrO_2 和 RuO_2，以及用于加速 ORR 的 Pt/C。这些贵金属催化剂一般都很稳定，并且具有良好的催化性能。但由于其成本高昂、资源稀缺，无法得到广泛应用。为了取代上述贵金属催化剂，人们也在努力研发商业化催化剂，其中一些如过渡金属及其合金、过渡金属氧化物、氮化碳和碳纳米材料、钙钛矿催化剂，以及几种混合催化剂都具备这种潜力。为了将这些催化剂应用于海水电池，必须确认其在海水环境中的适应性和稳定性。关于海水电池双功能催化剂材料的研究，我们将关注金属或金属氧化物材料、碳基材料和混合材料的研究案例。

金属或金属氧化物通常具有高反应选择性、低过电压和高活性位点密度，因此在 OER/ORR 催化领域，各种非贵金属及其合金或氧化物制成的催化剂成为研究热点[30, 24, 54-59]。如图 20.4f 所示，Abirami 等人使用钴锰氧化物（$Co_xMn_{3-x}O_4$）作为海水电池的双功能催化剂[38]。测试结果显示，在电流密度为 $0.01mA \cdot cm^{-2}$ 时，使用催化剂后充放电电压差从 1.05V 降低到 0.53V，并可以稳定运行 100 次循环。该结果优于 Pt/C（Pt50%）和 Ir/C（Ir20%）在海水环境下的表现（分别为约 0.64V 和约 0.73V）。通过使用钒前驱体，Shin 等人将钒酸钴（$Co_3V_2O_8$）纳米颗粒应用于海水电池。在 $0.1mA \cdot cm^{-2}$ 的电流密度下，其电压差为 0.95V（电压效率为 76%），并可以在 20 次循环内保持稳定[60]。

有些碳材料具有多种物理和化学特性，如金刚石、石墨、石墨烯、富勒烯、碳纳米管、炭黑、多孔碳和碳纳米纤维等。由于其应用领域和反应类型各不相同，研究人员对多种碳催化剂进行了研究[61-64]。含有氮、硫、氧、磷等杂质原子的碳材料，可能会表现出显著更高的催化活性，例如吡啶和季 N 掺杂碳材料对 OER/ORR 的催化[65]，一份报告指出，它成为催化反应的活性中心。一般来说，碳催化剂具有较大的比表面积、高物理化学稳定性和价格竞争力。

有人用葡萄柚壳制成的多孔碳材料（PC）作为海水电池的正极催化剂，其充放电电压差降低到了 0.47V，并可以在 100 次循环中保持稳定[66]。在相同条件下，这一结果优于铂、氧化铱、氧化锰和碳材料 VulcanX72（分别为 0.68V、0.66V、0.73V 和 0.80V）。Sungeun 等人从锌基金属有机框架 [Zn(FMA)(4-(苯唑) 吡啶)$_2$(H$_2$O)] 中获得了多孔氮化碳（PNC），并将其应用于海水电池，在 0.01mA·cm^{-2} 的电流密度下得到了 0.53V 的电压间隙[47]。

Khan 等人用聚多巴胺（PDA）合成了 N 掺杂和 N、S 掺杂的碳纳米球（NCS 和 NSCS）[67]。这类 NCS 和 NSCS 催化剂的电压间隙为 0.56V（充放电效率为 84%），并可以稳定运行 100 次循环。在 3D 大孔碳海绵作为集流体和催化剂的情况下，如图 20.4g 所示，观察到其电压间隙为 0.46V（电压效率约为 83.2%），稳定循环达 100 次[39]。

金属和碳基催化剂都有明显的优缺点。因此，为了最大限度地发挥其优势，在水电解、燃料电池和金属 – 氧电池等研究领域，人们积极开展了关于混合催化剂及其协同作用的研究[68-72]。SrGO-CNT-Co 是一种将钴金属纳米颗粒包覆在碳纳米管和还原氧化石墨烯上的催化剂。如图 20.4h 所示，研究人员得到了 0.42V 的充放电电压差，并与裸碳纸进行了比较（电压间隙约为 0.88V，电流密度为 0.01mA·cm^{-2}）[40]。

3. 非 OER/ORR 正极材料

可充电海水电池的正极反应为氧的氧化还原反应，但也可以设计其他反应来替代。而海水则发挥电解液的作用。第一代海水电池通过金属（Mg）与其氯化物之间电离能（或氧化还原电位）的差异来存储电能。可充电海水电池也可以使用金属氯化物（如氯化银）作为正极，以此来获得低充放电间隙和高电压效率。氧的氧化还原反应动力学缓慢，过电压较高，导致电池充放电效率低，使用氯化银正极可以克服这一难题。

使用银正极时，伴随着 Ag/AgCl 的氧化还原过程，氯离子也会在正极上进行吸附和脱附。因此，其充放电间隙可能远小于采用氧反应的正极（见图 20.4i）。然而，使用银正极也有缺点，即电池容量会受到正极的限制，并且循环效率会迅速降低。银电极的工作电压约为 2.9V，电极反应如下：

$$Ag_{(s)} + Cl^- \longleftrightarrow AgCl_{(s)} \quad E_{cell} = \sim 2.9V \text{ vs.Na/Na}^+ \qquad (20.25)$$

另一种正极是嵌入式电极。六氰合铁酸镍（NiHCF）也可以用作海水电池正极，并且由于快速可逆的 Na$^+$ 嵌入 / 脱出，电池的电压间隙较小（见图 20.4j）[42]。不过，和 Ag 电极的情况相似，该电池的存储容量也受到了正极的限制。为了增加电池容量，人们采用了 P2 型 Na$_{0.5}$Co$_{0.5}$Mn$_{0.5}$O$_2$（NCMO）和碳毡集流体的组合来构成正极。有趣的是，如图 20.4k 所示，我们证实了离子的嵌入 / 脱出和 OER/ORR 全都发生了[43]。研究人员对 NCMO 进行充放电，检测到其电压间隙为 0.78V，优于仅使用碳毡集流体的 1.06V。

20.3.2　固态电解质

如果说与海水接触的正极是可充电海水电池中最具特色的部分，那么固态电解质薄膜就是使其能够运行的关键技术部分。它将非水性负极和海水分开，并防止储存的电子再被海水或氧气夺走。在充放电过程中，只有 Na^+ 能够选择性地从海水渗透到正极，反之亦然。为了在一般海水环境中运行，固态电解质必须具备低温下的工作能力、对海水的物理和化学稳定性、充放电电压窗口内的电化学稳定性以及足够支撑电池结构的机械强度。此外，海水电池的固态电解质还必须同时发挥分隔层和钠离子导体的作用。

固态电解质可分为无机（硫化物和氧化物）和有机（聚合物）或复杂电解质[73-76]。考虑到它分隔海水和负极的作用，Na^+ 导体无机固态电解质为其中的最优选。这是因为它比有机固态电解质具有更高的密度和机械强度。高密度和机械稳定性是防止电池物理或化学失效的关键。然而，只有少数类型的无机固态电解质能够用于可充电海水电池。

在所有的无机固态电解质中，硫化物电解质被应用于钠离子电池，因此引起了海水电池研究人员的注意[77-81]。由于硫离子和钠离子之间具有弱静电吸引力，硫化物固态电解质具有高离子电导率。然而，它极易与水和空气发生反应，并不适合海水电池。例如 Na_3PS_4，它会与水和氧气反应，产生有毒的硫化氢气体（H_2S）；而如果是 Na_3SbS_4，则会与水反应，转变为 $Na_3SbS_4 \cdot xH_2O$ 相，导致离子电导率降低[82-84]。

与硫化物电解质相比，氧化物固态电解质在水分和空气中的稳定性更高。典型的 Na^+ 导体固态电解质之一，β-氧化铝（β-Al_2O_3）就是一种氧化物固态电解质[73, 74]。β-氧化铝可以分为六方结构（β-氧化铝）和菱方结构（β″-氧化铝）两种。目前已知，由于 Na-β″-Al_2O_3 在 Na 转移平面上的 Na 浓度更高，它比 Na-β-Al_2O_3 结构具有更高的离子电导率[85]。Na-β-Al_2O_3 在室温下的离子电导率约为 $2 \times 10^{-3} S \cdot cm^{-1}$。然而，当 Na-β″-$Al_2O_3$ 用作海水电池的固态电解质时，其循环性能却很差，原因似乎是 Na-β″-Al_2O_3 发生了相变。而这是由于 H_3O^+ 扩散导致了 AlOOH 的生成。

另一种具有代表性的氧化物 Na^+ 导体固态电解质是钠快离子导体（NASICON），这一名称是由 Hong 和 Goodenough 在 2016 年决定的[86,87]。其常用的化学式为 $Na_{1+x}Zr_2Si_xP_{3-x}O_{12}$，其中 $0 < x < 3$，并且已知当 $x = 2$ 时，钠离子电导率较好。一般来说，根据组成和合成温度，制备的 NASICON 会形成菱方或单斜相（见图 20.5a）[76, 90]。在结构上，二者都有一个三维连接的 ZrO_6 八面体，它与 SiO_4 和 PO_4 四面体有一条共边。这两种结构都具有运输 Na^+ 的三维通道。得益于此，NASICON 已被用于 ZEBRA 电池、二氧化碳传感器和钠电池等场景。

NASICON 能够用作海水电池固态电解质，一个重要原因就是其生产工艺相对容易且简单。NASICON 的合成方法有很多，包括溶胶-凝胶法、放电等离子体烧结、固体反应、燃烧、离子交换和水热反应等。如图 20.5b 所示，4TOOne 有限责任公司商业化生产了标准化的 NASICON 和海水电池。这种市售的 NASICON 的体积密度为 $3.03g \cdot cm^{-3}$（为理论密度值的 93%），离子电导率约为 $1 \times 10^{-3} S \cdot cm^{-1}$[88]。

为了将 NASICON 应用于海水电池，需要确保其在海水环境中的稳定性。在之前关于 NASICON 的研究中，研究者们发现它在潮湿的环境中并不稳定。但当研究者们将 NASICON 颗粒应用于海水电池时，却得到了令人振奋的结果。在酸性条件下，NASICON 的结构会发生坍塌。但即使在海水环境中浸泡了两个月后，研究者们也没有观察到其结构变化或相移（见图 20.5c）。并且负极的有机电解液环境（1mol $NaCF_3SO_3$，溶剂为四乙二醇二甲醚）和电池状态（见图 20.5d 和 e）也没有发生明显的变化。

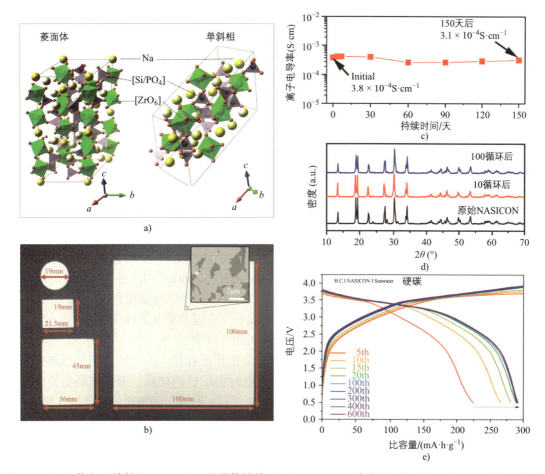

图 20.5 （a）菱方和单斜相 NASICON 的晶体结构；（b）NASICON 陶瓷的形状和尺寸发展及其微观结构（插图）；（c）离子电导率在海水中维持了 150 天；（d）100 次充放电循环后 NASICON 的粉末 X 射线衍射图样；（e）600 次循环的循环电压曲线（资料来源：（c、d）引自文献 [88]，经约翰·威利父子公司许可，（e）引自文献 [89]，经 Elsiver 许可）

20.3.3　负极

在电池中，负极用于存储活性物质。挑选负极材料时需要关注其结构稳定性、低电化学反应性、活性物质储存能力和价格竞争力。对钠离子电池来说，钠具有比锂更大的原子尺寸和更高的反应活性。因此，最初人们认为非晶材料更适合作为钠离子电池的负极，例如无定形碳和硬碳。时至今日，许多碳、金属／合金和金属氧化物材料已经作为钠离子电池负极进入了研究人员的视野。由于均由钠作为活性物质，可充电海水电池的负极与钠离子电池并没有太大区别。

这意味着在钠离子电池中使用的负极材料也可以在海水电池中充分发挥其价值。由于在海水电池中，正极（海水部分）和负极在物理上和电导上均被 NASICON 等固态电解质隔开，选择负极材料时不必顾虑海水环境。此外，与钠电池不同，海水电池具有正极材料成本低的特点，并且可以从海水中获得取之不尽的 Na^+。因此，其容量主要由负极决定，而非正极。换句话说，负极是海水电池容量的直接决定性因素。

负极室由负极和有机电解液组成。在充电过程中，从海水中获得的 Na^+ 通过固态电解质渗透到负极，并以 Na 或等效的电子态存储。而在放电过程中，Na^+ 则通过负极和固态电解质释放到海水中。因此，负极应当具有近似或等于 Na^+/Na 的氧化还原电位，所发生的为可逆反应，并在充放电过程中保持物理和电化学稳定性。在导电性方面，必须保证足够的电导率，以确保充放电效率和电池寿命。有机电解液在充放电过程中充当离子转移介质。在此过程中，在固态电解质膜与负极电解液以及负极电解液与负极之间形成稳定的界面十分重要。本节将介绍金属钠、碳基和合金负极材料，随后将讨论有机电解液的材料。

1. 负极材料

（1）金属钠

在电化学方面，金属钠是一种理想的负极材料。当使用金属钠作为负极时，由于其具有低电化学电位（$E_{Na+/Na}$ = −2.73V vs.NHE）和高容量（1166mA·h·g^{-1}），最终可以获得较高的电池电压和容量[76]。理论上，金属钠可以仅凭1kg的单位质量储存4057W·h的能量。在海水电池中，金属负极有两种构建方式。一种是在充电过程中从海水里提取 Na^+ 而形成，另一种是在初始生产过程中将金属钠电极直接插入到负极中。

尽管拥有这些优点，但直接使用金属钠作为负极并不容易。由于钠离子可以储存大量的能量，其化学反应活性也会增加，充电或再充电时会形成钠枝晶。而钠枝晶生长会破坏固态电解质。此外，由于在充放电过程中反复经历镀层/剥离，固态电解质界面（SEI）变得不稳定，导致电池效率降低、寿命缩短[91, 92]。在使用时，应考虑到因负极与海水接触而发生火灾的可能性。为此，需要预留安全措施，以预防因枝晶生长而酿成的事故。

在钠离子电池中，为了预防负极上钠枝晶的生长，并形成均匀、稳定的 SEI 层，研究者们提出了几种方法，包括构建人工 SEI 层、加入电解质添加剂、使用超高浓度电解质、应用三维集流体、使用金属/碳电极，以及应用纳米级表面工程技术等[93]。Kim 等人通过化学气相沉积法开发了石墨烯涂层铜（石墨烯/Cu）集流体，并将其应用于可充电海水电池[94]。经过 200 次镀层/剥离循环后，石墨烯/Cu 集流体表现出稳定的库仑效率和 40mV 的成核过电压，低于 Cu 集流体。

Jung 等人在铝集流体上添加了图案化 Cu，并将其应用于无金属海水电池的负极[95]。结果表明，铜表面有利于 Na 的沉积和均匀生长，然后融合形成薄膜。结果显示，应用铜涂层铝集流体的无金属海水电池表现出显著的高库仑效率，在 200 次循环中保持约 98%。

如图 20.6a 所示，Go 等人使用复合负极来预防钠枝晶的形成[92]。他们使用熔融的 Na 浸泡 3D 碳布制作出了 Na/碳复合负极。其在阶梯电流密度为 0.5～3mA·cm^{-2}（见图 20.6b）的条件下运行超过 80h 后，仍显示出稳定的电位和较小的滞后现象。这要归功于其均匀且光滑的表面。与之相比，在相同的测试条件下，钠负极仅在 10h 后就表现出不稳定且波动的滞后现象。沿着 3D 碳布巨大的真实表面形成的 Na/碳负极降低了局部电流密度，从而降低了电压间隙，即使在大电流条件下也是如此。

（2）钠插层材料

利用插层原理存储钠的负极材料比金属钠材料更加稳定。这些 Na 插层材料包括硬碳

（HC）、TiO_2 和 $Na_2Ti_3O_7$。由于锂的可逆充放电代价较低，石墨负极在锂离子电池中得到了广泛的应用和研究。然而，众所周知，由于钠比锂原子所占空间更大，钠的可逆插层反应并不像锂那样顺利。不过，研究者们证实了钠在无定形碳和硬碳中实现插层反应的可能性。硬碳负极具有较高的可逆比容量和较低的工作电位，这使其成为钠离子电池负极的主要类型。

在可充电海水电池中，人们曾使用 HC 作为负极材料，并测试了其性能。Senthilkumar 等人测得了 HC 负极的充放电曲线[66]。他们使用葡萄柚皮制作的催化剂（PC）和碳纸集流体构成正极，于第 7 次循环测得的放电容量为 $201mA \cdot h \cdot g^{-1}$（电压效率：84%；截止条件：充电时 $200mA \cdot h \cdot g^{-1}$，放电时 0.5V）。该海水电池的寿命长达 100 次循环。在 HC（负极）-$Co_xMn_{3-x}O_4$（正极）电池中，放电容量增加到了约 $200mA \cdot h \cdot g^{-1}$。该海水电池在 100 多次循环中表现稳定，能源效率为 74%~79%（截止条件：充电时 $200mA \cdot h \cdot g^{-1}$，放电时 0.5V）[38]。

如图 20.6c 和 d 所示，由于首次循环中形成了 SEI 层，由花生壳制成的硬碳负极表现出部分不可逆容量。但在 100 次循环后，其表现出优秀的循环特性（库仑效率约为 94%）。值得注意的是，这种可充电海水电池即使在高倍率下也能稳定运行，这表明在测试条件下（在 5.0C 下进行 5 次循环后）没有发生性能衰退[89]。

（3）合金材料

如前文所述，研究人员证实了在充放电过程中体积膨胀较小的情况下，HC 负极的放电容量恒定。然而在能量密度方面，HC 储存钠的容量相对有限，海水电池的容量也因此受到了限制。为了提高电池容量，研究人员尝试使用 Sb_2S_3、Sn/C、P/C 等材料取代 HC。这些材料可以在相对较小的的工作电压下（1.0V）储存大量的钠[96, 98, 99]。

Sb 和 Sb_2S_3 的理论充电容量分别为 $660mA \cdot h \cdot g^{-1}$ 和 $946mA \cdot h \cdot g^{-1}$[79, 100]。它们生成合金时的反应方程式如下：

$$2Sb + 6Na^+ + 6e^- \longrightarrow 2Na_3Sb \qquad (20.26)$$

$$Sb_2S_3 + 6Na^+ + 6e^- \longrightarrow 2Sb + 3Na_2S \qquad (20.27)$$

可以预料，Sb_2S_3 的物理性质更加稳定，并且其容量大于 Sb。这是因为在充放电过程中，得益于硫化物的存在，其预期体积变化不大。Hwang 等人合成了纳米球形 Sb_2S_3，并将其应用于海水电池负极[98]。测试结果显示，其 70 次循环内的初始容量从 $233mA \cdot h \cdot g^{-1}$ 增加到了 $485mA \cdot h \cdot g^{-1}$（截止条件：充电时截止容量为 $550mA \cdot h \cdot g^{-1}$，放电时截止电压为 0.4V，电流密度为 $0.05mA \cdot cm^{-2}$）。

当与钠形成合金时，Sn 和 P 可以生成 $Na_{15}Sn_4$ 和 Na_3P，其理论容量分别为 $847mA \cdot h \cdot g^{-1}$ 和 $2596mA \cdot h \cdot g^{-1}$[77]。这些材料具有价格低廉、易于获取的优点，但其体积变化大，导电性差。Sn 和 P 可以与碳纳米材料结合形成 Sn/C 或 P/C 复合材料。预计碳可以降低负极的体积变化幅度并提高电导率。J.K.Kim[99] 和 Y.Kim[96] 通过使 SnO_2 与碳反应制备了 Sn/C，并通过球磨混合纳米材料制备了 Sn/C、P/C 复合材料。测试结果显示，在 $0.05mA \cdot cm^{-2}$ 的电流密度下，Sn/C 负极能够在 30 次甚至更多次循环中保持 $300mA \cdot h \cdot g^{-1}$ 的放电容量。而对于 P/C，其放电容量最初为 $1300mA \cdot h \cdot g^{-1}$，库仑效率约为 83%。但经过 5 次循环后放电容量仅剩 $1370mA \cdot h \cdot g^{-1}$，此时库仑效率约为 98%。如图 20.6e 和 f 所示，它在 30 次循环内的循环性能十分稳定。

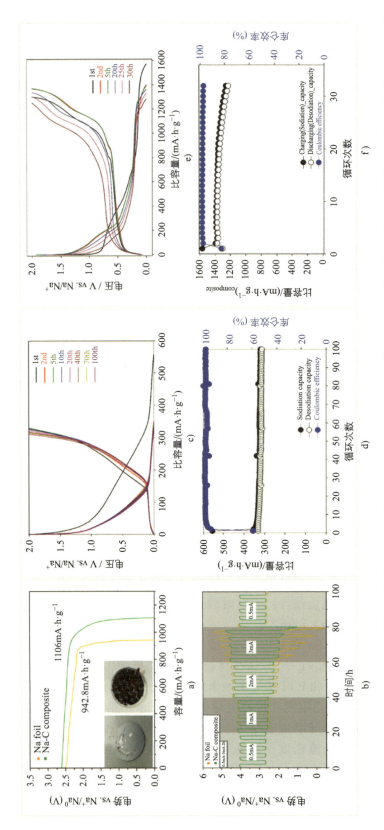

图 20.6 （a）Na-C 负极的完全放电电压曲线；（b）Na-C 负极的充放电电压曲线；（c）使用了 ILE-EC 的硬碳负极的充放电电压曲线；（d）使用了 ILE-EC 的硬碳负极在 100 次循环期间的剩余容量；（e）P/C 负极的充放电电压曲线；（f）P/C 负极在 30 次循环期间的剩余容量；（g）使用了混合离子溶液电解质（NaFSI、Pyr₁₃FSI 和 Pyr₁₃TFSI）的电池充放电电压曲线；（h）使用 Na-BP 的 DEGDME 溶液作为负极电解液的全电池的充放电电压曲线（电流密度为 0.5mA·cm⁻²，放电截止电压为 1.0V）（资料来源：（a、b）引自文献 [92]，经美国化学学会许可；（c、d 和 g）引自文献 [89]，经 Elsevier 许可；（e、f）引自文献 [96]，经英国皇家化学学会许可；（h）引自文献 [97]，经约翰·威利父子公司许可）

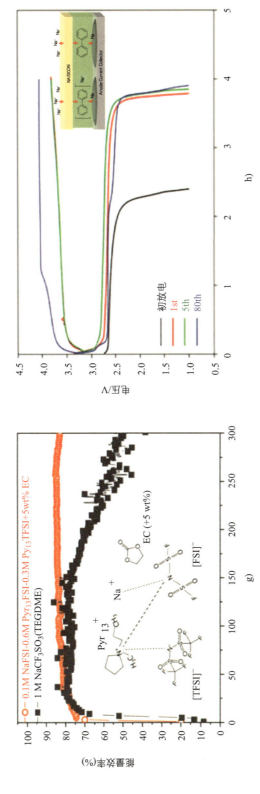

图 20.6　(a) Na-C 负极的完全放电电压曲线;(b) Na-C 负极的充放电压曲线;(c) 使用了 ILE-EC 的硬碳负极的充放电压曲线;(d) 使用了 ILE-EC 的硬碳负极在 100 次循环期间的剩余容量;(e) P/C 负极的充放电压曲线;(f) P/C 负极在 30 次循环期间的剩余质量 (NaFSI,Pyr₁₃FSI 和 Pyr₁₃TFSI) 的电池充放电压曲线;(h) 使用 Na-BP 的 DEGDME 溶液作为负极电解质的全电池的电压曲线 (电流密度为 0.5mA·cm⁻²,放电截止电压为 1.0V) (资料来源:(a、b) 引自文献 [92],经美国化学学会许可;(c、d 和 g) 引自文献 [89],经 Elsevier 许可;(e、f) 引自文献 [96],经英国皇家化学学会许可;(h) 引自文献 [97],经约翰·威利父子公司许可)(续)

随着循环次数的增加，电池的可逆充放电容量和效率也在逐渐增加。这与 SEI 层的形成和负极材料的结构重排有关。研究人员认为首次循环的容量和效率偏低的原因也在于此。在一个正常被困系统的电池中，这可能导致容量有所降低，但海水电池可以通过一个开放的双极系统持续捕获 Na^+。也就是说，在海水电池中，SEI 层形成时消耗的活性物质可以从海水中再次得到补充。

随着充放电循环次数的增加，稳定的 SEI 层逐渐形成，负极材料也发生了结构重排。有了从海水中捕获的取之不尽的 Na^+，海水电池系统不会因 SEI 层的形成而损失活性物质，从而提高了放电容量和效率。这是具有开放正极系统的海水电池的一个特点，也是其优点。

2. 负极电解液材料

海水电池负极的有机电解液负责在固态电解质和负极之间运输 Na^+。理想的负极电解液应具有高 Na^+ 电导率和工作电压范围内的高物理、化学稳定性。化学稳定性，即与负极材料形成低反应活性，或者说稳定的 SEI 的能力，是确保工作电压、放电容量和电池寿命足够令人满意的一个重要因素。因此，设计负极电解液时不仅要考虑其本身的特性，还要考虑其与负极材料的相互作用。

得益于二者的相似性，研究海水电池负极有机电解液时，可以参考钠离子电池电解液的研究成果。钠离子电池主要使用碳酸酯有机电解液。在溶剂的选择上，也可以考虑碳酸乙烯酯（EC）、碳酸二甲酯（DMC）、碳酸二乙酯（DEC）、碳酸丙二酯（PC）和四乙二醇二甲醚（TEGDME）等。

要想以金属钠作为海水电池的负极，必须使用合适的负极电解液。研究人员测试了一种无负极海水电池，该电池的负极仅使用了 1mol NaTf（溶剂为 TEGDME）电解液和碳基集流体（充电时截止容量为 2.5mA·h，放电时截止电压为 1V）。测试结果显示，其放电容量为 2.4mA·h（库仑效率为 96%），在 20 次循环后仍能保持稳定[88]。

以硬碳作为负极时，1mol $NaCF_3SO_3$（溶剂为 TEGDME）电解液的效果要优于 1mol $NaClO_4$（溶剂为 EC/PC）。$NaClO_4$ 在 30 次循环后性能迅速衰退，而 $NaCF_3SO_3$ 即使在 100 次循环后仍保持了 90% 以上的容量。这是因为 $NaCF_3SO_3$ 在硬碳负极表面形成了更薄、更稳定的 SEI 膜。离子溶液电解液因其优良的热化学和电化学性能，成为输运钠离子的最佳候选材料之一。

如图 20.6g 所示，Kim 等人使用了由 $Pyr_{13}FSI$（N-甲基-N-丙基吡咯烷鎓双（氟磺酰）亚胺）、$Pyr_{13}TFSI$（N-甲基–丙基吡咯烷鎓双（三氟甲磺酰）亚胺）、NaFSI（钠双（氟磺酰）亚胺）（其摩尔分数分别为 0.6、0.3 和 0.1）和 5wt% EC 添加剂组成的四离子混合溶液，来作为海水电池中硬碳负极的电解液[89]。即使在 300 次循环后，该电池的效率仍可达 80%～85%，明显优于 150 次循环后性能就衰退了的 $NaCF_3SO_3$。

研究人员用半液相多环芳烃钠进行了无负极海水电池的研究。使用联苯钠作为负极材料时，氢气等气体的生成被抑制，钠储存的过电位也更低。此外，它抑制了钠枝晶结构的形成，使得电池在 80 次循环后仍能保持高稳定性和高效率[101-103]。如图 20.6h 所示，Kim 等人以联苯钠作为海水电池负极电解液，其表现出高稳定性和高效率[97]。

▼ 20.4　电池制造与应用

20.4.1　纽扣电池设计　　　///

负极、固态电解质、正极集流体（和催化剂）共同构成了一个系统，其中固态电解质和正极集流体必须浸泡在海水中。鉴于其结构特殊，研究人员在设计、制造和分析海水电池时必须考虑到其需要与海水接触，并据此制定研究方案。首先，研究人员制作了一个硬币大小的单电池作为海水电池概念的证明，用于工作原理和材料的研究。手工纽扣海水电池证实了可充电海水电池的概念性和可行性。此后，为了方便商业化，人们也设计了软包电池和方形电池。但纽扣型海水电池作为一个单电池系统，仍被频繁用于实验室里各种材料的研究和电化学分析。

对电池和材料分析的研究结果进行比较并不是一件容易的事，这主要是由于研究环境和研究者们各自的系统设置不尽相同。为了得到可靠的结果，有必要建立最小的电池系统单元。因此，研究人员研制了一种直径为 24mm 的纽扣海水电池。在制造纽扣海水电池时，研究人员把海水是一个开放系统作为首要考量之一。为了能够与海水接触，纽扣海水电池（SWB2464）的正极为裸露式设计。在测试纽扣电池时，研究人员开发了一台原型测试仪，以确保海水量和接触面积等测试条件一致并使结果易于分析。

在纽扣海水电池的测试中，电池负极位于测试仪的外部，开放式结构的正极与测试仪内部的海水舱接触。它的构造允许海水平滑供给于正极，同时可以防止负极与海水接触。第一代测试仪为螺栓/螺母型测试仪，其螺栓与螺母之间存在海水泄漏问题，如图 20.7a 和 b所示。在第二代产品中，研究人员用螺纹测试仪解决了这一问题。之后，研究人员通过试错法设计了方形测试仪，并添加了一个流动装置，以调控海水中的溶解氧含量使之一致，如图 20.7c 和 d 所示。最终，纽扣海水电池和测试仪统一了研究人员所使用的电池尺寸和材料，使得海水电池的材料、系统的研究结果更加易于比较。通过为所有人提供一致的研究/分析系统，研究者们最终建立了可靠的基础。如图 20.7e 和 f 所示，当仪器中的海水流动时，纽扣电池的测试结果更加可靠和稳定 [36]。

20.4.2　方形电池与组件设计　　　///

最初，人们设计和开发纽扣海水电池是为了进行商业化。然而，其有限的容量和结构所导致的一些问题阻碍了其商业化进程。因此，研究人员设计了一种更通用、更易商业化的方形海水电池。得益于跨学科研究、验证系统和工业生态系统建设等努力，人们成功生产出了这一新型电池并进行了测试。随着方形海水电池距离商业化更进一步，海水电池在实际设备中的应用和新型海水电池储能系统的建立也在加快。研究人员研发出了容量更大的方形单电池，并在开放海水环境中进行了测试。其所有的部件，包括海水电池的正极、固态电解质和负极，都重新进行了设计，从而与新研发的方形电池相匹配。此外，虽然最初电池是手工生产的，但研究人员已经开发了一套结构化逐步制造工艺，并建造了一台机械化制造试验设备，以生产品质更一致和可靠的电池（见图 20.8a）。其所生产的电池具有统一的标准，并且装配、包装过程的效率更高（见图 20.8b）。通过这种组装方式，可以制备大容量或高效率的海水电池系统。这为生产不同规格的电池打下了基础，可以满足不同的商业用途。

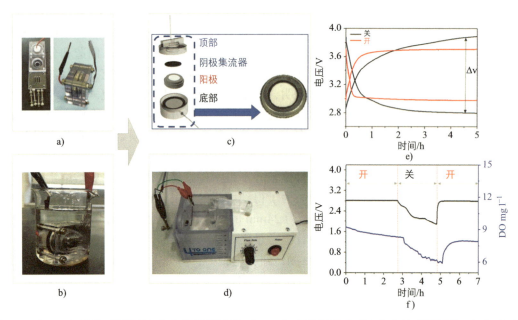

图 20.7 （a、b）螺栓/螺母型纽扣电池及测试仪；（c、d）改进的流动型纽扣电池及测试仪；（e）流动模式开/关的电压曲线；（f）流动模式开/关的计时电流曲线（资料来源：（a、b）引自文献 [1]，经英国皇家化学学会许可；（c-f）引自文献 [36]，经 Elsevier 许可）

研究人员对该电池制造试验设备进行了设定，使之能够制造容量为 $3A \cdot h$ 的方形电池，相当于 $8W \cdot h$ 的能量。试验设备的工作机制如下：首先，切割层压膜并使之附着在面积约 $21mm \times 20mm$、厚度为 0.8mm 的固态电解质（NASICON）上；将铝制框架安装到层压膜上后，再安装不锈钢集流体；之后注入负极材料和有机电解液并密封，以防止负极与海水接触；再把正极集流体与负极和固态电解质组合在一起；最后用钛网框架密封。人们可以很容易地把 3 或 5 个方形电池产品封装成电池组。如图 20.8c ~ f 所示，制造的方形单电池比纽扣电池的电压效率更高，并且这些封装的 3 或 5 电芯电池组的电压间隙比方形单电池更小，电压曲线表现更好。最近，有报道称一种改进的棱柱形电池（$8A \cdot h$）使用了大面积（$100mm \times 100mm$）的 NASICON[105]。由于简化了密封步骤并增加了 NASICON 的面积，新型棱柱形电池的稳定性和输出功率均有所提高。此外，还报道了电压为 12V、功率为 15W 的海水电池组件设计，其可以作为海水电池组件研究和工业应用的初始平台[106]。

与锂离子电池和铅酸电池等其他成熟的电池技术相比，海水电池工程仍处于早期阶段。尽管电池生产过程的效率、优化措施，以及海水电池产品的实地测试均有所欠缺，但海水电池仅用了 5 ~ 6 年的时间就从一个抽象的概念迅速发展成了具体的方形电池，这一点值得人们重视。一旦从各种实地测试中获得足够的反馈，海水电池的材料和系统就有望迅速得到改良，这将成为海水电池应用于其专用环境和系统的驱动力（图 20.9）。

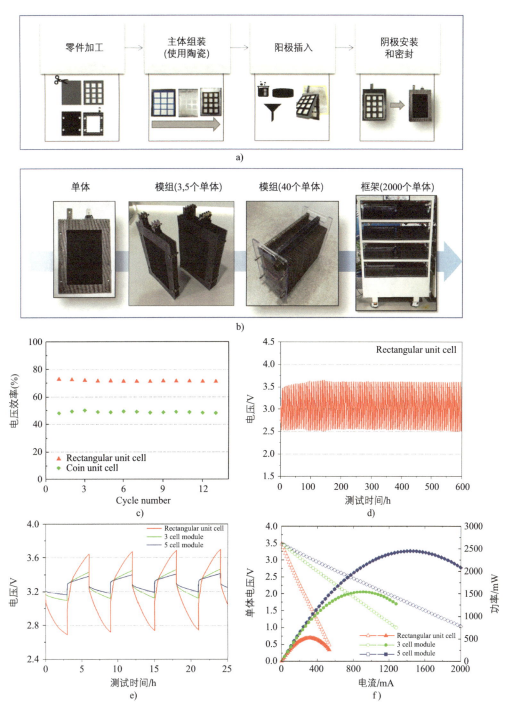

图 20.8　（a）试点生产线及生产过程；（b）单电池的模块和框架组装；（c）方形电池和纽扣电池的电压效率比较；（d）电流密度为 ±0.42mA·cm^{-2} 时方形电池的循环表现；（e）电流为 ±30mA 时方形电池的充放电电压曲线；（f）极化曲线（扫描速率为 1.4mA·s^{-1}）（资料来源：（b）引自文献 [1]，经英国皇家化学学会许可；（c～f）引自文献 [104]，经 Elsevier 许可）

图 20.9 预想中的海水电池应用示意图

20.4.3　应用

由于需求在不断增加，锂离子电池的价格也变得越来越昂贵。钠离子电池拥有补足甚至取代锂离子电池的潜力。这是因为钠比锂更易获取，价格也更低廉。基于其价格优势，钠离子电池也在加速进行商业化。钠的价格优势预计将在海水电池中进一步扩大。这是因为海水电池可以直接从海水中获取钠，从而把占电池价格很大一部分的正极的成本（材料和加工成本）降低至几乎为零。此外，由于可充电海水电池可以作为开放正极系统使用，它很可能作为供能或储能系统，专门应用于海上或近海区域。而其他电池在这些环境中容易腐蚀。具体来说，海水电池的应用将分为小型（<1kW·h）、中型（1~10kW·h）和大型（>10MW·h）三类。

小型（<1kW·h）设备包括发光浮标、救生衣等。这些设备不需要太大的功率，但对设备的安全性要求较高，因此装置的稳定性非常重要。发光浮标可以漂浮在浅海区以标记危险的珊瑚礁，或漂浮在深海区来引导航道。发光浮标配备有可以发光的 LED，也可能配备 GPS 和监测系统。目前，大多数商用发光浮标均使用铅酸电池。但铅酸电池能量密度低、重量重，并且由于其易腐蚀和损坏，需要频繁进行维护。此外，铅酸电池含有有毒物质，会污染海洋环境。若海水电池能够应用于发光浮标，可以确保其能量密度会高于铅酸电池。并且基于其在海水环境中的稳定性，海水电池有望使维护更加便利，降低维护成本。救生衣是一种基础但有效的装置，它可以让人们在紧急情况下漂浮在海平面上，从而提高生存的概率。如果将海水电池应用于救生衣电源，人们就可以通过 GPS 定位或 LED 照明等功能来改善救援过程。与早期的第一代海水电池（后备电池）相似，可充电海水电池从充电到与海水接触，期间可以保存很长时间，所以基本不用担心救生衣会在关键时刻没电。海水电池在接触到海水时可以立刻开始运行，能够满足紧急情况下立即激活救生衣的需求。

中型（1~10kW·h）电池一般用于给各种设备供能。这些设备的性能与电池的能量密度密切相关。水下机器人和无人机通常被归类为远程操控载具（ROV）。在工业领域，水下机器人常被用于军事和重工业，如石油勘探。此外，在海洋科学领域，它们还被用来研究水生生物及其活动。水下摩托（UWS）作为旅游项目，被用于拍摄海洋里丰富多彩的鱼类和复杂多样的珊瑚礁。ROV 和 UWS 都依赖电力供能，使用有线电源时，其活动范围十分有限，因此人们正在设法使用可充电移动电源对其供能。然而，若要将现有的电池应用于海洋环境，不仅会占用较大的空间，还会导致许多额外的成本。而这两项正是可充电海水电池的长处。此外，人们还需要研究如何将海水电池应用于船舶辅助能源。现有的船舶使用铅酸电池作为辅助能源，用于启动电机和为船上所有的电气设备供电。和发光浮标的情况一样，铅酸电池的平均寿命较短，而且会造成环境污染。海水电池在海洋环境中可以保持稳定，因此，如果采用海水电池作为辅助能源，预计可以解决目前铅酸电池的使用寿命短、运行不稳定和环境污染等问题。

大型（>10MW·h）设备可作为本地储能设备使用，包括近海或沿海的储能系统、能源自给自足的岛屿等。而这正是海水电池的专业领域。作为下一代产能技术，太阳能、风能和燃料电池正在引起人们的关注。然而，这些可再生新能源难以做到持续产能。因此，为了使能源供给更加稳定，其所连接的储能系统不可或缺。对于海上或沿海的发电设施，海水电池储能系统的稳定性和兼容性值得期待。

▼ 20.5 挑战与展望

本章简要介绍了最近开发的可充电海水电池的工作原理和反应机理、各部件的材料、电池制造技术和应用领域。可充电海水电池是一种可充电的二次电池，通过从海水中获取钠离子作为活性物质来运行。并且由于采用了取之不尽的海水作为正极材料，再加上钠所具有的高能量密度（这是钠离子电池的一个特性，见图 20.10），其具有很高的价格竞争潜力。海水电池具有高安全性、环境友好性和海洋兼容性。然而，海水电池近几年才出现，相关技术的研究和发展历史很短，因此需要在材料研究、电池结构改进、生产工艺等各个方面进一步推进。为了使其在工业场景具备竞争力，还应同步进行商业化设备的应用、演示和试验。本节将列举一些阻碍其实际应用的技术难题。

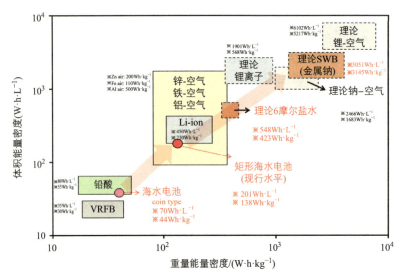

图 20.10　几种电池的体积能量密度（W·h·L⁻¹）和质量能量密度（W·h·kg⁻¹）（资料来源：引自文献 [104]，经约翰·威利父子公司许可）

20.5.1　正极

人们已经证实，可充电海水电池充放电过程中，正极的主要反应为 OER/ORR。目前人们正在设计海水电池以尝试利用这一反应。正极的氧反应极大地影响了海水电池的功率、效率以及循环稳定性。人们一直在探寻合适的正极集流体和催化剂，然而目前的氧催化剂对海水环境的适应性和稳定性仍然不够。研究和开发催化剂以克服 OER/ORR 缓慢的动力学，这是一个十分有挑战性且人们未曾涉足过的领域，尤其是在海水环境下。目前，人们已经发现一些碳基集流体能够在海水环境下的 OER/ORR 中保持稳定。但 OER/ORR 的主要影响因素还需要通过对比研究来确定，并据此开发合适的集流体和催化剂。

我们已经证实，在充放电过程中除了 OER/ORR 外，HCFR 或氯的生成等反应也可能与之竞争并发生。尤其是在充放电电流较高时，由于 OER/ORR 动力学缓慢，相对来说

HCFR 所占的比重可能更大。在未来的研究中，需要仔细分析以定量确认并设法利用所得出的结果，并基于这些结果研究如何控制反应选择性。此外，还有必要仔细检测正极反应过程中 pH 值和溶解氧含量的变化。这些变量是影响海水电池充放电过程的因素，并且当使用有限的海水而不是开放的正极系统时，其影响是无法避免的。

此外，海水中其他离子（K^+、Mg^{2+}、Ca^{2+}、SO_4^{2-} 等）的附加反应也必须仔细检测。在研究不溶性盐沉积物对正极集流体和固态电解质变性的影响时，有必要具体分析其与海水电池特性的关联。为了使海水电池能够长期运行，需要确认海水环境中的微生物对电池的影响。而另一方面，从环境保护的角度来说，也应确认由电池反应和 OER/ORR 中间体引发的 pH 值变化对海洋生态的影响。

20.5.2　固态电解质　///

固态电解质必须与正极集流体一起浸泡在海水环境中。目前，由于其低离子电导率导致的高阻抗，大电流条件下钠离子在固态电解质内的转运速度有限。因此，若想推进海水电池的商业化，必须通过提高固态电解质的离子电导率（$>1 \times 10^{-3} \mathrm{S \cdot cm^{-1}}$），开发一种能够在大电流条件下运行的可充电海水电池。固态电解质的离子电导率不仅可以通过改良其结构或组成来提高，还可以通过物理因素来改善。例如，随着固态电解质厚度的减小，其电导率线性增加，因此需要一种新的合成方案来调整其厚度，同时保证其机械强度。此外，对于海上设备等实际应用，必须确认其失效机制，并确保电池在长期工作中的稳定性。

20.5.3　负极　///

由于海水电池的负极与海水被固态电解质分隔开，其受海水环境的影响相对较小。这种无水环境类似于钠离子电池，若是关于后者负极的研究有了进展，海水电池的负极也可能出现相应的突破。众所周知，负极的寿命会受钠枝晶形成的影响，而这同样阻碍了 SEI 的形成和维持。这一问题也出现在锂离子电池和钠离子电池中，并且它与电池的稳定性和寿命直接相关。SEI 的各项性质与负极电解液的组成有关，因此有必要对 SEI 的形成过程进行分析研究。根据材料的不同，海水电池的负极也有不同的优缺点。需要对负极材料和负极电解液进行研究，以同时发挥出二者的性能，如海水电池的能效和容量，并保证电池的稳定性，如寿命和均匀性。

20.5.4　电池生产　///

由于海水环境的腐蚀问题，可充电海水电池的框架或附件只能使用钛等材料。在地球上，钛是最常见的金属元素之一，但由于精炼和加工问题，其价格十分昂贵。为了使海水电池能够应用于各种海洋设备，必须保持其源于廉价正极材料的价格竞争力，因此必须降低这些附件的价格。另一个问题是，可充电海水电池仍然是最新的技术。因此，其材料和制造技术仍处于相对早期阶段。这意味着如果材料研究和电池设计取得了进展，电池的制造工艺也会发生变化，工业应用中的生产试验设备也需要不断改进。

我们根据已研究和已知的内容，给出了每个部分的问题和研究方向。然而，这些问题难以通过某一点的突破来解决，需要多方面协同推进，包括各种材料的开发、行业的密切反馈、包含燃料电池在内的可再生能源的相关研究，以及具有战略意义的应用演示和验证。通过各种方法和技术的不断发展，作为下一代电池的可充电海水电池，有望成为一种新的经济环保的能源供给系统的替代方案，应用于包括海洋设备在内的诸多场景。

▼ 致谢

感谢 UNIST（蔚山国立科学技术研究所）2020 年研究基金（1.200070.01）对本工作的资助。

参 考 文 献

1 Senthilkumar, S.T., Go, W., Han, J. et al. (2019). Emergence of rechargeable seawater batteries. *J. Mater. Chem. A* 7 (40): 22803–22825.

2 Schlotter, W.J. (1952). Fiftieth anniversary: the anniversary issue on primary cell systems. *J. Electrochem. Soc.* 99 (8): 205C.

3 Blake, I.C. (1952). Fiftieth anniversary: the anniversary issue on primary cell: silver chloride-magnesium reserve battery. *J. Electrochem. Soc.* 99 (8): 202C.

4 Coleman, J.R. (1971). Magnesium-lead chloride batteries. *J. Appl. Electrochem.* 1 (1): 65–71.

5 Prasad, K.V., Venkatakrishnan, N., and Mathur, P.B. (1976). Preliminary report on the performance characteristics of the magnesium-mercurous chloride battery system. *J. Power Sources* 1 (3): 371–375.

6 Rao, B.M.L., Hoge, W.H., Zakrzewski, J. et al. (1989) Aluminum – sea water battery for undersea vehicle. In: *Proceedings of the Sixth International Symposium Unmanned Untethered Submersible Technology* (12 June 1989), 100–108. IEEE.

7 Shen, P.K., Tseung, A.C.C., and Kuo, C. (1994). Development of an aluminium/sea water battery for sub-sea applications. *J. Power Sources* 47 (1–2): 119–127.

8 Susanto, A., Baskoro, M.S., Wisudo, S.H. et al. (2017). Performance of Zn—Cu and Al—Cu electrodes in seawater battery at different distance and surface area. *Int. J. Renew. Energy Res.* 7 (1): 298–303.

9 Masrufaiyah, M., Hantoro, R., Nugroho, G. et al. (2017). Performance of seawater activated battery as alternative energy resources. *IPTEK J. Eng.* 3 (1): 11.

10 Kim, J.K., Mueller, F., Kim, H. et al. (2014). Rechargeable-hybrid-seawater fuel cell. *NPG Asia Mater.* 6 (11): e144–e144.

11 Brouzgou, A. (2020). Oxygen evolution reaction. In: *Methods for Electrocatalysis* (ed. Inamuddin, R. Boddula and A.M. Asiri), 149–169. Cham: Springer International Publishing.

12 Senarathna, K.G.C., Randiligama, H.M.S.P., and Rajapakse, R.M.G. (2016). Preparation, characterization and oxygen reduction catalytic activities of nanocomposites of Co(ii)/montmorillonite containing polypyrrole, polyaniline or poly(ethylenedioxythiophene). *RSC Adv.* 6 (114): 112853–112863.

13 Shao, M., Chang, Q., Dodelet, J.-P., and Chenitz, R. (2016). Recent advances in electrocatalysts for oxygen reduction reaction. *Chem. Rev.* 116 (6): 3594–3657.

14 Carmo, M., Fritz, D.L., Mergel, J., and Stolten, D. (2013). A comprehensive review on PEM water electrolysis. *Int. J. Hydrogen Energy* 38 (12): 4901–4934.

15 Holladay, J.D., Hu, J., King, D.L., and Wang, Y. (2009). An overview of hydrogen production technologies. *Catal. Today* 139 (4): 244–260.

16 Cheng, F. and Chen, J. (2012). Metal–air batteries: from oxygen reduction electrochemistry to cathode catalysts. *Chem. Soc. Rev.* 41 (6): 2172–2192.

17 Suntivich, J., Gasteiger, H.A., Yabuuchi, N. et al. (2011). Design principles for oxygen-reduction activity on perovskite oxide catalysts for fuel cells and metal-air batteries. *Nat. Chem.* 3 (7): 546–550.

18 Lee, J.-S., Kim, S.T., Cao, R. et al. (2011). Metal-air batteries with high energy density: Li-air versus Zn-air. *Adv. Energy Mater.* 1 (1): 34–50.

19 Girishkumar, G., McCloskey, B., Luntz, A.C. et al. (2010). Lithium-air battery: promise and challenges. *J. Phys. Chem. Lett.* 1 (14): 2193–2203.

20 Debe, M.K. (2012). Electrocatalyst approaches and challenges for automotive fuel cells. *Nature* 486 (7401): 43–51.

21 Tong, W., Forster, M., Dionigi, F. et al. (2020). Electrolysis of low-grade and saline surface water. *Nat. Energy* 5 (5): 367–377.

22 Chen, D., Qiao, M., Lu, Y.-R. et al. (2018). Preferential cation vacancies in perovskite hydroxide for the oxygen evolution reaction. *Angew. Chem. Int. Ed.* 57 (28): 8691–8696.

23 Zhu, Y., Zhou, W., Zhong, Y. et al. (2017). A perovskite nanorod as bifunctional electrocatalyst for overall water splitting. *Adv. Energy Mater.* 7 (8): 1602122.

24 Chen, D., Chen, C., Baiyee, Z.M. et al. (2015). Nonstoichiometric oxides as low-cost and highly-efficient oxygen reduction/evolution catalysts for low-temperature electrochemical devices. *Chem. Rev.* 115 (18): 9869–9921.

25 May, K.J., Carlton, C.E., Stoerzinger, K.A. et al. (2012). Influence of oxygen evolution during water oxidation on the surface of perovskite oxide catalysts. *J. Phys. Chem. Lett.* 3 (22): 3264–3270.

26 Trasatti, S. (1980). Electrocatalysis by oxides – attempt at a unifying approach. *J. Electroanal. Chem.* 111 (1): 125–131.

27 Su, H.Y., Gorlin, Y., Man, I.C. et al. (2012). Identifying active surface phases for metal oxide electrocatalysts: A study of manganese oxide bi-functional catalysts for oxygen reduction and water oxidation catalysis. *Phys. Chem. Chem. Phys.* 14 (40): 14010–14022.

28 Valdés, A., Brillet, J., Grätzel, M. et al. (2012). Solar hydrogen production with semiconductor metal oxides: new directions in experiment and theory. *Phys. Chem. Chem. Phys.* 14 (1): 49–70.

29 Li, X., Cheng, Z., and Wang, X. (2020). Understanding the mechanism of oxygen evolution reaction (OER) with the consideration of spin. *Electrochem. Energy Rev.* 4 (1): 136–145.

30 Vij, V., Sultan, S., Harzandi, A.M. et al. (2017). Nickel-based electrocatalysts for energy-related applications: oxygen reduction, oxygen evolution, and hydrogen evolution reactions. *ACS Catal.* 7 (10): 7196–7225.

31 Song, C. and Zhang, J. (2008). Electrocatalytic oxygen reduction reaction. In:

PEM Fuel Cell Electrocatalysts and Catalyst Layers, 89–134. London: Springer London.

32 Ge, X., Sumboja, A., Wuu, D. et al. (2015). Oxygen reduction in alkaline media: from mechanisms to recent advances of catalysts. *ACS Catal.* 5 (8): 4643–4667.

33 Ramaswamy, N. and Mukerjee, S. (2011). Influence of inner- and outer-sphere electron transfer mechanisms during electrocatalysis of oxygen reduction in alkaline media. *J. Phys. Chem. C.* 15 (36): 18015–18026.

34 Dionigi, F., Reier, T., Pawolek, Z. et al. (2016). Design criteria, operating conditions, and nickel-iron hydroxide catalyst materials for selective seawater electrolysis. *ChemSusChem* 9 (9): 962–972.

35 Kim, J.K., Lee, E., Kim, H. et al. (2015). Rechargeable seawater battery and its electrochemical mechanism. *ChemElectroChem* 2 (3): 328–332.

36 Han, J., Hwang, S.M., Go, W. et al. (2018). Development of coin-type cell and engineering of its compartments for rechargeable seawater batteries. *J. Power Sources* 374 (November 2017): 24–30.

37 Lee, W., Park, J., Park, J. et al. (2020). Identifying the mechanism and impact of parasitic reactions occurring in carbonaceous seawater battery cathodes. *J. Mater. Chem. A* 8 (18): 9185–9193.

38 Abirami, M., Hwang, S.M., Yang, J. et al. (2016). A metal-organic framework derived porous cobalt manganese oxide bifunctional electrocatalyst for hybrid Na-air/seawater batteries. *ACS Appl. Mater. Interfaces* 8 (48): 32778–32787.

39 Zhang, Y., Park, J.S., Senthilkumar, S.T., and Kim, Y. (2018). A novel rechargeable hybrid Na-seawater flow battery using bifunctional electrocatalytic carbon sponge as cathode current collector. *J. Power Sources* 400 (March): 478–484.

40 Suh, D.H., Park, S.K., Nakhanivej, P. et al. (2017). Hierarchically structured graphene-carbon nanotube-cobalt hybrid electrocatalyst for seawater battery. *J. Power Sources* 372 (October): 31–37.

41 Kim, K., Hwang, S.M., Park, J.-S. et al. (2016). Highly improved voltage efficiency of seawater battery by use of chloride ion capturing electrode. *J. Power Sources* 313: 46–50.

42 Senthilkumar, S.T., Abirami, M., Kim, J. et al. (2017). Sodium-ion hybrid electrolyte battery for sustainable energy storage applications. *J. Power Sources* 341: 404–410.

43 Manikandan, P., Kishor, K., Han, J., and Kim, Y. (2018). Advanced perspective on the synchronized bifunctional activities of P2-type materials to implement an interconnected voltage profile for seawater batteries. *J. Mater. Chem. A* 6 (23): 11012–11021.

44 Sato, N. (2011). Basics of corrosion chemistry. In: *Green Corrosion Chemistry and Engineering: Opportunities and Challenges* (ed. S.K. Sharma), 1–32. Weinheim, Germany: Wiley.

45 Huh, J.H., Kim, S.H., Chu, J.H. et al. (2014). Enhancement of seawater corrosion resistance in copper using acetone-derived graphene coating. *Nanoscale* 6 (8): 4379–4386.

46 Min, C., Liu, D., Shen, C. et al. (2017). Remarkable improvement of the wear resistance of poly(vinylidene difluoride) by incorporating polyimide powder and carbon nanofibers. *Appl. Phys. A Mater. Sci. Process.* 123 (10): 1–8.

47 Jeoung, S., Sahgong, S.H., Kim, J.H. et al. (2016). Upcycling of nonporous coordination polymers: controllable-conversion toward porosity-tuned N-doped carbons and their electrocatalytic activity in seawater batteries. *J. Mater. Chem. A* 4 (35): 13468–13475.

48 Park, J., Park, J.S., Senthilkumar, S.T., and Kim, Y. (2020). Hybridization of cathode electrochemistry in a rechargeable seawater battery: toward performance enhancement. *J. Power Sources* 450 (December 2019): 227600.

49 Maass, S., Finsterwalder, F., Frank, G. et al. (2008). Carbon support oxidation in PEM fuel cell cathodes. *J. Power Sources* 176 (2): 444–451.

50 Park, J., Oh, H., Ha, T. et al. (2015). A review of the gas diffusion layer in proton exchange membrane fuel cells: durability and degradation. *Appl. Energy* 155: 866–880.

51 Avasarala, B., Moore, R., and Haldar, P. (2010). Surface oxidation of carbon supports due to potential cycling under PEM fuel cell conditions. *Electrochim. Acta* 55 (16): 4765–4771.

52 Liu, H., Xu, Q., Yan, C., and Qiao, Y. (2011). Corrosion behavior of a positive graphite electrode in vanadium redox flow battery. *Electrochim. Acta* 56 (24): 8783–8790.

53 Derr, I., Fetyan, A., Schutjajew, K., and Roth, C. (2017). Electrochemical analysis of the performance loss in all vanadium redox flow batteries using different cut-off voltages. *Electrochim. Acta* 224: 9–16.

54 Wang, S., Wu, X., Tang, C. et al. (2020). Bifunctional catalysts for reversible oxygen evolution reaction and oxygen reduction reaction. *Chem. – A Eur. J.* 26 (18): 3906–3929.

55 Liang, Y., Li, Y., Wang, H. et al. (2011). Co_3O_4 nanocrystals on graphene as a synergistic catalyst for oxygen reduction reaction. *Nat. Mater.* 10 (10): 780–786.

56 Meng, Y., Song, W., Huang, H. et al. (2014). Structure-property relationship of bifunctional MnO_2 nanostructures: Highly efficient, ultra-stable electrochemical water oxidation and oxygen reduction reaction catalysts identified in alkaline media. *J. Am. Chem. Soc.* 136 (32): 11452–11464.

57 Cao, R., Lee, J.S., Liu, M., and Cho, J. (2012). Recent progress in non-precious catalysts for metal-air batteries. *Adv. Energy Mater.* 2 (7): 816–829.

58 Osgood, H., Devaguptapu, S.V., Xu, H. et al. (2016). Transition metal (Fe, Co, Ni, and Mn) oxides for oxygen reduction and evolution bifunctional catalysts in alkaline media. *Nano Today* 11 (5): 601–625.

59 Gu, P., Zheng, M., Zhao, Q. et al. (2017). Rechargeable zinc-air batteries: a promising way to green energy. *J. Mater. Chem. A* 5 (17): 7651–7666.

60 Shin, K.H., Park, J., Park, S.K. et al. (2019). Cobalt vanadate nanoparticles as bifunctional oxygen electrocatalysts for rechargeable seawater batteries. *J. Ind. Eng. Chem.* 72: 250–254.

61 Yoo, E. and Zhou, H. (2011). Li-air rechargeable battery based on metal-free graphene nanosheet catalysts. *ACS Nano* 5 (4): 3020–3026.

62 Zhao, Z., Li, M., Zhang, L. et al. (2015). Design principles for heteroatom-doped carbon nanomaterials as highly efficient catalysts for fuel cells and metal-air batteries. *Adv. Mater.* 27 (43): 6834–6840.

63 Chen, S., Duan, J., Jaroniec, M., and Qiao, S.Z. (2014). Nitrogen and oxygen dual-doped carbon hydrogel film as a substrate-free electrode for highly efficient oxygen evolution reaction. *Adv. Mater.* 26 (18): 2925–2930.

64 Tao, L., Wang, Q., Dou, S. et al. (2016). Edge-rich and dopant-free graphene as a highly efficient metal-free electrocatalyst for the oxygen reduction reaction. *Chem. Commun.* 52 (13): 2764–2767.

65 Tu, N.D.K., Park, S.O., Park, J. et al. (2020). Pyridinic-nitrogen-containing carbon cathode: efficient electrocatalyst for seawater batteries. *ACS Appl. Energy Mater.* 3 (2): 1602–1608.

66 Senthilkumar, S.T., Park, S.O., Kim, J. et al. (2017). Seawater battery performance enhancement enabled by a defect/edge-rich, oxygen self-doped porous carbon electrocatalyst. *J. Mater. Chem. A* 5 (27): 14174–14181.

67 Khan, Z., Park, S.O., Yang, J. et al. (2018). Binary N,S-doped carbon nanospheres from bio-inspired artificial melanosomes: a route to efficient air electrodes for seawater batteries. *J. Mater. Chem. A* 6 (47): 24459–24467.

68 You, B. and Sun, Y. (2018). Innovative strategies for electrocatalytic water splitting. *Acc. Chem. Res.* 51 (7): 1571–1580.

69 Sultan, S., Tiwari, J.N., Singh, A.N. et al. (2019). Single atoms and clusters based nanomaterials for hydrogen evolution, oxygen evolution reactions, and full water splitting. *Adv. Energy Mater.* 9 (22): 1–48.

70 Tiwari, J.N., Lee, W.G., Sultan, S. et al. (2017). High-affinity-assisted nanoscale alloys as remarkable bifunctional catalyst for alcohol oxidation and oxygen reduction reactions. *ACS Nano* 11 (8): 7729–7735.

71 Pan, J., Xu, Y.Y., Yang, H. et al. (2018). Advanced architectures and relatives of air electrodes in Zn–air batteries. *Adv. Sci.* 5 (4): 1700691.

72 Chen, X., Zhou, Z., Karahan, H.E. et al. (2018). Recent advances in materials and design of electrochemically rechargeable zinc–air batteries. *Small* 14 (44): 1–29.

73 Kim, J.-J., Yoon, K., Park, I., and Kang, K. (2017). Progress in the development of sodium-ion solid electrolytes. *Small Methods* 1 (10): 1700219.

74 Zhang, Z., Shao, Y., Lotsch, B. et al. (2018). New horizons for inorganic solid state ion conductors. *Energy Environ. Sci.* 11 (8): 1945–1976.

75 Kim, J.K., Lim, Y.J., Kim, H. et al. (2015). A hybrid solid electrolyte for flexible solid-state sodium batteries. *Energy Environ. Sci.* 8 (12): 3589–3596.

76 Zhao, C., Liu, L., Qi, X. et al. (2018). Solid-state sodium batteries. *Adv. Energy Mater.* 8 (17): 14–16.

77 Hwang, J.-Y., Myung, S.-T., and Sun, Y.-K. (2017). Sodium-ion batteries: present and future. *Chem. Soc. Rev.* 46 (12): 3529–3614.

78 Xie, X., Ao, Z., Su, D. et al. (2015). MoS_2/graphene composite anodes with enhanced performance for sodium-ion batteries: the role of the two-dimensional heterointerface. *Adv. Funct. Mater.* 25 (9): 1393–1403.

79 Yu, D.Y.W., Prikhodchenko, P.V., Mason, C.W. et al. (2013). High-capacity antimony sulphide nanoparticle-decorated graphene composite as anode for sodium-ion batteries. *Nat. Commun.* 4 (May): 1–7.

80 Zhao, Y., Wang, L.P., Sougrati, M.T. et al. (2017). A review on design strategies for carbon based metal oxides and sulfides nanocomposites for high performance Li and Na ion battery anodes. *Adv. Energy Mater.* 7 (9): 1601424.

81 Goodenough, J.B. (2012). Rechargeable batteries: challenges old and new. *J. Solid State Electrochem.* 16 (6): 2019–2029.

82 Zhang, L., Yang, K., Mi, J. et al. (2015). Na_3PSe_4: a novel chalcogenide solid electrolyte with high ionic conductivity. *Adv. Energy Mater.* 5 (24): 2–6.

83 Hayashi, A., Noi, K., Sakuda, A., and Tatsumisago, M. (2012). Superionic glass-ceramic electrolytes for room-temperature rechargeable sodium batteries. *Nat. Commun.* 3 (May): 2–6.

84 Wang, H., Chen, Y., Hood, Z.D. et al. (2016). An air-stable Na_3SbS_4 superionic conductor prepared by a rapid and economic synthetic procedure. *Angew. Chem. Int. Ed.* 55 (30): 8551–8555.

85 Lu, X., Lemmon, J.P., Sprenkle, V.L., and Yang, Z. (2010). Soduim beta alumina batteries. *Energy Storage Technol.* 62 (9): 31–36.

86 Goodenough, J.B., Hong, H.-P., and Kafalas, J.A. (1976). Fast Na+-ion transport in skeleton structures. *Mater. Res. Bull.* 11 (2): 203–220.

87 Guin, M., Tietz, F., and Guillon, O. (2016). New promising NASICON material as solid electrolyte for sodium-ion batteries: correlation between composition, crystal structure and ionic conductivity of $Na_{3+x}Sc_2Si_xP_{3-x}O_{12}$. *Solid State Ionics* 293: 18–26.

88 Hwang, S.M., Park, J., Kim, Y. et al. (2019). Rechargeable seawater batteries—from concept to applications. *Adv. Mater.* 31 (20): 1804936.

89 Kim, Y., Kim, G.T., Jeong, S. et al. (2019). Large-scale stationary energy storage: seawater batteries with high rate and reversible performance. *Energy Storage Mater.* 16 (April 2018): 56–64.

90 Park, H., Jung, K., Nezafati, M. et al. (2016). Sodium ion diffusion in nasicon ($Na_3Zr_2Si_2PO_{12}$) solid electrolytes: effects of excess sodium. *ACS Appl. Mater. Interfaces* 8 (41): 27814–27824.

91 Pan, H., Hu, Y.S., and Chen, L. (2013). Room-temperature stationary sodium-ion batteries for large-scale electric energy storage. *Energy Environ. Sci.* 6 (8): 2338–2360.

92 Go, W., Kim, M.H., Park, J. et al. (2019). Nanocrevasse-rich carbon fibers for stable lithium and sodium metal anodes. *Nano Lett.* 19 (3): 1504–1511.

93 Chi, S.S., Qi, X.G., Hu, Y.S., and Fan, L.Z. (2018). 3D flexible carbon felt host for highly stable sodium metal anodes. *Adv. Energy Mater.* 8 (15): 1–10.

94 Kim, D.H., Choi, H., Hwang, D.Y. et al. (2018). Reliable seawater battery anode: controlled sodium nucleation: Via deactivation of the current collector surface. *J. Mater. Chem. A* 6 (40): 19672–19680.

95 Jung, J., Hwang, D.Y., Kristanto, I. et al. (2019). Deterministic growth of a sodium metal anode on a pre-patterned current collector for highly rechargeable seawater batteries. *J. Mater. Chem. A* 7 (16): 9773–9781.

96 Kim, Y., Hwang, S.M., Yu, H., and Kim, Y. (2018). High energy density rechargeable metal-free seawater batteries: a phosphorus/carbon composite as a promising anode material. *J. Mater. Chem. A* 6 (7): 3046–3054.

97 Kim, Y., Jung, J., Yu, H. et al. (2020). Sodium biphenyl as anolyte for sodium–seawater batteries. *Adv. Funct. Mater.* 30 (24).

98 Hwang, S.M., Kim, J., Kim, Y., and Kim, Y. (2016). Na-ion storage performance of amorphous Sb_2S_3 nanoparticles: anode for Na-ion batteries and seawater flow batteries. *J. Mater. Chem. A* 4 (46): 17946–17951.

99 Kim, J.K., Mueller, F., Kim, H. et al. (2016). Eco-friendly energy storage system: seawater and ionic liquid electrolyte. *ChemSusChem* 9 (1): 42–49.

100 Zhao, Y. and Manthiram, A. (2015). Amorphous Sb_2S_3 embedded in graphite: a high-rate, long-life anode material for sodium-ion batteries. *Chem. Commun.* 51 (67): 13205–13208.

101 Wang, G., Huang, B., Liu, D. et al. (2018). Exploring polycyclic aromatic hydrocarbons as an anolyte for nonaqueous redox flow batteries. *J. Mater. Chem. A* 6 (27): 13286–13293.

102 Yu, J., Hu, Y.S., Pan, F. et al. (2017). A class of liquid anode for rechargeable batteries with ultralong cycle life. *Nat. Commun.* 8: 1–7.

103 Senthilkumar, S.T., Bae, H., Han, J., and Kim, Y. (2018). Enhancing capacity performance by utilizing the redox chemistry of the electrolyte in a dual-electrolyte sodium-ion battery. *Angew. Chem. Int. Ed.* 57 (19): 5335–5339.

104 Kim, Y., Harzandi, A.M., Lee, J. et al. (2020). Design of large-scale rectangular cells for rechargeable seawater batteries. *Adv. Sustain. Syst.* 5 (1): 2000106.

105 Kim, Y., Shin, K., Jung, Y. et al. (2022). Development of Prismatic Cells for Rechargeable Seawater Batteries. *Adv. Sustain. Syst.* 6 (6): 2100484.

106 Kim, D., Park, J.-S., Lee, W.-G. et al. (2022). Development of Rechargeable Seawater Battery Module. *J. Electrochem. Soc.* 169 (4): 040508.